Die Grundgesetze der Wärmeübertragung

von

Dr.-Ing. H. Gröber und **Dr.-Ing. S. Erk**

o. Professor
an der Technischen Hochschule
Berlin

Regierungsrat
Mitglied d. Phys.-Techn. Reichsanstalt
Berlin

Zugleich zweite, völlig neubearbeitete Auflage
des Buches: H. Gröber, Die Grundgesetze der
Wärmeleitung und des Wärmeüberganges

Mit 113 Textabbildungen

Berlin
Verlag von Julius Springer
1933

ISBN-13: 978-3-642-89298-1   e-ISBN-13: 978-3-642-91154-5
DOI: 10.1007/978-3-642-91154-5

IHREM VEREHRTEN LEHRER

GEHEIMRAT PROF. DR. PHIL. DR.-ING. E. H.

OSCAR KNOBLAUCH

GEWIDMET VON DEN VERFASSERN

Vorwort.

Das vorliegende Buch stellt eine Neubearbeitung und Erweiterung des älteren, 1921 im gleichen Verlage erschienenen Buches: „Grundgesetze der Wärmeleitung und des Wärmeüberganges" dar.

Wie im Vorwort der ersten Bearbeitung erwähnt wurde, konnten damals aus Mangel an Zeit drei wichtige Gebiete der Wärmeübertragung: die Verdampfung, die Kondensation und die Wärmestrahlung nicht mehr behandelt werden. Dies war jetzt nachzuholen. Außerdem war durch die raschen Fortschritte auf diesem Gebiete das Buch seinem Inhalte nach natürlich längst überholt. Die letzten Jahre vor seinem Erscheinen, also die Kriegs- und ersten Nachkriegsjahre, waren im wesentlichen eine Zeit des Stillstandes der Forschung, und so entsprach sein Inhalt in der Hauptsache dem Stand unseres Wissens im Jahre 1914. Es ist heute nicht mehr ganz leicht, sich diesen Stand zu vergegenwärtigen.

Auf dem ersten Teilgebiet, dem der Wärmeleitung in festen Körpern, lag die analytische Theorie als ein abgeschlossenes und ausgereiftes Gebiet vor. Aber es war dem Ingenieur noch wenig bekannt und geläufig. Es bestand also die Aufgabe, durch eine geeignete Darstellungsweise dieses Gebiet und seine Rechnungsmethoden der Technik näher zu bringen.

Auf dem zweiten und wohl wichtigsten Teilgebiet, dem des Wärmeüberganges, war durch die Einführung des Ähnlichkeitsprinzipes und der Grenzschichttheorie die weitere Entwicklung des Gebietes zwar bereits vorgezeichnet. Aber diese Theorien waren in den Kreisen der Techniker sehr wenig bekannt, und sie waren sogar noch so wenig Gemeingut der Forscher, daß die meisten experimentellen Arbeiten, die zu jener Zeit vorlagen, rein empirische Untersuchungen waren und darum nur verhältnismäßig geringen Geltungs- und Wirkungsbereich hatten.

Dem Buch fiel also damals die Aufgabe zu, die noch getrennt stehenden Erkenntnisse und Ansätze zueinander in Beziehung zu bringen und das ganze Gebiet der Wärmeleitung und des Wärmeüberganges durch eine einheitliche Bearbeitung zusammenzufassen. Von einer Fülle des Stoffes etwa, die zu bewältigen gewesen wäre, konnte in jener Zeit keine Rede sein.

Heute im Jahre 1932 liegen die Verhältnisse völlig anders. Die zahlreichen theoretischen und experimentellen Arbeiten der letzten zehn Jahre haben eine solche Fülle neuerer Erkenntnisse und Gesetzmäßigkeiten gebracht, daß die Bewältigung des Stoffes nunmehr zu einer ernsten Schwierigkeit geworden ist, denn der Umfang des Buches sollte wieder nach Möglichkeit knapp gehalten werden.

Es wäre dies nicht zu erreichen gewesen, wenn nicht gleichzeitig die Möglichkeit bestanden hätte, auch zu kürzen. In den letzten Jahren sind nämlich mehrere Bearbeitungen des Gebietes erschienen, die sich vorwiegend mit der unmittelbaren Anwendung in der Technik befassen. Wir möchten in diesem Zusammenhange ganz besonders auf den vorzüglichen Abschnitt in der 26. Auflage der „Hütte" verweisen, den wir dem leider inzwischen verstorbenen Professor Merkel verdanken, sowie auf Band I/1 von „Der Chemie-Ingenieur", herausgegeben von A. Eucken und M. Jakob, Leipzig 1933. Das Vorhandensein dieser verschiedenen Bearbeitungen gab uns die Möglichkeit, in unserem mehr der Forschung dienenden Buch manches fortzulassen, was seinerzeit bei der ersten Fassung noch zu besprechen war. Es sind dies z. B. die ganzen Gesetze des Wärmedurchganges im Gleichstrom und Gegenstrom und anderes mehr. Auch die Zahlentafeln über die Stoffwerte der festen Körper konnten aus diesem Grunde wegbleiben. Nicht so aber diejenigen der Gase und Flüssigkeiten. Die Entwicklung der Lehre vom Wärmeübergang hat nämlich gezeigt, daß man die Gesetze des Wärmeüberganges und die einschlägigen Theorien nur dann gut übersehen kann, wenn man für die strömungsfähigen Medien, also Gase und Dämpfe, einen klaren Überblick über die Stoffwerte und deren Abhängigkeit von Druck und Temperatur hat. Aus diesem Grunde sind die Tabellen Nr. I bis IX im Anhang als einzige Stoffwerttabellen aufgenommen worden. Die Zahlenwerte sind teils unmittelbar aus den Originalarbeiten der Forscher, teils durch kritische Auswahl und Mittelbildung aus dem Schrifttum entnommen; wo experimentelle Unterlagen gänzlich fehlten, mußten auch Berechnungen auf Grund theoretischer Überlegungen zu Hilfe genommen werden. Die umfangreichen Vorarbeiten zu den Zahlentafeln hat Herr Dipl.-Ing. Albrecht Hußmann durchgeführt.

An dieser Stelle danken wir auch Herrn Dipl.-Ing. Günter Reichow für seine Mithilfe an der Fertigstellung des Buches.

Trotz der oben angedeuteten Möglichkeiten zur Kürzung mußten wir uns darauf beschränken, den Leser wirklich nur mit den Grundgesetzen und den wichtigsten Erkenntnissen und Rechenverfahren vertraut zu machen. Auf die zahlenmäßigen Ergebnisse einzelner Forschungsarbeiten, so wichtig sie für die Technik auch sein mögen, konnte nur dort eingegangen werden, wo ihnen grundsätzliche oder grundlegende Bedeutung zukommt.

Das Buch soll und kann heute dem Leser, der sich mit irgend einer Frage eingehend befassen will, das Studium der Originalarbeiten nicht mehr ersparen, aber es will ihn so weit vorbereiten, daß ihm dann dieses Studium keine ernsten Schwierigkeiten mehr bereitet.

Bei der überwiegend technischen Bedeutung der Lehre von der Wärmeübertragung dachten wir bei der Auswahl des Stoffes und bei der Art der Darstellung in erster Linie an einen Leser, der von der technischen Seite her, also mit Ingenieurausbildung, an das Gebiet herantritt. Wir hoffen aber, daß auch der Physiker Interesse an dem Buche finden möge.

Berlin, im Januar 1933.   **H. Gröber. S. Erk.**

Inhaltsverzeichnis.

Zweiter Teil.
Wärmebewegung in Flüssigkeiten
von S. Erk.

Inhaltsverzeichnis.　　　IX

Dritter Teil.
Die Wärmestrahlung
von S. Erk.

Anhang
von S. Erk.

Einleitung.

Der Begriff „Wärmeübertragung" umfaßt die Gesamtheit jener Erscheinungen, die in der Überführung einer Wärmemenge von einer Stelle des Raumes nach einer anderen Stelle bestehen. Dieser Wärmetransport kann auf drei ihrem Wesen nach gänzlich verschiedenen Wegen erfolgen.

Die erste Art der Wärmeübertragung ist diejenige durch Leitung. Sie ist dadurch ausgezeichnet, daß ihr Auftreten an das Vorhandensein von Materie gebunden ist, und daß ein Wärmeaustausch nur zwischen den unmittelbar benachbarten Teilchen des Körpers stattfindet. Man kann sich den Vorgang so vorstellen, daß die Wärme von Teilchen zu Teilchen weiterwandert.

Die zweite Art der Wärmeübertragung ist die durch Konvektion oder Fortführung. Sie tritt auf, wenn materielle Teilchen eines Körpers ihre Stelle im Raum ändern, wobei sie ihren Wärmeinhalt mit sich fortführen. Dieser Vorgang findet in strömenden Flüssigkeiten und Gasen statt und ist, falls nicht in der ganzen strömenden Masse Temperaturgleichheit herrscht, stets von der Wärmeleitung von Teilchen zu Teilchen begleitet. Solange wir nur Stellen im Innern der Strömung betrachten, solange wir uns also um die Vorgänge an den festen Begrenzungsflächen und an der Oberfläche nicht kümmern, fassen wir die beiden ersten Arten des Wärmetransportes in der Bezeichnung Wärmeleitung in strömenden Körpern zusammen. Wenn wir die festen Begrenzungswände mit in die Betrachtung hereinziehen, so werden wir im allgemeinen einen Wärmeaustausch zwischen den Wänden und den strömenden Körpern beobachten, der dadurch zustande kommt, daß diejenigen Teilchen des Körpers, welche die Wand berühren, von ihr Wärme annehmen und mit sich fortführen. Den Wärmeaustausch mit der Wand nennt man Wärmeübergang.

Eine besondere Art des Wärmeüberganges ist dann gegeben, wenn an der Grenze zwischen Wand und Strömung eine Aggregatzustandsänderung des strömenden Körpers eintritt. Es ist dies der Fall beim Wärmeübergang von Heizflächen an verdampfende Flüssigkeiten und von kondensierenden Dämpfen an Kühlflächen.

Bei allen Vorgängen des Wärmetransportes durch Konvektion haben wir eine wichtige Unterscheidung zu machen hinsichtlich der Ursachen der Strömung. Wenn in einer Flüssigkeits- oder Gasmasse örtliche Temperaturungleichheiten vorhanden sind, so sind dieselben von Ungleichheiten der Dichte begleitet, und diese führen zu einer Strömung. Sind nun diese Dichteungleichheiten die einzige Ursache der Strömung, so sprechen wir von einer freien Strömung (auch von einem Strömungsfeld aus inneren Ursachen). Vielfach sind aber noch andere von außen kommende Ursachen für das Auftreten und Fortbestehen der Strömung vorhanden. Ist im Grenzfall deren Wirkung so groß, daß die Ungleichheiten der Dichte keinen Einfluß gewinnen können, so sprechen wir von einer aufgezwungenen Strömung (von einem Strömungsfeld aus äußeren Ursachen).

Die dritte Art der Wärmeübertragung ist diejenige durch Strahlung. Sie ist dadurch gekennzeichnet, daß sich bei einem Körper ein Teil seines Wärmeinhaltes in strahlende Energie verwandelt, in dieser Gestalt den Raum durchmißt und beim Auftreffen auf einen zweiten Körper sich ganz oder teilweise in Wärme zurückverwandelt.

Diese verschiedenen Arten des Wärmetransportes treten selten allein auf, sondern meist in irgend einer Weise miteinander kombiniert. Sie können dann den Eindruck einer durchaus einheitlichen Erscheinung machen, und unter Umständen kann es sogar zweckmäßig sein, sie in der Rechnung als solche zu behandeln. Zwei Fälle sind da herauszuheben.

Der erste Fall ist der Wärmeverlust, den ein heißer Körper erleidet, der an Luft grenzt und sich ohne künstliche Kühlung abkühlt. Er verliert seine Wärme durch Strahlung an die kältere Umgebung, sowie durch Leitung und Konvektion seitens der umgebenden Luft. In diesem Falle faßt man die drei Arten des Wärmetransportes zusammen unter dem Namen Gesamtabkühlung bzw. bei einem kalten Körper in heißer Umgebung unter dem Namen Gesamterwärmung.

Eine zweite hiervon ganz verschiedene Art der Zusammenfassung ist dann möglich, wenn dieselbe Wärmemenge aus einem ersten strömenden Körper an die feste Begrenzungswand der Strömung übergeht, diese Wand durchsetzt und auf der Gegenseite in einen zweiten strömenden Körper übertritt. Dieser Vorgang in seiner Gesamtheit betrachtet heißt Wärmedurchgang.

Erster Teil

Die Wärmeleitung in festen Körpern.

Von H. Gröber.

Die analytische Theorie der Wärmeleitung nimmt auf das molekulare Gefüge der Stoffe keine Rücksicht, sie betrachtet also die Materie als Kontinuum. Dies hat zur Folge, daß wir uns bei allen Ableitungen die betrachteten Räume und auch die Differentiale dieser Räume doch noch groß vorstellen müssen im Vergleich zur Größe der Moleküle und im Vergleich zum Abstand zweier Moleküle.

Die Körper sollen als homogen und isotrop vorausgesetzt werden, sofern nicht ausdrücklich das Gegenteil bemerkt ist.

A. Die mathematischen Grundlagen.

1. Das Temperaturfeld und das Feld des Wärmeflusses.

a) Das Temperaturfeld. Die mathematische Physik spricht von dem „Feld einer Zustandsgröße in einem gegebenen Augenblick", und sie versteht darunter die Gesamtheit der Werte, die diese Zustandsgröße (Dichte, Temperatur, Geschwindigkeit usw.) an allen Stellen eines Raumes in dem gegebenen Augenblick aufweist, und zwar betrachtet sie diese Werte im Hinblick auf ihre Größe und räumliche Verteilung.

Rechnerisch findet das Feld seine Darstellung durch eine Gleichung. Bezeichnet z. B.: ϑ die Temperatur, x, y, z die Raumkoordinaten im kartesischen System und t die Zeit, so ist eine Gleichung von der Form

$$\vartheta = F(x, y, z, t)$$

der rechnerische Ausdruck eines Temperaturfeldes. In Zylinderkoordinaten würden wir erhalten:

$$\vartheta = F(r, \varphi, z, t)$$

und in Kugelkoordinaten

$$\vartheta = F(r, \varphi, \psi, t)$$

und endlich können wir uns noch der vektoriellen Darstellung bedienen mit der Schreibweise

$$\vartheta = F(\mathfrak{r}\, t)\,,$$

wobei dann der Ort nicht durch drei Raumkoordinaten, sondern durch den Radiusvektor $\mathfrak{r}$ festgelegt ist.

Wenn man in einem solchen Feld von einem beliebigen Punkt aus nach den verschiedenen Richtungen des Raumes vorwärts schreitet, so beobachtet man im allgemeinen eine Änderung der Zustandsgröße. Sind für alle Richtungen bei unendlich klein gehaltenen Schritten auch diese Änderungen unendlich klein, so heißt das Feld in diesem Punkt stetig. Ist auch nur in einer Richtung die Änderung von endlichem Betrag, dann heißt das Feld im untersuchten Punkt unstetig. Diese Bezeichnungen werden auf das ganze Feld übertragen, indem man ein Feld, das gar keine Stelle unstetigen Verlaufes enthält, als ein stetiges Feld bezeichnet.

Unter einem „Aufpunkt" versteht die mathematische Physik in erster Linie jenen Punkt eines Feldes, für den der Aufgabe gemäß die Zustandsgröße zu bestimmen ist, in zweiter Linie überhaupt einen für die Betrachtung besonders hervorgehobenen Punkt.

Was sonst noch an Begriffen aus der Lehre der skalaren und der Vektorfelder zu erläutern ist, soll an dem Beispiele des Temperaturfeldes entwickelt werden.

Nach dem oben Gesagten ist das Temperaturfeld im Innern eines Körpers durch die Gesamtheit der Temperaturen an allen Stellen im Körper dargestellt. Da die Temperatur eine skalare Größe ist, d. h. da eine einzige Zahl mit ihrem Vorzeichen genügt, um ihren Wert festzulegen, so heißt auch das Temperaturfeld ein skalares Feld.

Ist das Temperaturfeld in irgendeinem Punkt A stetig, so werden sich von A aus immer solche Richtungen finden lassen, in denen sich die Temperatur gar nicht ändert. Man gelangt so zu Nachbarpunkten, die die gleiche Temperatur wie Punkt A besitzen und die man zu Ausgangspunkten für neue Schritte wählen kann. Durch fortgesetzte Wiederholung dieses Verfahrens wird im Körper eine Fläche festgelegt, die nur Punkte gleicher Temperatur enthält, also eine Fläche konstanter Temperatur oder eine isothermische Fläche. In Abb. 1 ist ein Stück eines Temperaturfeldes mit eingezeichneten Isothermen $\vartheta, \vartheta + \delta, \vartheta + 2\delta$ usw. dargestellt. Hierbei ist — wie auch im folgenden — unter ϑ die Temperatur zu verstehen, bei noch gänzlich willkürlich gelassenem Nullpunkt der Zählung.

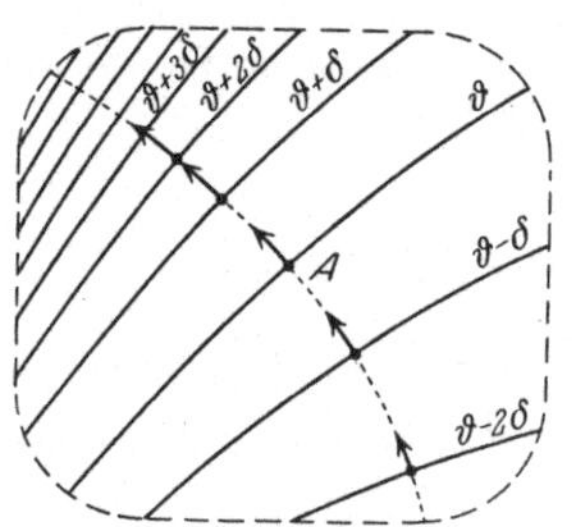

Abb. 1. Temperaturfeld mit Isothermen.

Da an derselben Stelle nicht zwei Temperaturen zugleich herrschen können, so können sich auch zwei Flächen verschiedenen Temperaturwertes niemals schneiden. Ferner kann eine Fläche konstanter Temperatur innerhalb eines Körpers keine Begrenzung besitzen, sondern sie muß entweder an der Oberfläche endigen oder sie muß ganz im Innern des Körpers verlaufen und in sich geschlossen sein.

b) Der Temperaturgradient. Außer den bereits erwähnten Richtungen von A aus gibt es noch eine einzelne, ausgezeichnete Richtung, nämlich jene Richtung, bei der die Änderung der Temperatur am größten ist. Sie ist z. B. für den Punkt A (vgl. Abb. 1) gegeben durch die kürzeste Verbindung von A aus nach der nächstgelegenen, isothermischen Fläche, also durch die Richtung des Lotes auf diese Fläche. Der Betrag dieser Änderung bei festgehaltener Größe des Schrittes ist umgekehrt proportional der Länge des Lotes. Es ist also durch die Beschaffenheit des Feldes in unmittelbarer Nähe des Punktes A ein Vektor bestimmt, dessen Richtung die obengenannte Richtung stärkster Änderung ist, und dessen absoluter Betrag gleich dem Wert der Temperaturänderung pro Längeneinheit dieses Weges ist. Das Vorzeichen des Vektors wollen wir so festlegen, daß wir ihn positiv nennen in der Richtung der zunehmenden Temperatur. Dieser Vektor heißt der Gradient des Temperaturfeldes im Punkt A oder kurz der Temperaturgradient, der Temperaturanstieg. Bezeichnet ϑ die Temperatur, so wird dieser Vektor durch das Symbol „grad ϑ" dargestellt. Der negative Wert dieses Vektors also „— grad ϑ" heißt das Temperaturgefälle.

Der absolute Betrag des Gradienten ist von der Dimension: Grad$\times m^{-1}$;

In vielen Schriften wird die Wahl über das Vorzeichen so getroffen, daß das Temperaturgefälle mit $+$ grad ϑ bezeichnet wird. Sehr häufig wird auch statt des Symboles „grad" das Symbol ∇ verwendet.

Ebenso wie für den Punkt A läßt sich für jeden Punkt des Feldes der Gradient bestimmen. Die Gesamtheit dieser Vektoren bildet ein neues Feld, das Feld des Temperaturgradienten. Die Schar der Flächen konstanter Temperatur bestimmt zugleich das Feld dieses Vektors, denn die Richtungen der Vektoren sind gegeben durch die Linienschar der orthogonalen Trajektorien dieser Flächen, und die absoluten Beträge der Vektoren sind dem Abstand zweier aufeinanderfolgender Flächen umgekehrt proportional mit einem Proportionalitätsfaktor, der von den gewählten Maßeinheiten abhängt.

c) Der Wärmefluß. Jeder Körper, in dem nicht völliges Temperaturgleichgewicht herrscht, ist von Wärmeströmungen erfüllt. Zur mathematischen Darstellung dieses Strömungsfeldes bedienen wir uns eines neuen Vektors $\mathfrak{Q}$, der als Wärmefluß bezeichnet sein soll. Seine Bedeutung ergibt sich aus der folgenden Definition:

„Unter dem Wärmefluß an einer Stelle des Feldes versteht man einen Vektor, der durch seine Richtung die Richtung der Wärmeströmung und durch seinen absoluten Betrag die Stärke oder Intensität der Wärmeströmung angibt. Diese Intensität wird gemessen durch die Wärmemenge, die durch ein Flächenstück von der Größe „Eins", das man an der untersuchten Stelle senkrecht zur Strömungsrichtung anbringt, in der Zeiteinheit hindurchströmt."

Der Vektor ist also von der Dimension

$$\left[\frac{\text{kcal}}{\text{m}^2 \cdot \text{h}}\right].$$

Für einen festen Körper, in dem die Wärmeübertragung ausschließlich durch Leitung erfolgt, kann der Wärmefluß an einer Stelle in einfacher Weise aus der Beschaffenheit des Temperaturfeldes in unmittelbarer Nähe dieser Stelle abgeleitet werden. Da für jeden Aufpunkt im Inneren eines homogenen und isotropen Körpers der physikalische Zustand in unmittelbarer Umgebung dieses Aufpunktes symmetrisch zur Richtung des Temperaturgefälles ist, so müssen die beiden Vektoren Temperaturgradient und Wärmefluß in einer Geraden liegen. Und weil die Wärme erfahrungsgemäß immer in Richtung des Temperaturgefälles strömt, so haben die beiden Vektoren entgegengesetzte Richtung. Die Stärke des Wärmeflusses muß natürlich mit zunehmendem Temperaturgefälle ebenfalls zunehmen. Der Versuch zeigt, daß der Wärmefluß genau der ersten Potenz des Temperaturgefälles proportional ist.

Die beiden Angaben über Richtung und Größe des Wärmeflusses ermöglichen uns die Aufstellung der Grundgleichung der Wärmeleitung. Diese lautet: |

$$\mathfrak{Q} = \lambda\,(-\operatorname{grad}\vartheta) = -\lambda\operatorname{grad}\vartheta \tag{1}$$

und bringt den Zusammenhang zwischen dem Feld des Wärmeflusses und dem Temperaturfeld in mathematischer Form zum Ausdruck.

Der Proportionalitätsfaktor λ ist eine skalare Größe und seinem Werte nach von der Natur und dem physikalischen Zustand jenes Körpers abhängig, der das Feld erfüllt. Er heißt die Wärmeleitfähigkeit (innere Wärmeleitfähigkeit) der Substanz. Die Wärmeleitfähigkeit ist, wie alle Stoffwerte, mit Druck und Temperatur veränderlich. Sowohl der Zahlenwert bei einer bestimmten Temperatur als auch die Änderungsgesetze mit Temperatur und Druck sind nur durch den Versuch zu bestimmen.

Durch Einsetzen der Dimensionen von $\mathfrak{Q}$ und grad ϑ erhält man die Dimension der Wärmeleitfähigkeit zu

$$\left[\frac{\mathrm{kcal}}{\mathrm{m}\cdot\mathrm{h}\cdot{}^{0}\mathrm{C}}\right].$$

d) Der Wärmetransport durch eine beliebige Fläche. Nach der Definition des Wärmeflusses geht durch ein Flächenstück von der Größe „Eins", das senkrecht zum Temperaturgradienten steht, die Wärmemenge $\mathfrak{Q}$ in der Zeiteinheit in Richtung des negativen Gradienten hindurch.

Ein Flächenstück von der Größe df, dessen Normale mit dem Gradienten den Winkel α bildet, wird dann von einer Wärmemenge durchsetzt, deren absoluter Betrag gegeben ist durch

$$|\mathfrak{Q}|\cdot df\cdot\cos\alpha = -\lambda\cdot|\operatorname{grad}\vartheta|\cdot\cos\alpha\cdot df. \tag{2a}$$

Diesem absoluten Betrag kann man in zweierlei Weise eine Richtung zuordnen. Das Nächstliegende ist, von der Wärmemenge zu sprechen, die durch df in Richtung des Gradienten hindurchtritt, also in einer Richtung, in der df nicht seine ganze Größe darbietet. Diese Auffassung kommt zum Ausdruck in der Schreibweise

$$-\lambda\operatorname{grad}\vartheta\{\cos\alpha\cdot df\}. \tag{2b}$$

Andererseits kann man auch von einem Wärmetransport normal zum Flächenelement sprechen. In diesem Falle kommt zwar die ganze Fläche df, dafür aber nur die Normalkomponente des Wärmeflusses in Rechnung. Dem entspricht die Gleichung

$$-\lambda\left\{\operatorname{grad}\vartheta\cdot\cos\alpha\right\}df = -\lambda\operatorname{grad}_n\vartheta\cdot df. \qquad (2\mathrm{c})$$

Ist nicht ein einzelnes Flächenstück, sondern eine Fläche von endlicher Ausdehnung gegeben und soll ferner die Rechnung über den Zeitraum von $t = 0$ bis $t = t$ ausgedehnt werden, so ist die gesamte Wärmemenge

$$Q = -\lambda\int\limits_0^t dt\cdot\int\limits_{Fläche}\operatorname{grad}_n\vartheta\cdot df. \qquad (2\mathrm{d})$$

Durch diese Gleichung sind alle Fragen nach den Wärmeströmungen in einem Körper auf die Frage nach der Beschaffenheit des Temperaturfeldes zurückgeführt. Die Bestimmung des Temperaturfeldes ist somit die Hauptaufgabe der analytischen Theorie der Wärmeleitung.

e) Der Laplacesche Differentialparameter $V^2\vartheta$. Die nachstehende Doppelgleichung

$$\int\limits_O \operatorname{grad}_n\vartheta\cdot df = \operatorname{div}(\operatorname{grad}\vartheta)\cdot dV = V^2\vartheta\cdot dV \qquad (3)$$

ist für den Kenner der Lehre von den Vektorfeldern ohne weiteres verständlich. Sie enthält in ihrem ersten Teil den Gaußschen Satz, in ihrem zweiten Teil eine Anwendung der Vektorformel Nr. II im Anhang. Für den Leser, welcher diese Lehre nicht kennt, sei der Differentialparameter $V^2\vartheta$ aus dem Oberflächenintegral heraus erklärt. Eine Ableitung oder ein Beweis soll dies nicht sein.

Wir fassen im Temperaturfeld einen Punkt A ins Auge, legen um ihn eine sehr kleine Kugel und zerteilen ihre Oberfläche in unendlich kleine Flächenstücke df. Ferner legen wir durch jedes Flächenstück die Normale und nennen die nach außen gerichtete Normale positiv, die nach dem Mittelpunkt gerichtete Normale negativ. Der Temperaturanstieg in Richtung der äußeren Normalen heißt dann $+\operatorname{grad}_n\vartheta$. Das Integral auf der linken Seite der Gleichung (3) stellt das Oberflächenintegral für diese unendlich kleine Kugel dar.

Wenn nun bei einer solchen sehr kleinen Kugel die Temperatur in Richtung aller äußeren Normalen steigt, also in Richtung aller inneren Normalen sinkt, dann ist sicher die Temperatur im Mittelpunkt der Kugel niedriger als auf der Oberfläche, oder mit anderen Worten, die Temperatur ist im Punkte A niedriger als in seiner unmittelbaren nächsten Umgebung. Sind die Werte $\operatorname{grad}\vartheta$ für alle einzelnen Flächen df positiv, so ist sicher auch das Integral, genommen über die geschlossene Fläche O, positiv, und zwar um so mehr, je niedriger die Temperatur im Punkt A ist, verglichen mit der Umgebungstemperatur.

Im gegenteiligen Falle, daß die Temperatur in Richtung aller äußeren Normalen sinkt, ist der Wert des Integrals negativ und die Temperatur im Mittelpunkt der Kugel höher als auf der Oberfläche.

Im dritten Falle, daß für einige Flächenstücke die Temperatur in Richtung der äußeren Normalen steigt, für andere Flächenstücke fällt, kann der Wert des Integrals positiv oder negativ ausfallen.

Aber immer ist der Wert des Integrals ein Maß dafür, in welchem Sinne und in welchem Ausmaß die Temperatur im Aufpunkt vom Durchschnittswert der Umgebungstemperatur abweicht. Das Integral gibt also eine wichtige Eigenschaft des Feldes im Aufpunkt an, und man hat dafür das kurze Symbol $V^2 \vartheta$ eingeführt.

$V^2 \vartheta$ heißt der Laplacesche Differentialparameter oder auch der Differentialparameter 2. Ordnung. In der Literatur findet sich auch die Bezeichnung $\varDelta$. Seine Dimension ist

$$\left[\frac{\mathrm{Grad}}{\mathrm{m}^2} \right].$$

Für den Fall des rechtwinkeligen, geradlinigen Koordinatensystems soll nun der Wert von $V^2\vartheta$ berechnet werden, dagegen sei wegen des Wertes im Zylinder- und Kugelkoordinatensystem auf die Vektorformeln Nr. IX im Anhang verwiesen.

Zuerst wollen wir ein Temperaturfeld annehmen, in dem die Temperatur nur in der Richtung der X-Achse veränderlich ist, und zwar nach der Funktion $\vartheta = F(x)$.

Zur Bestimmung des Oberflächenintegrals geben wir jetzt dem Raumelement die Gestalt eines Würfels mit den Kantenlängen Dx, Dy und Dz (vgl. Abb. 2). Diejenigen Würfelflächen, welche senkrecht auf der Y- und der Z-Achse stehen, liefern keinen Beitrag zum Oberflächenintegral, weil nach Voraussetzung die Temperatur von y und z unabhängig ist. Es verbleiben also nur die beiden Würfelflächen $Dy \cdot Dz$, welche an den Stellen x_0 und $x_0 + Dx$ liegen. Bezeichnen wir mit

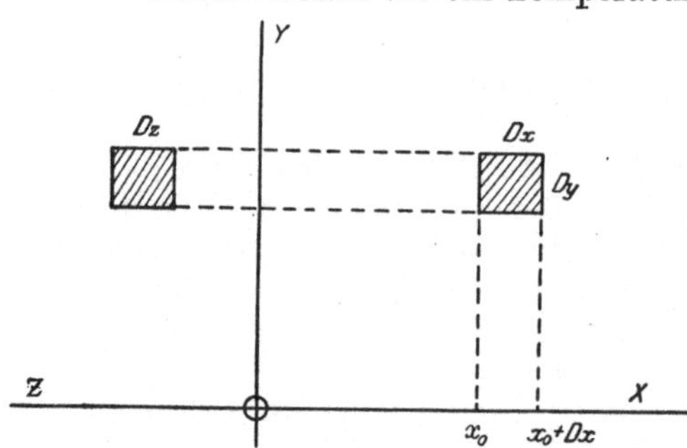

Abb. 2. Ableitung von $V^2\vartheta$ für rechtwinklig-geradlinige Koordinaten.

$$\left(\frac{d\vartheta}{dx} \right)_{x_0} \quad \text{und} \quad \left(\frac{d\vartheta}{dx} \right)_{x_0 + Dx}$$

den Temperaturanstieg an den Stellen x_0 und $x_0 + D_x$, in Richtung der wachsenden x gemessen, so nimmt das Integral der Gleichung (3) die einfache Gestalt an

$$- \left(\frac{d\vartheta}{dx} \right)_{x_0} \cdot Dy \cdot Dz + \left(\frac{d\vartheta}{dx} \right)_{x_0 + Dx} \cdot Dy \cdot Dz .$$

Das Minuszeichen tritt deshalb auf, weil der Temperaturanstieg immer in Richtung der äußeren Normalen zu zählen ist, für die Stelle x_0 also in Richtung abnehmender x.

Fassen wir den Differentialquotienten nach x als eine neue Funktion $\varphi(x)$ auf, so können wir den letztgeschriebenen Ausdruck auf die Form

$$\{ \varphi(x_0 + Dx) - \varphi(x_0) \} \cdot Dy \cdot Dz$$

bringen und darin $\varphi\,(x_0 + Dx)$ nach einer Taylorschen Reihe entwickeln:

$$\varphi\,(x_0 + Dx) = \varphi\,(x_0) + \frac{Dx}{1!}\cdot\varphi'\,(x) + \frac{Dx^2}{2!}\cdot\varphi''(x)\,.$$

Da Dx ein sehr kleiner Wert ist, können in dieser Reihe die Glieder von höherer als erster Potenz vernachlässigt werden. Daraus wird

$$\varphi\,(x_0 + Dx) - \varphi\,(x_0) = \varphi'\,(x)\cdot Dx = \frac{d^2\vartheta}{dx^2}\cdot Dx$$

und für das Oberflächenintegral ergibt sich

$$\oint \operatorname{grad}_n \vartheta \cdot df = \frac{d^2\vartheta}{dx^2}\cdot Dx\cdot Dy\cdot Dz = \nabla^2\vartheta\cdot dV\,.$$

In diesem Falle ist also der 2. Differentialparameter mit dem 2. Differentialquotienten identisch.

Ist im allgemeineren Falle die Temperatur nach allen drei Richtungen veränderlich, so führt eine Wiederholung des Gedankenganges für die y- und die z-Richtung zur Gleichung

$$\oint \operatorname{grad}_n \vartheta \cdot df = \left(\frac{\partial^2\vartheta}{\partial x^2}\right) + \frac{\partial^2\vartheta}{\partial y^2} + \frac{\partial^2\vartheta}{\partial z^2}\right)\cdot Dx\cdot Dy\cdot Dz = \nabla^2\vartheta\cdot dV\,.$$

2. Die Ableitung der Differentialgleichung.

a) Der Grundgedanke. Um die Darstellung möglichst einfach zu gestalten, setzen wir einige Vereinfachungen, zu denen wir doch später aus mathematischen Gründen gezwungen würden, schon jetzt fest. Erstens soll das Feld von einem einzigen, homogenen Körper erfüllt sein. Zweitens soll dieser Körper als isotrop angenommen werden. Drittens sollen die Wärmeleitfähigkeit, das spezifische Gewicht und die spezifische Wärme — das sind diejenigen Stoffwerte, die in der Differentialgleichung als Koeffizienten auftreten werden — als unabhängig vom Druck und von der Temperatur angenommen werden. Viertens sollen keine Aggregatzustandsänderungen im Felde auftreten. Über teilweise Aufhebung dieser Annahmen siehe später S. 109 Abschn. F.

Der Grundgedanke bei Ableitung der Differentialgleichung ist, daß die Wärmemenge, die im Innern eines abgeschlossenen Raumes dV aus anderen Energiearten entsteht, zum Teil im Inneren des Raumes selbst bleibt und zu einer Vermehrung des Wärmeinhaltes der eingeschlossenen Massen führt und zum anderen Teil durch die Oberfläche des Raumes nach außen tritt. Die im Raumelement dV erzeugte Wärme möge mit q_1, die verbleibende Wärme mit q_2 und die austretende Wärme mit q_3 bezeichnet werden. Dann gilt die Gleichung

$$q_1 = q_2 + q_3\,.$$

b) Die Berechnung der einzelnen Wärmemengen. Die entstehende Wärmemenge. Hierbei ist für die Rechnung ganz gleichgültig, aus welchen anderen Energiearten, z. B. elektrischer Energie, die Wärme entsteht; man trägt dem einfach dadurch Rechnung, daß man innerhalb des Feldes das Vorhandensein von Wärmequellen annimmt. Die Ergiebigkeit dieser Quellen ist durch die Aussage gegeben, sie sollen innerhalb der Raumeinheit und während der Zeiteinheit die Wärmemenge W hervorbringen. Damit ergibt sich für die Wärmemenge, die innerhalb des Raumes dV und in der Zeit dt erzeugt wird, der Ausdruck

$$q_1 = W \cdot dV \cdot dt \, .$$

Die Wärmequellen können im Feld sowohl stetig als unstetig verteilt sein; durch geeignete Definitionen lassen sich auch flächen-, linien- und punktförmige Wärmequellen einführen und endlich kann ihre Ergiebigkeit sowohl zeitlich konstant als zeitlich veränderlich sein. In jedem Falle muß aber das ganze System von Wärmequellen in seinem räumlichen und zeitlichen Verlauf gegeben sein.

Die aufgespeicherte Wärmemenge. Im Aufpunkt möge während der Zeiteinheit die Temperatursteigerung $\frac{d\vartheta}{dt}$ zu beobachten sein. Bezeichnet γ das spezifische Gewicht des Körpers und c seine spezifische Wärme, so ist die Wärmemenge, die in der Zeit dt im Raum dV gebunden wird, gleich

$$q_2 = c\,\gamma\,\frac{\partial \vartheta}{\partial t} \cdot dV \cdot dt \, .$$

Die austretende Wärmemenge. Sie berechnet sich mit Hilfe von Gleichung (2 d) aus der Beschaffenheit des Temperaturfeldes. Wenn df ein Element der Oberfläche des Raumes dV ist, und wenn wieder wie oben die Flächennormale nach außen positiv gerechnet wird, dann ergibt sich für die Wärme, die den Raum dV in der Zeiteinheit verläßt, der Wert

$$-\lambda \int\limits_O \mathrm{grad}_n\, \vartheta \cdot df \, ,$$

und dies ist nach Gleichung (3) gleich $- \lambda \cdot \nabla^2\vartheta \cdot dV$. Für den Zeitraum dt wird daraus

$$q_3 = - \lambda \cdot \nabla^2\vartheta \cdot dV \cdot dt \, .$$

c) Die Differentialgleichung. Die Bedingungsgleichung $q_1 = q_2 + q_3$ nimmt jetzt die Form an

$$W \cdot dV \cdot dt = c\,\gamma\,\frac{\partial \vartheta}{\partial t} \cdot dV \cdot dt - \lambda \nabla^2\vartheta \cdot dV \cdot dt$$

oder

$$\frac{\partial \vartheta}{\partial t} = \frac{\lambda}{c\,\gamma} \nabla^2\vartheta + \frac{1}{c\,\gamma}\, W \, . \tag{4a}$$

Diese Gleichung heißt die Differentialgleichung der Wärmeleitung. Sie ist eine partielle Differentialgleichung mit der Zeit und den drei Koordinaten des Raumes als unabhängigen und der Temperatur als abhängigen Veränderlichen. Sie ist vom ersten Grad (linear), weil in ihr die abhängige Veränderliche ϑ nur in der ersten Potenz auftritt; dagegen ist sie von der zweiten Ordnung, weil sie in $\nabla^2\vartheta$ die zweiten

Ableitungen des ϑ nach den Raumkoordinaten enthält. W ist eine gegebene Funktion des Ortes und der Zeit. λ, γ und c sind der Voraussetzung gemäß konstante Koeffizienten.

Für den Quotienten $\lambda : (c\,\gamma)$ wird der Buchstabe a eingeführt. a heißt die Temperaturleitfähigkeit und ist ebenso wie λ, c und γ ein reiner Stoffwert. Durch Einsetzen der Dimensionen ergibt sich

$$\text{Dimension } [a] = \frac{\text{m}^2}{\text{h}} \, .$$

In der älteren Literatur findet man statt a die Schreibweise a^2. Hierauf ist beim Vergleich mit anderen Schriften zu achten.

Bei Einführung eines Koordinatensystems nimmt die Gleichung eine der nachstehenden Formen an (vgl. Vektorformeln IX im Anhang): in kartesischen Koordinaten:

$$\frac{\partial \vartheta}{\partial t} = a \left(\frac{\partial^2 \vartheta}{\partial x^2} + \frac{\partial^2 \vartheta}{\partial y^2} + \frac{\partial^2 \vartheta}{\partial z^2} \right) + \frac{1}{c\,\gamma} \cdot f(x, y, z, t) \, , \tag{4b}$$

in Zylinderkoordinaten:

$$\frac{\partial \vartheta}{\partial t} = a \left(\frac{\partial^2 \vartheta}{\partial r^2} + \frac{1}{r} \cdot \frac{\partial \vartheta}{\partial r} + \frac{1}{r^2} \cdot \frac{\partial^2 \vartheta}{\partial \varphi^2} + \frac{\partial^2 \vartheta}{\partial z^2} \right) + \frac{1}{c\,\gamma} \cdot f(r, \varphi, z, t) \, , \tag{4c}$$

in Kugelkoordinaten:

$$\frac{\partial \vartheta}{\partial t} = a \left(\frac{\partial^2 \vartheta}{\partial r^2} + \frac{2}{r} \cdot \frac{\partial \vartheta}{\partial r} + \frac{1}{r^2} \cdot \frac{\partial^2 \vartheta}{\partial \psi^2} + \frac{\cos \psi}{r^2 \sin \psi} \cdot \frac{\partial \vartheta}{\partial \psi} + \frac{1}{r^2 \sin^2 \psi} \cdot \frac{\partial^2 \vartheta}{\partial \varphi^2} \right)$$
$$+ \frac{1}{c\,\gamma} \cdot f(r, \varphi, \psi, t) \, , \tag{4d}$$

wobei bei den Kugelkoordinaten φ die geographische Länge und ψ den Polabstand bedeuten.

3. Die allgemeine Aufgabe der analytischen Theorie der Wärme.

Die allgemeine Aufgabe läßt sich in nachstehende Fassung bringen:
„Es soll in einem homogenen und isotropen Körper die Temperaturverteilung für einen gegebenen Augenblick t bestimmt werden, wenn bekannt ist:

1. Die Temperaturverteilung zu einem anderen, meist früheren Augenblick (z. B. zur Zeit $t = 0$, also die Anfangstemperaturverteilung).

2. Die Einwirkung der Umgebung des Körpers auf seine Oberfläche. (Es kann z. B. angenommen sein, daß durch irgendwelche Maßnahmen von außen der Oberfläche des Körpers eine bestimmte Temperaturverteilung aufgezwungen wird, und zwar kann diese sowohl zeitlich konstant als zeitlich veränderlich sein)".

Die Bedingungen unter 1. und 2. heißen die Grenzbedingungen, und es heißt 1. die zeitliche und 2. die räumliche Grenzbedingung.

4. Die Grenzbedingungen.

Jene gesuchte Funktion, die das Temperaturfeld in seinem räumlichen und zeitlichen Verlauf wiedergeben soll, muß in erster Linie der Differentialgleichung genügen, um überhaupt mit dem Energieprinzip verträglich zu sein. Daß dies aber noch nicht hinreicht, um die Funktion eindeutig zu bestimmen, ergibt sich aus der Bedeutung der Differentialgleichung. Diese sagt aus, wie die zeitliche Temperaturänderung an einer Stelle des Feldes abhängt von der Beschaffenheit des Feldes in unmittelbarer Nähe dieser Stelle und von der Ergiebigkeit der dort befindlichen Wärmequellen. Sie gibt also nur den Zusammenhang zwischen den räumlichen und den zeitlichen Änderungen der Temperatur. Um die Temperaturverteilung selbst finden zu können, muß also erstens für jede Stelle des Feldes der Ausgangspunkt bekannt sein, von dem aus die positiven und negativen zeitlichen Änderungen zu zählen sind, und zweitens muß für diejenigen Raumelemente, die an der Oberfläche des Feldes liegen, d. h. für diejenigen Stellen, an welchen die Beschaffenheit des Feldes unmittelbar von außen beeinflußt wird, die Art dieser Beeinflussung bekannt sein.

Der Mathematiker sieht in der gesuchten Gleichung

$$\vartheta = F(\xi, \eta, \zeta, t),$$

worin wir uns unter ξ, η, ζ ein beliebiges Koordinatensystem vorstellen müssen, eine Angabe über den Verlauf der Zustandsgröße ϑ innerhalb eines vierdimensionalen Gebietes, und er verlangt zur eindeutigen Lösbarkeit der Aufgabe das Vorhandensein verschiedener Bedingungen an der Berandung dieses Raumzeitgebietes. In Anlehnung an dieses Bild nennt man in der mathematischen Physik die Bedingungen, die außer der Differentialgleichung noch erfüllt sein müssen, die Randbedingungen und nennt die Aufgaben selbst Randwertaufgaben.

a) Die zeitlichen Grenzbedingungen bestehen in der Angabe einer skalaren Ortsfunktion $\vartheta = F(\xi, \eta, \zeta) = F(\mathfrak{r})$, die die Temperaturverteilung zu einer gegebenen Zeit darstellt. Diese Temperaturverteilung kann ganz willkürlich sowohl stetig als unstetig angenommen werden. In den meisten Fällen besteht dann die Aufgabe darin, das Temperaturfeld in seinem späteren Verlauf zu berechnen. Die Aufgabe ist im Prinzip immer lösbar, wenn auch der gegenwärtige Stand der Mathematik nicht immer ausreicht, um die Lösung auch wirklich zu finden.

Es ist aber auch die Frage berechtigt, aus welchen früheren Temperaturverteilungen eine gegebene Temperaturverteilung entstanden sein kann. Verfolgt man ein gegebenes Temperaturfeld in seinem zeitlichen Verlaufe nach rückwärts, so wird man immer zu einer unstetigen Temperaturverteilung gelangen, und von da ab wird ein weiteres Verfolgen des Temperaturverlaufes sinnwidrig. Die Frage nach dem früheren Zustand eines Feldes wird in diesem Buche nicht besprochen werden, da sie im allgemeinen nur funktionentheoretisches Interesse bietet[1].

b) Die räumlichen Grenzbedingungen. Die mathematische Physik kennt in der Lehre von den Randwertaufgaben drei Arten von Randwertvorschriften, die alle drei auch in der Lehre von der Wärmeleitung ihre Bedeutung besitzen.

---

[1] Weitere Angaben finden sich in: Enzykl. d. math. Wiss. II. A. 7 c. S. 564/565. Enzykl. d. math. Wiss. V. 4. S. 177/178.

Die erste Art der Randbedingung besteht in der Angabe der Temperaturverteilung auf der Oberfläche des Temperaturfeldes als Funktion des Ortes und der Zeit, und zwar muß sich die Angabe über alle Punkte der Oberfläche erstrecken. Die Funktion selbst ist durchaus willkürlich und kann sowohl in bezug auf den Ort als auf die Zeit stetig oder unstetig sein. Wir werden aber in diesem Buch nur Fälle betrachten, in denen die Oberflächentemperatur entweder konstant oder doch nur periodisch veränderlich ist.

Die zweite Art der Randbedingung besteht in der Angabe des Wärmeflusses durch jedes Stück der Oberfläche, und zwar wieder als Funktion des Ortes und der Zeit. Auch diese Angabe ist für die ganze Oberfläche notwendig, die Funktion selbst durchaus willkürlich.

Die dritte Art der Randbedingung endlich besteht in der Angabe der Umgebungstemperatur Θ und in der Angabe eines Gesetzes für den Wärmeaustausch zwischen der Oberfläche des Körpers und seiner Umgebung. Dieser Wärmeaustausch oder Wärmeübergang wird im II. Hauptteil noch eingehend besprochen werden, und es wird sich dabei zeigen, daß dieser Wärmeübergang äußerst verwickelten Gesetzen unterworfen ist. Aus mathematischen Gründen ist man aber gezwungen, ein sehr einfaches Gesetz zugrunde zu legen. Als solches wird in der mathematischen Physik das Newtonsche Abkühlungsgesetz gewählt. Dies besteht in der Annahme, daß die Wärmemenge dq, die ein Oberflächen-Element dF von der Temperatur ϑ_0 in der Zeit dt an die Umgebung von der Temperatur Θ abgibt, dem Temperaturunterschied $(\vartheta_0 - \Theta)$, der Größe von dF und von dt direkt proportional ist, also durch die Gleichung

$$d^2q = \alpha \cdot (\vartheta_0 - \Theta) \cdot dF \cdot dt$$

gegeben ist. Der Proportionalitätsfaktor α heißt die Wärmeübergangszahl und ist ein reiner Erfahrungswert. (In der physikalischen Literatur findet man dafür auch die irreführende Bezeichnung „äußere Wärmeleitfähigkeit"). Setzt man in die letzte Gleichung die Dimension von dq, ϑ_0, Θ, dF und dt ein, so erhält man

$$\text{Dimension } [\alpha] = \frac{\text{kcal}}{\text{m}^2 \cdot \text{h} \cdot {}^0\text{C}};$$

Diese Wärmemenge dq, die das Oberflächenelement dF abgibt, muß ihm aus dem Inneren des Körpers durch Leitung zuströmen. Sie muß also aus der Normalkomponente des Temperaturgradienten — gemessen in unmittelbarer Nähe der Oberfläche $= (\mathrm{grad}_n\ \vartheta)_0$ — berechnet werden können. Gleichung (2) liefert dafür

$$d^2q = -\lambda(\mathrm{grad}_n\,\vartheta)_0 \cdot dF \cdot dt.$$

Aus diesen beiden Werten für dq ergibt sich

$$(\mathrm{grad}_n\,\vartheta)_0 = -\frac{\alpha}{\lambda}(\vartheta_0 - \Theta). \tag{5}$$

Diese Gleichung stellt die dritte Art der Randbedingung dar. Sie kennzeichnet ein Problem dann eindeutig, wenn Θ und α für alle Oberflächenteile als Funktionen des Ortes und der Zeit gegeben sind.

Für das Verhältnis α/λ ist der Buchstabe h und die Bezeichnung „relative Wärmeübergangszahl" üblich. Wenn man für α und für λ die Dimensionen einsetzt, so erkennt man, daß die Größe h von der Dimension $[m^{-1}]$ ist. Ihr Kehrwert λ/α muß dann eine Strecke „s" darstellen, deren Bedeutung auf Seite 13 besprochen werden wird.

Eine zeichnerische Darstellung veranschaulicht am besten das Wesen dieser drei Arten von Oberflächenbedingungen. In den vier Teilen der Abb. 3 stellt jeweils dF ein Element der Körperoberfläche und $\mathfrak{n}$ die nach außen positiv gezählte Normale dar; als Ordinaten sind die Temperaturen aufgetragen.

Bei der ersten Randwertangabe (Abb. 3a) ist der Wert der Oberflächentemperatur ϑ_0 gegeben, dagegen gehört die Neigung der Temperaturkurve an der Oberfläche, $\operatorname{tg} \varphi_0 = (\operatorname{grad}_{\mathfrak{n}} \vartheta)$ und damit die austretende Wärmemenge zu den gesuchten Größen. Bei der zweiten Randwertangabe (Abb. 3b) ist es gerade umgekehrt. Bei der dritten Rand-

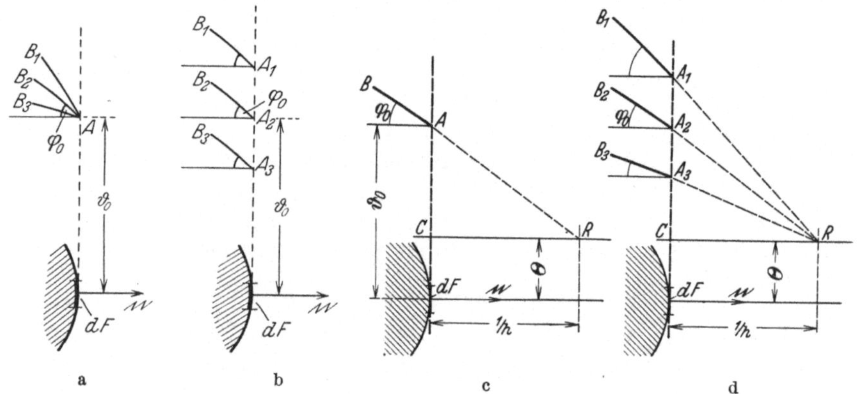

Abb. 3a bis d. Die drei Arten der Oberflächenbedingungen.

wertangabe ist auf der äußeren Normalen ein Punkt gegeben, durch den alle Tangenten gehen müssen, die man in der Oberfläche an die Temperaturkurven legen kann. Dieser Punkt, der Richtpunkt genannt, liegt um die Strecke λ/α von der Oberfläche entfernt. Gesucht ist hier sowohl die Oberflächentemperatur als auch die austretende Wärmemenge.

Der Beweis für die Bedeutung des Richtpunktes und seiner Lage ergibt sich aus folgender Rechnung:

Wir schreiben die Gleichung (5) in der Form

$$\left(\frac{\partial \Theta}{\partial x}\right)_0 = -\frac{\vartheta_0 - \Theta}{s}$$

oder mit Verwendung der Buchstaben aus den Abb. 3c und d

$$-\operatorname{tg} \varphi_0 = \frac{AC}{CR}.$$

Die obige Aussage über den Richtpunkt trifft also zu, wenn $AC = \vartheta_0 - \Theta$

und $CR = s = \lambda/\alpha$ gemacht wurde. Wenn der Punkt R in dieser Weise gewählt war, so geht die Tangente an die Temperaturkurve im Punkt A immer durch den Richtpunkt hindurch, es mag im übrigen der Wärmeausgleichvorgang verlaufen wie er will (vgl. Abb. 3d). Wir werden von dieser Eigenschaft des Richtpunktes noch mehrfach Gebrauch machen, so z. B. S. 58 und S. 94.

B. Über die Lösung von Randwertaufgaben.

Während der Abschnitt A der Aufstellung der Grundbegriffe und einer Besprechung des Wesens der Randwertaufgabe gewidmet war, sollen in diesem Abschnitt die analytischen Methoden, die aus dem mathematischen Ansatz heraus zur Lösung dieser Aufgaben führen, erörtert werden.

Diese analytischen Methoden haben ihren ersten Ausgang von den Aufgaben der analytischen Theorie der Wärmeleitung durch Fourier genommen, sind dann auf andere Gebiete der mathematischen Physik übertragen worden und in der reinen Mathematik, losgelöst von jeder physikalischen Deutung, weiter ausgebaut worden.

Wenn im folgenden diese Methoden wieder ganz vom Standpunkt der Theorie der Wärmeleitung aus abgeleitet werden, so geschieht dies

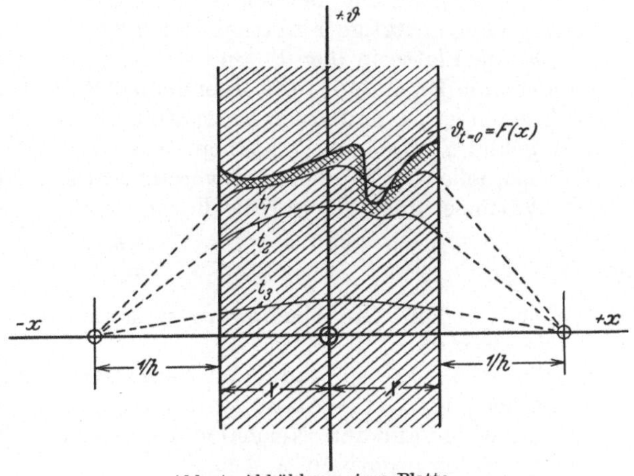

Abb. 4. Abkühlung einer Platte.

nicht in Würdigung der historischen Verhältnisse, sondern im Interesse einer leichtfaßlichen Darstellung. Die einzelnen Rechenoperationen sollen hierbei nicht so sehr durch mathematisch streng richtige Erwägungen bewiesen, als vielmehr durch physikalische Deutung erklärt werden.

Die erste Einführung soll durch die Berechnung einer möglichst charakteristischen Aufgabe gegeben werden. Wenn dann Zweck und Wesen der einzelnen analytischen Methoden durch dieses Beispiel etwas gekennzeichnet sind, sollen dieselben Methoden durch eine nochmalige, allgemeiner gehaltene Besprechung in ihrer umfassenden Bedeutung gezeigt werden.

1. Die einführende Aufgabe.

a) Der Wortlaut. Eine unendlich ausgedehnte planparallele Platte von der Dicke $2X$ (vgl. Abb. 4), die aus einem Stoff mit den Werten λ, γ und c besteht, besitzt zur Zeit $t = 0$ eine solche Temperaturverteilung, daß die Temperatur nur vom Abstand von den beiden Oberflächen abhängt, daß also die Flächen konstanter Temperatur durch Ebenen parallel zu den Oberflächen gebildet werden. Die Oberflächen selbst stehen einer Temperatur Θ gegenüber, und die relative Wärmeübergangszahl besitze beiderseits denselben Wert h. Wärmequellen sind nicht vorhanden. — Es ist zu berechnen, wie sich die Anfangstemperaturverteilung im Laufe der Zeit unter dem Einfluß der Wärmeleitung im Inneren und der Wärmeabgabe durch die Oberflächen ändert.

b) Der mathematische Ansatz. Der erste Schritt zur Lösung ist die Wahl eines Koordinatensystems. Wir legen ein rechtwinkliges Achsenkreuz so fest, daß die Y—Z-Ebene in der Mitte zwischen den beiden Oberflächen liegt. Die X-Achse durchdringt dann die Platte an beliebiger Stelle senkrecht. Die Anfangsbedingung heißt jetzt in mathematischer Ausdrucksweise

$$\vartheta_{t=0} = F(x),$$

worin $F(x)$ eine im Bereich $-X < x < +X$ willkürlich gegebene, stetige oder unstetige Funktion von x ist.

Da die Platte in der Y- und Z-Richtung unendlich ausgedehnt ist, da also eine Berandung, die irgendeinen Einfluß ausüben könnte, nicht vorhanden ist, so muß auch für spätere Zeiten die Temperaturverteilung von y und z unabhängig bleiben. Aus diesem Grunde, und weil keine Wärmequellen vorhanden sind, vereinfacht sich die Differentialgleichung der Wärmeleitung (4b) auf die Form

$$\frac{\partial \vartheta}{\partial t} = a \frac{\partial^2 \vartheta}{\partial x^2}.$$

Die räumliche Grenzbedingung setzt sich für diese Aufgabe aus zwei Teilen zusammen.

Für $x = +X$ ist $\mathrm{grad}_n \vartheta$ im Sinne der äußeren Normalen, also im Sinne der positiven X-Achse zu rechnen. Auch für $x = -X$ ist $\mathrm{grad}_n \vartheta$ im Sinne der äußeren Normalen zu rechnen; dies gibt aber hier die Richtung der negativen X-Achse.

Damit ergeben sich aus Gleichung (5), wenn $\Theta = 0$ gesetzt, die beiden Bedingungsgleichungen:

für $x = +X$: $\qquad\qquad + \dfrac{\partial \vartheta}{\partial x} = -h\,\vartheta$;

für $x = -X$: $\qquad\qquad - \dfrac{\partial \vartheta}{\partial x} = -h\,\vartheta$.

Die Frage nach dem weiteren Verlauf des Temperaturfeldes heißt, mathematisch ausgedrückt, es soll ϑ bestimmt werden als Funktion der Veränderlichen x und t und der Parameter a, h und X.

Die nachstehenden 5 Gleichungen heißen der mathematische Ansatz des Problems.

Gegeben:

Differentialgleichung $\qquad \dfrac{\partial \vartheta}{\partial t} = a \dfrac{\partial^2 \vartheta}{\partial x^2}.$ $\hfill$ (a)

Zeitliche Grenzbedingung $\qquad \vartheta_{t=0} = F(x).$ $\hfill$ (b)

Räumliche Grenzbedingung $\left(\dfrac{\partial \vartheta}{\partial x}\right)_{x=+X} = -h\,\vartheta_{x=+X}$. $\qquad$ (c)

Räumliche Grenzbedingung $\left(\dfrac{\partial \vartheta}{\partial x}\right)_{x=-X} = +h\,\vartheta_{x=-X}$. $\qquad$ (d)

Gesucht:

Die Temperaturfunktion: $\qquad \vartheta = \Phi(x, t, a, h, X)$. $\qquad$ (e)

c) Das Aufsuchen partikulärer Integrale. Um die Temperaturfunktion zu finden, beginnen wir mit dem Aufsuchen von Funktionen, die vorerst nur die eine Bedingung zu erfüllen haben, daß sie der Differentialgleichung genügen.

In erster Linie versuchen wir es mit einer Funktion, die aus einem Produkt von zwei Teilfunktionen besteht, von denen die eine nur von t, die andere nur von x abhängt, also mit einer Funktion, die sich schreiben läßt

$$\Phi(t, x) = \varphi(t) \cdot \psi(x) . \qquad (f)$$

Damit sind vorläufig eine große Anzahl von Funktionen von der Betrachtung ausgeschlossen; wenn aber dieser erste Ansatz zur Lösung führt, so brauchen wir uns über diese Einschränkung keine Bedenken zu machen, denn die vier Gleichungen (a) bis (d) legen das Problem eindeutig fest; es kann also außer der gefundenen Lösung keine zweite Lösung mehr geben. Wenn allerdings dieser erste Ansatz nicht zum Ziele führen sollte, dann müßten wir auch die anderen Funktionen berücksichtigen.

Bezeichnet in üblicher Weise $\varphi'(t)$ und $\psi''(x)$ die erste bzw. zweite Ableitung, so gibt der obige Ansatz (f) der Differentialgleichung (a) die Form

$$\varphi'(t) \cdot \psi(x) = a \cdot \varphi(t) \cdot \psi''(x) .$$

Wenn es gelingt, Funktionen zu finden, welche so beschaffen sind, daß

$$\varphi'(t) = p \cdot \varphi(t) \quad \text{und} \quad \psi''(x) = q^2 \cdot \psi(x),$$

worin p und q willkürliche, konstante Größen sind, so ergibt sich für solche Funktionen aus der Differentialgleichung eine Bedingungsgleichung für p und q, welche lautet

$$p = a\,q^2 .$$

Solche Funktionen gibt es in der Tat. Aus den Grundformeln der Differentialrechnung folgt, daß

e^{pt} bei einmaliger Differentiation übergeht in pe^{pt},

$\sin(q_1 x)$ bei zweimaliger Differentiation übergeht in $(-q_1^2)\sin(q_1 x)$,

$\cos(q_2 x)$ bei zweimaliger Differentiation übergeht in $(-q_1^2)\cos(q_2 x)$.

Zur Vermeidung der Indizes sei künftig m statt q_1 und n statt q_2 geschrieben.

Auf Grund dieser Darlegungen setzen wir als ersten Versuch

$$\vartheta = e^{pt}\sin(m x)$$

und erhalten dann zwischen p und m die Beziehung

$$p = - m^2 a.$$

Wir können also nur eine der beiden Größen p oder m willkürlich wählen, die andere ist dann durch die letzte Gleichung festgelegt. Wir lassen m willkürlich und erhalten: $p = - m^2 a$.

Damit wird die Gleichung

$$\vartheta = e^{-m^2 a t} \sin (m\,x)$$

eine Lösung der Differentialgleichung, und sie bleibt dies auch dann noch, wenn wir die rechte Seite mit einer willkürlichen Zahl C multiplizieren. Denn wenn wir die Funktion einmal nach t und zweimal nach x differenzieren, so bleibt der Faktor C ungeändert, er fällt also beim Einsetzen in die Differentialgleichung beiderseits fort.

$$\vartheta = C\,e^{-m^2 a t} \sin (m\,x) \tag{g}$$

heißt ein partikuläres Integral der Differentialgleichung (a).

Ganz in derselben Weise läßt sich zeigen, daß auch die Gleichung

$$\vartheta = e^{-n^2 a t} \cos (n\,x)$$

die Differentialgleichung befriedigt, und daß

$$\vartheta = D\,e^{-n^2 a t} \cos (n\,x) \tag{h}$$

ebenfalls ein partikuläres Integral ist, wenn D eine beliebige Zahl ist.

In diesen beiden Lösungen (g) und (h) sind das Wertesystem „m, n" und das Wertesystem „C, D" durchaus willkürlich, d. h. die einzelnen Werte können die Zahlenreihe von $- \infty$ bis $+ \infty$ stetig durchlaufen. Diese Willkür besteht aber nur so lange, als man die Gleichungen (g) und (h) lediglich als Lösungen der Differentialgleichung betrachtet. Sie wird erstmalig beschränkt durch die Oberflächenbedingungen.

d) Das Anpassen der partikulären Lösungen an die räumlichen Grenzbedingungen. Aus dem Integral:

$$\vartheta = C\,e^{-m^2 a t} \sin (m\,x)$$

folgt durch Differenzieren:

$$\frac{\partial \vartheta}{\partial x} = C\,e^{-m^2 a t} (+ m) \cos (m\,x).$$

Mit diesen beiden Werten erhalten die Randbedingungen (c) und (d) die Gestalten:

für $x = + X$; $C\,e^{-m^2 a t}(+ m) \cos (m\,X) = - h\,C\,e^{-m^2 a t} \sin (m\,X)$

oder $\qquad\qquad (+ m) \cos (m\,X) = (- h) \sin (m\,X)$;

für $x = - X$; $C\,e^{-m^2 a t}(+ m) \cos (- m\,X) = + h\,C\,e^{-m^2 a t} \sin (- m\,X)$

oder $\qquad\qquad (- m) \cos (m\,X) = + h \sin (m\,X). \tag{i_1}$

Dies zeigt vor allem, daß die Werte C durch die räumliche Grenzbedingung immer noch willkürlich gelassen werden, denn sie haben sich aus der Gleichung herausgehoben. Sodann ergibt die Rechnung, daß die beiden Oberflächen der Platte dieselbe Bedingungsgleichung für m liefern. Wir multiplizieren sie beiderseits mit X und fassen mX als die Unbekannte auf:

$$(m\,X)\cos(m\,X) = -\,(h\,X)\sin(m\,X)$$

oder
$$\operatorname{tg}(m\,X) = -\,\frac{m\,X}{h\,X}\,. \tag{i_2}$$

Die Lösung dieser transzendenten Gleichung finden wir am besten auf graphischem Wege, indem wir die beiden Kurven

$$u_1 = \operatorname{tg}(m\,X) \quad\text{und}\quad u_2 = -\,\frac{m\,X}{h\,X}$$

zeichnen. Da $u_1 = u_2$ sein muß, so bezeichnet jeder Schnittpunkt beider Linien eine Wurzel der Gleichung (i_2).

Abb. 5 stellt die beiden Funktionen dar. u_1 besteht aus den unendlich vielen Zweigen der Tangenskurve, u_2 ist eine Gerade, die durch den Ursprung geht und unter einem negativen Winkel gegen die positive X-Achse geneigt ist. Aus der Tatsache, daß die Gerade die Tangenskurve in unendlich vielen Punkten schneidet, erkennt man, daß die Gleichung für $(m\,X)$ unendlich viele Wurzeln (ε_1, ε_2, ε_3 ...) hat. Sie sind paarweise ihrem absoluten Werte nach gleich, aber mit entgegengesetzten Vorzeichen behaftet; für uns kommen nur die positiven Werte in Betracht.

Die Wurzeln liegen in den Intervallen.

$$\frac{\pi}{2} \text{ bis } \pi; \qquad \frac{3}{2}\pi \text{ bis } 2\pi; \qquad \frac{5}{2}\pi \text{ bis } 3\pi; \qquad \text{usw.,}$$

während in den dazwischenliegenden Intervallen keine Wurzeln liegen. Die Lage innerhalb dieser Intervalle hängt von der Größe $(h\,X)$ ab; nur der Wert $\varepsilon = 0$ ist fest.

Die Zahlentafel 1 gibt die ersten 6 Wurzeln für die Werte $h\,X = 0$ bis $h\,X = \infty$ wieder; die Werte m_1, m_2 usw. sind daraus durch Division mit X zu finden.

Zahlentafel 1. Wurzeln der Gleichung: $\operatorname{tg}\varepsilon = -\dfrac{\varepsilon}{h\,X}$.

$h\,X$	ε_1	ε_2	ε_3	ε_4	ε_5	ε_6
∞	0	3,14 $=\pi$	6,28 $=2\pi$	9,42 $=3\pi$	12,57 $=4\pi$	15,71 $=5\pi$
1000	0	3,14	6,27	9,41	12,56	15,69
100	0	3,11	6,22	9,33	12,45	15,56
50	0	3,08	6,16	9,24	12,33	15,41
20	0	2,99	5,99	9,00	12,04	15,07
10	0	2,86	5,76	8,70	11,71	14,74
4,0	0	2,57	5,35	8,30	11,34	14,41
1,0	0	2,03	4,91	7,98	11,09	14,21
0,5	0	1,84	4,80	7,91	11,05	14,18
0,1	0	1,63	4,73	7,86	11,01	14,15
0,01	0	1,58	4,71	7,85	11,00	14,15
0	0	1,57 $=\dfrac{\pi}{2}$	4,71 $=\dfrac{3}{2}\pi$	7,85 $=\dfrac{5}{2}\pi$	11,00 $=\dfrac{7}{2}\pi$	14,15 $=\dfrac{9}{2}\pi$

In derselben Weise ist das zweite Integral

$$\vartheta = D\, e^{-n^2 a t} \cos(n\,x)$$

zu untersuchen. Seine erste Ableitung lautet:

$$\frac{\partial \vartheta}{\partial x} = D\, e^{-n^2 a t}\,(-n)\sin(n\,x)\,.$$

Auch für dieses Integral zeigt die Rechnung, daß erstens die D-Werte aus der Rechnung herausfallen und zweitens, daß die beiden Oberflächen wieder nur eine Bedingungsgleichung für „$n\,X$" liefern. Sie heißt:

$$(n\,X)\sin(n\,X) = + (h\,X)\cos(n\,X)$$

oder

$$\operatorname{cotg}(n\,X) = +\frac{n\,X}{h\,X}\,. \tag{k}$$

Abb. 6 zeigt die beiden Kurven

$$v_1 = \operatorname{cotg}(n\,X) \quad \text{und} \quad v_2 = +\frac{n\,X}{h\,X}\,.$$

Auch diese transzendente Gleichung besitzt unendlich viele getrennt liegende Wurzeln ($\delta_1, \delta_2, \ldots, \delta_n \ldots$), und zwar liegen sie gerade in jenen Intervallen, die von den ε-Werten freigelassen wurden. Zahlentafel 2 enthält die δ-Wurzeln.

Zahlentafel 2. Wurzeln der Gleichung: $\operatorname{cotg}\delta = \dfrac{\delta}{h\,X}$.

$h\,X$	δ_1	δ_2	δ_3	δ_4	δ_5
∞	$1{,}57$ $=\frac{1}{2}\pi$	$4{,}71$ $=\frac{3}{2}\pi$	$7{,}85$ $=\frac{5}{2}\pi$	$11{,}00$ $=\frac{7}{2}\pi$	$14{,}15$ $=\frac{9}{2}\pi$
1000	1,57	4,71	7,84	10,98	14,13
100	1,56	4,66	7,77	10,88	14,00
50	1,54	4,62	7,70	10,78	13,87
20	1,50	4,49	7,49	10,51	13,55
10	1,43	4,30	7,22	10,20	13,22
4,0	1,26	3,93	6,81	9,78	12,87
1,0	0,86	3,42	6,43	9,52	12,65
0,5	0,65	3,29	6,36	9,47	12,61
0,1	0,31	3,17	6,30	9,43	12,57
0,01	0,10	3,14	6,28	9,42	12,57
0	0,00 $=0$	3,14 $=\pi$	6,28 $=2\pi$	9,42 $=3\pi$	12,57 $=4\pi$

Die Willkür, die in den partikulären Integralen enthalten war, ist jetzt dadurch beschränkt, daß die m-Werte und die n-Werte die Zahlenreihe nicht mehr stetig durchlaufen dürfen, sondern nur mehr bestimmte, getrennt liegende Werte

$$m_i = \frac{\varepsilon_i}{X} \quad \text{und} \quad n_i = \frac{\delta_i}{X}$$

annehmen können. Die C- und D-Werte sind dagegen noch ganz willkürlich. Die folgenden Gleichungen stellen unendlich viele, verschiedene

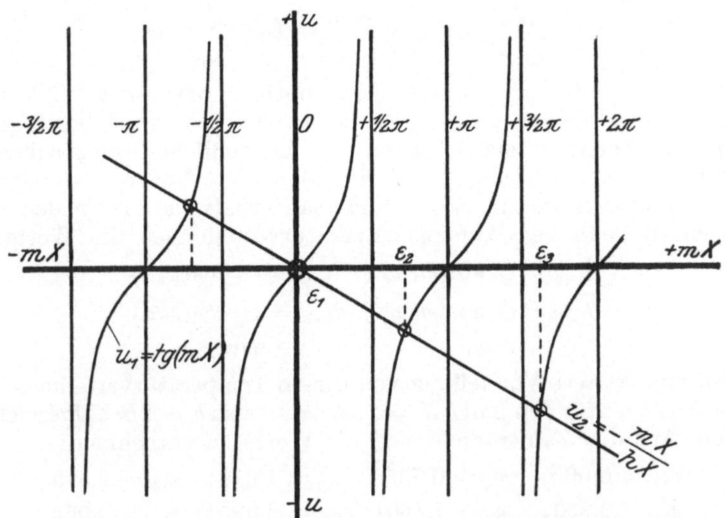

Abb. 5. Zeichnerische Lösung der Gleichung: $\mathrm{tg}\,(m\,X) = -\dfrac{m\,X}{h\,X}$.

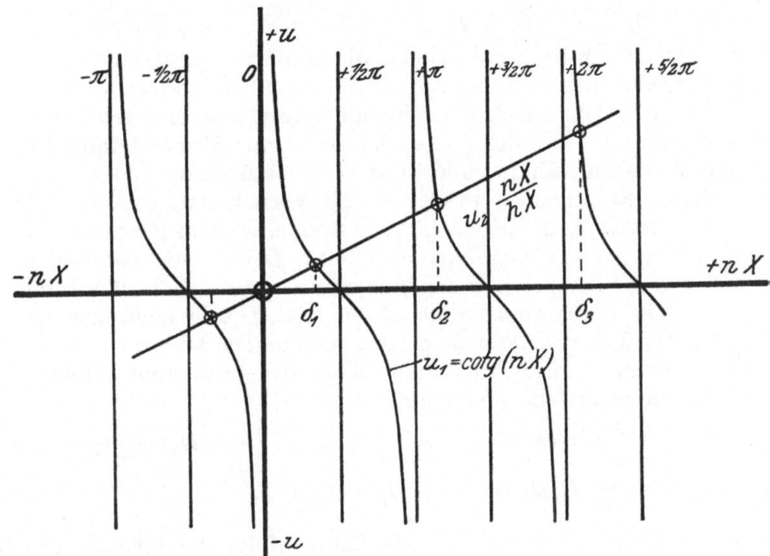

Abb. 6. Zeichnerische Lösung der Gleichung: $\mathrm{cotg}\,(n\,X) = +\dfrac{n\,X}{h\,X}$.

Temperaturverteilungen vor, die alle mit der Differentialgleichung verträglich sind und zugleich die räumlichen Grenzbedingungen erfüllen.

2*

$$\vartheta = C_1\, e^{-m_1{}^2 a t}\, \sin(m_1\, x) \quad\bigg|\quad \vartheta = D_1\, e^{-n_1{}^2 a t}\, \cos(n_1\, x)$$

$$\vartheta = C_2\, e^{-m_2{}^2 a t}\, \sin(m_2\, x) \quad\bigg|\quad \vartheta = \cdot\ \cdot\ \cdot\ \cdot\ \cdot\ \cdot\ \cdot\ \cdot$$

$$\cdot\ \cdot\ \cdot\ \cdot\ \cdot\ \cdot\ \cdot\ \cdot\ \cdot\ \cdot\ \cdot \quad\bigg|\quad \cdot\ \cdot\ \cdot\ \cdot\ \cdot\ \cdot\ \cdot\ \cdot\ \cdot\ \cdot \qquad (1)$$

$$\vartheta = C_i\, e^{-m_i{}^2 a t}\, \sin(m_i\, x) \quad\bigg|\quad \vartheta = D_i\, e^{-n_i{}^2 a t}\, \cos(n_i\, x)$$

$$\text{usw.} \qquad\qquad\bigg|\qquad\qquad \text{usw.}$$

Die jetzt noch vorhandene Unbestimmtheit, die in der Willkür der C- und D-Werte liegt, wird durch die Anfangsbedingung beseitigt.

e) Das Anpassen der Lösungen an die zeitliche Grenzbedingung. Setzt man in den Gleichungen (1) für t den Wert Null ein, so wird die Exponentialfunktion zu „Eins", und man erhält für die zu den Gleichungen (1) gehörigen Anfangstemperaturverteilungen die Werte:

$$\vartheta_{t=0} = C_1 \sin(m_1\, x) \quad\bigg|\quad \vartheta_{t=0} = D_1 \cos(n_1\, x)$$

$$\vartheta_{t=0} = C_2 \sin(m_2\, x) \quad\bigg|\quad \vartheta_{t=0} = D_2 \cos(n_2\, x)$$

$$\text{usw.} \qquad\qquad\bigg|\qquad\qquad \text{usw.}$$

Um eine klarere Vorstellung von diesen Temperaturverteilungen zu geben, sollen sie für den Fall $h\,X = 2$; $X = \pi$; also $h = 2/\pi$ aufgezeichnet werden. Aus den Zahlentafeln sind die Werte zu entnehmen:

$$m_1 = 0{,}000; \quad m_2 = 0{,}735; \quad m_3 = 1{,}618; \quad m_4 = 2{,}575,$$

$$n_1 = 0{,}350; \quad n_2 = 1{,}160; \quad n_3 = 2{,}095; \quad n_4 = 3{,}065.$$

In den Abb. 7 und 8 sind diese Anfangstemperaturverteilungen gezeichnet, und zwar unter der Annahme, daß die Koeffizienten

$$C_1 = C_2 = \cdots C_i = D_1 = \cdots D_i = \cdots = +1 \text{ sind}.$$

Man sieht ohne weiteres, daß keine dieser Verteilungen mit der durch Abb. 4 vorgegebenen Temperaturverteilung übereinstimmt. Aber es ist vielleicht möglich, durch Übereinanderlagern mehrerer solcher Temperaturverteilungen sich der vorgegebenen Temperaturverteilung in genügender Weise zu nähern, und zwar wird man dieses Übereinanderlagern, dieses Summieren, in der Weise vornehmen, daß man jene Temperaturverteilungen, welche günstig sind, stärker in Rechnung setzt, also mit einem großen Koeffizienten C oder D versieht, während man die ungünstigen Temperaturverteilungen in ihrem Einfluß schwächt, gegebenen Falles ganz ausschaltet, also C bzw. D sehr klein oder gleich Null wählt. Der Leser möge sich vorläufig denken, daß diese Bestimmung der Koeffizienten C und D auf dem Wege des Probierens erfolge. Ist dies geschehen, so gilt die Gleichung:

$$F(x) = C_1 \sin(m_1\, x) + C_2 \sin(m_2\, x) + \cdots + D_1 \cos(n_1\, x) + \cdots$$

$$\text{oder} \quad F(x) = \sum_{i=1}^{i=\infty} \left\{ C_i \sin(m_i\, x) + D_i \cos(n_i\, x) \right\}. \qquad (m)$$

Für eine beliebig spätere Zeit gilt dann infolge der Gleichungen (1)

$$\Phi(x,\, t) = \sum_{i=1}^{i=\infty} \left\{ C_i\, e^{-m_i{}^2 a t}\, \sin(m_i\, x) + D_i\, e^{-n_i{}^2 a t}\, \cos(n_i\, x) \right\}. \qquad (n)$$

Diese Gleichung ist die gesuchte Lösung der Aufgabe.

Es wäre nun eigentlich noch der Beweis zu erbringen, daß, wenn

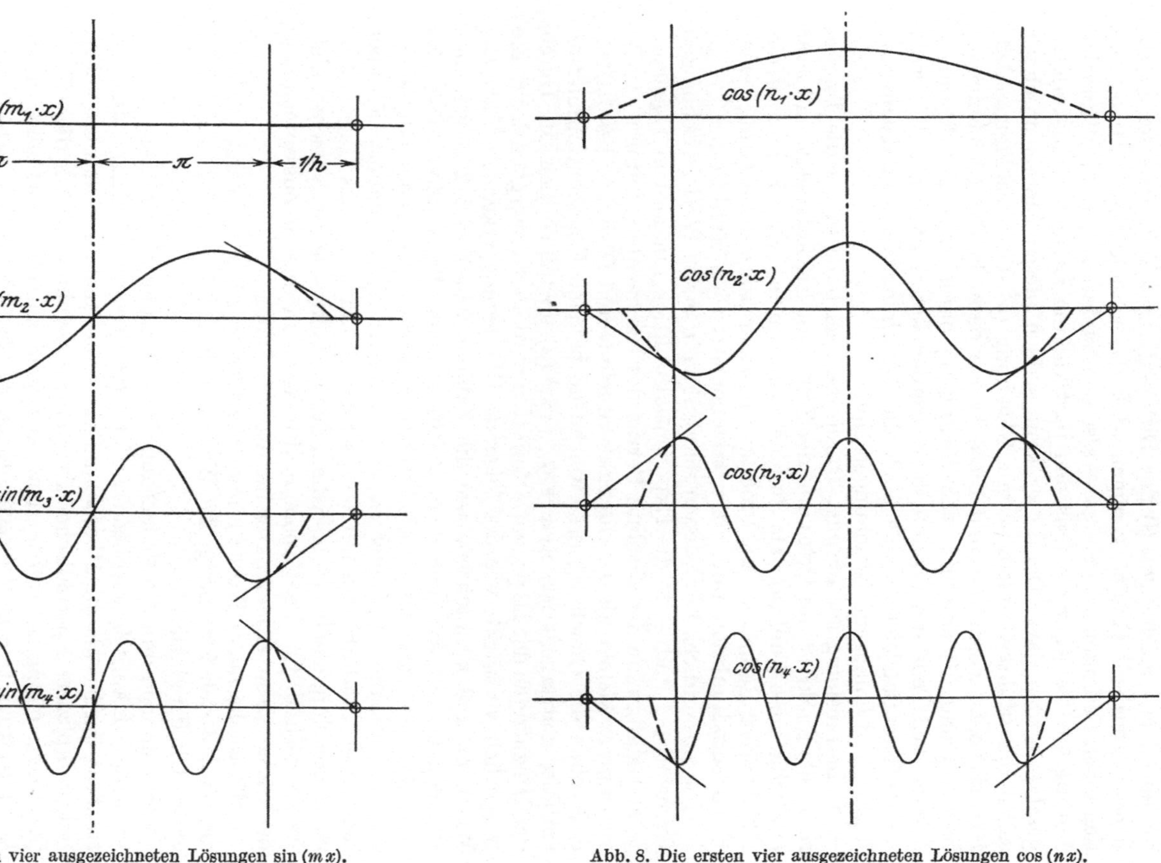

Abb. 7. Die ersten vier ausgezeichneten Lösungen sin (mx).

Abb. 8. Die ersten vier ausgezeichneten Lösungen cos (nx).

die einzelnen Gleichungen (l) der Differentialgleichung und den räumlichen Grenzbedingungen genügen, daß dann auch ihre Summe noch denselben Bedingungen genügt — also der Nachweis, daß die allgemeine Lösung aus Teillösungen (aus den partikulären Lösungen) zusammengesetzt werden darf. Der Leser kann jedoch diesen Beweis unschwer selbst durchführen, indem er mit Gleichung (n) die einschlägigen Differentiationen vornimmt und diese Werte dann in die Gleichung (a) bzw. (c) und (d) einführt. Die Bedingung dafür, daß die allgemeine Lösung aus Teillösungen aufgebaut werden kann, ist die, daß sowohl die Differentialgleichung als auch die Gleichung der Randbedingung lineare und homogene Gleichungen sind.

f) Besprechung der Lösung. Durch die Gleichung (n) ist die Temperatur als Funktion des Ortes und der Zeit eindeutig festgelegt, und zwar erscheint diese Funktion als Summe zweier unendlicher Reihen. Jedes Glied dieser Reihen ist ein Produkt aus einer konstanten Größe, einer Exponentialfunktion und einer trigonometrischen Funktion.

Die sin- und cos-Funktionen schwanken in ihrem Wert zwischen den Grenzen $+1$ und -1; die Exponentialfunktion nimmt von 1 gegen 0 zu stetig ab, wenn der absolute Betrag des Exponenten zunimmt, sie ist also immer kleiner als 1. Die Zahlenwerte C und D sind so beschaffen, daß schon die Gleichung (m), welche noch keine Exponentialfunktion enthält, konvergent ist, weil ja $\vartheta_{t=0} = F(x)$ überall endlich ist. Durch das Hinzutreten der Exponentialfunktion wird die Konvergenz der Reihe wesentlich verstärkt, wie die folgende Überlegung erkennen läßt. Die Werte m_i und n_i wachsen, wie die Zahlentafeln 1 und 2 zeigen, mit steigendem „i“ annähernd in arithmetischer Progression. Die Exponenten $-m_i{}^2 at$ und $-n_i{}^2 at$ wachsen deshalb, bei festgehaltenem a und t, in annähernd geometrischer Progression. Damit nähert sich aber die Exponentialfunktion mit wachsender Ordnung „i“ des Gliedes sehr rasch der Null, das heißt das Glied, dessen Faktor sie ist, verschwindet. Es ist deshalb für die Exponentialfunktion in diesem Zusammenhang der Name „Konvergenzfaktor der Reihe“ üblich.

Mit wachsendem Wert t nimmt die Wirkung des Konvergenzfaktors zu, so daß sich für sehr große Werte t jede der beiden Reihen auf ihr erstes Glied reduziert.

Wir können nun die Bedeutung der Gleichung (n) erklären:

„Jede willkürlich gegebene Anfangstemperaturverteilung kann betrachtet werden als die Übereinanderlagerung mehrerer teils einfacher, teils komplizierter periodischer Temperaturverteilungen. Alle diese Temperaturverteilungen streben dem Ausgleich zu, und zwar klingen die komplizierten Temperaturverteilungen rascher ab, so daß zum Schluß die einfachen Verteilungen allein das Problem beherrschen.“

Durch die Lösung dieser Aufgabe ist ein Weg gezeigt worden, der bei sehr vielen Aufgaben der Wärmeleitung zum Ziele führt. Aber die Darstellung war ganz auf diese eine Aufgabe zugeschnitten, und sie war lückenhaft, indem wichtige mathematische Erörterungen durch Zuhilfenahme plausibler Vorstellungen umgangen wurden.

Soweit es dem Zwecke des Buches entspricht, sollen nun diese

Mängel durch eine Darstellung der analytischen Methoden auf allgemeinerer Grundlage ausgeglichen werden, und zwar unter Zugrundelegung der Differentialgleichung $\dfrac{\partial \vartheta}{\partial t} = a \cdot \nabla^2 \vartheta$.

2. Über das Aufsuchen partikulärer Lösungen.

Wenn es auch nicht möglich ist, allgemein gültige Anweisungen für das Aufsuchen von partikulären Lösungen zu geben, so gibt es doch einige Regeln, deren Verwendung in den meisten Fällen zu partikulären Lösungen führt. Sehr oft gibt auch der Verlauf eines physikalischen Vorganges selbst, so wie man ihn aus der Erfahrung kennt, einen Hinweis auf jene Funktionen, die man zuerst in Erwägung ziehen soll.

a) Mathematische Erwägungen. Die allgemeinste Form einer linearen, partiellen Differentialgleichung zweiter Ordnung mit einer abhängigen Veränderlichen ϑ und den zwei unabhängigen Veränderlichen u und v lautet:

$$l\frac{\partial^2 \vartheta}{\partial u^2} + m\frac{\partial^2 \vartheta}{\partial u \cdot \partial v} + n\frac{\partial^2 \vartheta}{\partial v^2} + o\frac{\partial \vartheta}{\partial u} + p\frac{\partial \vartheta}{\partial v} + q\vartheta + r = 0, \qquad (6)$$

worin $l, m, \ldots, r$ Funktionen nur von u und v, nicht aber von ϑ sind.

In dem Sonderfall, daß $r = 0$, daß also die Gleichung homogen ist, und daß die Koeffizienten $l, m, \ldots, q$ konstante Größen sind, in diesem Falle also führt der Ansatz

$$\vartheta = C\, e^{\alpha u} e^{\beta v} = C\, e^{\alpha u + \beta v} \qquad (7)$$

immer auf ein partikuläres Integral.

Um dies zu zeigen, bilden wir die Ableitungen:

$$\frac{\partial \vartheta}{\partial u} = C\,\alpha\, e^{\alpha u} e^{\beta v} \quad\bigg|\quad \frac{\partial^2 \vartheta}{\partial u \cdot \partial v} = C\,\alpha\beta\, e^{\alpha u} e^{\beta v} \quad\bigg|\quad \frac{\partial^2 \vartheta}{\partial u^2} = C\,\alpha^2\, e^{\alpha u} e^{\beta v}$$

$$\frac{\partial \vartheta}{\partial v} = C\,\beta\, e^{\alpha u} e^{\beta v} \quad\bigg|\quad\qquad\qquad\qquad\qquad\bigg|\quad \frac{\partial^2 \vartheta}{\partial v^2} = C\,\beta^2\, e^{\alpha u} e^{\beta v}$$

Setzen wir diese Ableitungen in die Differentialgleichung (6) ein, so hebt sich $C e^{\alpha u} e^{\beta v}$ aus der Gleichung weg und es bleibt

$$l\,\alpha^2 + m\,\alpha\beta + n\,\beta^2 + o\,\alpha + p\,\beta + q = 0. \qquad (8)$$

Diese Gleichung wollen wir die Koeffizientengleichung nennen. Wir sehen jetzt, daß der Ansatz (7) immer dann ein Integral der Differentialgleichung (6) ist, wenn α und β so gewählt sind, daß die Bedingung (8) erfüllt ist. Es darf also nicht nur C, sondern auch einer der beiden Werte α oder β willkürlich gewählt werden, der andere ist dann aus (8) zu bestimmen. Diese Gleichung (8) ist quadratisch; sie liefert also je nach Beschaffenheit ihrer Diskriminante entweder

zwei verschiedene, reelle Werte oder

zwei gleiche, reelle Werte oder

zwei komplex-konjugierte Werte.

Damit wird aber auch das Integral selbst komplex. Dieser Fall der komplexen Lösung ist dadurch wichtig, daß sich aus ihm zwei reelle

Lösungen gewinnen lassen, indem man die Lösung in einen reellen und einen rein imaginären Teil spaltet.

Hierzu als Beispiel nochmals die Differentialgleichung:

$$\frac{\partial \vartheta}{\partial t} = a\,\frac{\partial^2 \vartheta}{\partial x^2}.$$

Deutet man in der Gleichung (6) u als die x-Koordinate und v als die Zeit, so wird

$$l = -a; \quad p = 1; \quad m = n = o = q = r = 0$$

und die Gleichung (8) nimmt die Gestalt an

$$-\alpha^2 a + \beta = 0 \quad \text{oder} \quad \beta = \alpha^2 a.$$

Der Ansatz: $\vartheta = C e^{\alpha^2 a t} e^{\alpha x}$ ist also ein Integral der Differentialgleichung.

Da die Temperaturleitfähigkeit a immer ein positiver Wert ist, so würde bei ebenfalls positivem „α^2“ die Temperatur mit wachsendem t über alle Grenzen hinaus wachsen. Aus diesem Grunde sind bei Wärmeleitproblemen nur solche Werte von α zu gebrauchen, die ein negatives α^2 ergeben, d. h. α ist rein imaginär anzunehmen.

Wir setzen $\alpha = \pm i \cdot q$, worin q eine willkürliche reelle Größe ist. Das Integral heißt jetzt

$$\vartheta = C\,e^{-q^2 a t}\,e^{\pm i q x}.$$

Mit Hilfe der bekannten Analysisformel

$$e^{\pm i x} = \cos x \pm i \sin x$$

lassen sich hieraus die beiden komplexen Lösungen bilden:

$$\vartheta_1 + i\,\vartheta_2 = C_1 e^{-q^2 a t} \cdot \left(\cos(q\,x) + i \sin(q\,x) \right),$$

$$\vartheta_1 + i\,\vartheta_2 = C_2 e^{-q^2 a t} \cdot \left(\cos(q\,x) - i \sin(q\,x) \right).$$

Indem man die beiden Gleichungen addiert und dann den reellen Teil links gleich dem reellen Teil rechts, ebenso den rein imaginären Teil links gleich dem rein imaginären Teil rechts setzt, erhält man die beiden Lösungen

$$\vartheta_1 = \frac{C_1 + C_2}{2}\,e^{-q^2 a t} \cos(q\,x),$$

$$i\,\vartheta_2 = i\,\frac{C_1 - C_2}{2}\,e^{-q^2 a t} \sin(q\,x).$$

In der zweiten Gleichung läßt sich die imaginäre Einheit „i“ auf beiden Seiten streichen. Setzt man noch

$$\frac{C_1 + C_2}{2} = D \quad \text{und} \quad \frac{C_1 - C_2}{2} = C,$$

so ergeben sich wieder die beiden Lösungen (g) und (h) der einführenden Aufgabe.

Wir kennen nun bereits 4 Lösungen unserer Differentialgleichung, nämlich

1. und 2. Lösung: $\quad \vartheta = C\, e^{-q^2\, a\, t}\, e^{\pm i q x}$,

3. und 4. Lösung: $\quad \vartheta = C\, e^{-q^2\, a\, t}\, \dfrac{\sin}{\cos}\,(q\,x)$,

in denen C und q willkürliche Wertesysteme sind. Alle 4 Lösungen sind dadurch ausgezeichnet, daß sie aus einem Produkt zweier Teilfunktionen mit nur je einer Veränderlichen bestehen.

Es sind aber auch Funktionen bekannt, bei denen diese Teilung nicht möglich ist. Z. B.

die 5. Lösung: $\quad \vartheta = C_1 \dfrac{1}{\sqrt{t}}\, e^{-\frac{(q-x)^2}{4 a t}}$ oder $\vartheta = \dfrac{C_2}{\sqrt{\pi}} \cdot \dfrac{1}{\sqrt{4 a t}}\, e^{-\frac{(q-x)^2}{4 a t}}$.

Daß dies tatsächlich ein Integral der Differentialgleichung ist, erkennt man, wenn man die nachstehenden partiellen Ableitungen bildet und in die Differentialgleichung einsetzt.

$$\frac{\partial \vartheta}{\partial t} = C_1 \frac{1}{\sqrt{t}}\, e^{-\frac{(q-x)^2}{4 a t}} \cdot \left\{ \frac{(q-x)^2}{4\, a\, t^2} - \frac{1}{2 t} \right\}$$

und

$$\frac{\partial^2 \vartheta}{\partial x^2} = C_1 \frac{1}{\sqrt{t}}\, e^{-\frac{(q-x)^2}{4 a t}} \cdot \left\{ \frac{(q-x)^2}{4\, a^2\, t^2} - \frac{1}{2\, a\, t} \right\}.$$

Eine 6. Lösung, von der wir auf S. 67 Gebrauch machen werden, ist

$$\vartheta = C\, \frac{2}{\sqrt{\pi}} \int_0^{\frac{x}{\sqrt{4 a t}}} e^{-q^2}\, dq\,.$$

b) Physikalische Erwägungen. In Anlehnung an frühere Erfahrungen wollen wir gleich mit einem Ansatz beginnen, der aus einem Produkt zweier Teilfunktionen besteht, von denen die eine nur die Zeit t, die andere nur die drei Koordinaten ξ, η, ζ des Raumes als Argument enthält. Also

$$\vartheta = C \cdot \varphi\,(t) \cdot \psi\,(\xi,\, \eta,\, \zeta)\,.$$

Die physikalischen Erwägungen beziehen sich nun auf die Wahl der Funktion $\varphi\,(t)$. Ist aus der Art der gestellten Aufgabe zu ersehen, daß die Temperatur an allen Stellen im Feld einen mit der Zeit periodischen Verlauf erwarten läßt, so wird man für $\varphi\,(t)$ eine in t periodische Funktion versuchen. Vergleiche darüber später im Abschnitt C 2. S. 72.

Ist dagegen das Problem so beschaffen, daß alle vorhandenen Temperaturunterschiede ihrem Ausgleich zustreben, so wird man für $\varphi\,(t)$ eine Funktion wählen, die mit wachsendem Argument sich asymptotisch dem Werte Null nähert; es ist am naheliegendsten, hierfür die Exponentialfunktion mit negativem Exponenten zu versuchen. Wir setzen:

$$\vartheta = C\, e^{-p\,t} \cdot \psi\,(\xi,\, \eta,\, \zeta)\,. \tag{9a}$$

Da nicht nur C, sondern auch p eine vorerst noch durchaus willkürliche Größe ist, so können wir — in Erinnerung an frühere Ergebnisse (s. S. 15) — schon hier für p eine andere willkürliche Größe q einführen, nach der Gleichung $p = q^2 a$. Dadurch gewinnen wir später eine einfachere Schreibweise. Der Ansatz (9a) nimmt damit die Form an:

$$\vartheta = C\, e^{-q^2 a t} \cdot \psi\,(\xi,\, \eta,\, \zeta)\,. \tag{9b}$$

Setzt man die hieraus abgeleiteten Werte

$$\frac{\partial \vartheta}{\partial t} = (-\,q^2)\, a\, C\, e^{-q^2 a t} \cdot \psi$$

und

$$\nabla^2 \vartheta = C\, e^{-q^2 a t} \cdot \nabla^2 \psi$$

in die Differentialgleichung ein, so vereinfacht sich diese zu

$$\nabla^2 \psi + q^2 \cdot \psi = 0\,. \tag{10}$$

Die Verwendung der Exponentialfunktion für $\varphi(t)$ führt also dann auf eine Lösung der Wärmeleitungsgleichung, wenn es gelingt, für die Funktion $\psi(\xi,\, \eta,\, \zeta)$ einen Ausdruck zu finden, der die Differentialgleichung (10) befriedigt.

Durch den Ansatz (9) ist der Vorteil erzielt worden, daß die Zahl der unabhängigen Veränderlichen um eine, nämlich um t, geringer geworden ist; in dem Falle z. B., daß das Temperaturfeld nur von einer Koordinate abhängt, ist statt einer partiellen nur eine gewöhnliche Differentialgleichung zu lösen.

Die Gleichung (10), die häufig als die Pockelssche Differentialgleichung bezeichnet wird, ist nach

der Laplaceschen Differentialgleichung $\quad \nabla^2 \psi = 0$ und
der Poissonschen Differentialgleichung $\quad \nabla^2 \psi = \mathrm{const}$

die wichtigste partielle Differentialgleichung der mathematischen Physik. Es ist deshalb über die Eigenschaften der Gleichung und über ihre Lösungen eine ausgedehnte Literatur vorhanden[1].

c) Drei wichtige Sonderfälle der Gleichung $\nabla^2 \psi + q^2 \cdot \psi = 0$. In Formel (10) ist die Pockelssche Differentialgleichung noch auf kein Koordinatensystem beschränkt. Mit Hilfe der Vektorformeln IX läßt sich die Pockelssche Differentialgleichung für die drei wichtigsten Koordinatensysteme umformen. Für uns kommen vor allem jene einfachsten Fälle in Betracht, in denen der Temperaturverlauf nur von einer Koordinate abhängt.

Rechtwinkelig, geradlinige Koordinaten. ψ sei von y und z unabhängig. Dies führt aus Vektorformel IXa zur Gleichung

$$\frac{d^2 \psi}{d x^2} + q^2 \cdot \psi = 0\,. \tag{11a}$$

Die beiden Gleichungen

$$\psi = C \cos\,(q\,x) \quad \text{und} \quad \psi = C \sin\,(q\,x)$$

---

[1] Näheres siehe: Enzykl. d. math. Wiss. II. A. 7c, S. 540ff.

sind zwei Lösungen dieser Differentialgleichung, wie man sich leicht durch Nachrechnen überzeugen kann. Es sind dies die bekannten

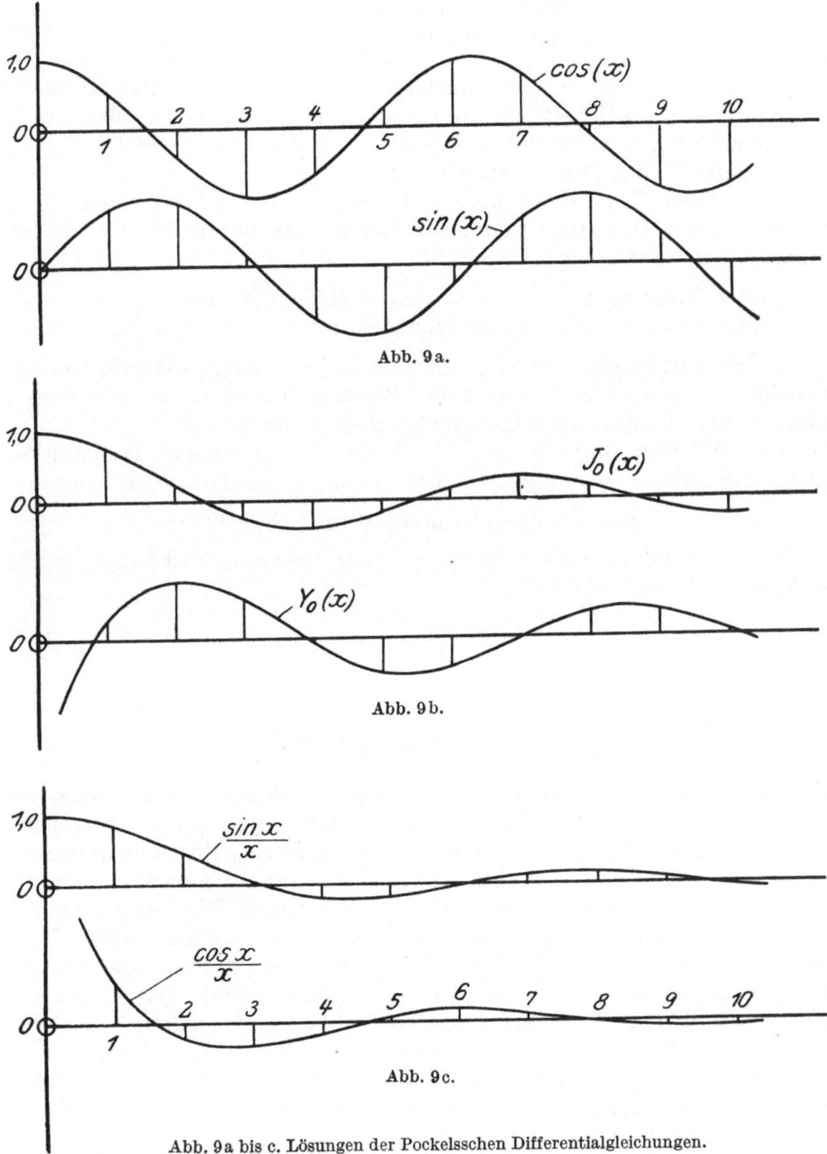

Abb. 9a bis c. Lösungen der Pockelsschen Differentialgleichungen.

oszillierenden Funktionen, deren Amplitude konstant ist, also rein periodische Funktionen. Sie sind in Abb. 9a für den besonderen Fall $C = 1$ und $q = 1$ gezeichnet.

Zylinder-Koordinaten. Es sei angenommen, daß ψ nur von r allein abhängt. Dann vereinfacht sich die Vektorformel IXb und wir erhalten

$$\frac{d^2\psi}{dr^2} + \frac{1}{r}\cdot\frac{d\psi}{dr} + q^2\cdot\psi = 0 \,. \tag{11b}$$

Diese Gleichung besitzt ebenfalls zwei Lösungen, welche beide oszillierende Funktionen mit dem Argument (qr) sind. Die Amplitude nimmt jedoch mit wachsendem Argument ab, wie aus der zeichnerischen Darstellung in Abb. 9b zu ersehen ist.

Die beiden Funktionen heißen die Besselschen oder Zylinderfunktionen nullter Ordnung, und zwar werden sie unterschieden als die Besselschen Funktionen

nullter Ordnung von der ersten Art mit dem Symbol J_0,
nullter Ordnung von der zweiten Art mit dem Symbol Y_0.

Da es nicht möglich ist, die Funktionen durch kurze analytische Ausdrücke wiederzugeben, hat man ihre Werte in Tafeln zusammengestellt, ähnlich den Tafeln der trigonometrischen Funktionen[1].

Die Differentialgleichung (11b) heißt die Besselsche Differentialgleichung nullter Ordnung, und ihre Lösungen werden geschrieben:

$$\psi = C\cdot J_0(q\,r) \quad \text{und} \quad \psi = C\cdot Y_0(q\,r)\,.$$

Kugel-Koordinaten. Wenn ψ wieder nur von r abhängt, ergibt sich aus Vektorformel IXc

$$\frac{d^2\psi}{dr^2} + \frac{2}{r}\cdot\frac{d\psi}{dr} + q^2\cdot\psi = 0 \,. \tag{11c}$$

Die beiden Gleichungen

$$\psi = C\,\frac{\sin(q\,r)}{q\,r} \quad \text{und} \quad \psi = C\,\frac{\cos(q\,r)}{q\,r}$$

sind Lösungen dieser Gleichung, wovon man sich durch Ausrechnen der Differentialquotienten und Einsetzen in Gleichung (11c) überzeugen kann. Es sind wiederum oszillierende Funktionen, deren Amplituden mit wachsendem Argument (qr) sehr rasch, und zwar noch rascher als diejenigen der Besselschen Funktionen, abnehmen. Dies zeigt Abb. 9c.

Zusammenfassung. Diese drei Sonderfälle sollen wegen ihrer Wichtigkeit den nachfolgenden Abschnitten über das Anpassen partikulärer Integrale an die Grenzbedingungen zugrunde gelegt werden. Damit die drei Fälle gemeinsam besprochen werden können, soll die maßgebende Koordinate mit ξ bezeichnet werden; sie ist dann je nach dem Falle als x, r oder r zu deuten. Die Flächen konstanter Temperatur sind durch Gleichungen $\xi = \text{const}$ und die Oberfläche des Körpers durch die Gleichung $\xi = \xi_0$ gekennzeichnet.

Ein partikuläres Integral der Wärmeleitungsgleichung hat dann die Form

$$\vartheta = C\,e^{-q^2 a t}\cdot\psi(q\,\xi)\,. \tag{12}$$

---

[1] Vgl. Jahnke u. Emde: Funktionentafeln mit Formeln und Kurven. Leipzig: Teubner 1909.

3. Über das Anpassen an die Oberflächenbedingung.

Wir wollen sofort den allgemeinen Fall, nämlich den der dritten Randwertangabe, besprechen.

Die Oberflächenbedingung (5) schreiben wir in der Form

$$\left(\frac{d\vartheta}{d\xi}\right)_0 = -h\,\vartheta_0.$$

Unter Verwendung des partikulären Integrals (12) nimmt dieser Ausdruck die Form an:

$$C\,e^{-q^2 a t} \cdot \left[\frac{d}{d\xi}\,\psi(q\,\xi)\right]_0 = -h\,C\,e^{-q^2 a t} \cdot \left[\psi(q\,\xi)\right]_0$$

oder

$$q\cdot\psi'(q\,\xi_0) = -h\cdot\psi(q\,\xi_0).$$

In dieser Gleichung ist q eine vorerst noch willkürliche Größe, welche aber jetzt durch Anpassen an die Oberflächenbedingung bestimmt werden soll. Wir multiplizieren beide Seiten mit ξ_0 und fassen dann $(q\,\xi_0)$ als Unbekannte auf.

$$-\frac{(q\,\xi_0)}{(h\,\xi_0)} = \frac{\psi(q\,\xi_0)}{\psi'(q\,\xi_0)}. \tag{13}$$

Den Quotienten auf der rechten Seite von Gleichung (13) können wir als eine einzige Funktion von $(q\,\xi_0)$ auffassen, deren Eigenschaften wir nun untersuchen wollen.

Die Funktion $\psi(q\,\xi_0)$ ist nach den obigen Erörterungen eine um die $(q\,\xi_0)$-Achse oszillierende Funktion. Es gibt also unendlich

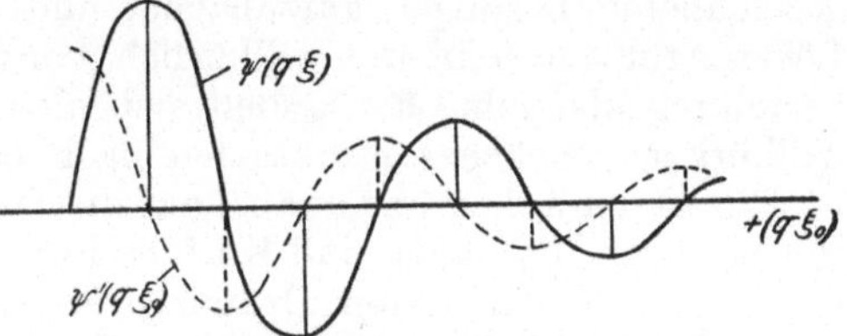

Abb. 10. Zur Gleichung (13).

viele, getrennt liegende Werte $(q\,\xi_0)$, für welche die Funktion den Wert Null annimmt. Vergleiche Abb. 10.

Zwischen je zwei solchen Nullstellen liegt ein Maximum oder Minimum der Funktion. Die abgeleitete Funktion $\psi'(q\,\xi_0)$ hat also gerade dort ihre Nullstellen, wo die ursprüngliche Funktion ihre größten Ausschläge hat und umgekehrt.

Die rechte Seite von Gleichung (13) stellt also eine Funktion dar, die dort ihre Nullstellen hat, wo die ursprüngliche Funktion zu Null wird, und die an den Nullstellen der abgeleiteten Funktion gleich $\pm\infty$ wird. Sie besteht also stets aus unendlich vielen Zweigen, ähnlich der Tangens- und Kotangensfunktion.

Die linke Seite der Gleichung (13) stellt eine Gerade dar, die durch den Ursprung geht, und gegen die Abszissenachse unter dem Winkel $(-1):(h\,\xi_0)$ geneigt ist. Sie schneidet jeden der unendlich vielen Zweige der obigen Kurve einmal.

Es gilt deshalb der Satz:

Die Gleichung (13) besitzt unendlich viele, getrennt liegende Wurzeln

$$(q_1\,\xi_0),\,(q_2\,\xi_0),\,\ldots,\,(q_i\,\xi_0),\,\ldots,$$

d. h., es gibt unendlich viele Temperaturverteilungen, die mit der Differentialgleichung der Wärmeleitung und mit der räumlichen Grenzbedingung verträglich sind.

Ferner gilt der Zusatz:

Für $h = \infty$, also für Vorgänge, bei denen die Oberfläche des Körpers ständig auf der Temperatur Null gehalten wird, gehen diese Wurzeln in die Nullstellen der Funktion $\psi(q\,\xi_0)$ über. Und für $h = 0$, also für Vorgänge ohne Wärmeabgabe (ideale Isolierung) sind die Wurzeln gleich den Nullstellen der abgeleiteten Funktion $\psi'(q\,\xi_0)$.

Aus dem Wertesystem $(q_i\,\xi_0)$ ist dann durch Division mit ξ_0 das Wertesystem q_i zu berechnen.

Alle Funktionen, welche sowohl der Differentialgleichung als auch der Oberflächenbedingung genügen, werden „ausgezeichnete Lösungen“ genannt. Sie enthalten als laufende Koordinaten die Zeit und die Raumkoordinaten und ferner noch den Parameter q; derselbe ist nicht mehr willkürlich, sondern an bestimmte, getrennt liegende Werte q_i gebunden, die man „ausgezeichnete Werte“ heißt.

4. Über das Anpassen an die Anfangsbedingung.

Es besteht nun die Aufgabe, die allgemeine Lösung aus solchen ausgezeichneten Lösungen aufzubauen, und zwar so, daß die allgemeine Lösung für $t = 0$ in die willkürlich vorgegebene Anfangstemperaturverteilung übergeht. Es handelt sich also hierbei um die Entwicklung willkürlich gegebener Funktionen nach oszillierenden Funktionen.

Wir beschränken uns hierbei auf die Darstellung willkürlicher Funktionen durch die Sinus- und Kosinus-Funktionen und durch die Besselschen Funktionen nullter Ordnung, erster und zweiter Art.

a) Fouriersche Reihen mit vorgegebenen Parametern m und n. Diese Ausführungen stellen die Ergänzung zur Berechnung der einführenden Aufgabe dar. Vergleiche S. 20.

Es besteht die Aufgabe, eine im Bereiche $-X < x < X$ willkürlich gegebene Funktion $F(x)$ in eine Reihe zu entwickeln von der Gestalt der Gleichung (m) S. 20

$$F(x) = \sum_{i=1}^{i=\infty} \left\{ C_i \sin(m_i\,x) + D_i \cos(n_i\,x) \right\}, \tag{14}$$

wobei die Werte m_i und n_i als die unendlich vielen Lösungen der Gleichungen (i) und (k)

$$-\frac{m\,X}{h\,X} = \operatorname{tg}(m\,X) \quad \text{und} \quad +\frac{n\,X}{h\,X} = \operatorname{cotg}(n\,X)$$

vorgeschrieben sind.

Die Aufgabe ist gelöst, wenn die Koeffizienten C_i und D_i so bestimmt sind, daß die Gleichung für jeden Wert von x, der zwischen $+ X$ und $- X$ liegt, erfüllt ist.

Hilfsformeln: Um die Erörterung später nicht unterbrechen zu müssen, sollen einige Hilfsformeln im voraus abgeleitet werden.

Das Integral

$$\int_{-X}^{+X} \sin(m_i x) \sin(m_k x) \cdot dx$$

geht bei Anwendung der trigonometrischen Formel

$$\sin\alpha \sin\beta = \tfrac{1}{2}\{\cos(\alpha-\beta) - \cos(\alpha+\beta)\}$$

über in das Integral

$$\tfrac{1}{2}\int_{-X}^{+X}\{\cos(m_i-m_k)x - \cos(m_i+m_k)x\}\,dx,$$

und dies ist gleich

$$\frac{\sin(m_i-m_k)X}{m_i-m_k} - \frac{\sin(m_i+m_k)X}{m_i+m_k}.$$

Durch Anwendung der trigonometrischen Formel

$$\sin(\alpha\pm\beta) = \sin\alpha\cos\beta \pm \cos\alpha\sin\beta$$

erhält dieser Ausdruck den Wert

$$2\,\frac{m_k\sin(m_i X)\cos(m_k X) - m_i\sin(m_k X)\cos(m_i X)}{m_i{}^2 - m_k{}^2}.$$

Da die Werte m_i und m_k der Oberflächenbedingung gemäß gewählt sind, folgt aus Gleichung (i_1) von S. 16, daß

$$\frac{m_i\cos(m_i X)}{\sin(m_i X)} = -h \quad\text{und}\quad \frac{m_k\cos(m_k X)}{\sin(m_k X)} = -h,$$

also auch

$$m_k\cos(m_k X)\sin(m_i X) = m_i\cos(m_i X)\sin(m_k X).$$

Es folgt daraus, daß der Wert des Integrals für beliebig herausgegriffene Lösungen (beliebige Nummern i und k) immer gleich Null ist. Eine Ausnahme macht nur der Fall $i = k$, also $m_i = m_k$, weil dann auch der Nenner $m_i{}^2 - m_i{}^2$ gleich Null ist. Für $i = k$ nimmt das vorgegebene Integral die Form an

$$\int_{-X}^{+X}\sin^2(m_i x)\cdot dx = 2\left\{\frac{X}{2} - \frac{\sin(2\,m_i X)}{4\,m_i}\right\}.$$

Es ist also dann von Null verschieden.

So ergibt sich die erste Hilfsformel:

$$\int_{-X}^{+X}\sin(m_i x)\sin(m_k x)\cdot dx = 0 \quad\text{für}\quad i \neq k$$
$$> 0 \quad\text{für}\quad i = k.$$

Ganz ebenso ist die zweite Hilfsformel abzuleiten. Sie lautet:

$$\int_{-X}^{+X}\cos(n_i x)\cos(n_k x)\cdot dx = 0 \quad\text{für}\quad i \neq k,$$
$$> 0 \quad\text{für}\quad i = k.$$

Die dritte Hilfsformel heißt:

$$\int\limits_{-X}^{+X} \sin(m_i x)\cos(n_k x)\cdot dx = 0 \begin{cases} \text{für} \quad i \neq k \quad \text{und} \\ \text{für} \quad i = k. \end{cases}$$

Die Bestimmung der Koeffizienten C_i und D_i. Um in der Gleichung

$$F(x) = \cdots + C_i \sin(m_i x) + C_k \sin(m_k x) + \cdots$$
$$+ \cdots + D_i \cos(n_i x) + D_k \cos(n_k x) + \cdots$$

irgendeinen der Koeffizienten, z. B. C_i, zu bestimmen, multipliziere man beide Seiten der Gleichung mit $\sin(m_i x)\cdot dx$ und integriere von $-X$ bis $+X$. Hierbei sei — ohne erst zu beweisen — vorausgesetzt, daß die Reihe gliedweise integriert werden darf. Es ergibt sich dann

$$\int\limits_{-X}^{+X} F(x)\sin(m_i x)\cdot dx =$$
$$\cdots + C_i \int\limits_{-X}^{+X} \sin^2(m_i x)\cdot dx + C_k \int\limits_{-X}^{+X} \sin(m_k x)\sin(m_i x)\cdot dx + \cdots$$
$$+ \cdots + D_i \int\limits_{-X}^{+X} \cos(n_i x)\sin(m_i x)\cdot dx + D_k \int\limits_{-X}^{+X} \cos(n_k x)\sin(m_i x)\,dx + \cdots$$

Den drei Hilfsformeln gemäß verschwinden auf der rechten Seite sämtliche Integrale mit Ausnahme desjenigen mit $\sin^2(m_i x)$, und es bestimmt sich dann der Wert C_i zu

$$C_i = \frac{\int\limits_{-X}^{+X} F(x)\sin(m_i x)\cdot dx}{\int\limits_{-X}^{+X} \sin^2(m_i x)\cdot dx}. \tag{15a}$$

Zur Bestimmung des Koeffizienten D_i multipliziert man sinngemäß Gleichung (14) beiderseits mit $\cos(n_i x)\cdot dx$ und erhält durch dasselbe Rechenverfahren

$$D_i = \frac{\int\limits_{-X}^{+X} F(x)\cos(n_i x)\cdot dx}{\int\limits_{-X}^{+X} \cos^2(n_i x)\cdot dx}. \tag{15b}$$

Sind auf diese Weise sämtliche Koeffizienten C und D bestimmt, so stellt in der Tat die unendliche Reihe rechts in Gleichung (14) den Wert der Funktion $F(x)$ innerhalb des Intervalles $-X < x < +X$ dar. Es wäre nun streng genommen notwendig, eine unendliche Anzahl von Koeffizienten zu bestimmen. Da aber für alle gewöhnlich vorkommenden Funktionen $F(x)$ die Reihen ziemlich rasch konvergieren, und zwar aus Gründen, deren Erörterung hier zu weit führen würde, so kann man sich fast immer mit einer geringen Anzahl von Gliedern begnügen.

b) Die Fourierschen Reihen in ihrer gewöhnlichen Gestalt. In verschiedenen Gebieten der Physik und der Technik gibt es Aufgaben, welche die Entwicklung einer willkürlich vorgegebenen Funktion in eine Reihe mit Sinus- und Kosinus-Funktionen erfordern, die aber keine einschränkende Bedingung nach Art der dritten Randbedingung aufstellen. Die sich dabei ergebende Reihe ist es, die im allgemeinen mit dem Namen „Fouriersche Reihe" bezeichnet wird.

Da die Parameter m und n hier durch keine Randbedingung beschränkt sind, wählt man sie gleich der Reihe der positiven, ganzen Zahlen. Um die Schreibweise zu vereinfachen, denkt man sich ferner den Maßstab auf der X-Achse so gewählt, daß $X = \pi$ wird. Die Aufgabe heißt dann:

Es ist eine im Bereich $-\pi < x < +\pi$ willkürlich gegebene Funktion $F(x)$ in eine Reihe zu entwickeln von der Form:

$$F(x) = \sum_{0,\,1,\,2,\,\ldots}^{\infty} \{a_i \sin(i\,x) + b_i \cos(i\,x)\}$$

oder ausführlicher geschrieben

$$F(x) = a_0 \sin 0 + a_1 \sin x + a_2 \sin 2\,x + \cdots$$
$$+ b_0 \cos 0 + b_1 \cos x + b_2 \cos 2\,x + \cdots.$$

Solange die Koeffizienten a_i und b_i willkürlich sind, heißt die Reihe eine trigonometrische Reihe, erst durch die Bestimmung der Koeffizienten wird sie zur Fourierschen Reihe.

Wir benötigen wieder 3 Hilfsformeln, die sich von den oben abgeleiteten nur dadurch unterscheiden, daß die m_i und n_i nicht mehr Wurzeln der transzendenten Gleichung, sondern die positiven ganzen Zahlen sind, und daß als Integrationsgrenzen statt $-X$ und $+X$ nunmehr $-\pi$ und $+\pi$ gelten.

Hilfsformeln.

$$\int_{-\pi}^{+\pi} \cos(i\,x)\cos(k\,x)\cdot dx = \tfrac{1}{2}\int_{-\pi}^{+\pi} \{\cos[(i-k)\,x] - \cos[(i+k)\,x]\}\cdot dx$$
$$= \frac{\sin[(i-k)\pi]}{i-k} + \frac{\sin[(i+k)\pi]}{i+k}.$$

Hierin sind i und k ganze Zahlen, also auch $(i-k)$ und $(i+k)$. Da der Sinus eines ganzen Vielfachen von π immer Null ist, so ist der Wert des Integrals immer Null, wenn i von k verschieden ist. Ist $i = k$, so behält der zweite Bruch rechts den Wert Null. Der erste Bruch wird $0:0$, also unbestimmt. Es ist aber

$$\lim_{i\,\to\,k} \frac{\sin[(i-k)\,\pi]}{i-k} = \pi.$$

Der Wert des Integrals wird also gleich π. In dem Sonderfall, daß i und k beide gleich Null sind, nimmt auch der zweite Bruch den Wert π

an und das Integral wird gleich 2π. Wir erhalten so die

$$1.\text{ Hilfsformel:}\quad \int_{-\pi}^{+\pi}\cos(i\,x)\cos(k\,x)\cdot dx = 0 \quad\text{für}\quad i \neq k\,,$$
$$= \pi \quad\text{,,}\quad i = k > 0\,,$$
$$= 2\pi \quad\text{,,}\quad i = k = 0\,.$$

Eine entsprechende Rechnung liefert die anderen beiden Hilfsformeln:

$$2.\text{ Hilfsformel:}\quad \int_{-\pi}^{+\pi}\sin(i\,x)\sin(k\,x)\cdot dx = 0 \quad\text{für}\quad i \neq k\,,$$
$$= \pi \quad\text{,,}\quad i = k > 0\,,$$
$$= 0 \quad\text{,,}\quad i = k = 0\,;$$

$$3.\text{ Hilfsformel:}\quad \int_{-\pi}^{+\pi}\sin(i\,x)\cos(k\,x)\cdot dx = 0 \quad\text{für}\quad i \neq k\,,$$
$$= 0 \quad\text{,,}\quad i = k > 0\,,$$
$$= 0 \quad\text{,,}\quad i = k = 0\,.$$

Die Bestimmung der Koeffizienten. Zur Bestimmung eines Koeffizienten, z.B. b_k multipliziere man beide Seiten der trigonometrischen Reihe mit $\cos(k\,x)\cdot dx$ und integriere von $-\pi$ bis $+\pi$. Man erhält so

$$\int_{-\pi}^{+\pi} F(x)\cos(k\,x)\cdot dx =$$

$$\cdots + a_i\int_{-\pi}^{+\pi}\sin(i\,x)\cos(k\,x)\cdot dx + a_k\int_{-\pi}^{+\pi}\sin(k\,x)\cos(k\,x)\cdot dx + \cdots$$

$$\cdots + b_i\int_{-\pi}^{+\pi}\cos(i\,x)\cos(k\,x)\cdot dx + b_k\int_{-\pi}^{+\pi}\cos^2(k\,x)\cdot dx + \cdots$$

$$= \cdots + 0 + b_k\,\pi + 0 + \cdots\,.$$

Daraus

$$b_k = \frac{1}{\pi}\int_{-\pi}^{+\pi} F(x)\cos(k\,x)\cdot dx\,.$$

Ebenso wird

$$a_k = \frac{1}{\pi}\int_{-\pi}^{+\pi} F(x)\sin(k\,x)\cdot dx\,.$$

Diese beiden Formeln gelten für alle Werte von k. Eine Ausnahme macht nur der Wert $k = 0$ wegen des dritten Falles in Hilfsformel (1) und (2). a_0 wird stets zu null. Um zu vermeiden, daß man für b_0 eine eigene Formel angeben muß, setzt man in üblicher Weise statt der trigonometrischen Reihe eine Reihe von der Form:

$$\left.\begin{aligned} F(x) = \quad & C_1\sin x + C_2\sin 2x + \cdots, \\ & + \tfrac{1}{2}D_0 + D_1\cos x + D_2\cos 2x + \cdots. \end{aligned}\right\} \tag{16}$$

Sämtliche Koeffizienten C_i und D_i — auch D_0 — sind jetzt aus den Formeln (17) zu bestimmen:

$$C_i = \frac{1}{\pi} \int\limits_{-\pi}^{+\pi} F(x) \sin(i\,x) \cdot dx \,, \qquad (17\,\text{a})$$

$$D_i = \frac{1}{\pi} \int\limits_{-\pi}^{+\pi} F(x) \cos(i\,x) \cdot dx \,. \qquad (17\,\text{b})$$

Eine Reihe von der Form (16), deren Koeffizienten nach Gleichung (17) bestimmt sind, heißt eine Fouriersche Reihe.

Die Dirichletschen Bedingungen. Bei dieser Ableitung sind zwei Voraussetzungen stillschweigend als erfüllt angenommen worden. Erstens, daß die beiden Integrale

$$\int\limits_{-\pi}^{+\pi} F(x) \genfrac{}{}{0pt}{}{\sin}{\cos}(i\,x) \cdot dx$$

wirklich einen endlichen, eindeutigen Wert besitzen und zweitens, daß das Integral der unendlichen Reihe gleich der Summe der Integrale der einzelnen Glieder ist, also daß die Reihe gliedweise integriert werden durfte.

Damit diese Voraussetzungen tatsächlich zutreffen, muß die Funktion $F(x)$ bestimmten, allerdings sehr freien Bedingungen genügen. Diese Bedingungen, die sogenannten Dirichletschen Bedingungen, lauten:

„Die Funktion $F(x)$ muß im Intervall $-\pi < x < +\pi$ überall eindeutig, endlich

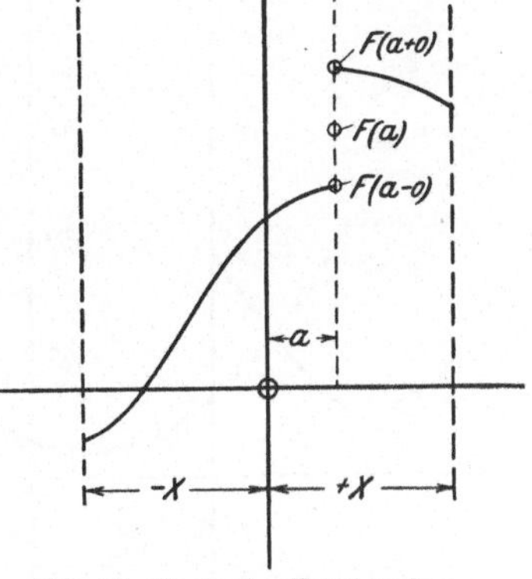

Abb. 11. Werte der Fourierschen Reihe an Unstetigkeitsstellen.

und integrierbar sein, und sie darf in diesem Bereich nur eine endliche Anzahl von Maxima und Minima und nur eine endliche Anzahl von Unstetigkeitsstellen aufweisen."

Hierbei ist noch zu bemerken, daß die Funktion also sehr wohl einige Unstetigkeitsstellen besitzen darf. Bezeichnet in Abb. 11 der Wert $x = a$ eine solche Unstetigkeitsstelle, ferner $F(a - 0)$ den Funktionswert dicht vor der Unstetigkeitsstelle, $F(a + 0)$ den Funktionswert unmittelbar nachher, so liefert die Fouriersche Reihe beim Grenzübergang von unten bzw. oben die richtigen Werte $F(a - 0)$ und $F(a + 0)$. Für $x = a$ selbst ergibt sich das arithmetische Mittel aus $F(a - 0)$ und $F(a + 0)$.

Die Funktion $F(x)$ kann auf verschiedene Weise gegeben sein:

1. Durch ein analytisches Gesetz, also durch eine Berechnungsvorschrift, z. B. durch die Gleichung $F(x) = 3 + 2x + x^2$.

2. Durch eine zeichnerische Darstellung, z. B. durch eine Kurve, die von einem Meßgerät aufgezeichnet wurde.

3. Durch zahlenmäßige Angabe einer Anzahl getrennt liegender Funktionswerte, also z. B. durch eine Zahlentabelle, welche Instrumentablesungen enthält.

Über die Rechenpraxis bei der Handhabung Fourierscher Reihen verweise ich auf die Hütte, des Ingenieurs Taschenbuch, 26. Aufl. Bd. 1 S. 188.

Die Fortsetzung über den gegebenen Bereich hinaus. Läßt man in der Fourierschen Reihe x über den Bereich $-\pi < x < +\pi$ hinauswachsen, so zeigt sich folgendes: Sinus und Kosinus ändern ihren Wert nicht, wenn man das Argument um ein ganzzahliges Vielfaches von 2π vermehrt. Da in der Reihe (16) i und k ganze Zahlen sind, so ändern die einzelnen Glieder der Reihe und damit die Reihe selbst ihren Wert nicht, wenn man von (kx) zu $k(x+2\pi)$ zu $k(x+4\pi)$ usw. übergeht. Die Reihe stellt also eine periodische Funktion mit der Periode 2π dar.

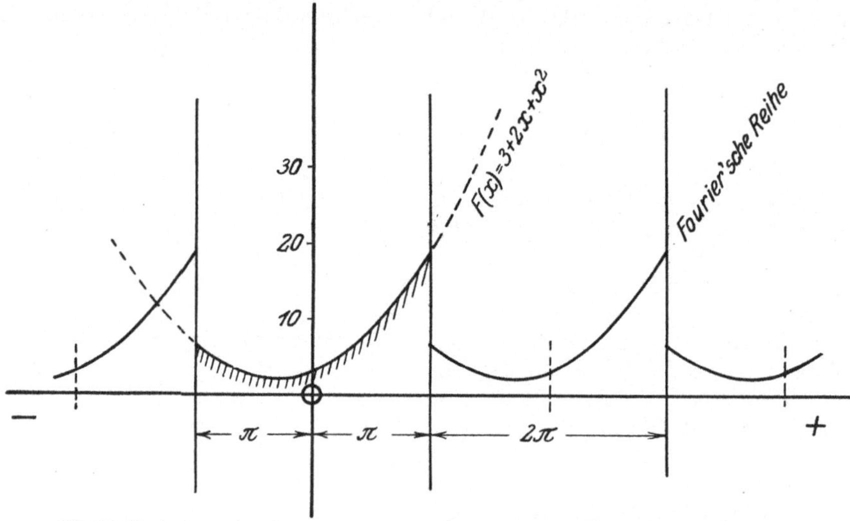

Abb. 12. Fortsetzung der Fourierschen Darstellung über das Gebiet $-\pi < x < +\pi$ hinaus.

Das vorgegebene analytische Gesetz wird dagegen für die Funktion $F(x)$ im allgemeinen einen nicht periodischen Verlauf zeigen. Z. B. $F(x) = 3 + 2x + x^2$. Die Übereinstimmung zwischen der vorgegebenen Funktion und der Fourierschen Reihe erstreckt sich also nur auf das Gebiet $-\pi < x < +\pi$. Außerhalb weichen die Darstellungen im allgemeinen voneinander ab, wie dies Abb. 12 zeigt.

Die reinen Sinus- und reinen Kosinusreihen. Die Gleichung (16) läßt sich zerlegen, und zwar so, daß $F(x) = f_1(x) + f_2(x)$ ist, wobei zu setzen ist:

$$f_1(x) = C_1 \sin x + C_2 \sin 2x + \cdots$$

und

$$f_2(x) = \tfrac{1}{2}D_0 + D_1 \cos x + D_2 \cos 2x + \cdots.$$

Diese beiden Reihen werden als reine Sinus- und reine Kosinusreihen bezeichnet.

1. Die reinen Sinusreihen.

Der Sinus ist eine ungerade Funktion, d. h. es ist

$$+\sin(-x) = -\sin(+x),$$

die Funktion geht also beim Übergang von einem positiven zum gleichgroßen negativen Argument in den gleichgroßen, aber entgegengesetzten Funktionswert über. Es wird deshalb auch die reine Sinusreihe stets eine ungerade Funktion sein, also $F(-x) = -F(+x)$; vgl. Abb. 13, und umgekehrt kann eine ungerade Funktion immer nur durch eine reine Sinusreihe wiedergegeben werden.

Es sei ausdrücklich darauf hingewiesen, daß die Kurve nicht notwendig durch den Koordinatenursprung zu gehen braucht, obwohl die reine Sinusreihe immer für $x = 0$ den Wert Null liefert. Daß hier kein Widerspruch vorliegt, erkennt man aus den obigen Ausführungen über

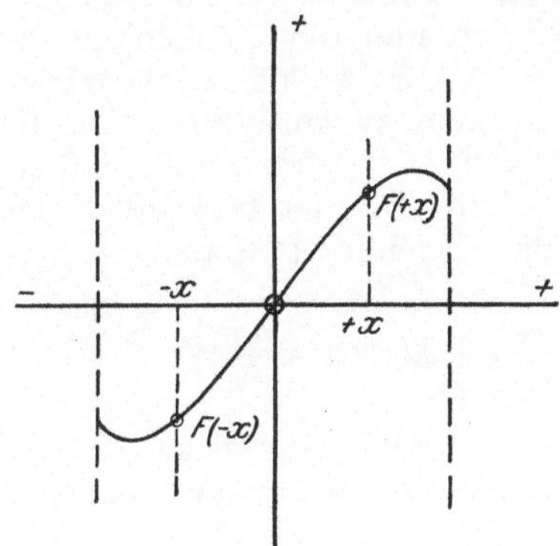

Abb. 13. Eine ungerade Funktion.

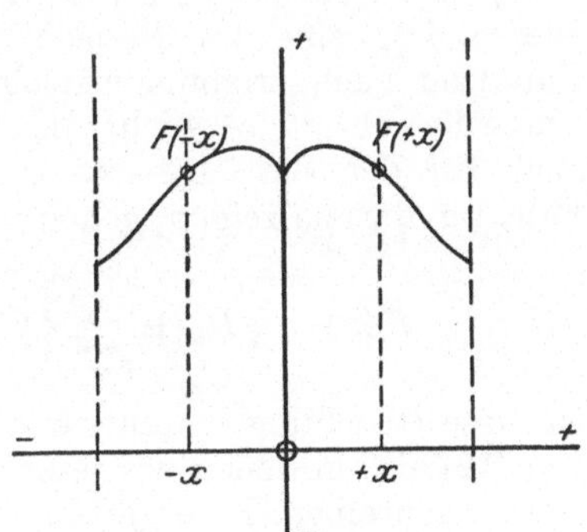

Abb. 14. Eine gerade Funktion.

den Wert der Funktion an Unstetigkeitsstellen. Allerdings wird dann die Reihe für x nahe an Null sehr schwach konvergent.

2. Die reinen Kosinusreihen.

Der Kosinus ist eine gerade Funktion, d. h., es ist

$$+\cos(-x) = +\cos(+x),$$

die Funktion behält also beim Übergang vom positiven zum gleichgroßen negativen Argument ihren Wert bei. Es ist deshalb die Kosinusreihe stets eine gerade Funktion, also $F(-x) = F(+x)$ (vgl. Abb. 14), und umgekehrt läßt sich eine gerade Funktion immer nur durch eine reine Kosinusreihe darstellen.

Die Form der Gleichung (16) zeigt also, daß sich jede willkürlich gegebene Funktion als Übereinanderlagerung einer geraden und einer ungeraden Funktion auffassen läßt.

Der Bereich erstreckt sich von $x = -X$ bis $x = +X$. Wenn man nicht, wie dies auf S. 33 angenommen ist, den Maßstab auf der x-Achse frei wählen kann, so hat man in Gleichung (16) statt x die

Größe $x\,\dfrac{\pi}{X}$ einzuführen. Man erhält so

$$F(x) = C_1 \sin \frac{\pi x}{X} + C_2 \sin 2\frac{\pi x}{X} + \cdots$$

$$\cdots + \tfrac{1}{2} D_0 + D_1 \cos \frac{\pi x}{X} + D_2 \cos 2\frac{\pi x}{X} + \cdots \tag{18}$$

und

$$C_k = \frac{1}{X} \int\limits_{-X}^{+X} F(x) \sin\left(k\frac{\pi x}{X}\right)\cdot dx\,, \tag{19a}$$

$$D_k = \frac{1}{X} \int\limits_{-X}^{+X} F(x) \cos\left(k\frac{\pi x}{X}\right)\cdot dx\,. \tag{19b}$$

Die so dargestellte Funktion ist periodisch mit der Periode $2X$.

c) Die Fourierschen Integrale. Nachdem nun die Möglichkeit er-
wiesen ist, eine im Bereich $-X < x < +X$ willkürlich gegebene
Funktion nach trigonometrischen Funktionen zu entwickeln, ist die
Frage berechtigt, ob nicht die Methode sich so erweitern läßt, daß sie
auch für den Bereich $-\infty < x < +\infty$ gilt. Dies ist tatsächlich der
Fall; um dies zu zeigen, gehen wir von der Gleichung (18) aus:

$$F(x) = \tfrac{1}{2} D_0 + \sum_{k=1}^{k=\infty}\left\{C_k \sin\left(k\frac{\pi x}{X}\right) + D_k \cos\left(k\frac{\pi x}{X}\right)\right\}.$$

In diese Gleichung setzen wir die Werte C_k und D_k aus den Gleichungen (19) ein, in denen wir jetzt zur Vermeidung von Verwechslungen ξ
statt x schreiben. Es ergibt sich dann:

$$F(x) = \frac{1}{2}\cdot\frac{1}{X}\int\limits_{-X}^{+X} F(\xi)\cdot d\xi$$

$$+ \sum_{k=1,2,\ldots}^{k=\infty}\left\{\frac{1}{X}\int\limits_{-X}^{+X} F(\xi)\cdot \sin\left(k\frac{\pi \xi}{X}\right)\cdot \sin\left(k\frac{\pi x}{X}\right)\cdot d\xi\right.$$

$$\left.+ \frac{1}{X}\int\limits_{-X}^{+X} F(\xi)\cdot \cos\left(k\frac{\pi \xi}{X}\right)\cdot \cos\left(k\frac{\pi x}{X}\right)\cdot d\xi\right\}$$

$$= \frac{1}{2X}\int\limits_{-X}^{+X} F(\xi)\cdot d\xi + \frac{1}{X}\sum_{k=1,2,\ldots}^{k=\infty}\int\limits_{-X}^{+X} F(\xi)\cdot \cos\left(\frac{\pi k}{X}(\xi - x)\right)\cdot d\xi.$$

Dabei ist die letzte Umformung mit Hilfe der trigonometrischen Formel

$$\sin\alpha\cdot\sin\beta + \cos\alpha\cdot\cos\beta = \cos(\alpha - \beta)$$

durchgeführt. Da der Kosinus eine gerade Funktion ist, können wir
die beiden Summanden in einen zusammenfassen, indem wir nicht von
$k = +1$ bis $k = +\infty$, sondern von $k = -\infty$ bis $k = +\infty$ summieren;

also den ersten Summanden als $k = 0$ - Glied mit hereinziehen.

$$F(x) = \frac{1}{2X} \sum_{k=-\infty}^{k=+\infty} \int_{-X}^{+X} F(\xi) \cdot \cos\left(k\,\frac{\pi}{X}\,(\xi - x)\right) \cdot d\xi,$$

$$= \frac{1}{2\pi} \sum_{k=-\infty}^{k=+\infty} \frac{\pi}{X} \int_{-X}^{+X} F(\xi) \cdot \cos\left(k\,\frac{\pi}{X}\,(\xi - x)\right) \cdot d\xi.$$

Lassen wir nun X und k über alle Grenzen hinaus wachsen, so wird $\pi:X$ eine sehr kleine Größe, die wir dq nennen wollen; $k\,\dfrac{\pi}{X}$ nennen wir dann q. Die unendliche Summe geht gleichzeitig in ein Integral über und wir erhalten

$$F(x) = \frac{1}{2\pi} \int_{q=-\infty}^{q=+\infty} dq \cdot \int_{\xi=-\infty}^{\xi=+\infty} F(\xi) \cdot \cos\left(q\,(\xi - x)\right) \cdot d\xi. \tag{20}$$

Die Formel (20) zeigt die Darstellung einer gegebenen Funktion durch Fouriersche Integrale. Es muß jedoch noch stark betont werden, daß die Formel (20) nur dann für alle Werte $-\infty < x < +\infty$ richtig ist, wenn die vorgegebene Funktion $F(x)$ nachstehende Bedingungen erfüllt:

Sie muß erstens überall stetig und eindeutig sein, zweitens darf sie nur eine endliche Anzahl Maxima und Minima besitzen, und drittens muß sie sich, wenn x gegen $\pm\infty$ wächst, so rasch der Null nähern, daß das Integral

$$\int_{-\infty}^{+\infty} F(x) \cdot dx$$

endlich bleibt.

Die mathematische Erörterung dieser drei einschränkenden Bedingungen würde über den Rahmen dieses Buches hinausführen.

Die Fourierschen Integrale für gerade und ungerade Funktionen. Mit Hilfe der trigonometrischen Formel

$$\cos(\alpha - \beta) = \cos\alpha\cos\beta + \sin\alpha\sin\beta$$

läßt sich die Gleichung (20) auf die Form

$$F(x) = \frac{1}{2\pi} \int_{-\infty}^{+\infty} dq \cdot \int_{-\infty}^{+\infty} F(\xi) \cdot \{\cos(q\,\xi)\cos(q\,x) + \sin(q\,\xi)\sin(q\,x)\} \cdot d\xi$$

bringen, und dies läßt sich in $F(x) = f_1(x) + f_2(x)$ spalten, wenn man setzt:

$$f_1(x) = \frac{1}{2\pi} \int_{-\infty}^{+\infty} dq \cdot \int_{-\infty}^{+\infty} F(\xi) \cdot \cos(q\,\xi)\cos(q\,x) \cdot d\xi$$

$$= \frac{1}{2\pi} \int_{-\infty}^{+\infty} \cos(q\,x) \cdot dq \cdot \int_{-\infty}^{+\infty} F(\xi) \cdot \cos(q\,\xi) \cdot d\xi, \tag{21 a}$$

$$f_2(x) = \frac{1}{2\pi} \int_{-\infty}^{+\infty} \sin(q\,x) \cdot dq \cdot \int_{-\infty}^{+\infty} F(\xi) \cdot \sin(q\,\xi) \cdot d\xi. \tag{21 b}$$

Wegen der oben erwähnten Eigenschaften der Sinus- und der Kosinus-funktion ist $f_1(x)$ eine gerade und $f_2(x)$ eine ungerade Funktion. Man kann also, wie das in Abb. 15 veranschaulicht ist, jede Funktion als Übereinanderlagerung einer geraden und einer ungeraden Funktion auffassen.

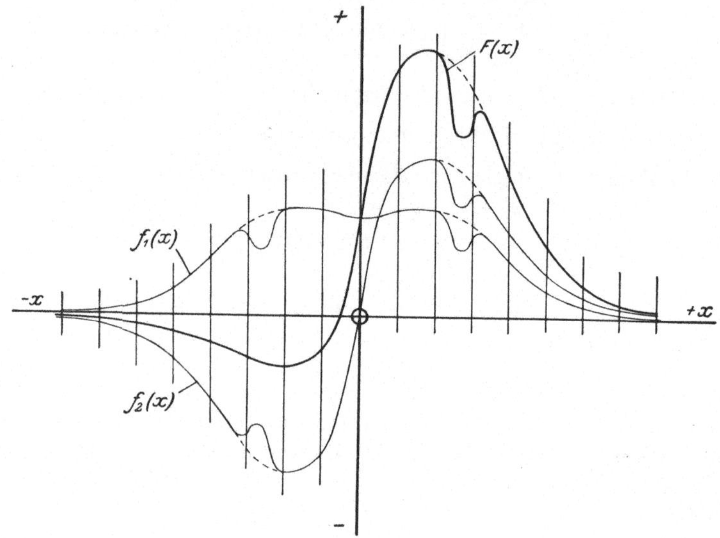

Abb. 15. Darstellung einer Funktion $F(x)$ aus einer geraden und einer ungeraden Funktion.

Die Fourierschen Integrale sind hier aus den Fourierschen Reihen heraus abgeleitet worden. Es sei aber bemerkt, daß es ebenso möglich ist, die Fourierschen Integrale vollkommen selbständig abzuleiten.

d) Reihen mit Besselschen Funktionen. Als Lösung der Gleichung (11 b), der Besselschen Differentialgleichung nullter Ordnung, hatten wir die Besselschen Funktionen J_0 und Y_0 kennengelernt, von denen die erste eine gerade, die zweite eine ungerade Funktion ist. Wir wollen nun die Entwicklung einer im Bereich $0 < r < 1$ willkürlich gegebenen Funktion nach Besselschen Funktionen besprechen, und zwar wollen wir nur die Funktion $J_0(n x)$ berücksichtigen, weil wir uns bei den späteren Aufgaben nur mit geraden Funktionen beschäftigen werden. Die Funktion $Y_0(m x)$ lassen wir als eine ungerade Funktion außer Be-tracht.

Aus der Oberflächenbedingung 3. Art folgt, daß

$$\left[\frac{d}{dr} J_0(n\,r)\right]_{r=R} = -\,h\,[J_0(n\,r)]_{r=R}$$

sein muß. Eine Formel über das Differenzieren Besselscher Funktionen besagt, daß $J_0'(x) = -J_1(x)$ ist, worin $J_1(x)$ die Besselsche Funktion erster Ordnung, erster Art ist. Mit dieser Formel wird die obige Gleichung gleich

$$n \cdot J_1(n\,R) = +\,h \cdot J_0(n\,R).$$

Dies ist nach S. 29 eine transzendente Gleichung mit den unendlich vielen Wurzeln $\dots n_i,\, n_k,\, \dots$

Die Reihenentwicklung hat die Form

$$F(r) = D_0 + \sum_{i=1,2,\dots}^{i=+\infty} D_i \cdot J_0(n_i r). \tag{22}$$

Zur Bestimmung des Koeffizienten D_k multipliziere man beide Seiten mit $r \cdot J_0(n_k r) \cdot dr$ und integriere von $r = 0$ bis $r = +1$:

$$\int_0^{+1} r \cdot F(r) \cdot J_0(n_k r) \cdot dr = \cdots + D_i \int_0^{+1} r \cdot J_0(n_i r) \cdot J_0(n_k r) \cdot dr$$

$$+ D_k \int_0^{+1} r \cdot J_0{}^2(n_k r) \cdot dr + \cdots .$$

Aus drei Hilfsformeln, die den oben erwähnten Hilfsformeln analog sind, ergibt sich, daß alle Glieder rechts verschwinden, mit Ausnahme desjenigen mit $J_0{}^2(-)$. Aus der Lehre über das Integrieren Besselscher Funktionen folgt, daß

$$\int_0^{+1} r \cdot J_0{}^2(n_k r) \cdot dr = \tfrac{1}{2} \cdot J_1{}^2(n_k r)$$

ist. Man erhält jetzt den Wert D_k zu

$$D_k = 2\, \frac{\displaystyle\int_0^{+1} r \cdot F(r) \cdot J_0(n_k r) \cdot dr}{J_1{}^2(n_k r)}. \tag{23 a}$$

Diese Formel gilt für alle Werte von $k = 1$ an; für $k = 0$ gilt

$$D_0 = 2 \int_0^{+1} r \cdot F(r) \cdot dr. \tag{23 b}$$

Wegen weiterer Einzelheiten über die Darstellung willkürlich gegebener Funktionen durch Reihen und Integrale mit Besselschen Funktionen sei auf die einschlägige mathematische Literatur verwiesen. Z. B. „Die Theorie der Besselschen Funktionen" von Paul Schafheitlin. Teubners Sammlung: Mathematisch-physikalische Schriften für Ingenieure und Studierende.

Nachdem in den vorstehenden beiden Abschnitten die nötigen physikalischen und mathematischen Grundbegriffe und analytischen Methoden erörtert worden sind, können in den nachfolgenden Abschnitten die einzelnen Aufgaben aus dem Gebiet der Differentialgleichung (4a)

$$\frac{\partial \vartheta}{\partial t} = a \cdot \nabla^2 \vartheta + \frac{1}{c\,\gamma}\, W$$

besprochen werden.

Wir werden uns hierbei ausnahmslos auf solche vereinfachte Fälle beschränken, in denen entweder die Ergiebigkeit der Wärmequellen oder die zeitliche Änderung der Temperatur oder auch beide zugleich gleich Null sind. Es liegt der Gedanke nahe, mit diesem letzten, einfachsten Fall zu beginnen und dann zu den beiden anderen Fällen überzugehen.

Bei genauerer Überlegung habe ich es jedoch als zweckmäßig befunden, mit der Besprechung der zeitlich veränderlichen Temperaturfelder ohne Wärmequellen, also mit dem Gebiet der Differentialgleichung

$$\frac{\partial \vartheta}{\partial t} = a \cdot \nabla^2 \vartheta$$

zu beginnen.

C. Die zeitlich veränderlichen Temperaturfelder ohne Wärmequellen.

1. Die Temperaturunterschiede streben dem Ausgleich zu.

Die Differentialgleichung $\frac{\partial \vartheta}{\partial t} = a \cdot \nabla^2 \vartheta$.

Wir werden uns auch da nochmals eine Beschränkung auferlegen, indem wir in den nachstehenden fünf Aufgaben nur solche Fälle besprechen, bei denen das Temperaturfeld nur von einer Koordinate abhängt. In Aufgabe 1, 2 und 3 ist die Temperatur nur in einem endlichen Bereich dieser Koordinate zu bestimmen. In Aufgabe 4 und 5 erstreckt sich das Temperaturfeld ins Unendliche.

Aufgabe 1. Die Platte.

„Eine unendlich große planparallele Platte von der Dicke $2X$ gebe durch ihre beiden Oberflächen ihre Wärme an die Umgebung ab. Die Wärmeübergangszahl habe beiderseits den gleichen Wert α und die Umgebungstemperatur Θ sei auf beiden Seiten gleich Null. Zur Zeit $t = 0$ besitze die Platte überall die einheitliche Temperatur $\vartheta = \vartheta_c$. Ferner seien die Stoffwerte λ, c und γ, also auch a bekannt. — Es sind die Gestalt des Temperaturfeldes und der Betrag des Wärmeverlustes in ihrer Abhängigkeit von der Zeit zu bestimmen.“

a) Der mathematische Ansatz. Die Aufgabe unterscheidet sich von der einführenden Aufgabe nur dadurch, daß die Anfangstemperatur nicht mit x sich ändert, sondern konstant ist. Wir erhalten deshalb den mathematischen Ansatz

Differentialgleichung: $\dfrac{\partial \vartheta}{\partial t} = a \dfrac{\partial^2 \vartheta}{\partial x^2}$,

Räumliche Grenzbedingung: für $x = +X$ muß sein: $\dfrac{\partial \vartheta}{\partial x} = -h\,\vartheta$,

Räumliche Grenzbedingung: für $x = -X$ muß sein: $\dfrac{\partial \vartheta}{\partial x} = +h\,\vartheta$.

Zeitliche Grenzbedingung: für $t = 0$ muß sein: $\vartheta = \vartheta_c$.

b) Berechnung des Temperaturfeldes. Als partikuläre Integrale der Differentialgleichung kennen wir bereits:

$$\vartheta = C\,e^{-m^2 a t}\sin(m\,x) \quad \text{und} \quad \vartheta = D\,e^{-n^2 a t}\cos(n\,x).$$

Da die Temperaturverteilung am Anfang symmetrisch zur Y-Z-Ebene gewesen ist, wird sie es auch während der ganzen Dauer des Temperaturausgleiches bleiben, weil Umgebungstemperatur und Wärmeübergangszahl auf beiden Seiten gleich sind. Die Temperaturfunktion kann deshalb nur eine gerade Funktion sein, und wir können das erste partikuläre Integral schon jetzt ausschalten. Um das verbleibende Integral der Oberflächenbedingung anzupassen, müssen die Werte n der Gleichung

$$(n\,X)\sin(n\,X) = (h\,X)\cos(n\,X)$$

entsprechend gewählt werden. Die Wurzeln $\delta_k = (n_k X)$ dieser Gleichung sind bekannt und in Zahlentafel 2 S. 18 zusammengestellt.

Aus den so entstehenden, unendlich vielen Teillösungen baut sich die allgemeine Lösung auf zu:

$$\vartheta = \sum_{k=1}^{k=\infty} D_k\, e^{-n_k^2\, at}\cos(n_k\, x).$$

Die Werte D_k sind darin so zu bestimmen, daß sie der Anfangsbedingung

$$\vartheta_c = \sum_1^{\infty} D_k\cos(n_k x)$$

genügen.

Sie ergeben sich also aus der Gleichung (15 b)

$$D_k = \frac{\int\limits_{-X}^{+X}\vartheta_c\cos(n_k x)\cdot dx}{\int\limits_{-X}^{+X}\cos^2(n_k x)\cdot dx} = \vartheta_c\,\frac{2\sin(n_k X)}{\sin(n_k X)\cos(n_k X) + (n_k X)}.$$

Mit der abgekürzten Schreibweise δ_k für $(n_k X)$ erhalten wir die Temperaturfunktion in Form der Gleichung:

$$\vartheta = \vartheta_c\sum_{k=1}^{k=\infty} 2\,\frac{\sin\delta_k}{\delta_k + \sin\delta_k\cos\delta_k}\, e^{-\delta_k^2\frac{at}{X^2}}\cos\left(\delta_k\frac{x}{X}\right). \tag{24a}$$

Die Werte δ_k in dieser Gleichung sind die Wurzeln der mehrfach erwähnten, transzendenten Gleichung, deren einziger Parameter $(h\,X)$ ist; sie sind also selbst Funktionen dieses Parameters. Damit können wir Gleichung (24a) in der Form schreiben:

$$\vartheta = \vartheta_c\cdot\Phi\left(h\,X,\ \frac{at}{X^2},\ \frac{x}{X}\right). \tag{24b}$$

Wenn auch das Problem, physikalisch betrachtet, von sehr vielen einzelnen Größen abhängt, so lassen sich diese doch so in Gruppen zusammenfassen, daß zum Schlusse eine Funktion mit nur 3 Veränderlichen bleibt.

Wir erwähnen noch den Sonderfall, daß h als unendlich groß gelten kann, daß also die beiden Oberflächen auf der Temperatur Null gehalten werden. Dann gehen (nach S. 30) die δ-Werte in die Nullstellen der cos-Funktion über, also in die Werte

$$\tfrac{1}{2}\pi,\quad \tfrac{3}{2}\pi,\quad \tfrac{5}{2}\pi,\ \ldots\ (k-\tfrac{1}{2})\,\pi.$$

Der Sinus dieser Werte ist immer gleich $+1$ bezw. -1; und die Gleichung (24) nimmt die Form an:

$$\vartheta = \vartheta_c \frac{4}{\pi}\left\{e^{-\left(\frac{\pi}{2}\right)^2 \frac{at}{X^2}}\cos\left(\frac{\pi}{2}\cdot\frac{x}{X}\right) - \frac{1}{3}e^{-\left(\frac{3}{2}\pi\right)^2\frac{at}{X^2}}\cos\left(\frac{3}{2}\pi\cdot\frac{x}{X}\right) + \frac{1}{5}e\cdots\pm\cdots\right\}$$

$$= \vartheta_c\cdot\varPhi\left(\frac{at}{X^2},\ \frac{x}{X}\right).$$

c) Zeichnerische Darstellung des Temperaturfeldes. Wir wollen hierzu einen speziellen Fall zugrunde legen, und zwar eine Betonmauer von 80 cm Stärke. Die Übertemperatur ϑ_c der Mauer über die Umgebungstemperatur zur Zeit $t = 0$ wollen wir gleich 1^0 nehmen. Hat sie einen anderen Wert, so brauchen wir den Maßstab auf der Temperaturachse nur entsprechend zu dehnen.

Die Wärmeübergangszahl α sei gleich 10,8 angenommen.

1. **Vorbereitende Rechnung.** Aus Tabellen ist zu entnehmen:

$$\lambda = 0,6\left[\frac{\text{kcal}}{\text{m}\cdot\text{h}\cdot\text{Grad}}\right],$$

$$\gamma = 2000\left[\frac{\text{kg}}{\text{m}^3}\right],$$

$$c = 0,27\left[\frac{\text{kcal}}{\text{kg}\cdot\text{Grad}}\right],$$

daraus berechnet sich

$$a = \frac{\lambda}{c\gamma} = 0,0011\left[\frac{\text{m}^2}{\text{h}}\right].$$

Ferner wird

$$h = \frac{10,8}{0,6} = 18,0\left[\frac{1}{\text{m}}\right] \quad \text{und} \quad hX = 18,0\cdot0,40 = 7,2\,.$$

2. **Die Werte δ_k aus der Oberflächenbedingung.** Die Wurzeln $\delta_k = (n_k X)$ der transzendenten Gleichung sind in Zahlentafel 2 als Zwischenwerte für $(hX) = 7,2$ zu entnehmen. Die ersten fünf Wurzeln sind hier zusammengestellt:

	$k = 1$	$k = 2$	$k = 3$	$k = 4$	$k = 5$
im Bogenmaß δ_k	1,38	4,18	7,08	10,03	13,08
im Gradmaß δ_k	$79^0\ 6'$	$239^0\ 30'$	$45^0\ 27'$	$214^0\ 54'$	$29^0\ 13'$
Für später notwendig:					
$\sin\delta_k =$	0,9820	$-0,8616$	0,7127	$-0,5722$	0,4882
$\cos\delta_k =$	0,1891	$-0,5075$	0,7015	$-0,8202$	0,8744

3. **Die ausgezeichneten Lösungen** $f_k(x) = \cos(n_k x) = \cos\left(\delta_k\frac{x}{X}\right)$.

Um diese Lösungen zeichnen zu können, wollen wir die Lage der ersten, zweiten usw. Nullstelle und ebenso die Lage der Maxima und Minima feststellen. Ist x_0 die Lage der ersten Nullstelle, so liegen bei $3x_0$, $5x_0$, $7x_0$ usw. die weiteren Nullstellen; bei $2x_0$, $6x_0$, $10x_0$ die Minima und bei 0, $4x_0$, $8x_0$ die Maxima.

Die erste Nullstelle findet sich aus der Bedingung

$$\cos\left(\delta_k \frac{x_0}{X}\right) = 0 = \cos\frac{\pi}{2}$$

oder

$$x_0 = \frac{\pi}{2}\cdot\frac{X}{\delta_k} = \frac{1{,}57\cdot 0{,}40}{\delta_k} = \frac{0{,}628}{\delta_k}.$$

Die Rechnung ergibt die Werte der nachstehenden Tabelle für x_0, $2\,x_0\ldots$ [in Metern].

	$k=1$	$k=2$	$k=3$	$k=4$	$k=5$
1. Nullstelle x_0	0,455	0,151	0,089	0,063	0,048
Minimum $2\,x_0$.		0,301	0,178	0,126	0,096
2. Nullstelle $3\,x_0$		0,452	0,266	0,188	0,144
Maximum $4\,x_0$			0,355	0,250	0,192
3. Nullstelle $5\,x_0$			0,444	0,313	0,240
Minimum $6\,x_0$				0,376	0,288
4. Nullstelle $7\,x_0$				0,438	0,336
Maximum $8\,x_0$					0,384
5. Nullstelle $9\,x_0$					0,432

4. Die Bestimmung der Koeffizienten D_k. Die Gleichung

$$D_k = \frac{2\sin(n_k X)}{(n_k X) + \sin(n_k X)\cos(n_k X)}$$

liefert mit Hilfe der Werte aus der vorletzten Tabelle

$$D_1 = +1{,}250; \quad D_2 = -0{,}373; \quad D_3 = +0{,}188;$$
$$D_4 = -0{,}109; \quad D_5 = +0{,}072.$$

5. Berechnung von $e^{-\delta_k^2 \frac{at}{X^2}}$. Hier wollen wir zwei Fälle herausgreifen, erstens zur Zeit $t=0$ und zweitens zur Zeit $t=5$ [h].

Zu 1.: Der Wert $t=0$ macht den Exponenten zu Null und damit die Exponentialfunktion zu Eins. Die unter 4. errechneten Werte D_k stellen die maximalen Ausschläge der Funktionen $\cos\left(\delta_k\frac{x}{X}\right) = f_k(x)$, also der ausgezeichneten Lösungen dar.

Zu 2.: Der Wert $t=5$ gibt $\dfrac{at}{X^2} = \dfrac{0{,}0011\cdot 5}{0{,}40^2} = 0{,}0344$; damit erhält man

	$k=1$	$k=2$	$k=3$	$k=4$	$k=5$
$\delta_k^2\,\dfrac{at}{x^2}$	0,0655	0,601	1,725	3,465	5,885
Exponentialfunktion . . .	0,94	0,55	0,18	0,03	0,00
$D_k\,e^{\cdots}$	$+1{,}175$	$-0{,}203$	$+0{,}033$	$-0{,}003$	0

6. Zeichnerische Darstellung des Temperaturfeldes. 1. Anfangstemperaturverteilung für $t=0$ liefert uns die Berechnung:

$$\vartheta = \vartheta_c\{1{,}250\cos(3{,}45\,x) - 0{,}373\cos(10{,}4\,x) + 0{,}188\cos(17{,}7\,x)$$
$$- 0{,}109\cos(25{,}1\,x) + 0{,}072\cos(32{,}7\,x) - \cdots + \cdots\}$$
$$= \vartheta_c\{I - II + III - IV + V - \cdots + \cdots\}.$$

In dieser letzten Form sind unter I, II, ... die einzelnen Teillösungen zu verstehen. Dieselben sind in Abb. 16 sowohl einzeln als in ihrer algebraischen Summe dargestellt.

Man ersieht daraus, daß die 1. Teillösung sehr verschieden ist von der Anfangstemperaturverteilung $\vartheta_c = \text{const} = 1$, daß man sich aber dieser Verteilung um so mehr nähert, je mehr Teillösungen man übereinander lagert. Man sieht aber zugleich, daß fünf Teillösungen noch

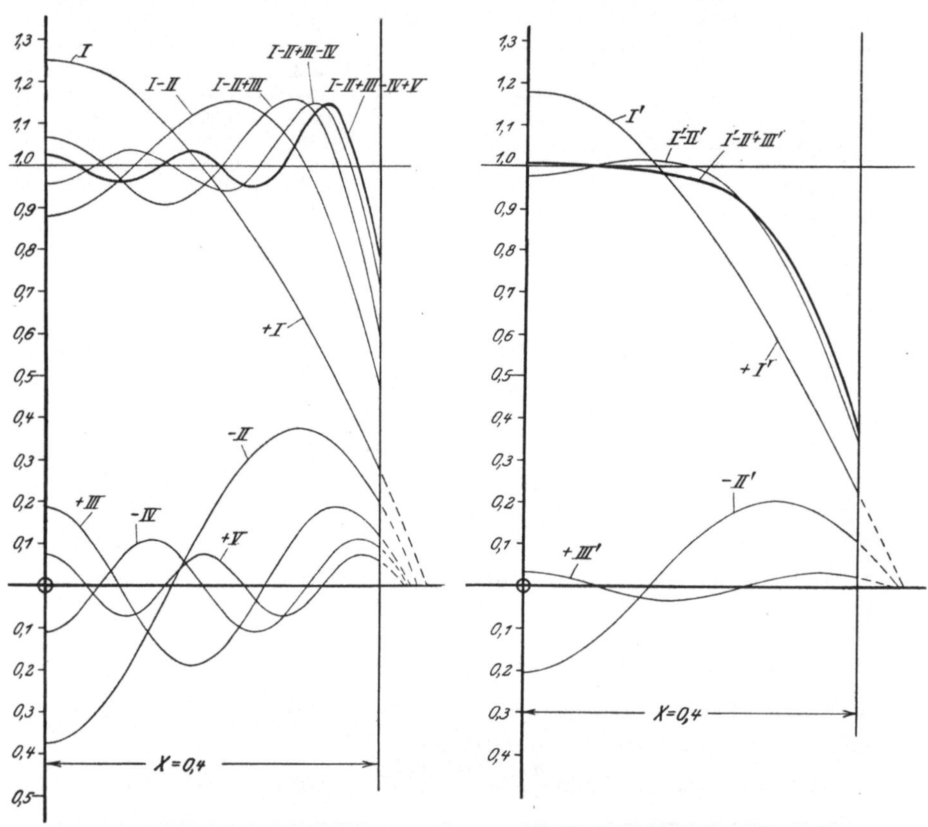

<table>
<tr><td>

Abb. 16. Darstellung der Anfangstemperaturverteilung $\vartheta = 1$ durch eine Fouriersche Reihe.

</td><td>

Abb. 17. Darstellung einer späteren Temperaturverteilung durch eine Fouriersche Reihe.

</td></tr>
</table>

nicht genügen, um die Anfangsverteilung richtig zeichnerisch darzustellen. Bei späteren Temperaturverteilungen liegen die Verhältnisse wesentlich günstiger. Wir gehen deshalb über zu

2. Temperaturverteilung für $t = 5$.

Die Rechnung liefert:

$$\vartheta = \vartheta_c \{1{,}175 \cos (3{,}45\,x) - 0{,}203 \cos (10{,}4\,x) + 0{,}033 \cos (17{,}7\,x)$$
$$- 0{,}003 \cos (25{,}1\,x) \pm 0\},$$
$$= \vartheta_c \{I' - II' + III' - IV'\}.$$

Schon die Rechnung läßt erkennen, daß 3 bis 4 Glieder der Reihe genügen, um die Temperatur genau zu bestimmen. In Abb. 17 sind wieder die einzelnen Teillösungen sowie ihre Summe gezeichnet. Man ersieht aus dieser Zeichnung, daß sich nach 5 Stunden erst die äußersten Schichten der Mauer beträchtlich abgekühlt haben, während die inneren Schichten noch fast völlig ihre Anfangstemperatur besitzen.

7. **Vereinfachte, zeichnerische Darstellung.** Bei technischen Aufgaben ist es im allgemeinen nicht notwendig, den ganzen Aufbau der Temperaturkurve aus ihren Teillösungen zu kennen. Es genügt meist, wenn die Temperatur ϑ_m in der Mittelebene der Platte und die Temperaturen ϑ_0 an den beiden Oberflächen bekannt sind.

Zur Ermittlung der Temperatur in der Mittelebene setzen wir in den Gleichungen (24) für x den Wert 0 und erhalten dann

$$\vartheta_m = \vartheta_c \sum_{k=1}^{k=\infty} 2 \frac{\sin \delta_k}{\delta_k + \sin \delta_k \cos \delta_k} e^{-\delta_k^2 \frac{a\,t}{X^2}} = \Phi_m\left(h\,X, \frac{a\,t}{X^2}\right). \qquad (25\,\mathrm{a})$$

Um die Oberflächentemperaturen zu ermitteln, setzen wir $x = X$ und erhalten

$$\vartheta_0 = \vartheta_c \sum_{k=1}^{k=\infty} 2 \frac{\sin \delta_k}{\delta_k + \sin \delta_k \cos \delta_k} e^{-\delta_k^2 \frac{a\,t}{X^2}} \cos \delta_k = \Phi_0\left(h\,X, \frac{a\,t}{X^2}\right). \qquad (25\,\mathrm{b})$$

Die beiden Funktionen Φ_m und Φ_0 hängen, im Gegensatz zu der Funktion Φ in Gleichung (24 b), nur mehr von zwei unabhängigen Veränderlichen ab und lassen sich darum in jeweils einer Tabelle oder einem Kurvenblatt darstellen (vgl. Abb. 18 und Abb. 19 auf S. 48).

Der Bereich der Abb. 19 ist neuerdings von G. Pöschl[1], München, erweitert worden, und zwar für kleine Werte der Kenngröße $\frac{a\,t}{X^2}$, wodurch auch Materialien mit kleiner Wärmeleitzahl, also insbesondere Wärmeschutzstoffe, der obigen Berechnung zugänglich werden.

Mit den Werten ϑ_m und ϑ_0 läßt sich die Temperaturverteilung quer durch die Platte mit genügender Genauigkeit zeichnen, weil auch noch drei Tangenten der Temperaturkurve gegeben sind. Die Tangente in der Mittelebene muß aus Symmetriegründen waagerecht liegen, und die beiden Tangenten an den Stellen $+X$ und $-X$ müssen durch die beiden Richtpunkte gehen.

Bemerkung: Die einseitig sich abkühlende Platte.

Die oben erwähnte Tatsache, daß die Tangente in der Mittelebene immer waagerecht liegen muß, weist darauf hin, daß unsere bisherige Ableitung zugleich eine andere Aufgabe über die Abkühlung einer Platte löst. Wenn eine Platte nur durch eine Oberfläche sich frei abkühlen kann, an der anderen Seite sehr gut isoliert ist ($\lambda = 0$), so rückt der Richtpunkt auf dieser Seite ins Unendliche, d. h. die Temperaturkurve hat hier

---

[1] Z. f. angew. Math. Mech. Bd. 12 Heft 5 S. 280. VDI-Verlag, Berlin.

während des ganzen Abkühlungsvorganges eine waagerechte Tangente. Alle Gleichungen und Schaubilder gelten also auch für diesen Fall, wenn man die ganze Plattendicke mit X bezeichnet und nicht, wie bei der Hauptaufgabe, die halbe Plattendicke.

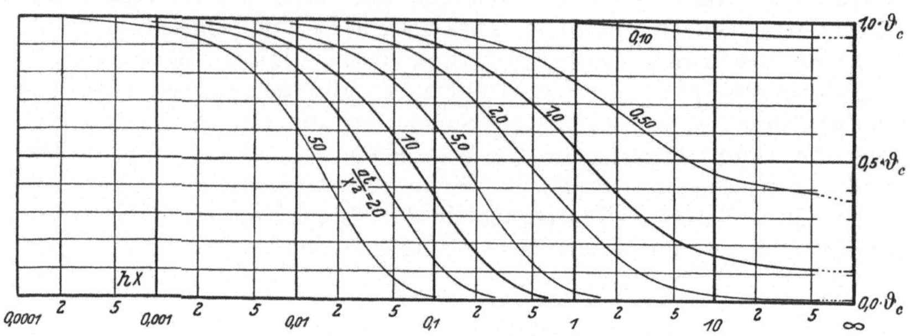

Abb. 18. Temperatur in der Mittelebene der Platte bei $\vartheta_c = 1^0$ $\vartheta_m = \vartheta_c \cdot \Phi_m\left(h\,X, \dfrac{at}{X^2}\right)$.

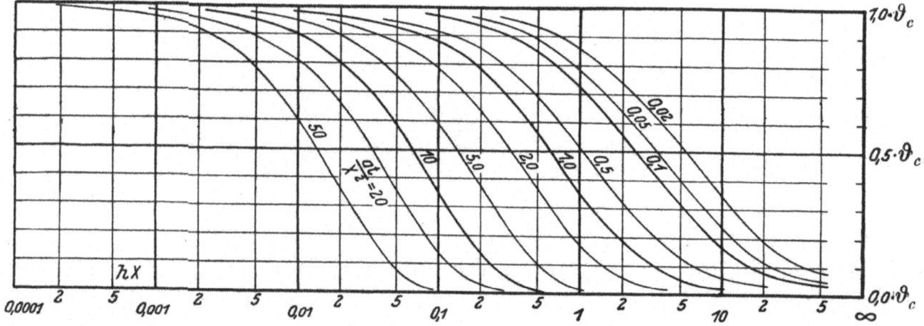

Abb. 19. Temperatur der Plattenoberfläche bei $\vartheta_c = 1^0$ $\vartheta_0 = \vartheta_c \cdot \Phi_0\left(h\,X, \dfrac{at}{X^2}\right)$.

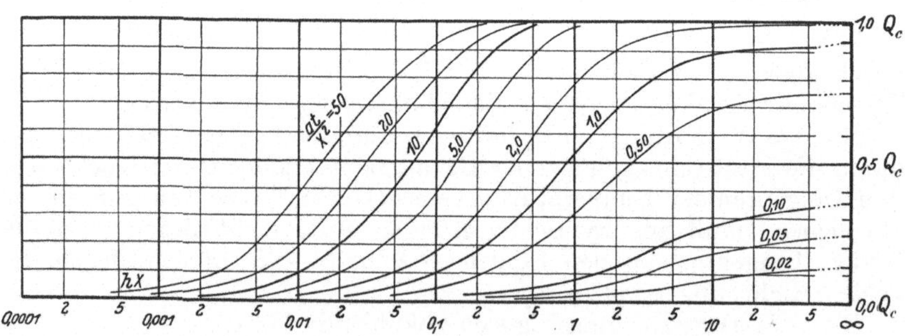

Abb. 20. Wärmeverlust der Platte bei $\vartheta_c = 1^0$ $Q = Q_c \cdot \Psi\left(h\,X, \dfrac{at}{X^2}\right)$.

d) Berechnung des Wärmeverlustes Q. Die drei Arten der Berechnung.

1. Art der Berechnung: Dem Oberflächenstück $dy \cdot dz$ strömt aus dem Inneren des Körpers in der Zeit dt die Wärmemenge

$$- \lambda \left(\frac{\partial \vartheta}{\partial x}\right)_{x = \pm X} \cdot dy \cdot dz \cdot dt$$

zu. Um die gesamte, abgegebene Wärme Q zu berechnen, muß man obigen Ausdruck für die beiden Oberflächen und über den Zeitraum von 0 bis t integrieren.

2. Art der Berechnung: Das Oberflächenstück $dy \cdot dz$ gibt in der Zeit dt an die Umgebung die Wärmemenge

$$\alpha \, \vartheta_{x=\pm X} \cdot dy \cdot dz \cdot dt$$

ab. Dieser Ausdruck ist ebenfalls über beide Oberflächen und den ganzen Zeitraum zu integrieren.

3. Art der Berechnung: Das Raumelement $dx \cdot dy \cdot dz$ der Platte hat innerhalb des Zeitraumes von 0 bis t sich um den Betrag $\vartheta_c - \vartheta_t$ abgekühlt. Es hat hierbei die Wärmemenge

$$c\,\gamma\,(\vartheta_c - \vartheta_t) \cdot dx \cdot dy \cdot dz$$

verloren. Dieser Ausdruck ist für den Zeitpunkt t auszuwerten und dann über den ganzen Raum zu integrieren.

Ableitung der Gleichung. Wir wählen die dritte Art der Berechnung. Aus der Gleichung (24a) des Temperaturfeldes folgt sofort, daß

$$\vartheta_c - \vartheta_t = \sum_1^\infty D_k \left(1 - e^{-\delta_k^2 \frac{a\,t}{X^2}}\right) \cos\left(\delta_k \frac{x}{X}\right)$$

ist. Damit ergibt sich für den Wärmeverlust Q eines Plattenstückes von der Größe $Y \cdot Z$ die Gleichung

$$Q = c\,\gamma\,Y\,Z \int_{-X}^{+X} \sum_1^\infty D_k \left(1 - e^{-\delta_k^2 \frac{a\,t}{X^2}}\right) \cos\left(\delta_k \frac{x}{X}\right) \cdot dx .$$

Die Reihe darf gliedweise integriert werden, d. h. es darf die Stellung von Integral- und Summenzeichen vertauscht werden. Es ergibt sich:

$$Q = c\,\gamma\,Y\,Z \sum_1^\infty D_k \left(1 - e^{-\delta_k^2 \frac{a\,t}{X^2}}\right) \cdot \int_{-X}^{+X} \cos\left(\delta_k \frac{x}{X}\right) \cdot dx .$$

Die Ausführung der Integration und das Einsetzen des Wertes von D_k liefert das Endergebnis:

$$Q = c\,\gamma \cdot 2\,X\,Y\,Z\,\vartheta_c \sum_{k=1}^{k=\infty} 2 \, \frac{\sin^2 \delta_k}{\delta_k^2 + \delta_k \sin \delta_k \cos \delta_k} \left(1 - e^{-\delta_k^2 \frac{a\,t}{X^2}}\right). \qquad (26\,\mathrm{a})$$

Der erste Teil dieses Ausdruckes — nämlich $c\,\gamma \cdot 2\,X\,Y\,Z\,\vartheta_c$ — stellt den ursprünglichen Wärmeinhalt des Körpers, gemessen über Umgebungstemperatur, dar; wir wollen ihn mit Q_c bezeichnen. Der Rest des Ausdruckes — die unendliche Summe — ist ein reiner Zahlenwert und stets kleiner als Eins. Er gibt an, welcher Bruchteil des ursprünglichen Wärmeinhaltes die Platte bereits verlassen hat und ist lediglich eine Funktion der Größe δ_k bzw. (hX) einerseits und $\frac{a\,t}{X^2}$ andererseits. Wir können deshalb der Gleichung (26a) die Form geben:

$$Q = Q_c \cdot \Psi\left(h\,X,\; \frac{a\,t}{X^2}\right) \tag{26b}$$

(vgl. Abb. 20).

Aufgabe 2. Der Zylinder.

Ein unendlich langer Kreiszylinder vom Radius R gebe durch seine Oberfläche seine Wärme an die Umgebung ab. Die Wärmeübergangszahl besitze den Wert α und die Umgebungstemperatur Θ sei gleich Null. Zur Zeit $t = 0$ besitze der Zylinder überall die einheitliche Temperatur $\vartheta = \vartheta_c$. Ferner seien die Stoffwerte λ, c und γ, also auch a bekannt. — Es sind die Gestalt des Temperaturfeldes und der Betrag des Wärmeverlustes in ihrer Abhängigkeit von der Zeit zu bestimmen."

a) Der mathematische Ansatz. Als geeignetes Koordinatensystem ergibt sich von selbst das Zylinderkoordinatensystem. Der Vorgang spielt sich unabhängig von φ und z ab, ist also nur von der einen Koordinate r abhängig. Es ergibt sich der mathematische Ansatz:

Differentialgleichung: $\quad \dfrac{\partial \vartheta}{\partial t} \quad = a\left(\dfrac{\partial^2 \vartheta}{\partial r^2} + \dfrac{1}{r}\,\dfrac{\partial \vartheta}{\partial r}\right)$

Oberflächenbedingung: $\quad \left(\dfrac{\partial \vartheta}{\partial r}\right)_{r=R} = -h\,\vartheta_{r=R}$

Anfangsbedingung: $\quad \vartheta_{t=0} \quad = \vartheta_c \quad \text{für} \quad 0 < r < R$.

b) Berechnung des Temperaturfeldes. Da es sich um einen Vorgang handelt, bei dem Temperaturunterschiede ihrem Ausgleich zustreben, setzen wir (vgl. S. 25)

$$\vartheta = D\,e^{-q^2 a t} \cdot \psi(r).$$

Durch Einsetzen in die Differentialgleichung ergibt sich für $\psi(r)$ die Gleichung

$$\frac{d^2 \psi(r)}{d r^2} + \frac{1}{r} \cdot \frac{d \psi(r)}{d r} + q^2 \cdot \psi(r) = 0.$$

Es ist dies die schon früher erwähnte Besselsche Differentialgleichung (11b), deren Lösungen bekannt sind als die beiden Besselschen Funktionen von der nullten Ordnung. Die Funktion $J_0(n\,x)$ ist eine gerade, die Funktion $Y_0(m\,x)$ eine ungerade Funktion. Aus denselben Gründen wie bei der vorhergehenden Aufgabe ist auch hier die ungerade Funktion unbrauchbar und es verbleibt so als einziges partikuläres Integral

$$\vartheta = D\,e^{-n^2 a t} \cdot J_0(n\,r).$$

Die Oberflächenbedingung liefert für n die Gleichung

$$\left[\frac{d}{d r} J_0(n\,r)\right]_{r=R} = -h\,[J_0(n\,r)]_{r=R}$$

und dies gibt nach S. 40 die transzendente Gleichung

$$(n\,R) \cdot J_1(n\,R) = +(h\,R) \cdot J_0(n\,R),$$

welche unendlich viele Wurzeln $\mu_k = (n_k R)$ besitzt. Zahlentafel 3 gibt die ersten vier Wurzeln dieser Gleichung für verschiedene Werte des Parameters wieder.

Zahlentafel 3: Wurzeln der Gleichung: $\mu \cdot J_1(\mu) = + h R \cdot J_0(\mu)$.

$h R$	μ_1	μ_2	μ_3	μ_4	μ_5
∞	2,405	5,520	8,654	11,792	14,931
50	2,35	5,41	8,48	11,56	—
20	2,29	5,26	8,25	11,27	—
10	2,17	5,03	7,96	10,94	—
4	1,906	4,60	7,52	10,54	—
1,0	1,253	4,08	7,16	10,27	—
0,5	0,940	3,96	7,09	10,22	—
0,1	0,443	3,86	7,03	10,19	—
0,05	0,315	3,85	7,02	10,18	—
0,00	0,000	3,832	7,016	10,174	13,324

Aus unendlich vielen Teillösungen läßt sich die allgemeine Lösung zusammensetzen

$$\vartheta = \sum_1^\infty D_k e^{-n_k^2 at} \cdot J_0(n_k r) .$$

Hierin sind die Koeffizienten D_k mit Hilfe von Formel (23a) zu bestimmen:

$$D_k = 2 \, \frac{\vartheta_c \int_0^R r \cdot J_0(n_k r) \cdot dr}{J_1^2(n_k r)}$$

$$= \vartheta_c \cdot 2 \, \frac{1}{(n_k R)} \cdot \frac{J_1(n_k R)}{J_0^2(n_k R) + J_1^2(n_k R)} .$$

Mit Einführung der Bezeichnung μ_k für $(n_k R)$ ergibt sich die Gleichung des Temperaturverlaufes zu:

$$\vartheta = \vartheta_c \sum_{k=1}^{k=\infty} 2 \, \frac{1}{\mu_k} \cdot \frac{J_1(\mu_k)}{J_0^2(\mu_k) + J_1^2(\mu_k)} e^{-\mu_k^2 \frac{at}{R^2}} \cdot J_0\left(\mu_k \frac{r}{R}\right), \quad (27\,\text{a})$$

$$= \vartheta_c \cdot \Phi\left(h R, \frac{a t}{R^2}, \frac{r}{R}\right). \tag{27 b}$$

Die Funktion des Temperaturfeldes entspricht also vollkommen in Form und Bauart der Gleichung (24a und b) bei der Platte.

Im Sonderfall, daß α und damit $h R$ unendlich groß ist, wird $J_0(\mu_k)$ stets gleich Null, und es entsteht statt (27) die Gleichung:

$$\vartheta = \vartheta_c \sum_{k=1}^{k=\infty} \frac{2}{\mu_k} \cdot \frac{1}{J_1(\mu_k)} e^{-\mu_k^2 \frac{at}{R^2}} \cdot J_0\left(\mu_k \frac{r}{R}\right) = \vartheta_c \cdot \Phi\left(\frac{a t}{R^2}, \frac{r}{R}\right).$$

Zur Ermittlung der Temperatur in der Zylinderachse ist in der Gleichung (27a) für r der Wert 0 zu setzen. Damit erhalten wir

$$\vartheta_m = \vartheta_c \sum_{k=1}^{k=\infty} 2\,\frac{1}{\mu_k} \cdot \frac{J_1(\mu_k)}{J_0^2(\mu_k) + J_1^2(\mu_k)}\, e^{-\mu_k^2 \frac{at}{R^2}} \tag{28a}$$

$$= \vartheta_c \cdot \Phi_m\left(h\,R,\,\frac{a\,t}{R^2}\right). \tag{28b}$$

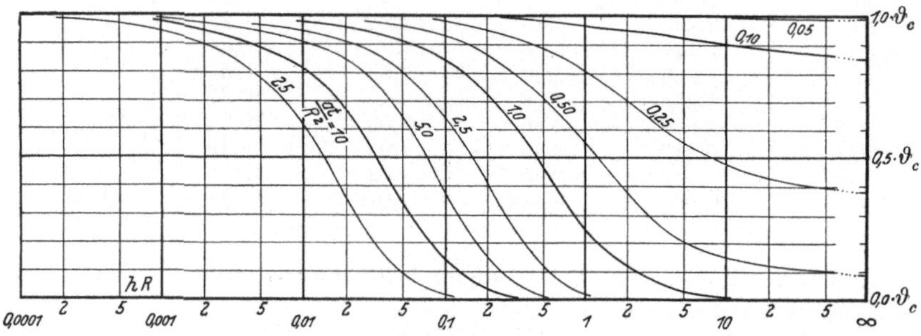

Abb. 21. Temperatur in der Zylinderachse bei $\vartheta_c = 1^0$; $\vartheta_m = \vartheta_c \cdot \Phi_m\left(h\,R,\,\frac{a\,t}{R^2}\right)$.

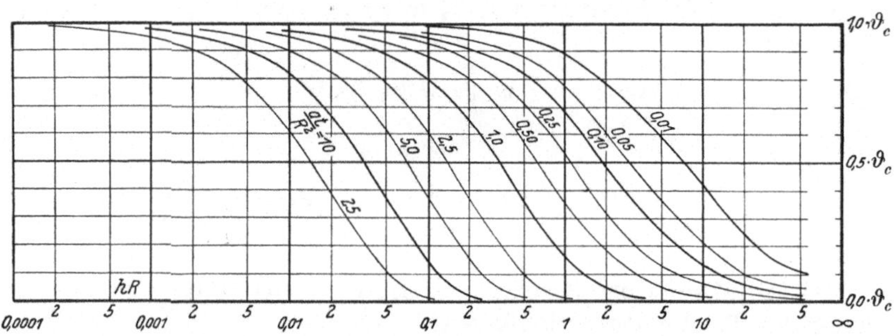

Abb. 22. Oberflächentemperatur des Zylinders bei $\vartheta_c = 1^0$; $\vartheta_0 = \vartheta_c \cdot \Phi_0\left(h\,R,\,\frac{a\,t}{R^2}\right)$.

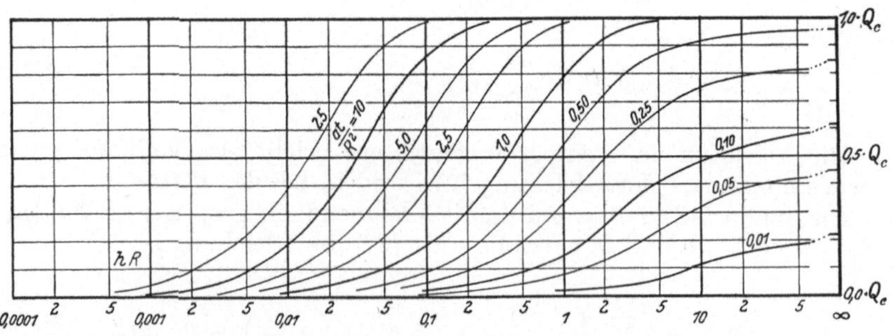

Abb. 23. Wärmeverlust des Zylinders bei $\vartheta_c = 1^0$; $Q = Q_c \cdot \Psi\left(h\,R,\,\frac{a\,t}{R^2}\right)$.

Die Oberflächentemperaturen ergeben sich, indem man $r = R$ setzt

$$\vartheta_0 = \vartheta_c \sum_{k=1}^{k=\infty} 2 \; \frac{1}{\mu_k} \cdot \frac{J_1(\mu_k)}{J_0^2(\mu_k) + J_1^2(\mu_k)} \; e^{-\mu_k^2 \frac{at}{R^2}} \cdot J_0(\mu_k) \qquad (29\,\text{a})$$

$$= \vartheta_c \cdot \Phi_0\left(h\,R, \frac{a\,t}{R^2}\right). \qquad (29\,\text{b})$$

c) Berechnung des Wärmeverlustes Q. Der Wärmeverlust, den ein Raumteil dv des Zylinders erleidet, wenn er von ϑ_c auf ϑ_t abgekühlt wurde, ist gleich

$$c\,\gamma\,(\vartheta_c - \vartheta_t) \cdot dv\,.$$

Hierin ist $dv = r \cdot d\varphi \cdot dr \cdot dz$ und

$$\vartheta_c - \vartheta_t = \sum D_k (1 - e^{-n_k^2 a t}) \cdot J_0(n_k r)\,.$$

Durch Integration über ein Stück des Zylinders von der Länge Z ergibt sich:

$$Q = c\,\gamma \int_{r=0}^{r=R} \int_{\varphi=0}^{\varphi=2\pi} \int_{z=0}^{z=Z} \sum_1^\infty D_k(1 - e^{-n_k^2 a t})\, r \cdot J_0(n_k r) \cdot dr \cdot d\varphi \cdot dz$$

$$= 2\,\pi\,c\,\gamma\,Z \sum_1^\infty D_k(1 - e^{-n_k^2 a t}) \cdot \int_{r=0}^{r=R} \cdot J_0(n_k r) \cdot dr$$

$$= 2\,\pi\,c\,\gamma\,Z \sum_1^\infty D_k(1 - e^{-n_k^2 a t}) \frac{R^2}{\mu_k} \cdot J_1(\mu_k)$$

$$= R^2\,\pi\,Z\,c\,\gamma\,\vartheta_c \sum_{k=1}^{k=\infty} 4 \; \frac{1}{\mu_k^2} \cdot \frac{J_1^2(\mu_k)}{J_0^2(\mu_k) + J_1^2(\mu_k)} \left(1 - e^{-\mu_k^2 \frac{at}{R^2}}\right) \qquad (30\,\text{a})$$

$$= Q_c \cdot \Psi\left(h\,R, \frac{a\,t}{R^2}\right). \qquad (30\,\text{b})$$

Oberflächentemperatur, Temperatur in der Zylinderachse und Wärmeverlust lassen sich wieder, wie bei der Plattenaufgabe, in jeweils einer Tabelle oder einem Kurvenblatt darstellen (vgl. Abb. 21 bis 23). Bezüglich einer Erweiterung der Abb. 22 vgl. die Fußnote auf S. 47.

Aufgabe 3. Die Kugel.

„Eine Kugel vom Radius R gebe durch ihre Oberfläche ihre Wärme an die Umgebung ab. Die Wärmeübergangszahl habe den Wert α und die Umgebungstemperatur Θ sei gleich Null. Zur Zeit $t = 0$ besitze die Kugel überall die einheitliche Temperatur ϑ_c, ferner seien die Stoffwerte λ, c und γ, also auch a bekannt. — Es sind die Gestalt des Temperaturfeldes und der Betrag des Wärmeverlustes in ihrer Abhängigkeit von der Zeit zu bestimmen."

a) Der mathematische Ansatz. Da die Temperatur nur von r allein abhängt, ergibt das Kugelkoordinatensystem den Ansatz:

Differentialgleichung: $\qquad \dfrac{\partial \vartheta}{\partial t} = a\left(\dfrac{\partial^2 \vartheta}{\partial r^2} + \dfrac{2}{r}\cdot\dfrac{\partial \vartheta}{\partial r}\right),$

Oberflächenbedingung: $\qquad \left(\dfrac{\partial \vartheta}{\partial r}\right)_{r=R} = -h\,\vartheta_{r=R},$

Anfangsbedingung: $\qquad \vartheta_{t=0} = \vartheta_c \quad \text{für} \quad 0 < r < R.$

b) Die Berechnung des Temperaturfeldes. Der Versuch,

$$\vartheta = D\,e^{-q^2 a t}\cdot \psi(r)$$

zu setzen, führt auf die schon bekannte Gleichung (11 c) für $\psi(r)$. Die Lösungen dieser Gleichung sind bekannt zu

$$\psi(r) = C\,\frac{\cos(m\,r)}{(m\,r)} \quad \text{und} \quad D\,\frac{\sin(n\,r)}{(n\,r)}.$$

Von diesen Lösungen ist die erste eine ungerade Funktion, also für das vorliegende Problem nicht brauchbar. Es bleibt deshalb nur

$$\vartheta = D\,e^{-n^2 a t}\,\frac{\sin(n\,r)}{(n\,r)}.$$

Die Werte n bestimmen sich aus der Oberflächenbedingung

$$\left[\frac{d}{dr}\frac{\sin(n\,r)}{(n\,r)}\right]_{r=R} = -h\left[\frac{\sin(n\,r)}{(n\,r)}\right]_{r=R},$$

$$(n\,R)\cos(n\,R) = (1 - h\,R)\sin(n\,R),$$

$$(1 - h\,R) = (n\,R)\cot g\,(n\,R).$$

Die ersten vier Wurzeln v_k dieser transzendenten Gleichung sind in der nebenstehenden Zahlentafel 4 zusammengestellt.

In der allgemeinen Lösung sind nun noch die Koeffizienten D_k zu bestimmen; dies geschieht mit Hilfe der Anfangsbedingung

$$\vartheta_{t=0} = \vartheta_c = \sum_{k=1}^{k=\infty} D_k\,\frac{\sin(n_k\,r)}{(n_k\,r)}.$$

Mit Hilfe der etwas abgeänderten Gleichung (15 a) ergibt sich

Zahlentafel 4: Wurzeln der Gleichung: $v\cos v = (1 - h\,R)\sin v.$

$h\,R$	v_1	v_2	v_3	v_4
∞	3,14	6,28	9,42	12,57
50	3,08	6,12	9,24	12,31
20	2,98	5,98	8,98	12,00
10	2,84	5,72	8,66	11,65
4	2,45	5,23	8,20	11,25
1,0	1,57	4,71	7,85	10,99
0,5	1,17	4,60	7,79	10,95
0,1	0,54	4,52	7,74	10,91
0,05	0,39	4,51	7,72	10,91
0,00	0,00	4,49	7,72	10,90

$$D_k = \frac{\displaystyle\int_0^R \vartheta_c\,(n\,r)\sin(n\,r)\cdot dr}{\displaystyle\int_0^R \sin^2(n\,r)\cdot dr} = \vartheta_c\cdot 2\,\frac{\sin(n_k\,R) - (n_k\,R)\cos(n_k\,R)}{(n_k\,R) - \sin(n_k\,R)\cos(n_k\,R)}.$$

Mit Einführung der Bezeichnung v_k für $(n_k R)$ entsteht die Gleichung des Temperaturfeldes:

$$\vartheta = \vartheta_c \sum_{k-1}^{k-\infty} 2\, \frac{\sin v_k - v_k \cos v_k}{v_k - \sin v_k \cos v_k}\, e^{-v_k^2 \frac{at}{R^2}} \cdot \frac{\sin\left(v_k \dfrac{r}{R}\right)}{v_k \dfrac{r}{R}} \qquad (31\,\text{a})$$

$$= \vartheta_c \cdot \Phi\left(hR,\ \frac{at}{R^2},\ \frac{r}{R}\right). \qquad (31\,\text{b})$$

Für den Sonderfall $hR = \infty$ ist $\sin v_k = 0$, also

$$\vartheta = \vartheta_c \sum_{k=1}^{k=\infty} 2 \cos v_k\, e^{-v_k^2 \frac{at}{R^2}} \cdot \frac{\sin\left(v_k \dfrac{r}{R}\right)}{\left(v_k \dfrac{r}{R}\right)} = \vartheta_c \cdot \Phi\left(\frac{at}{R^2},\ \frac{r}{R}\right).$$

Zur Ermittlung der Temperatur im Kugelmittelpunkt ist in der Gleichung (31 a) für r der Wert 0 zu setzen. Damit erhalten wir

$$\vartheta_m = \vartheta_c \sum_{k=1}^{k=\infty} 2\, \frac{\sin v_k - v_k \cos v_k}{v_k - \sin v_k \cos v_k}\, e^{-v_k^2 \frac{at}{R^2}} \cdot 1 \qquad (32\,\text{a})$$

$$= \vartheta_c \cdot \Phi_m\left(hR,\ \frac{at}{R^2}\right). \qquad (32\,\text{b})$$

Die Oberflächentemperaturen ergeben sich, indem man $r = R$ setzt, also:

$$\vartheta_0 = \vartheta_c \sum_{k=1}^{k=\infty} 2\, \frac{\sin v_k - v_k \cos v_k}{v_k - \sin v_k \cos v_k}\, e^{-v_k^2 \frac{at}{R^2}} \cdot \frac{\sin v_k}{v_k} \qquad (33\,\text{a})$$

$$= \vartheta_c \cdot \Phi_0\left(hR,\ \frac{at}{R^2}\right). \qquad (33\,\text{b})$$

c) **Die Berechnung des Wärmeverlustes Q.** In dem Ausdruck

$$c\,\gamma\,(\vartheta_c - \vartheta_t) \cdot dv \quad \text{ist} \quad dv = r^2 \sin\varphi \cdot d\varphi \cdot d\psi \cdot dr$$

und

$$\vartheta_c - \vartheta_t = \sum_1^\infty D_k \left(1 - e^{-n_k^2 at}\right) \frac{\sin(n_k r)}{(n_k r)}.$$

Die Integration über die ganze Kugel liefert:

$$Q = c\,\gamma \int_{\varphi=0}^{\varphi=2\pi} \int_{\psi=0}^{\psi=\pi} \int_{r=0}^{r=R} \sum_{k=1}^{k=\infty} D_k\left(1 - e^{-n_k^2 at}\right) \frac{\sin(n_k r)}{(n_k r)}\, r^2 \sin\varphi \cdot d\varphi \cdot d\psi \cdot dr$$

$$= 4\pi c\,\gamma \sum_{k=1}^{k=\infty} D_k\left(1 - e^{-n_k^2 at}\right) \int_{r=0}^{r=R} \frac{\sin(n_k r)}{(n_k r)}\, r^2 \cdot dr$$

$$= \frac{4}{3} R^3 \pi c\,\gamma\,\vartheta_c \sum_{k=1}^{k=\infty} 6\, \frac{1}{v_k^3} \cdot \frac{(\sin v_k - v_k \cos v_k)^2}{v_k - \sin v_k \cos v_k}\left(1 - e^{-v_k^2 \frac{at}{R^2}}\right) \qquad (34\,\text{a})$$

$$= Q_c \cdot \Psi\left(hR,\ \frac{at}{R^2}\right). \qquad (34\,\text{b})$$

Die drei Funktionen (32b), (33b) und (34b) sind in den nachfolgenden Abb. 24 bis 26 dargestellt. Bezüglich einer Erweiterung der Abb. 25 vgl. die Fußnote auf S. 47.

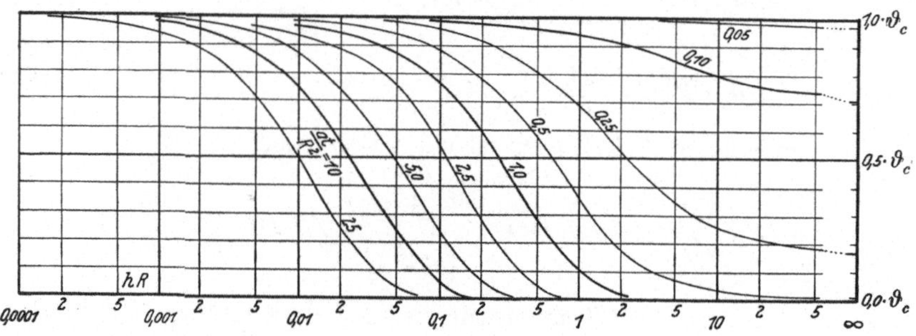

Abb. 24. Temperatur im Mittelpunkt der Kugel bei $\vartheta_e = 1^0$; $\vartheta_m = \vartheta_c \cdot \Phi_m \left(h\,R, \dfrac{a\,t}{R^2} \right)$.

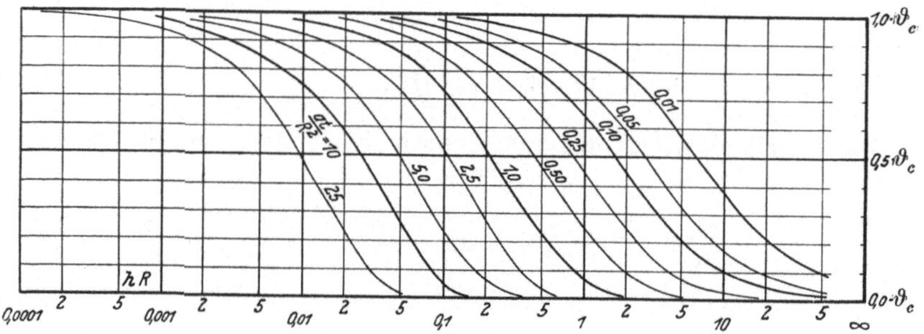

Abb. 25. Oberflächentemperatur der Kugel bei $\vartheta_c = 1^0$; $\vartheta_0 = \vartheta_c \cdot \Phi_0 \left(h\,R, \dfrac{a\,t}{R^2} \right)$.

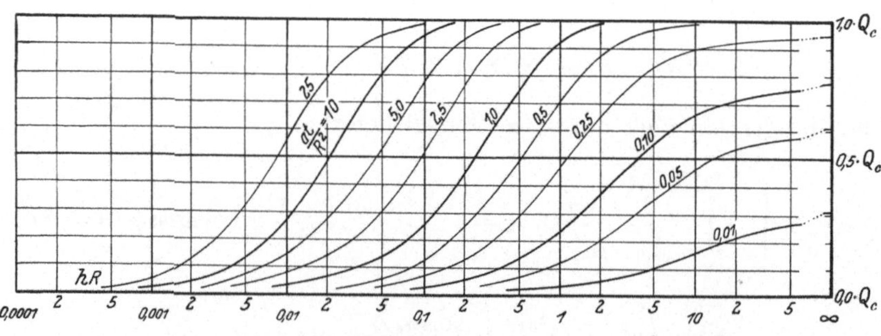

Abb. 26. Wärmeverlust der Kugel bei $\vartheta_c = 1^0$; $Q = Q_c \cdot \Psi \left(h\,R, \dfrac{a\,t}{R^2} \right)$.

Gebrauchsanweisung für die Schaubilder. Da der Rechnungsgang bei allen Aufgaben der gleiche ist, soll der Gebrauch der Schaubilder nur an einem Beispiel — der Abkühlung einer Kugel — gezeigt werden.

Zahlenbeispiel. „Eine Stahlkugel von 20 cm Durchmesser, die in ihrer ganzen Masse auf 280° C erwärmt ist, wird rasch in ein Ölbad von 30° C getaucht. — Welches ist die Oberflächentemperatur und die Temperatur des Mittelpunktes sowie die im ganzen abgegebene Wärme nach 36 sek, 3 min und 12 min, wenn für die Wärmeübergangszahl von der Kugel an das Ölbad der Wert

$$\alpha = 500 \; [\text{kcal} \cdot \text{m}^{-2} \cdot \text{h}^{-1} \cdot \text{Grad}^{-1}]$$

angenommen wird?“

1. Vorbereitende Rechnung. Der Halbmesser der Kugel ist in Metern anzugeben: also

$$R = 0{,}10 \; [\text{m}] \, .$$

Die Zeit ist in Stunden einzusetzen:

$$t_1 = \tfrac{36}{3600} = 0{,}01 \; [\text{h}] \, ,$$
$$t_2 = \tfrac{3}{60} = 0{,}05 \; [\text{h}] \, ,$$
$$t_3 = \tfrac{12}{60} = 0{,}20 \; [\text{h}] \, .$$

Aus physikalischen Tabellen entnimmt man für Stahl:

$$\lambda = \;\;\; 50 \; [\text{kcal} \cdot \text{m}^{-1} \cdot \text{h}^{-1} \cdot \text{Grad}^{-1}] \, ,$$
$$\gamma = 7700 \; [\text{kg} \cdot \text{m}^{-3}] \, ,$$
$$c = 0{,}13 \; [\text{kcal} \cdot \text{kg}^{-1} \cdot \text{Grad}^{-1}] \, ,$$

daraus errechnet sich:

$$a = \frac{\lambda}{c\,\gamma} = \frac{50}{0{,}13 \cdot 7700} = 0{,}05 \; [\text{m}^2 \cdot \text{h}^{-1}] \, .$$

2. Berechnung der Kenngrößen aus diesen Werten:

$$h\,R = \frac{\alpha}{\lambda}\,R = \frac{500}{50} \cdot 0{,}10 = 1{,}0 \, ,$$
$$\left(\frac{a\,t}{R^2}\right)_1 = \frac{0{,}05}{0{,}01} \cdot 0{,}01 = 0{,}05 \, ,$$
$$\left(\frac{a\,t}{R^2}\right)_2 = \frac{0{,}05}{0{,}01} \cdot 0{,}05 = 0{,}25 \, ,$$
$$\left(\frac{a\,t}{R^2}\right)_3 = \frac{0{,}05}{0{,}01} \cdot 0{,}20 = 1{,}00 \, .$$

Ferner berechnet man den Wert

$$Q_c = \frac{4}{3} \cdot \frac{1}{10^3}\,\pi \cdot 0{,}13 \cdot 7700 \cdot (280 - 30) = 1047 \; [\text{kcal}] \, .$$

3. Endergebnis. Aus den Schaubildern liest man bei den Kenngrößen die Verhältnisse ϑ_0/ϑ_c, ϑ_m/ϑ_c und Q/Q_c ab und berechnet dann noch die Temperaturen in Celsiusgraden nach der Gleichung:

$$\text{Temp.} \; [^0\text{C}] = 30^0 + 250^0 \, \frac{\vartheta}{\vartheta_c} \, .$$

Man gelangt auf diese Weise zu den Werten der folgenden Übersicht:

	$t_1 = 36$ sek	$t_2 = 3$ min	$t_3 = 12$ min
$\vartheta_0/\vartheta_c =$	0,75	0,44	0,07
$\vartheta_m/\vartheta_c =$	1,00	0,69	0,11
$Q/Q_c =$	0,12	0,47	0,92
Temperatur der Oberfläche	217,5⁰ C	140⁰ C	47,5⁰ C
Temperatur im Mittelpunkt	280⁰ C	202,5⁰ C	57,5⁰ C
Abgegebene Wärme	126 kcal	492 kcal	963 kcal

4. Der Temperaturverlauf längs des Radius. Bei den meisten Abkühlungsaufgaben der Technik genügt die Kenntnis der Temperatur an der Oberfläche und in der Mitte. Will man in besonderen Fällen die ganze Temperaturverteilung kennen, so wählt man am besten das folgende, zeichnerische Verfahren, welches wieder an dem Beispiel der Kugel erläutert werden soll, welches aber in gleicher Weise bei Zylinder und Platte gilt.

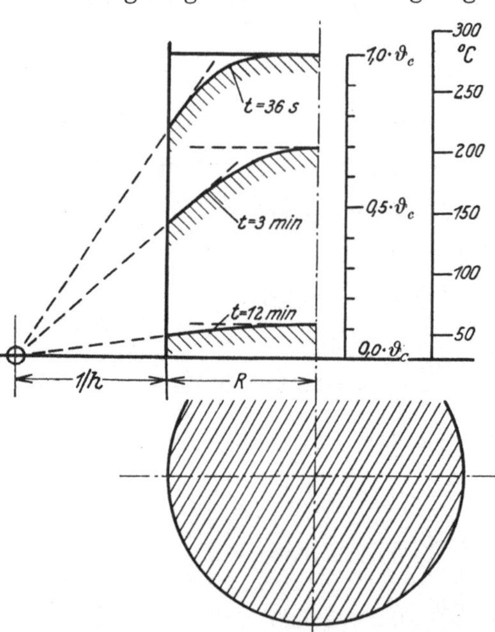

Abb. 27. Zeichnerisches Verfahren zur Bestimmung der Temperaturen längs eines Halbmessers der Kugel.

Man trägt (vgl. Abb. 27) über den beiden Endpunkten des Radius der Kugel die Werte ϑ_0/ϑ_c und ϑ_m/ϑ_c auf; dann müssen die Temperaturkurven durch die Endpunkte dieser Ordinaten gehen. Für den Mittelpunkt müssen die Temperaturkurven aus Symmetriegründen eine waagrechte Tangente haben, und an der Oberfläche muß die Tangente eine solche Neigung haben, daß sie auf der Abszissenachse die Subtangente $s = 1/h = \lambda/\alpha$ abschneidet (vgl. S. 12), also durch den Richtpunkt geht.

Bei unserem Zahlenbeispiel ist

$$s = \frac{50}{500} = 0,1 \text{ [m]},$$

also zufälligerweise gleich dem Radius. Von der Temperaturkurve sind somit zwei Tangenten bekannt, und damit kann sie mit genügender Genauigkeit gezeichnet werden.

Dieses zeichnerische Verfahren versagt, wenn die Wärmeübergangszahl unendlich groß wird, weil dann die Subtangente unendlich klein und die Richtung der Tangente unbestimmt wird.

In diesem Falle können bei der Abkühlung einer Kugel die Zahlenwerte der nachstehenden Tabelle entnommen werden.

Die Zahlentafel 5 ist einer amerikanischen Arbeit von Williamson und L. H. Adams entnommen. Entsprechende Tabellen für Zylinder und Platte sind mir nicht bekannt.

Zahlentafel 5.

Temperaturen im Innern der Kugel bei $\vartheta_c = 1^0$ C und $\alpha = \infty$.

$$\vartheta_r = \vartheta_c \cdot \Phi_r \left(\frac{a\,t}{R^2}, \frac{r}{R} \right).$$

$\dfrac{a\,t}{R^2}$					r/R				
	0	$^5/_{100}$	$^1/_4$	$^1/_3$	$^1/_2$	$^2/_3$	$^3/_4$	$^9/_{10}$	1
0,000	1,00	1,00	1,00	1,00	1,00	1,00	1,00	1,00	1,00
0,004	1,00	1,00	1,00	1,00	1,00	1,00	0,99	0,39	0,00
0,016	1,00	1,00	1,00	1,00	0,99	0,91	0,79	0,18	0,00
0,036	0,99	0,99	0,98	0,96	0,88	0,68	0,53	0,10	0,00
0,064	0,91	0,91	0,86	0,81	0,68	0,47	0,35	0,06	0,00
0,100	0,71	0,70	0,65	0,60	0,47	0,32	0,23	0,04	0,00
0,196	0,29	0,29	0,26	0,24	0,18	0,12	0,09	0,02	0,00
0,256	0,16	0,16	0,14	0,13	0,10	0,07	0,05	0,01	0,00
0,400	0,04	0,04	0,03	0,03	0,02	0,02	0,01	0,00	0,00
∞	0,00	0,00	0,00	0,00	0,00	0,00	0,00	0,00	0,00

Vergleich zwischen Kugel, Zylinder und Platte. Die Abkühlungsgeschwindigkeit eines Körpers ist um so größer, je kleiner sein Volumen und damit sein Wärmeinhalt ist, und sie ist um so größer, je größer seine Oberfläche ist. Da aber bei gleicher linearer Abmessung R, R oder X das Verhältnis „Volumen zu Oberfläche" bei der Kugel

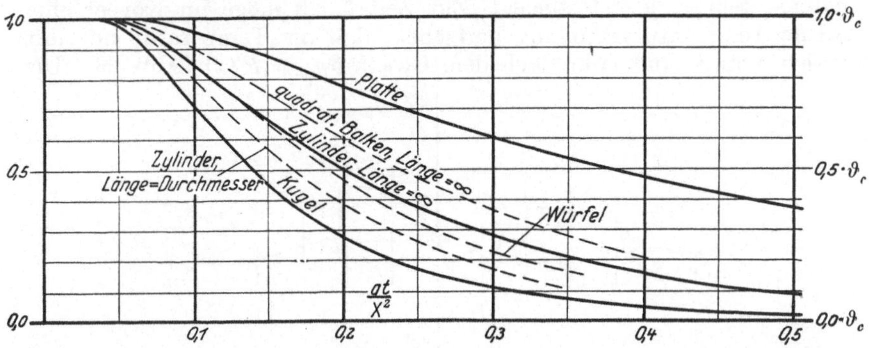

Abb. 28. Abkühlungsgeschwindigkeit für den Mittelpunkt oder die Achse verschiedener Körper.

am kleinsten und bei der Platte am größten ist, so ist umgekehrt die Abkühlungsgeschwindigkeit bei der Kugel am größten, bei der Platte am kleinsten. Dies findet man bestätigt, wenn man in den zusammengehörigen Abb. 18 bis 26 die Verhältnisse ϑ_0/ϑ_c und ϑ_m/ϑ_c bei gleichen Werten der Kenngrößen vergleicht.

In den stark ausgezogenen Linien der Abb. 28 ist, für den Sonderfall $\alpha = \infty$, der Verlauf der Temperatur für Kugel, Zylinder und Platte aufgezeichnet. Dieses Schaubild konnte durch Werte aus der oben erwähnten Arbeit von Williamson und Adams in wertvoller Weise ergänzt werden, indem dort der Verlauf von ϑ_m auch noch für den quadratischen Balken von unendlicher Länge, für den Würfel und für den Zylinder mit einer Länge gleich dem Durchmesser berechnet ist.

Die genauen Zahlenwerte der Williamsonschen Arbeit sind in der nachstehenden Zahlentafel 6 wiedergegeben.

Zahlentafel 6. Temperaturen im Mittelpunkt oder der Achse verschiedener Körper bei $\vartheta_0 = 1^0\,\mathrm{C}$ und $\alpha = \infty$.

$$\vartheta_m = \vartheta_0\,\Phi_m\left(\frac{a\,t}{X^2}\right).$$

$\dfrac{a\,t}{X^2}$	Platte	quadrat. Balken Länge $= \infty$	Würfel	Zylinder Länge $= \infty$	Zylinder Länge $=$ Dmr.	Kugel
0,032	1,00	1,00	1,00	1,00	1,00	1,00
0,080	0,98	0,95	0.93	0,92	0,89	0,83
0,100	0,95	0,90	0,86	0,85	0,81	0,71
0,160	0,85	0,72	0,61	0,63	0,53	0,41
0,240	0,70	0,49	0,35	0,40	0,28	0,19
0,320	0,58	0,33	0,19	0,25	0,15	0,09
0,800	0,18	0,03	0,01	0,02	0,00	0,00
1,600	0,02	0,00	0,00	0,00	—	—
3,200	0,00	—	—	—	—	—

Aufgabe 4. Der allseitig unendlich ausgedehnte Körper.

„In einem allseitig unendlich ausgedehnten Körper ist ein Koordinatensystem x, y, z festgelegt. Zur Zeit $t = 0$ möge im Körper eine solche Temperaturverteilung herrschen, daß die Temperatur nur mit x sich ändert, und zwar nach dem Gesetz $\vartheta_{t=0} = F(x)$ (Abb. 29). Die

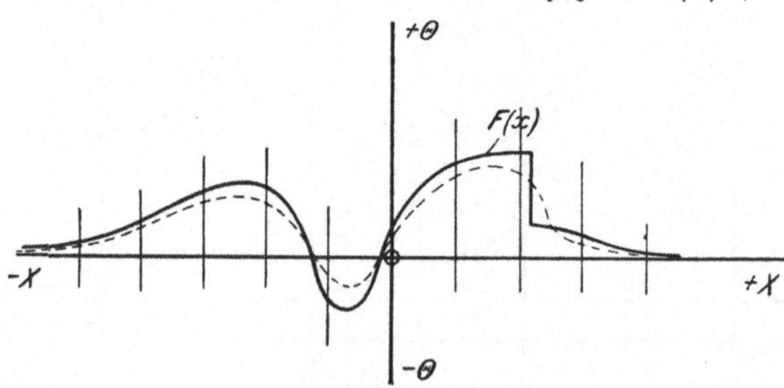

Abb. 29. Allseitig unendlich ausgedehnter Körper. Temperaturverteilung nur von einer Koordinate abhängig.

Flächen gleicher Temperatur sind also lauter Ebenen parallel zur y-z-Ebene. Die Stoffwerte λ, c und γ gelten als bekannt. — Es ist zu untersuchen, wie sich diese Anfangstemperaturverteilung mit der Zeit ändert."

a) Der mathematische Ansatz. Da sich der Körper allseitig ins Unendliche erstreckt, so fällt die Oberflächenbedingung weg und es verbleibt

Differentialgleichung:
$$\frac{\partial \vartheta}{\partial t} = a \frac{\partial^2 \vartheta}{\partial x^2},$$

Anfangsbedingung:
$$\vartheta_{t=0} = F(x).$$

b) Lösung mit Verwendung der Fourierschen Integrale. Wir gehen aus von den partikulären Integralen:

$$\vartheta = C\, e^{-q^2 a t} \sin(q x) \quad \text{und} \quad \vartheta = D\, e^{-q^2 a t} \cos(q x).$$

Da die Oberflächenbedingung fehlt, können die Werte q die Zahlenreihe stetig durchlaufen und zwei aufeinanderfolgende Werte von q unterscheiden sich nur um das Differential dq. Ferner können wir statt der willkürlichen Koeffizienten C und D die Werte aus zwei willkürlichen Funktionen f_1 und f_2 von q setzen, also

$$C = f_1(q) \quad \text{und} \quad D = f_2(q).$$

So können wir aus Teillösungen die allgemeine Lösung aufbauen; die unendliche Summe wird hierbei wegen der Stetigkeit der q-Werte zum Integral

$$\vartheta = \int_0^{+\infty} e^{-q^2 a t} \{f_1(q) \sin(q x) + f_2(q) \cos(q x)\}\, dq.$$

Zur Bestimmung der noch willkürlichen Funktionen f_1 und f_2 dient die Anfangsbedingung. Aus der letzten Gleichung erhalten wir für $t = 0$ die Bedingung:

$$F(x) = \int_0^{\infty} \{f_1(q) \sin(q x) + f_2(q) \cos(q x)\}\, dq.$$

Die Formel (20) über Fouriersche Integrale können wir auf die Form bringen:

$$F(x) = \frac{1}{\pi} \int_{q=0}^{q=0} dq \int_{\xi=-\infty}^{\xi=+\infty} F(\xi) \{\cos(q\,\xi) \cos(q\,x) + \sin(q\,\xi) \sin(q\,x)\}\, d\xi.$$

Damit beide Gleichungen für $F(x)$ übereinstimmen, muß sein:

$$f_1(q) = \frac{1}{\pi} \int_{-\infty}^{+\infty} F(\xi) \sin(q\,\xi) \cdot d\xi,$$

$$f_2(q) = \frac{1}{\pi} \int_{-\infty}^{+\infty} F(\xi) \cos(q\,\xi) \cdot d\xi.$$

Die Gleichung des Temperaturfeldes heißt damit:

$$\vartheta = \frac{1}{\pi} \int_0^{\infty} e^{-q^2 a t} \cdot dq \cdot \int_{-\infty}^{+\infty} F(\xi) \cos(q(\xi - x)) \cdot d\xi. \tag{35}$$

Wird für irgendeine Funktion F diese zweimalige Integration durchgeführt, so kommen im Endergebnis die Größen q und ξ nicht mehr vor. Dies ist vielmehr nur noch eine Funktion von a, t und x.

Hier ist noch zu bemerken, daß die Gleichung (35) nur dann anwendbar ist, wenn die Funktion $F(x)$ den Bedingungen von S. 39 für die Anwendbarkeit der Fourierschen Integrale entspricht, also insbesondere, wenn sie mit unendlich wachsendem x sich so rasch der Null nähert, daß $\int\limits_{-\infty}^{+\infty} F(x) \cdot dx$ endlich bleibt.

Dadurch verliert die Gleichung (35) erheblich an praktischer Bedeutung. Es gibt aber noch eine zweite vielseitigere Methode.

c) Lösung mit Verwendung des Gaußschen Fehlergesetzes. Wenn die vorgegebene Funktion $F(x)$ diese Bedingung nicht erfüllt, wenn sie also im Unendlichen endlich bleibt, oder sich doch nicht so rasch der Null nähert, daß das Integral endlich bleibt, so führt der angegebene Weg nicht zum Ziel. Wir erinnern uns dann daran, daß unsere Differentialgleichung auch noch andere partikuläre Integrale besitzt (vgl. S. 25), z. B.

$$\vartheta = \frac{C}{\sqrt{\pi}} \cdot \frac{1}{\sqrt{4\,a\,t}}\, e^{-\frac{(\xi-x)^2}{4\,a\,t}}.$$

Das Gaußsche Fehlergesetz. Das Gesetz, das dieser Funktion zugrunde liegt, erkennen wir am besten durch einen Vergleich mit den Gesetzen der Wahrscheinlichkeitsrechnung, insbesondere der Fehlerrechnung. Bei einer Messungsreihe gruppiert sich die Mehrzahl der Meßergebnisse dicht um einen Mittelwert, den wahrscheinlichen Wert. Je größer die Abweichungen von diesem Mittelwert sind, um so seltener treten solche Meßergebnisse auf. Trägt man in einem Schaubild das Maß $\varDelta$ der einzelnen Abweichungen vom Mittelwert als Abszisse, die zugehörige Häufigkeit y als Ordinate auf, so erhält man die in der Abb. 30a stark ausgezogene Linie, der das Gesetz zugrunde liegt:

$$y = \frac{1}{\sqrt{\pi}}\, g\, e^{-g^2 \varDelta^2}.$$

Darin ist g ein reiner Zahlenwert, der bei der stark ausgezogenen Kurve $= 1$ gewählt wurde, und dessen Bedeutung sich aus folgender Berechnung ergibt: Wählt man für den Parameter g einen größeren Wert (z. B. 2), rechnet damit die Gleichung erneut durch und trägt dieses Ergebnis ebenfalls auf, so verläuft jetzt die Kurve steiler und schmaler (Abb. 30a). Die Streuung der Meßwerte ist also geringer geworden, d. h. die Genauigkeit der Messungen hat zugenommen und man nennt deshalb g den Genauigkeitsfaktor.

Die Wahrscheinlichkeit, daß ein Fehler in dem Bereiche $\varDelta$ bis $\varDelta + d\varDelta$ vorkommt, ist

$$dW = \frac{1}{\sqrt{\pi}}\, g\, e^{-g^2 \varDelta^2} \cdot d\varDelta.$$

Der Wert dieses Ausdruckes ist in der Abb. 30a durch den schraffierten schmalen Flächenstreifen gekennzeichnet. Die Wahrscheinlichkeit W, daß ein einzelner Fehler in dem Bereich von $\varDelta = -\infty$ bis $\varDelta = +\infty$ liegt, errechnet sich zu

$$W = \frac{1}{\sqrt{\pi}} \int\limits_{-\infty}^{+\infty} e^{-(g\varDelta)^2} \cdot d(g\varDelta) \,.$$

Nach den Regeln der Integralrechnung ist

$$\int\limits_{-\infty}^{+\infty} e^{-z^2}\, dz = \sqrt{\pi} \,.$$

Der Wert W . . . . em Begriff

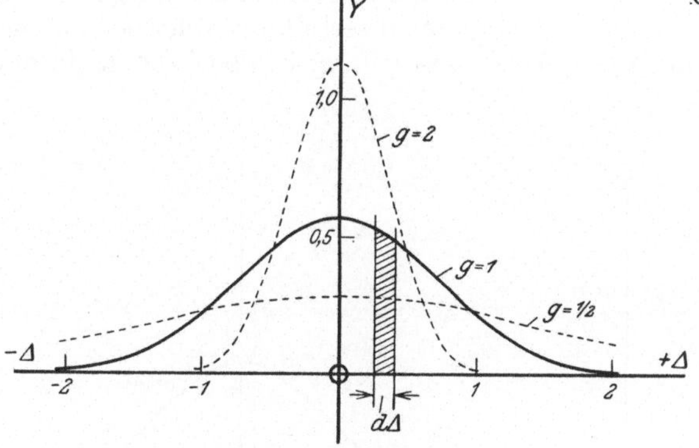

Abb. 30a. Fehlergesetz.

der Wahrscheinlichkeit für einen unendlich großen Fehlerbereich auch ohne Rechnung ergeben hätte.

Aus den vorstehenden Überlegungen sind für uns folgende zwei Ergebnisse wichtig. Mit steigendem Parameter g verläuft die Kurve steiler, mit fallendem Parameter flacher, und die Fläche unter der Kurve ist immer konstant, also unabhängig von dem Wert g.

Wenn der Scheitel der Kurve nicht auf der y-Achse liegt, sondern bei $\varDelta = \varDelta_0$, wenn also eine Koordinatenverschiebung eingetreten ist, nach der Gleichung $\varDelta' = \varDelta - \varDelta_0$, so heißt das Gaußsche Fehlergesetz

$$y = \frac{1}{\sqrt{\pi}}\, g\, e^{-g^2(\varDelta - \varDelta_0)^2} \,.$$

Das partikuläre Integral der Wärmeleitungsgleichung. Wir betrachten nun unser partikuläres Integral

$$\vartheta = \frac{C}{\sqrt{\pi}} \cdot \frac{1}{\sqrt{4at}}\, e^{-\frac{(\xi - x)^2}{4at}} \,.$$

Dabei fällt die Ähnlichkeit mit dem Gaußschen Fehlergesetz sofort auf.

Es tritt ξ an Stelle von Δ,

$\quad x$,, ,, ,, Δ_0 und

$\dfrac{1}{\sqrt{4\,a\,t}}$,, ,, ,, g .

Die Bedeutung des Faktors C wird sich später ergeben.

Wenn wir in unserem allseitig unendlich ausgedehnten Körper zu einer Zeit, die wir t_1 nennen wollen, eine solche Temperaturverteilung vorfinden, daß sie der Gleichung

$$\vartheta = \frac{C}{\sqrt{\pi}} \cdot \frac{1}{\sqrt{4\,a\,t}}\, e^{-\frac{(\xi-x)^2}{4\,a\,t_1}}$$

entspricht (in Abb. 30b die ausgezogene Kurve), so können wir aus ihr eine beliebig spätere Temperaturverteilung ableiten, indem wir für die Zeit einen größeren Wert einsetzen, z. B. den Wert t_2 (in der Abbildung

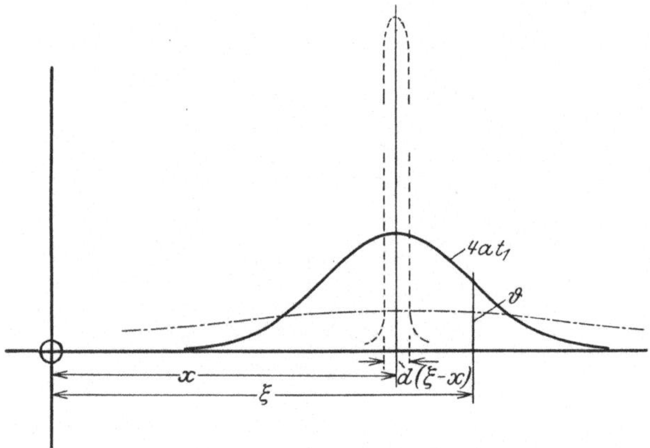

Abb. 30b. Methode der Quellpunkte.

die strichpunktierte Linie). Umgekehrt können wir nun fragen: Aus welcher früheren Temperaturverteilung muß die vorgegebene Temperaturverteilung entstanden sein? Wir wissen, daß die Kurve für abnehmendes t — also für zunehmendes $\dfrac{1}{\sqrt{4\,a\,t}}$ — immer steiler wird, bis sie schließlich sich in einen unendlich schmalen Streifen von der Breite dx zusammenzieht (in der Abbildung die gestrichelte Linie). Die Ordinate wird dann an dieser Stelle unendlich groß, weil die Fläche unter der Kurve endlich bleiben muß.

Wir wollen noch die Wärmemenge berechnen, die in einem unendlich langen Prisma, das wir uns parallel zur x-Achse aus dem Körper herausgeschnitten denken, enthalten ist. Der Querschnitt des Prismas sei $dy \cdot dz$.

Aus der Gleichung

$$dQ = c\,\gamma\,\vartheta \cdot dy \cdot dz \cdot d(\xi - x)$$

ergibt sich durch Integration

$$Q = c\gamma \cdot dy \cdot dz \int\limits_{-\infty}^{+\infty} \frac{C}{\sqrt{\pi}} \cdot \frac{1}{\sqrt{4\,at}}\, e^{-\frac{(\xi-x)^2}{4\,at}} \cdot d(\xi - x) = c\gamma C \cdot dy \cdot dz\,.$$

Die Größe C ist die Fläche zwischen der Temperaturkurve und der Abszissenachse, sie ist von der Dimension [Grad·m] und stellt in einem Maßstab, der von dem Werte $c\gamma$ abhängt, den Wärmeinhalt eines Prismas vom Querschnitt „Eins" dar. Da in Richtung der y- und der z-Achse kein Temperaturgefälle vorhanden ist, so muß diese Wärmemenge von t unabhängig sein, also muß C auch vom physikalischen Standpunkt aus konstant sein.

Die Lösung der Aufgabe. Wir erinnern uns jetzt daran, daß der erste Weg (unter b) dann nicht zum Ziele führt, wenn sich die Anfangsverteilung nicht durch ein Fouriersches Integral darstellen läßt. Wir können uns aber diese Anfangsverteilung durch Aneinanderreihung von Einzelverteilungen gebildet denken, von denen jede dem Gesetze

$$\vartheta = \lim_{t \to 0} \frac{C}{\sqrt{\pi}} \cdot \frac{1}{\sqrt{4\,at}}\, e^{-\frac{(\xi-x)^2}{4\,at}}$$

gehorcht (vgl. Abb. 31). Da die Temperatur in jeder so gebildeten unendlich dünnen Schicht $d\xi$ endlich ist, also ihr Wärmeinhalt unendlich klein sein muß, ist auch die Konstante C nur unendlich klein, nämlich

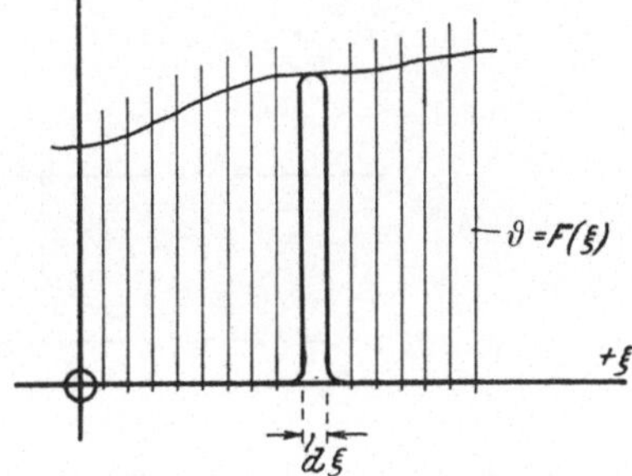

Abb. 31. Methode der Quellpunkte.

$$C = \frac{dQ}{c\gamma \cdot dy \cdot dz} = \vartheta_{t=0} \cdot d\xi = F(\xi) \cdot d\xi\,.$$

Für den Grenzfall $t = 0$ lagern sich diese Einzeltemperaturverteilungen aneinander, während sie sich für spätere Zeiten auch übereinander lagern. Wir erhalten so für das Temperaturfeld zur Zeit t die Gleichung:

$$\vartheta = \frac{1}{\sqrt{\pi}} \cdot \frac{1}{\sqrt{4\,at}} \int\limits_{-\infty}^{+\infty} F(\xi)\, e^{-\frac{(\xi-x)^2}{4\,at}} \cdot d\xi\,. \tag{36a}$$

Diese Lösung ist allgemeiner als Gleichung (35), weil in ihr $F(x)$ eine ganz willkürlich gegebene Funktion sein darf.

Das vorstehend geschilderte Verfahren wird in der mathematischen Physik meist als die Methode der Quellpunkte bezeichnet.

Aufgabe 5. Der einseitig unendlich ausgedehnte Körper.

Wir denken uns von dem allseitig unendlich ausgedehnten Körper, der der letzten Aufgabe zugrunde gelegt war, jene Hälfte, die auf der negativen x-Seite liegt, weggenommen. Es verbleibt dann ein Körper, dessen Oberfläche die Y-Z-Ebene ist, und der sich auf der einen Seite dieser Ebene ins Unendliche erstreckt. Wir wollen diesen Körper den einseitig unendlich ausgedehnten Körper nennen. Die Aufgabe 5 lautet dann: „Ein einseitig unendlich ausgedehnter Körper besitze zur Zeit $t = 0$ überall die einheitliche Temperatur ϑ_c. Für alle Zeiten $t > 0$ werde seine Oberfläche konstant auf der Temperatur Null gehalten. — Es ist für beliebige Zeiten die Temperaturverteilung und der Wärmeverlust zu berechnen."

a) Berechnung des Temperaturfeldes. Wir verwenden den Kunstgriff, daß wir uns die Funktion $F(x)$ für negative x ergänzen, und zwar als eine ungerade Funktion, so daß $F(-x) = -F(x)$ (vgl. Abb. 32).

Dann bleibt die Temperaturverteilung aus Symmetriegründen auch für spätere Zeiten eine ungerade Funktion, und der Funktionswert bleibt für $x = 0$ immer gleich Null. Damit bleibt die Oberflächenbedingung stets erfüllt.

Wir wollen nun die Gleichung (36a) für unsere ergänzte Temperatur-

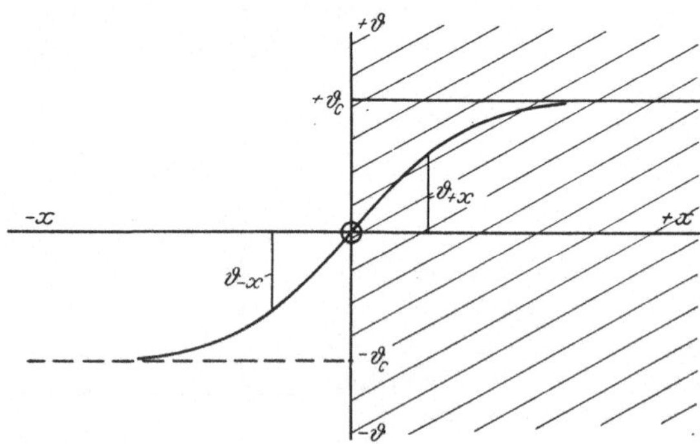

Abb. 32. Einseitig unendlich ausgedehnter Körper. Temperaturverteilung nur von einer Koordinate abhängig.

verteilung anschreiben und dabei das Integral durch die Grenze $\xi = 0$ in zwei Teile spalten:

$$\vartheta = \frac{1}{\sqrt{\pi}} \cdot \frac{1}{\sqrt{4at}} \left\{ \int\limits_{-\infty}^{\pm 0} F(\xi)\, e^{-\frac{(\xi - x)^2}{4at}} \cdot d\xi + \int\limits_{\pm 0}^{+\infty} F(\xi)\, e^{-\frac{(\xi - x)^2}{4at}} \cdot d\xi \right\}. \quad (36\,\mathrm{b})$$

Beachten wir nun, daß $F(\xi)$ für positive Werte von ξ immer gleich $+\vartheta_c$ und für negative Werte von ξ immer gleich $-\vartheta_c$ ist, so erhalten wir

$$\vartheta = \vartheta_c \frac{1}{\sqrt{\pi}} \cdot \frac{1}{\sqrt{4at}} \left\{ \int\limits_{\pm 0}^{+\infty} e^{-\frac{(\xi - x)^2}{4at}} \cdot d\xi - \int\limits_{-\infty}^{\pm 0} e^{-\frac{(\xi - x)^2}{4at}} \cdot d\xi \right\}.$$

Hier führen wir eine neue Integrationsvariable ein, indem wir setzen:

$$\frac{\xi - x}{\sqrt{4at}} = \eta; \qquad \xi = \eta\,\sqrt{4at} + x; \qquad d\xi = \sqrt{4at} \cdot d\eta.$$

Es sind dann auch die Integrationsgrenzen zu ändern:

$$\text{statt } \xi = +\infty \text{ ergibt sich } \eta = +\infty\,,$$
$$\text{,, } \xi = -\infty \text{ ,, ,, } \eta = -\infty$$
$$\text{und ,, } \xi = \pm 0 \text{ ,, ,, } \eta = \frac{-x}{\sqrt{4\,a\,t}}\,.$$

Damit wird die Gleichung für ϑ:

$$\vartheta = \vartheta_c \frac{1}{\sqrt{\pi}} \left\{ \int_{\eta=\frac{-x}{\sqrt{4\,a\,t}}}^{\eta=+\infty} e^{-\eta^2} \cdot d\eta - \int_{\eta=-\infty}^{\eta=\frac{-x}{\sqrt{4\,a\,t}}} e^{-\eta^2} \cdot d\eta \right\}.$$

Da $e^{-\eta^2}$ eine zu $\eta = 0$ symmetrische Funktion, also eine gerade

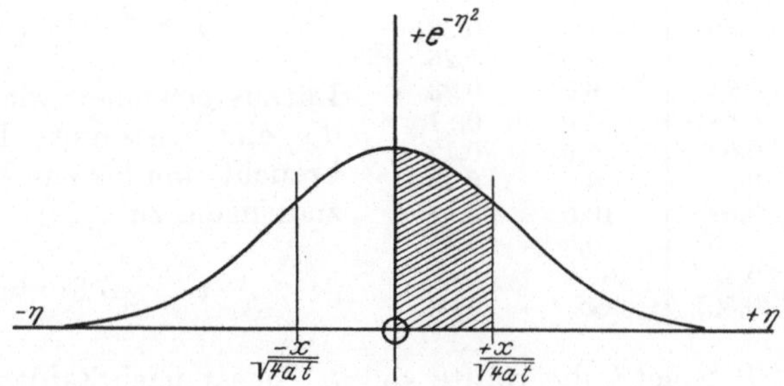

Abb. 33. Zur Umformung der Gleichung (37a).

Funktion ist, so ist nach Abb. 33 folgende zweimalige Umformung gestattet:

$$\vartheta = \vartheta_c \frac{1}{\sqrt{\pi}} \int_{\eta=\frac{-x}{\sqrt{4at}}}^{\eta=\frac{+x}{\sqrt{4at}}} e^{-\eta^2} \cdot d\eta = \vartheta_c \frac{2}{\sqrt{\pi}} \int_{\eta=0}^{\eta=\frac{+x}{\sqrt{4at}}} e^{-\eta^2} \cdot d\eta\,. \qquad (37\,\mathrm{a})$$

Das letztgeschriebene Integral stellt die in Abb. 32 schraffierte Fläche dar und ist lediglich eine Funktion seiner oberen Grenze.

Der Ausdruck

$$F(z) = \frac{2}{\sqrt{\pi}} \int_0^z e^{-\eta^2} \cdot d\eta = G(z)$$

ist eine in der angewandten Mathematik sehr häufig vorkommende Größe und wird das Gaußsche Fehlerintegral genannt. Es sei mit $G(z)$ bezeichnet.

Wir bekommen für das Temperaturfeld die Gleichung

$$\vartheta = \vartheta_c \cdot G\left(\frac{x}{\sqrt{4\,a\,t}}\right). \qquad (37\,\mathrm{b})$$

In Anlehnung an die Gleichungen des Temperaturfeldes bei Platte, Zylinder und Kugel können wir auch schreiben:

$$\vartheta = \vartheta_c \cdot \Phi\left(\frac{a\,t}{x^2}\right). \tag{37c}$$

Die Werte dieser Funktion sind in Zahlentafel 7 zusammengestellt.

Zahlentafel 7.

Temperaturverlauf im einseitig unendlich ausgedehnten Körper.

$\dfrac{a\,t}{x^2}$	Φ	$\dfrac{a\,t}{x^2}$	Φ
0,0	1,00	2,0	0,38
0,1	0,97	3,0	0,32
0,2	0,89	4,0	0,28
0,3	0,80	5,0	0,25
0,4	0,74	6,0	0,23
0,5	0,68	7,0	0,21
0,6	0,63	8,0	0,19
0,7	0,60	9,0	0,18
0,8	0,58	10,0	0,17
0,9	0,55	20,0	0,12
1,0	0,53	100,0	0,06
(1,14)	(0,50)	∞	0,00

Wir wollen jetzt die Frage stellen, mit welcher Schnelligkeit sich eine gegebene Temperatur nach dem Inneren des Körpers fortpflanzt. Wir bilden die inverse Funktion zu Gleichung (37c), schreiben also

$$\frac{a\,t}{x^2} = \text{Funkt.}\left(\frac{\vartheta}{\vartheta_c}\right).$$

Daraus gewinnen wir die Zeit t, die eine bestimmte Temperatur braucht, um bis zur Tiefe x vorzudringen, zu

$$t = \frac{x^2}{a} \cdot \text{Funkt.}\left(\frac{\vartheta}{\vartheta_c}\right).$$

Ist zum Beispiel ϑ die Hälfte von ϑ_c, so ist nach Zahlentafel 7 der Wert der Funktion gleich 1,14.

Hierzu ein kurzes Zahlenbeispiel:

Wann ist in einem einseitig unendlich ausgedehnten Körper bei Kupfer, Eisen, Sandstein und Kork die Temperatur $\tfrac{1}{2}\,\vartheta_c$ bis zur Tiefe von 1 cm, 1 dm und 1 m vorgedrungen?

Es ist $\Phi\left(\dfrac{a\,t}{x^2}\right) = 0,5$, darum $\dfrac{a\,t}{x^2} = 1,14$. Da x im Quadrat vorkommt, so braucht man die Zeiten, die man für 1 cm ausgerechnet hat, nur mit 100 und 10000 zu multiplizieren, um die Werte für 1 dm und 1 m zu erhalten.

		Kupfer	Eisen	Sandstein	Kork
	$a =$	0,38	0,058	0,0012	0,0011
Für 1 cm ist $t = \dfrac{0,000114}{a} =$		$\dfrac{1,14}{3800}$	$\dfrac{1,14}{580}$	$\dfrac{1,14}{12}$	$\dfrac{1,14}{11}$
Für 1 cm	$t =$	1,08 Sek.	7,1 Sek.	5,7 Min.	6,2 Min.
Für 1 dm	$t =$	1 Min. 48 Sek.	12 Min.	9½ Std.	10⅓ Std.
Für 1 m	$t =$	3 Std.	20 Std.	40 Tage	43 Tage

b) Die Berechnung des Wärmeverlustes. Von den auf S. 48 und 49 gekennzeichneten Wegen benützen wir diesmal den ersten Weg.

$$dQ = -\lambda \cdot dy \cdot dz \cdot \left(\frac{\partial \vartheta}{\partial x}\right)_{x=0} \cdot dt.$$

Da die Temperaturverteilung von y und z unabhängig ist, ergibt sich für eine Fläche $Y \cdot Z$ der Betrag

$$\frac{dQ}{dt} = -\lambda\, Y\, Z\, \vartheta_c \left(\frac{\partial}{\partial x}\, G\left(\frac{x}{\sqrt{4\,a\,t}} \right) \right)_{x=0},$$

$$\frac{\partial}{\partial x}\left(G\left(\frac{x}{\sqrt{4\,a\,t}} \right) \right) = \frac{1}{\sqrt{4\,a\,t}} \cdot \frac{2}{\sqrt{\pi}}\, e^{-\frac{x^2}{4\,a\,t}}.$$

Für $x = 0$ wird die Exponentialfunktion zu Eins und es ergibt sich

$$\frac{dQ}{dt} = -\lambda\, Y\, Z\, \vartheta_c\, \frac{1}{\sqrt{4\,a\,t}} \cdot \frac{2}{\sqrt{\pi}} = -\sqrt{\frac{\lambda\, c\, \gamma}{\pi\, t}}\, \vartheta_c\, Y\, Z. \qquad (38)$$

Man ersieht daraus, daß der Wärmeverlust durch die Oberfläche sich wie $1 : \sqrt{t}$ ändert, daß er also im ersten Augenblick unendlich groß ist.

Die Wärmemenge, die in dem endlichen Zeitraum von $t = 0$ bis $t = t_0$ austritt, ergibt sich durch Integration.

Mit

$$\int_0^{t_0} \frac{1}{\sqrt{t}} \cdot dt = 2\,\sqrt{t_0}$$

wird

$$Q = -\frac{2}{\sqrt{\pi}}\, \sqrt{\lambda\, c\, \gamma}\, \sqrt{t_0}\, \vartheta_c\, Y\, Z. \qquad (39\,\text{a})$$

Die ausgetretene Wärme wächst also wie $\sqrt{t_0}$. Die Größe $\sqrt{\lambda\, c\, \gamma}$ ist ein reiner Stoffwert, den wir mit b bezeichnen wollen. Man könnte diesen Wert die Wärmeeinströmfähigkeit oder, wie sich bei Aufgabe 6 und 7 zeigen wird, auch die Wärmespeicherfähigkeit nennen. Ich will jedoch von der Einführung eines Namens absehen und nur von dem „b-Werte" sprechen.

$$Q = -1{,}13\, b\, \sqrt{t_0}\, \vartheta_c\, Y\, Z. \qquad (39\,\text{b})$$

Zusatz. Die Aufgabe 5 können wir vom Standpunkt der Randbedingungen aus als eine Randwertaufgabe erster Art oder als eine solche von der dritten Art mit dem Wert $h = \infty$ auffassen. Für eine endliche relative Wärmeübergangszahl „h" läßt sich die Aufgabe ebenfalls durchführen. — Wir wollen hier aber nur das Ergebnis aus der mathematischen Literatur übernehmen[1]:

$$\vartheta = \vartheta_c \cdot G\left(\frac{1}{2}\, \sqrt{\frac{x^2}{a\,t}} \right) + \vartheta_c\, e^{\frac{a\,t}{x^2}(h\,x)^2 + (h\,x)} \left\{ 1 - G\left(\frac{1}{2}\, \sqrt{\frac{x^2}{a\,t}} + \sqrt{\frac{a\,t}{x^2}(h\,x)^2} \right) \right\}$$

oder

$$\vartheta = \vartheta_c \cdot \Phi\left(\frac{a\,t}{x^2},\, h\,x \right).$$

Über eine Verallgemeinerung anderer Art siehe später S. 111.

---

[1] Z. B. aus **Frank** und **v. Mises**: Differentialgleichungen der Physik Bd. 2 S. 236. Braunschweig: Vieweg & Sohn 1927.

2. Temperatur periodisch veränderlich.

Ein großer Teil der Arbeitsvorgänge im Maschinenbau besteht in einer ständigen Wiederholung desselben stets gleichbleibenden Arbeitsspieles, wodurch alle beteiligten Zustandsgrößen, darunter auch die Temperatur, periodischen Schwankungen unterworfen sind. Aber auch bei anderen Vorgängen treten häufig durch stetig wiederkehrende Eingriffe — z. B. geregelte Betriebspausen — periodische Zustandsänderungen ein. Ein besonders wichtiges Beispiel sind die Umschaltevorgänge

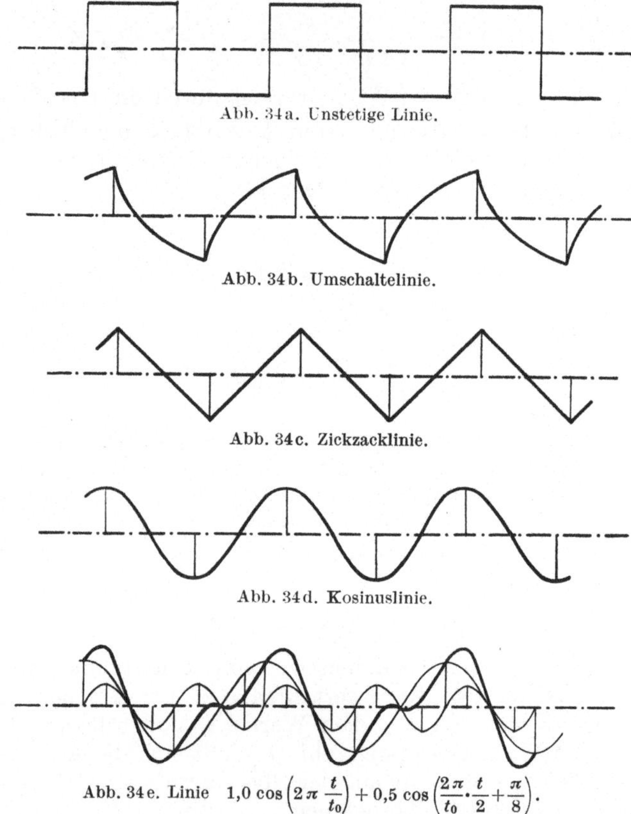

Abb. 34a. Unstetige Linie.

Abb. 34b. Umschaltelinie.

Abb. 34c. Zickzacklinie.

Abb. 34d. Kosinuslinie.

Abb. 34e. Linie $1{,}0 \cos\left(2\,\pi\,\dfrac{t}{t_0}\right) + 0{,}5 \cos\left(\dfrac{2\,\pi}{t_0}\cdot\dfrac{t}{2}+\dfrac{\pi}{8}\right)$.

bei den Regeneratoren der großen technischen Feuerungen (Hochöfen, Siemens-Martin-Öfen, Glasschmelzöfen, Gaserzeugungsöfen).

Der zeitliche Verlauf der Temperatur während einer Periode kann dabei ein durchaus verschiedenartiger sein, z. B. sprungweise veränderlich, stetig steigend und fallend, usw. (vgl. Abb. 34a bis d).

Das Verfahren der sogenannten harmonischen Analyse gestattet es, jede irgendwie gestaltete periodische Kurve mit beliebiger Annäherung als Übereinanderlagerung mehrerer verschiedenartiger Kosinuslinien darzustellen.

So ist z. B. die in Abb. 34e stark gezeichnete Kurve $F(x)$ durch Summierung der beiden Kosinuslinien

$$f_1(x) = 1{,}0 \cos\left(2\,\pi\,\frac{t}{t_0}\right) \quad \text{und} \quad f_2(x) = 0{,}5 \cos\left(\frac{2\,\pi}{t_0} \cdot \frac{t}{2} + \frac{\pi}{8}\right)$$

entstanden.

In diesem Abschnitt wollen wir eine Reihe von Vorgängen besprechen, denen folgendes gemeinsam sein soll.

Erstens, es soll die Temperatur der Oberfläche oder die Temperatur der Umgebung rein periodischen, zeitlichen Schwankungen unterworfen sein. Als Gesetz dieser Schwankungen sei im allgemeinen das Gesetz der harmonischen Schwingung vorausgesetzt.

Zweitens soll stets angenommen sein, daß der Vorgang schon so lange dauert, daß die ursprüngliche Temperaturverteilung ihren Einfluß verloren hat, daß also das Temperaturfeld nur mehr unter dieser Einwirkung von außen steht.

In erster Linie wird hierbei immer nach der Gestalt des Temperaturfeldes gefragt sein, in zweiter Linie nach dem Wärmefluß durch die Oberfläche.

Allgemeines.

Für Zeit- und Temperaturangaben kommen in diesem Abschnitt folgende Bezeichnungen zur Anwendung:

t die Zeit, von einem beliebigen Nullpunkt an gezählt,

t_0 Dauer einer ganzen Periode,

ϑ Temperatur an irgend einer Stelle,

ϑ_M Maximaler Ausschlag der Temperatur an dieser Stelle,

ϑ_0 Temperatur an der Oberfläche,

ϑ_{0M} Maximaler Ausschlag der Temperatur an der Oberfläche.

Die gesuchte Temperaturfunktion muß vor allem der Differentialgleichung

$$\frac{\partial \vartheta}{\partial t} = a \cdot \nabla^2 \vartheta$$

genügen.

Einer Anfangsbedingung unterliegt sie nicht, da nach Annahme die Anfangstemperaturverteilung schon ausgeglichen sein soll.

Dagegen ist sie an eine Oberflächenbedingung gebunden. Diese lautet

entweder

$$\vartheta_0 = \vartheta_{0M} \cos\left(2\,\frac{\pi}{t_0}\,t\right) \tag{40a}$$

oder

$$\vartheta_0 = \vartheta_{0M} \sin\left(2\,\frac{\pi}{t_0}\,t\right). \tag{40b}$$

Beide Bedingungen sind durchaus gleichwertig, denn wir brauchen nur den Nullpunkt der Zeitachse um $\pi/2$ zu verschieben, also eine Phasenverschiebung von $\pi/2$ eintreten zu lassen, um die beiden Funktionen ineinander überzuführen. Wir werden deshalb im weiteren nur die cos-Funktion berücksichtigen.

Zwecks Aufsuchen partikulärer Integrale setzen wir

$$\vartheta = \varphi(t) \cdot \psi(\xi, \eta, \zeta).$$

Die physikalischen Erwägungen, die wir auf S. 25 anstellten, hatten uns bei Vorgängen, die dem Temperaturausgleich stetig zustreben, zur Annahme $\varphi(t) = e^{-pt}$ geführt.

Bei der nunmehr vorliegenden Annahme einer periodischen Oberflächentemperatur ist sicher zu erwarten, daß auch in den tieferliegenden Schichten sich die Temperatur mit der Zeit periodisch ändert. Die Exponentialfunktion ist deshalb in obiger Form nicht brauchbar. Erinnern wir uns aber, daß nach den Lehren für das Rechnen mit komplexen Größen die Gleichung gilt

$$e^{+ipt} = \cos(pt) + i \sin(pt),$$

so erscheint es immerhin gerechtfertigt, mit dieser Funktion den Versuch zu machen.

Wir setzen wieder in Anlehnung an früheres (vgl. S. 15) $p = q^2 a$ und erhalten

$$\vartheta = e^{+iq^2at} \cdot \psi(\xi, \eta, \zeta),$$

und dies führt mit

$$\frac{\partial \vartheta}{\partial t} = + i q^2 a\, e^{+iq^2at} \cdot \psi$$

und mit

$$\nabla^2 \vartheta = e^{+iq^2at} \cdot \nabla^2 \psi$$

zur Bedingungsgleichung für ψ, welche lautet

$$\nabla^2 \psi - i q^2 \cdot \psi = 0.$$

Dies ist die schon bekannte Pockelssche Differentialgleichung (10), nur mit der Besonderheit eines negativen und rein imaginären Parameters.

Aus der Lehre von den komplexen Größen übernehmen wir die Formel

$$\sqrt{-i} = \pm (1 - i) \sqrt{\tfrac{1}{2}};$$

mit ihrer Verwendung können wir die Pockelssche Differentialgleichung schreiben

$$\nabla^2 \psi - \left[\pm (1 - i) \sqrt{\tfrac{1}{2}}\, q \right]^2 \cdot \psi = 0, \tag{41}$$

so daß jetzt an Stelle der reellen Größe q der früheren Betrachtungen die komplexe Größe

$$\pm (1 - i) \sqrt{\tfrac{1}{2}}\, q$$

tritt.

Nach diesen einleitenden Ausführungen, die für eine ganze Gruppe von Aufgaben gelten, kann jetzt zur Besprechung einzelner Aufgaben übergegangen werden; hierbei sollen nur solche Fälle erörtert werden, bei denen die Temperatur nur von einer Koordinate abhängt.

Aufgabe 6. Der einseitig unendlich ausgedehnte Körper.

„Bei einem einseitig, unendlich ausgedehnten Körper werde durch irgendwelche Einwirkung von außen die Oberflächentemperatur zu periodischen Schwankungen um den Wert Null gezwungen. Das Gesetz dieser Schwankungen sei das der harmonischen Schwingung. — Es sind die Gestalt des Temperaturfeldes und die Größe des Wärmeflusses durch die Oberfläche in ihrer Abhängigkeit von der Zeit zu bestimmen.‟

a) Die Gestalt des Temperaturfeldes. Der Ansatz:

$$\vartheta = e^{-iq^2 a t} \cdot \psi(x)$$

ist ein partikuläres Integral der Wärmeleitungsgleichung, falls $\psi(x)$ eine Lösung der Gleichung:

$$\frac{d^2\psi}{dx^2} - \left[\pm(1-i)\sqrt{\tfrac{1}{2}q}\right]^2 \cdot \psi = 0.$$

ist.

Die Gleichung

$$\psi(x) = C\, e^{\pm[(1-i)\sqrt{\frac{1}{2}}q]\,x}$$

ist eine solche Lösung. Mit ihrer Verwendung ergibt sich für ϑ der Ausdruck

$$\vartheta = C\, e^{-iq^2 a t}\, e^{\pm(1-i)\sqrt{\frac{1}{2}}q x} = C\, e^{\pm\sqrt{\frac{1}{2}}q x}\, e^{-i(q^2 a t \pm \sqrt{\frac{1}{2}}q x)}.$$

Dieser Ausdruck geht mit Hilfe der Formel

$$e^{-i\varphi} = \cos\varphi - i\sin\varphi$$

über in:

$$\vartheta = C\, e^{\pm\sqrt{\frac{1}{2}}q x}\left\{\cos\left(q^2 a t \pm \sqrt{\tfrac{1}{2}}q\, x\right) - i\sin\left(q^2 a t \pm \sqrt{\tfrac{1}{2}}q\, x\right)\right\}.$$

Diese komplexe Lösung läßt sich in einen reellen und einen rein imaginären Teil spalten, so daß $\vartheta = \vartheta_1 + i\vartheta_2$ ist.

Dabei wollen wir noch folgendes beachten: Nach den Eigenschaften der Exponentialfunktion würde das $+$-Zeichen im Exponenten besagen, daß die Temperaturschwankungen mit zunehmender Tiefe unter der Oberfläche immer mehr zunehmen müßten, eine Annahme, die mit der Erfahrung sichtlich in Widerspruch steht. Wir dürfen deshalb aus physikalischen Gründen jedesmal das obere Zeichen ausschalten. Es bleiben dann die beiden Lösungen:

$$\vartheta_1 = C_1\, e^{-\sqrt{\frac{1}{2}}q x}\cos\left(q^2 a\, t - \sqrt{\tfrac{1}{2}}q\, x\right)$$

und

$$\vartheta_2 = C_2\, e^{-\sqrt{\frac{1}{2}}q x}\sin\left(q^2 a\, t - \sqrt{\tfrac{1}{2}}q\, x\right).$$

Zur Bestimmung der willkürlichen Konstanten C und q benützen wir die Oberflächenbedingung, indem wir in beiden Gleichungen $x = 0$ setzen. Wir erhalten

$$\vartheta_0 = C_1\cos\left(q^2 a\, t\right)$$

bzw.

$$\vartheta_0 = C_2\sin\left(q^2 a\, t\right)$$

und vergleichen dies mit den Oberflächenbedingungen [Gleichung

(40a)] von S. 71. Daraus ist zu folgern, daß

$$1.\ C_1 = \vartheta_{0M} \qquad \text{und} \qquad C_2 = 0$$

und

$$2.\ q^2 = \frac{1}{a} \cdot 2\,\frac{\pi}{t_0}$$

zu setzen sind.

Die Gleichung des Temperaturfeldes heißt dann:

$$\vartheta = \vartheta_{0M}\, e^{-x\sqrt{\frac{\pi}{a\,t_0}}} \cos\left(x\,\sqrt{\frac{\pi}{a\,t_0}} - \frac{2\,\pi}{t_0}\,t\right). \tag{42}$$

Bei Besprechung dieses Ergebnisses können wir zweierlei Standpunkte einnehmen. Einmal können wir einen bestimmten Zeitpunkt festhalten und die Gestalt des Temperaturfeldes in diesem Augenblick untersuchen, also ein Momentbild der Temperaturkurve aufnehmen. Das andere Mal können wir eine unendlich dünne Schicht in der Tiefe x ins Auge fassen und die Veränderungen, welche die Temperatur in dieser Schicht erleidet, zeitlich verfolgen.

Wir beginnen mit der ersten Betrachtungsweise, und zwar zuerst mit der einfachen Funktion

$$f_1(x) = \vartheta_{0M} \cos\left(x\,\sqrt{\frac{\pi}{a\,t_0}}\right).$$

Diese Gleichung stellt eine Kosinuslinie oder eine Wellenlinie dar. Der größte Ausschlag (die maximale Amplitude) ist gleich ϑ_{0M}. Die Länge einer ganzen Welle ergibt sich aus

$$x\,\sqrt{\frac{\pi}{a\,t_0}} = 2\,\pi$$

zu: Wellenlänge $\varLambda = 2\,\sqrt{\pi\,a\,t_0}$.

Die Wellenberge stehen bei $x_1 = 0$; $x_2 = 2\,\sqrt{\pi\,a\,t_0}$; $x_3 = 4\,\sqrt{\pi\,a\,t_0}$ usw.

Die Funktion

$$f_2(x) = \vartheta_{0M} \cos\left(x\,\sqrt{\frac{\pi}{a\,t_0}} - 2\,\pi\,\frac{t}{t_0}\right)$$

stellt eine gleiche Wellenlinie dar, nur ist die ganze Linie entsprechend dem Betrag $2\,\pi\,t : t_0$ in Richtung der positiven x-Achse verschoben. Bei stetig wachsendem t wandert also die ganze Wellenlinie in dieser Richtung, sie bildet einen Wellenstrahl. Da nach der Wellenlehre

Fortpflanzungsgeschwindigkeit = Wellenlänge : Schwingungsdauer

ist, so ist die Geschwindigkeit w, mit der ein Punkt der Welle, z. B. ein Maximum, wandert, gleich

$$w = \frac{2\,\sqrt{\pi\,a\,t_0}}{t_0} = 2\,\sqrt{\frac{\pi\,a}{t_0}}.$$

In Gleichung (42) tritt nun im Vergleich zur letztuntersuchten Gleichung noch die Exponentialfunktion hinzu. Sie verändert weder die Phasenverschiebung noch die Fortpflanzungsgeschwindigkeit oder die Wellenlänge. Aber sie bewirkt ein sehr rasches Abnehmen des größten Ausschlages mit fortschreitendem x.

Abb. 35 zeigt zwei aufeinanderfolgende Momentbilder der Temperaturkurve. Abb. 36 veranschaulicht die Gestalt der Temperaturwellen für mehrere Schwingungsphasen, die zeitlich jeweils um den Betrag $t_0/8$ differieren.

Wählen wir nun die zweite Betrachtungsweise, indem wir den Temperaturverlauf in der Tiefe x beobachten! Wir müssen dann x als den festgehaltenen Parameter und t als die Veränderliche auffassen.

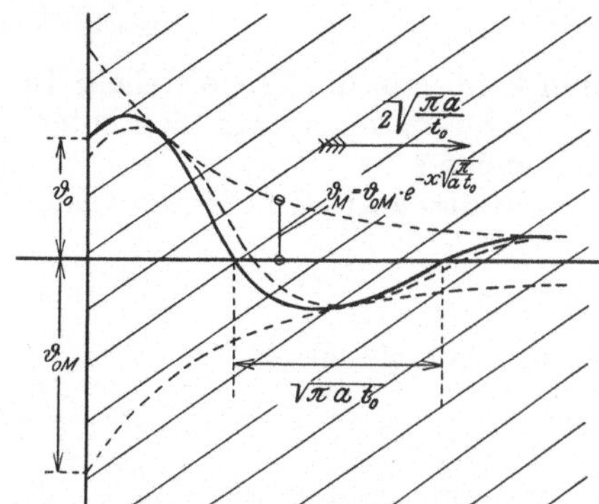

Abb. 35. Temperaturverlauf bei periodisch veränderlicher Oberflächentemperatur.

Es zeigt sich dann, daß ϑ_x sich mit t ebenfalls nach dem Kosinusgesetz ändert. Die Dauer einer Schwingung ist gleich t_0, also unabhängig von der Tiefe x. Dagegen tritt mit wachsendem x ein Zurück-

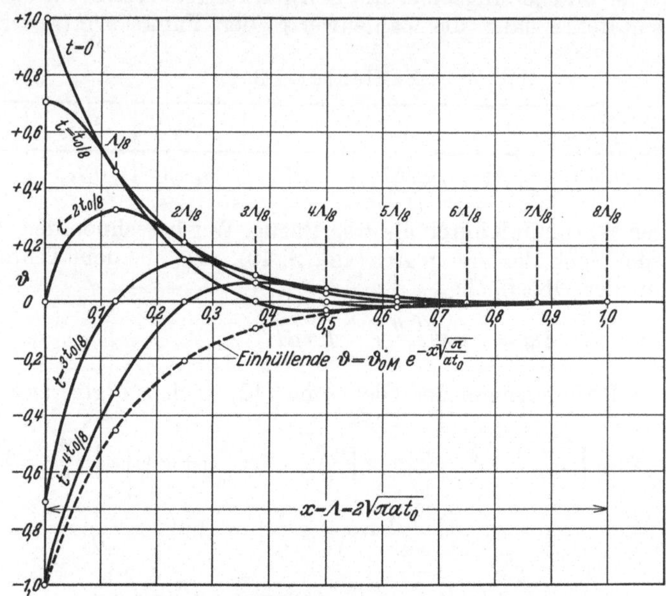

Abb. 36. Gestalt der Temperaturwellen im unendlich dicken Körper.
Abszisse: Eindringtiefe x (Einheit gleich der Wellenlänge).
Ordinate: Temperatur ϑ.

bleiben in der Phase — ein Nachhinken — ein, das durch den Ausdruck

$$t_x = \frac{x}{2}\sqrt{\frac{t_0}{\pi a}}$$

gegeben ist.

Auch der größte Ausschlag ändert sich mit x, denn es ist

$$\vartheta_{xM} = \vartheta_{0M}\, e^{-x\sqrt{\frac{\pi}{a\,t_0}}}.$$

Man kann nun die Frage stellen: In welcher Tiefe x haben die Temperaturschwankungen auf den ν-ten Teil ihres Oberflächenwertes abgenommen?

Um dies zu finden, ist die Gleichung

$$\frac{1}{\nu} = e^{-x\sqrt{\frac{\pi}{a\,t_0}}}$$

nach x aufzulösen:

$$x = \sqrt{\frac{a\,t_0}{\pi}}\,\ln \nu.$$

Wir führen statt der Strecke $\sqrt{a\,t_0}$ die Wellenlänge Λ ein:

$$x = \frac{2\sqrt{\pi\,a\,t_0}}{2\sqrt{\pi}\,\sqrt{\pi}}\,\ln \nu = \Lambda\,\frac{\ln \nu}{2\,\pi} = \Lambda \cdot f(\nu).$$

Man sieht, daß die Wellenlänge und damit die Eindringtiefe der Temperaturwellen um so größer wird, je größer die Temperaturleitfähigkeit ist und je langsamer die Schwankungen verlaufen.

Zahlentafel 8 läßt die Zahlenwerte der Funktion $f(\nu)$ erkennen.

Zahlentafel 8.

$1/\nu$	$\frac{1}{2}$	$\frac{1}{4}$	$\frac{1}{10}$	$\frac{1}{20}$	$\frac{1}{50}$	$\frac{1}{100}$	$\frac{1}{1000}$
$f(\nu)$	0,110	0,221	0,367	0,477	0,623	0,733	1,100

b) Der Wärmefluß durch die Oberfläche. Wir berechnen den Wärmefluß wieder nach der ersten Art (vgl. S. 48), also aus dem Temperaturgefälle an der Oberfläche.

$$dQ = -\lambda \left(\frac{\partial \vartheta}{\partial x}\right)_{x=0} F \cdot dt.$$

Durch Differenzieren der Gleichung (42) nach x ergibt sich

$$\frac{\partial \vartheta}{\partial x} = -\vartheta_{0M}\sqrt{\frac{\pi}{a\,t_0}}\, e^{-x\sqrt{\frac{\pi}{a\,t_0}}}\left\{\sin\left(x\sqrt{\frac{\pi}{a\,t_0}} - 2\pi\,\frac{t}{t_0}\right) + \cos\left(x\sqrt{\frac{\pi}{a\,t_0}} - 2\pi\,\frac{t}{t_0}\right)\right\},$$

$$\left(\frac{\partial \vartheta}{\partial x}\right)_{x=0} = -\vartheta_{0M}\sqrt{\frac{\pi}{a\,t_0}}\left\{\cos\left(2\pi\,\frac{t}{t_0}\right) - \sin\left(2\pi\,\frac{t}{t_0}\right)\right\}$$

$$= -\vartheta_{0M}\sqrt{\frac{\pi}{a\,t_0}}\,\sqrt{2}\,\cos\left(2\pi\,\frac{t}{t_0} + \frac{\pi}{4}\right),$$

$$Q = +\lambda F\,\vartheta_{0M}\sqrt{\frac{2\,\pi}{a\,t_0}}\int \cos\left(2\pi\,\frac{t}{t_0} + \frac{\pi}{4}\right) \cdot dt.$$

Würden wir den Ausdruck über die Dauer einer ganzen Periode integrieren, so würden wir den Wert Null erhalten. Wir müssen deshalb die Frage so stellen: Wie groß ist die Wärmemenge, welche die Oberfläche während einer halben Periode durchsetzt, also die Wärme, die der Körper aufzuspeichern und wieder abzugeben vermag?

Die Integration über eine halbe Periode ergibt

$$Q_{t=t_0/2} = + \lambda F \vartheta_{0M} \sqrt{\frac{2\pi}{a t_0} \frac{t_0}{2\pi}} \cdot [\mp 2]$$

$$= \sqrt{\frac{2}{\pi}} \frac{\lambda}{\sqrt{a}} \sqrt{t_0}\, F \vartheta_{0M} \tag{43a}$$

$$= \sqrt{\frac{2}{\pi}} \sqrt{\lambda c \gamma} \sqrt{t_0}\, F \vartheta_{0M} \tag{43b}$$

$$= 0{,}80\, b \sqrt{t_0}\, F \vartheta_{0M}. \tag{43c}$$

Die aufgespeicherte Wärme ist also dem zusammengesetzten Stoffwerte b und der Wurzel aus der Dauer t_0 einer Periode proportional.

Nachstehende Übersicht enthält für vier verschiedene Körper und für die Zeiten t_0 gleich 1 Sekunde, 1 Stunde, 1 Tag die Länge einer Temperaturwelle und den Betrag der Werte $0{,}80\, b \sqrt{t_0}$.

Für $t_0 = 1$ Sek. ist $\sqrt{t_0} = 0{,}0167$
$\quad = 1$ Std. ist $\sqrt{t_0} = 1{,}00$
$\quad = 1$ Tag ist $\sqrt{t_0} = 4{,}89$

		Kupfer	Eisen	Sandstein	Kork
$\lambda =$		320	45	0,6	0,08
$c =$		0,094	0,115	0,22	rd. 0,3
$\gamma =$		8900	7700	2300	240
$a = \dfrac{\lambda}{c\gamma} =$		0,383	0,051	0,00119	0,00111
$b = \sqrt{\lambda c \gamma}$		517	200	17,4	2,4
$\Lambda = 2\sqrt{\pi a t_0}$ [m]	1 Sek.	0,0367	0,0134	0,00203	0,00197
	1 Std.	2,188	0,800	0,122	0,118
	1 Tag	10,70	3,91	0,598	0,577
$0{,}80\, b \sqrt{t_0}$ [kcal·m^{-2}·Grad]	1 Sek.	6,88	2,66	0,232	0,032
	1 Std.	413	160	13,9	1,92
	1 Tag	2020	782	68,0	9,58

1. **Verallgemeinerung der Aufgabe.** Es sei nunmehr angenommen, daß nicht für die Oberflächentemperatur, sondern für die Umgebungstemperatur das Änderungsgesetz gegeben ist, und zwar soll gelten

$$\Theta = \Theta_M \cos\left(2\pi \frac{t}{t_0}\right).$$

Bekannt sei ferner die Wärmeübergangszahl α und damit auch die relative Wärmeübergangszahl $h = \dfrac{\alpha}{\lambda}$. Welches ist dann der Temperaturverlauf an der Oberfläche und im Inneren des Körpers?

Zufolge der Enzyklop. d. math. Wiss. V, 4, S. 186 ist:

$$\vartheta_x = \Theta_M \sqrt{\frac{1}{1 + 2\sqrt{\dfrac{\pi}{h^2 a\, t_0}} + 2\dfrac{\pi}{h^2 a\, t_0}}}\; e^{-x\sqrt{\frac{\pi}{a\, t_0}}}$$

$$\times \cos\left(2\pi \frac{t}{t_0} - \left(\operatorname{arctg} \frac{1}{1 + \sqrt{\dfrac{h^2 a\, t_0}{\pi}}} + x\sqrt{\frac{\pi}{a\, t_0}}\right)\right). \qquad (44\,\mathrm{a})$$

Wir setzen zur Abkürzung

$$\eta_0 = \sqrt{\frac{1}{1 + 2\sqrt{\dfrac{\pi}{h^2 a\, t_0}} + 2\dfrac{\pi}{h^2 a\, t_0}}}$$

sowie

$$\varepsilon_0 = \operatorname{arctg} \frac{1}{1 + \sqrt{\dfrac{h^2 a\, t_0}{\pi}}}$$

und erhalten die Form

$$\vartheta_x = \Theta_M\, \eta_0\, e^{-x\sqrt{\frac{\pi}{a\, t_0}}} \cos\left(2\pi \frac{t}{t_0} - \left(\varepsilon_0 + x\sqrt{\frac{\pi}{a\, t_0}}\right)\right). \qquad (44\,\mathrm{b})$$

In dieser Gleichung sind η_0 und ε_0 zwei nur von der einzigen Größe $(h^2 a\, t_0)$ abhängige Werte, die nachstehend zusammengestellt sind.

$h^2 a\, t_0$	η_0	ε_0	$h^2 a\, t_0$	η_0	ε_0
0	0	45° 00′	1	0,304	32° 40′
0,001	0,012	44° 30′	2	0,388	29° 05′
0,002	0,017	44° 20′	5	0,510	23° 50′
0,005	0,028	43° 55′	10	0,603	19° 50′
0,01	0,039	43° 30′	20	0,689	15° 50′
0,02	0,054	42° 50′	50	0,784	11° 50′
0,05	0,084	41° 40′	100	0,843	8° 35′
0,1	0,116	40° 20′	200	0,883	6° 20′
0,2	0,159	38° 40′	500	0,925	4° 20′
0,5	0,232	35° 35′	1000	0,945	3° 00′

Die physikalische Bedeutung der Werte η_0 und ε_0 ergibt sich, wenn man die Gleichung (44 b) zur Berechnung der Oberflächentemperatur ϑ_0 anwendet, wenn man also in ihr $x = 0$ setzt. Man erhält

$$\vartheta_0 = \Theta_M\, \eta_0 \cos\left(2\pi \frac{t}{t_0} - \varepsilon_0\right). \qquad (45)$$

Diese Gleichung sagt aus, daß die Oberflächentemperatur ebenso wie die Umgebungstemperatur eine harmonische Schwingung ausführt und daß beide Schwingungen gleiche Dauer der Periode aufweisen. Aber beide Schwingungen unterscheiden sich doch in zweifacher Hinsicht.

Erstens hinkt die Oberflächentemperatur hinter der Umgebungstemperatur zeitlich um einen Betrag nach, der durch den Wert ε_0 bestimmt ist. Zweitens ist der größte Ausschlag der Oberflächentemperatur η_0 mal kleiner als der größte Ausschlag der Umgebungstemperatur. Es ergibt sich damit für den zeitlichen Verlauf beider Temperaturen das nachstehende Schaubild (Abb. 37).

Durch Gleichung (45) ist die verallgemeinerte Aufgabe auf die ursprüngliche Aufgabe zurückgeführt; denn man braucht nur aus ihr das Gesetz für die Oberflächentemperatur zu ermitteln und kann dann auf dieser Grundlage nach den Gleichungen (40), (42) und (43) das Temperaturfeld und die gespeicherte Wärmemenge berechnen.

Für die während einer halben Periode gespeicherte Wärmemenge ist noch eine andere Berechnungsart möglich, die auf dem Wärmeübergang zwischen Umgebung und Oberfläche beruht. Für einen Teil F

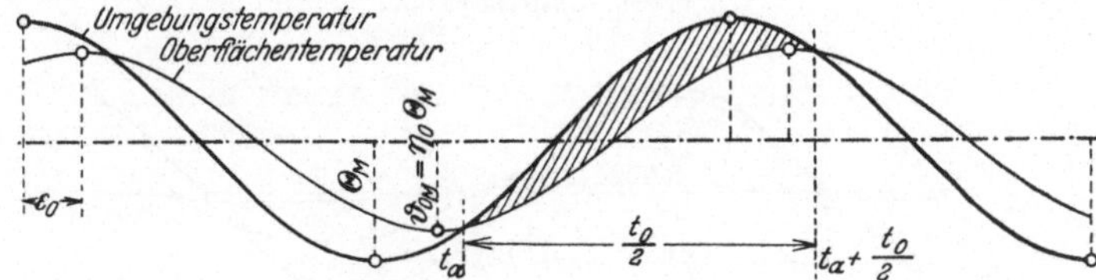

Abb. 37. Zeitlicher Verlauf der Umgebungstemperatur und der Oberflächentemperatur (harmonische Schwingung).

der Oberfläche und ein Zeitteilchen dt ist die übergehende Wärme

$$dQ = \alpha\, F\, (\Theta - \vartheta)\cdot dt.$$

Darin ist

$$\Theta = \Theta_M \cos\left(2\,\pi\,\frac{t}{t_0}\right).$$

$$\vartheta_0 = \Theta_M\, \eta_0 \cos\left(2\,\pi\,\frac{t}{t_0} - \varepsilon_0\right).$$

Setzt man dies in die obige Gleichung ein und integriert, wobei als Grenzen die in Abb. 37 eingetragenen Werte t_a und $t_a + \tfrac{1}{2}\,t_0 = t_b$ gelten, so erhält man

$$Q_{t=t_0/2} = \alpha\, F \int\limits_{t_a}^{t_b} \Theta_M\left\{\cos\left(2\,\pi\,\frac{t}{t_0}\right) - \eta_0 \cos\left(2\,\pi\,\frac{t}{t_0} - \varepsilon_0\right)\right\}\cdot dt$$

$$= \alpha\, F\, \Theta_M\, \frac{t_0}{2}\cdot \text{Funkt}\,(\eta_0,\, \varepsilon_0) = \alpha\, F\, \Theta_M\, \frac{t_0}{2}\cdot \text{funkt}\,(h^2\, a\, t_0).$$

Das Integral läßt sich am besten durch Planimetrieren bestimmen, weil sein Wert durch die in Abb. 37 schraffierte Fläche dargestellt ist. Über die Werte von funkt $(h^2\, a\, t_0)$ vergleiche man die Zusammenstellung auf S. 81.

2. Verallgemeinerung der Aufgabe. Die Aufgabe über den unendlich dicken, ebenen Körper läßt sich nochmals dadurch verallgemeinern, daß man für die zeitliche Änderung der Umgebungstemperatur nicht mehr das Gesetz der harmonischen Schwingung vorschreibt, sondern ein beliebiges anderes Gesetz gelten läßt. (Vgl. die Abb. 34.)

Um aus einem solchen Verlauf der Umgebungstemperatur die zugehörige Oberflächentemperatur zu bestimmen, muß man die unstetige Linie bzw. die Zickzacklinie nach dem Prinzip der Fourierschen Reihe in ihre Harmonischen zerlegen, für jede Harmonische die zugehörige Oberflächentemperatur bestimmen und all diese dann wieder addieren.

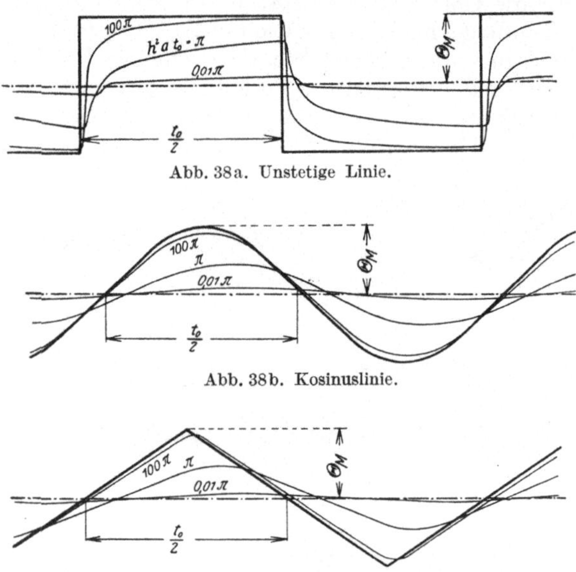

Abb. 38a. Unstetige Linie.

Abb. 38b. Kosinuslinie.

Abb. 38c. Zickzacklinie.

Abb. 38a bis c.   Zeitlicher Verlauf der Umgebungstemperatur und der Oberflächentemperatur
(allgemeiner Fall).

Das Ergebnis dieser ziemlich zeitraubenden Arbeit ist in Abb. 38a und c wiedergegeben, und zwar für die drei Fälle: $h^2 a t_0 = 100\,\pi$, $= \pi$ und $= 0{,}01\,\pi$. Des Vergleiches halber ist der Fall der harmonischen Schwingung als Abb. 38b dazwischengesetzt.

Die Wärme, welche während einer halben Periode in die Oberfläche eindringt bzw. von ihr abgegeben wird, wurde durch Planimetrieren jener Fläche gefunden, welche zwischen der Kurve der Umgebungstemperatur und der Kurve der Oberflächentemperatur liegt. Das Ergebnis wurde wieder auf die Form gebracht:

$$Q_{t=t_0/2} = \alpha\, F\, \Theta_M \frac{t_0}{2} \cdot \text{funkt}\,(h^2\, a\, t_0),$$

wobei für funkt $(h^2 a\, t_0)$ die Werte nachstehender Zahlentafel gelten:

$h^2 a\, t_0 =$	0	$0{,}01\,\pi$	π	$100\,\pi$	∞
Unstetige Linie	0	0,12	0,59	0,89	1,00
Kosinus-Linie	0	0,08	0,40	0,61	0,64
Zickzack-Linie	0	0,07	0,32	0,48	0,50

Die bisher besprochenen Gleichungen dürfen nur angewandt werden, wenn der Körper entsprechend den Bedingungen als unendlich dick aufgefaßt werden darf. Ist dies nicht der Fall, so gehen noch die Abmessungen des Körpers in die Rechnung ein.

Aufgabe 7. Die Platte.

„Bei einer planparallelen Platte von der Dicke $2\,X$ werde durch irgendwelche Einwirkung von außen den beiden Oberflächen eine periodisch veränderliche Temperatur aufgezwungen. Das Gesetz dieser Veränderlichkeit sei für beide Seiten dasselbe, nämlich:

$$\vartheta_0 = \vartheta_{0M} \cos 2\,\pi\,\frac{t}{t_0}\,.$$

Es sind die Gestalt des Temperaturfeldes und die Größe des Wärmeflusses durch die Oberfläche zu bestimmen."

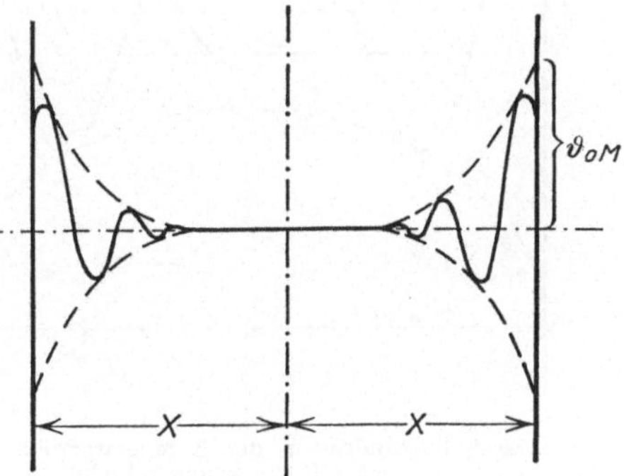

Abb. 39a. Eindringen der Temperaturwellen bei der sehr dicken Platte.

Stellen wir uns vor, daß die Platte sehr dick ist oder die Schwingungen recht rasch erfolgen, so werden die Temperaturschwankungen, welche sich von den beiden Oberflächen her nach dem Inneren fortpflanzen, schon völlig abgeflaut sein, noch ehe sie die Plattenmitte erreicht haben. Jede der beiden Plattenhälften verhält sich dann wie ein unendlich dicker Körper, und unsere Aufgabe ist auf die vorige Aufgabe 6 zurückgeführt. Diese sehr dicke Platte stellt den einen Grenzfall vor (vgl. Abb. 39a).

Ist im gegenteiligen Falle die Platte sehr dünn oder erfolgen die Schwingungen ungemein langsam, so kann das ganze Innere der Platte die Schwankungen der Oberflächentemperatur in vollem Betrage und ohne ein zeitliches Nachhinken mitmachen. Die Temperaturen im ganzen Inneren der Platte sind dann unabhängig vom Abstande x von der Plattenmitte und wir erhalten:

$$\vartheta_x = \vartheta_0 = \vartheta_{0M} \cos\left(2\,\pi\,\frac{t}{t_0}\right),$$

und für die Wärme Q, welche während einer halben Periode — also zwischen den Temperaturgrenzen $-\vartheta_{0M}$ und $+\vartheta_{0M}$ aufgespeichert wird, den Wert

$$Q_{t=t_0/2} = 2\,X\,F\,\gamma\,c \cdot 2\,\vartheta_{0M}\,.$$

Darin ist F die Größe der Platte.

Zwischen diesen beiden Grenzfällen der sehr dicken und der sehr dünnen Platte liegt das zu besprechende Problem. Wir können uns die Schwingungen, welche dann eintreten, am besten dadurch vergegenwärtigen, daß wir uns in Abb. 39a die Plattendicke allmählich kleiner werdend denken. Dann wird sehr bald der Zustand eintreten, daß die Schwingungen, welche von den beiden Seiten ausgehen, sich in der Mitte stören bzw. durchdringen. Ein Augenblicksbild einer solchen Temperaturverteilung gibt Abb. 39b wieder.

a) Das Temperaturfeld. Entsprechend den Ausführungen von S. 72 beginnen wir mit dem Ansatz

$$\vartheta = e^{+iq^2at} \cdot \psi(x),$$

wobei wieder $\psi(x)$ der Bedingung zu genügen hat

$$\frac{d^2\psi}{dx^2} + \left[(1-i)\sqrt{\frac{1}{2}}\,q\right]^2 \cdot \psi = 0.$$

Zwei Lösungen dieser Gleichung sind:

$$\psi(x) = C_1 \cos\left\{(1-i)\sqrt{\frac{1}{2}}\,q\,x\right\}$$

und

$$\psi(x) = C_2 \sin\left\{(1-i)\sqrt{\frac{1}{2}}\,q\,x\right\}.$$

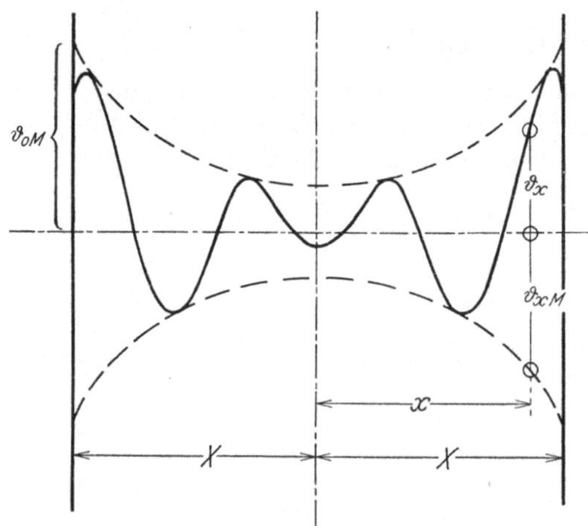

Abb. 39b. Eindringen der Temperaturwellen bei einer Platte mäßiger Dicke.

Da nach der ganzen Stellung der Aufgabe das Temperaturfeld symmetrisch zur Ebene $x = 0$ sein muß, so kann $\psi(x)$ nur eine gerade Funktion sein, und die zweite Lösung kommt für uns nicht in Betracht.

Bevor wir die erste Lösung weiter verwerten können, müssen wir einige Sätze über Hyperbelfunktionen besprechen.

Hyperbelsinus und -kosinus. Wenn $z = u + iv$ eine komplexe Größe ist, so ist[1]

$$\cos(u - iv) = \mathfrak{Cof}\,v \cos u + i\,\mathfrak{Sin}\,v \sin u.$$

Für $u = v$ wird daraus

$$\cos[(1-i)u] = \mathfrak{Cof}\,u \cos u + i\,\mathfrak{Sin}\,u \sin u.$$

Wir bezeichnen $\mathfrak{Cof}\,u \cos u$ mit $f_c(u)$

und $\mathfrak{Sin}\,u \sin u$ mit $f_s(u)$

und wollen nun diese beiden Funktionen besprechen.

---

[1] Nach Jahnke und Emde: Funktionentafeln mit Formeln und Kurven S. 11, Zeile 9 v. o. Leipzig: Teubner 1909.

1. Die Funktion $f_c\,(u)$. Der Hyperbelkosinus ist eine gerade Funktion, die für das Argument Null den Wert „1" besitzt und sich mit wachsendem positivem und negativem Argument dem Wert $+\infty$ nähert. Die cos-Funktion ist die bekannte gerade Funktion mit den Nullstellen $\pm\dfrac{\pi}{2}$, $\pm\dfrac{3\,\pi}{2}$ usw. Das Produkt beider Funktionen wird eine oszillierende Funktion sein, deren Nullstellen mit denjenigen der cos-Funktion zusammenfallen, deren Ausschläge aber mit wachsendem

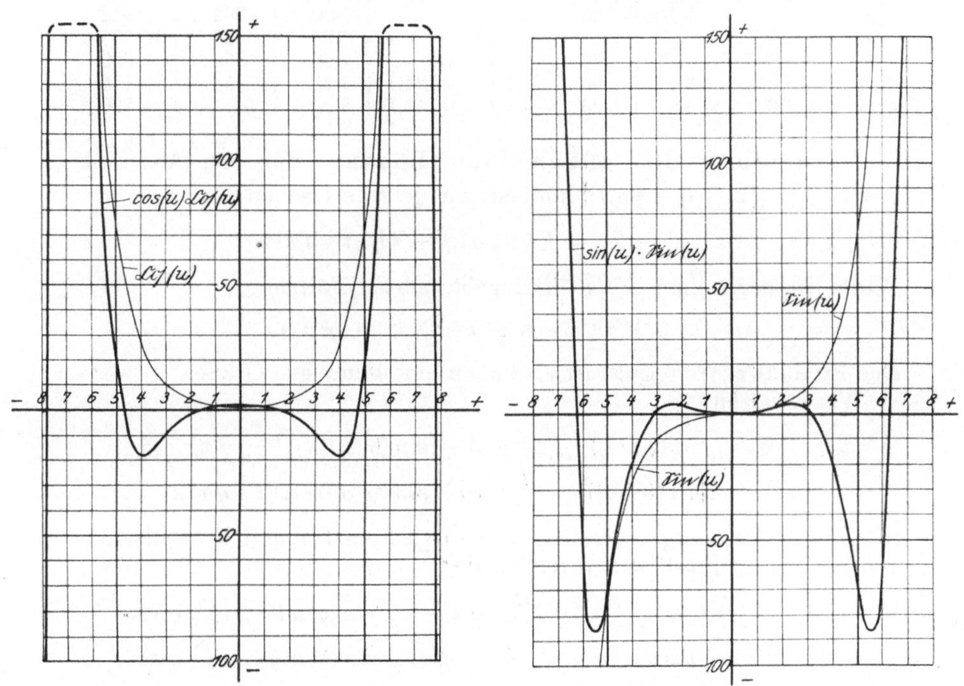

<table>
<tr><td>Abb. 40. Funktion $f_c\,(u) = \cos u\,\mathfrak{Coj}\,u$.</td><td>Abb. 41. Funktion $f_s\,(u) = \sin u\,\mathfrak{Sin}\,u$.</td></tr>
</table>

Argument ständig wachsen. Als Produkt zweier gerader Funktionen ist $f_c\,(u)$ auch eine gerade Funktion (siehe Abb. 40).

2. Die Funktion $f_s\,(u)$. Der Hyperbelsinus ist eine ungerade Funktion, die für das Argument Null den Wert „0" besitzt und sich mit wachsendem, positivem Argument dem Wert $+\infty$, mit wachsendem, negativem Argument dem Wert $-\infty$ nähert. Die sin-Funktion ist die bekannte ungerade Funktion mit den Nullstellen 0, $\pm\,\pi$, $\pm\,2\,\pi$ usw. Das Produkt aus beiden muß eine oszillierende Funktion sein, mit den Nullstellen der sin-Funktion, deren Ausschläge mit wachsendem Argument ständig wachsen. Als Produkt zweier ungerader Funktionen ist $f_s\,(u)$ eine gerade Funktion (s. Abb. 41).

Die Werte beider Funktionen sind in Zahlentafel 9 bis zum Argument 8,0 zusammengestellt.

6*

Zahlentafel 9. Werte von $\mathfrak{Cof}(u)\cdot\cos(u)$ und $\mathfrak{Sin}(u)\cdot\sin(u)$.

u	$f_s(u)$	$f_c(u)$	u	$f_s(u)$	$f_c(u)$	u	$f_s(u)$	$f_c(u)$
0,00	$+\,0{,}000$	$+\,1{,}00$	2,75	$+\,2{,}97$	$-\,7{,}26$	5,50	$-\,86{,}2$	$+\,87{,}2$
0,25	$+\,0{,}063$	$+\,1{,}00$	3,00	$+\,1{,}41$	$-\,9{,}97$	5,75	$-\,79{,}4$	$+\,135$
0,50	$+\,0{,}250$	$+\,0{,}99$	3,25	$-\,1{,}42$	$-\,12{,}8$	6,00	$-\,55{,}6$	$+\,194$
0,75	$+\,0{,}56$	$+\,0{,}95$	3,50	$-\,5{,}82$	$-\,15{,}5$	6,25	$-\,7{,}90$	$+\,259$
1,00	$+\,0{,}99$	$+\,0{,}83$	3,75	$-\,12{,}2$	$-\,17{,}4$	6,50	$+\,72{,}0$	$+\,325$
1,25	$+\,1{,}52$	$+\,0{,}60$	4,00	$-\,20{,}6$	$-\,17{,}9$	6,75	$+\,194$	$+\,380$
1,50	$+\,2{,}12$	$+\,0{,}166$	4,25	$-\,31{,}5$	$-\,15{,}6$	7,00	$+\,362$	$+\,412$
1,75	$+\,2{,}75$	$-\,0{,}53$	4,50	$-\,44{,}0$	$-\,9{,}49$	7,25	$+\,580$	$+\,399$
2,00	$+\,3{,}30$	$-\,1{,}57$	4,75	$-\,57{,}7$	$+\,2{,}27$	7,50	$+\,850$	$+\,309$
2,25	$+\,3{,}65$	$-\,3{,}01$	5,00	$-\,71{,}1$	$+\,21{,}3$	7,75	$+\,1154$	$+\,115$
2,50	$+\,3{,}62$	$-\,4{,}91$	5,25	$-\,81{,}7$	$+\,49{,}1$	8,00	$+\,1474$	$-\,220$

Aufstellung der allgemeinen Lösung. Für den Ausdruck $\psi(x) = \cos\left\{(1-i)\sqrt{\tfrac{1}{2}}\,qx\right\}$ können wir jetzt schreiben

$$\psi(x) = f_c\left(\sqrt{\tfrac{1}{2}}\,q\,x\right) + i\,f_s\left(\sqrt{\tfrac{1}{2}}\,q\,x\right).$$

Ferner ist nach einer schon öfter gebrauchten Formel

$$e^{+iq^2 a t} = \cos(q^2\,a\,t) + i\,\sin(q^2\,a\,t).$$

Das Produkt $e^{+iq^2 a t}\cdot\psi(x)$ ist also auch eine komplexe Größe. Wir erhalten

$$\vartheta_1 + i\,\vartheta_2 = \cos(q^2\,a\,t)\cdot f_c\left(\sqrt{\tfrac{1}{2}}\,q\,x\right) - \sin(q^2\,a\,t)\cdot f_s\left(\sqrt{\tfrac{1}{2}}\,q\,x\right)$$
$$+ i\left\{\cos(q^2\,a\,t)\cdot f_s\left(\sqrt{\tfrac{1}{2}}\,q\,x\right) + \sin(q^2\,a\,t)\cdot f_c\left(\sqrt{\tfrac{1}{2}}\,q\,x\right)\right\}$$

oder durch Trennung des reellen vom imaginären Teil und Multiplizieren mit je einer willkürlichen Konstanten:

$$\vartheta_1 = C\cos(q^2\,a\,t)\cdot f_c\left(\sqrt{\tfrac{1}{2}}\,q\,x\right) - C\sin(q^2\,a\,t)\cdot f_s\left(\sqrt{\tfrac{1}{2}}\,q\,x\right).$$
$$\vartheta_2 = D\cos(q^2\,a\,t)\cdot f_s\left(\sqrt{\tfrac{1}{2}}\,q\,x\right) + D\sin(q^2\,a\,t)\cdot f_c\left(\sqrt{\tfrac{1}{2}}\,q\,x\right).$$

Aus diesen beiden Lösungen bilden wir durch Addieren die allgemeine Lösung:

$$\vartheta = \cos(q^2\,a\,t)\left\{C\cdot f_c\left(\sqrt{\tfrac{1}{2}}\,q\,x\right) + D\cdot f_s\left(\sqrt{\tfrac{1}{2}}\,q\,x\right)\right.$$
$$\left. - \sin(q^2\,a\,t)\left\{C\cdot f_s\left(\sqrt{\tfrac{1}{2}}\,q\,x\right) - D\cdot f_c\left(\sqrt{\tfrac{1}{2}}\,q\,x\right)\right\}.\right.$$

Anpassen an die Oberflächenbedingung. Diese allgemeine Lösung enthält drei noch willkürliche Konstanten, nämlich q, C und D. Zu ihrer Bestimmung dient die Oberflächenbedingung. Wir setzen $x = \pm\,X$; da f_c und f_s gerade Funktionen sind, spielt das $-$-Zeichen keine Rolle.

$$\vartheta_0 = \vartheta_{0M}\cos\left(2\pi\frac{t}{t_0}\right)$$

$$= \left\{C\cdot f_c\left(\sqrt{\tfrac{1}{2}}\,q\,X\right) + D\cdot f_s\left(\sqrt{\tfrac{1}{2}}\,q\,X\right)\right\}\cos(q^2\,a\,t)$$

$$- \left\{C\cdot f_s\left(\sqrt{\tfrac{1}{2}}\,q\,X\right) - D\cdot f_c\left(\sqrt{\tfrac{1}{2}}\,q\,X\right)\right\}\sin(q^2\,a\,t).$$

Diese Gleichung ist für jeden Wert von t erfüllt, wenn

1. $2\,\pi\,\dfrac{t}{t_0} = q^2\,a\,t$ ist,
2. der Faktor von $\cos(q^2\,a\,t)$ gleich ϑ_{0M} ist,
3. der Faktor von $\sin(q^2\,a\,t)$ gleich Null ist.

Aus der ersten Bedingung folgt, daß $q = \pm\sqrt{\dfrac{2\,\pi}{a\,t_0}}$ ist.

Damit wird auch

$$q\sqrt{\frac{1}{2}}\,X = \pm\sqrt{\frac{\pi\,X^2}{a\,t_0}} = \pm\,M$$

und zugleich

$$q\sqrt{\frac{1}{2}}\,x = \pm\frac{x}{X}\,M\,.$$

Die Bezeichnung M wird nur der kürzeren Schreibweise wegen vorübergehend eingeführt. Die Bedingungen 2 und 3 lauten jetzt:

$$C\cdot f_c(M) + D\cdot f_s(M) = \vartheta_{0M}\,,$$
$$C\cdot f_s(M) - D\cdot f_c(M) = 0\,.$$

Daraus:

$$C = \frac{\vartheta_{0M}\cdot f_c(M)}{f_c^{\,2}(M) + f_s^{\,2}(M)} \quad\text{und}\quad D = \frac{\vartheta_{0M}\cdot f_s(M)}{f_c^{\,2}(M) + f_s^{\,2}(M)}\,.$$

Die Gleichung des Temperaturfeldes. Nachdem jetzt die Willkür der drei Konstanten aufgehoben ist, ist auch die Gleichung des Temperaturfeldes festgelegt. Sie lautet:

$$\vartheta = \frac{\vartheta_{0M}}{f_c^{\,2}(M) + f_s^{\,2}(M)}$$
$$\times\left[\left\{f_c(M)\cdot f_c\!\left(\frac{x}{X}\,M\right) + f_s(M)\cdot f_s\!\left(\frac{x}{X}\,M\right)\right\}\cos\left(2\,\pi\,\frac{t}{t_0}\right)\right.$$
$$\left. -\ \left\{f_c(M)\cdot f_s\!\left(\frac{x}{X}\,M\right) - f_s(M)\cdot f_c\!\left(\frac{x}{X}\,M\right)\right\}\sin\left(2\,\pi\,\frac{t}{t_0}\right)\right]. \tag{46a}$$

Um diese Gleichung nochmals umformen zu können, leiten wir eine kleine Hilfsformel ab.

Wir gehen aus von der trigonometrischen Formel:

$$C\cos\beta\cos\alpha - C\sin\beta\sin\alpha = C\cos(\alpha+\beta)$$

und setzen in ihr $C\cos\beta = A$ und $C\sin\beta = B$. Dann wird $C^2 = A^2 + B^2$ und $\operatorname{tg}\beta = \dfrac{B}{A}$; setzen wir dies in die erste Gleichung ein, so erhalten wir die Hilfsformel:

$$A\cos\alpha - B\sin\alpha = \sqrt{A^2 + B^2}\,\cos\left(\alpha + \operatorname{arc\,tg}\frac{B}{A}\right).$$

Diese Hilfsformel wenden wir nun auf Gleichung (46a) an, indem wir den Faktor von $\cos$ an Stelle von A, den Faktor von $\sin$ an Stelle von B setzen. Die Rechnung ergibt dann

$$\sqrt{A^2 + B^2} = \sqrt{\left\{f_c^{\,2}(M) + f_s^{\,2}(M)\right\}\cdot\left\{f_c^{\,2}\!\left(\frac{x}{X}\,M\right) + f_s^{\,2}\!\left(\frac{x}{X}\,M\right)\right\}},$$

und mit diesem Ausdruck wird Gleichung (46a) zu:

$$\vartheta = \vartheta_{0M}' \sqrt{\frac{f_c^2\left(\frac{x}{X}M\right) + f_s^2\left(\frac{x}{X}M\right)}{f_c^2(M) + f_s^2(M)}}$$

$$\times \cos\left(2\pi\frac{t}{t_0} + \operatorname{arc\,tg}\frac{f_c(M)\cdot f_s\left(\frac{x}{X}M\right) - f_s(M)\cdot f_c\left(\frac{x}{X}M\right)}{f_c(M)\cdot f_c\left(\frac{x}{X}M\right) + f_s(M)\cdot f_s\left(\frac{x}{X}M\right)}\right). \tag{46b}$$

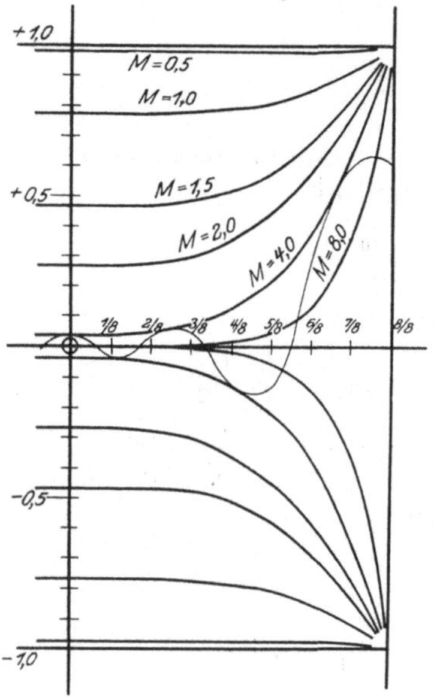

Die Gleichungen (46a) und (46b) kann man in gekürzter Form schreiben:

$$\vartheta = \vartheta_{0M}\cdot\Phi\left(M,\frac{t}{t_0},\frac{x}{X}\right), \tag{46c}$$

wobei $M = \pm\sqrt{\dfrac{\pi X^2}{a\,t_0}}$, also eine Funktion von $\dfrac{a\,t_0}{X^2}$ ist. Das Verhältnis $\vartheta:\vartheta_{0M}$ ist also eine Funktion von nur drei Veränderlichen, nämlich

$$\frac{a\,t_0}{X^2}, \quad \frac{t}{t_0}, \quad \frac{x}{X}.$$

Zur Besprechung des Ergebnisses eignet sich am besten Gleichung (46b). Sie läßt erkennen, daß die Temperaturkurve ein Wellenstrahl ist, der von $x = \pm X$ gegen $x = 0$ fortschreitet. Die Größe der Ausschläge nimmt mit wachsender Tiefe ab nach der Gleichung

$$\left.\vartheta_{xM} = \vartheta_{0M}\sqrt{\frac{f_c^2\left(\frac{x}{X}M\right) + f_s^2\left(\frac{x}{X}M\right)}{f_c^2(M) + f_s^2(M)}}\right\} \tag{47}$$

$$= \vartheta_{0M}\cdot\operatorname{funkt}\left(\frac{x}{X}M\right).$$

Abb. 42. Zu Gleichung (47), Werte von $\operatorname{funkt}\left(\dfrac{x}{X}M\right)$.

Die Werte dieser Funktion sind aus Abb. 42 und Zahlentafel 10

Zahlentafel 10. Werte von $\sqrt{\dfrac{f_c^2\left(\frac{x}{X}M\right) + f_s^2\left(\frac{x}{X}M\right)}{f_c^2(M) + f_s^2(M)}} = \operatorname{funkt}\left(\dfrac{x}{X}, M\right)$.

$x/X =$	0	$^1/_8$	$^2/_8$	$^3/_8$	$^4/_8$	$^5/_8$	$^6/_8$	$^7/_8$	1
$M = 0,0$	1,00	1,00	1,00	1,00	1,00	1,00	1,00	1,00	1,00
0,5	0,98	0,98	0,98	0,98	0,98	0,98	0,98	0,99	1,00
1,0	0,77	0,77	0,77	0,78	0,79	0,81	0,85	0,91	1,00
1,5	0,47	0,47	0,47	0,48	0,52	0,58	0,68	0,83	1,00
2,0	0,27	0,27	0,28	0,30	0,36	0,45	0,58	0,77	1,00
4,0	0,04	0,04	0,05	0,08	0,13	0,22	0,37	0,64	1,00
8,0	0,00	0,00	0,01	0,01	0,02	0,05	0,14	0,36	1,00
∞	0,00	0,00	0,00	0,00	0,00	0,00	0,00	0,00	—

zu ersehen. Für ein gegebenes Problem müssen die Temperaturkurven jeder Phase des Vorganges (also die Wellenlinien) innerhalb der beiden zugehörigen M-Linien verlaufen.

Aus der Form der Gleichung (46b) läßt sich beweisen, daß die Wellenlänge nicht konstant ist, sondern mit abnehmendem x abnimmt.

b) Der Wärmefluß durch die Oberfläche. Die Berechnung stützen wir wieder auf die Gleichung

$$dQ = -\lambda \left(\frac{\partial \vartheta}{\partial x}\right)_{x=X} \cdot F \cdot dt.$$

Den Differentialquotienten bilden wir aus Gleichung (46a), indem wir berücksichtigen, daß

$$\frac{d}{dx} f\left(\frac{x}{X} M\right) = \frac{M}{X} \cdot f'\left(\frac{x}{X} M\right).$$

Es wird

$$\frac{\partial \vartheta}{\partial x} = \frac{\vartheta_{0M}}{f_c^2(M) + f_s^2(M)}$$
$$\times \frac{M}{X}\left[\left\{f_c(M) \cdot f_c'\left(\frac{x}{X} M\right) + f_s(M) \cdot f_s'\left(\frac{x}{X} M\right)\right\} \cos\left(2\pi \frac{t}{t_0}\right)\right.$$
$$\left. - \left\{f_c(M) \cdot f_s'\left(\frac{x}{X} M\right) - f_s(M) \cdot f_c'\left(\frac{x}{X} M\right)\right\} \sin\left(2\pi \frac{t}{t_0}\right)\right].$$

Dies läßt sich wieder mit der letzten Hilfsformel umformen. Gleichzeitig soll X für x gesetzt werden.

$$\left(\frac{\partial \vartheta}{\partial x}\right)_{x=\pm X} = \frac{\vartheta_{0M}}{f_c^2(M) + f_s^2(M)} \cdot \frac{M}{X} \sqrt{\{f_c^2(M) + f_s^2(M)\} \cdot \{f_c'^2(M) + f_s'^2(M)\}}$$
$$\times \cos\left(2\pi \frac{t}{t_0} + \arctan \frac{f_c(M) \cdot f_s'(M) - f_s(M) \cdot f_c'(M)}{f_c(M) \cdot f_c'(M) + f_s(M) \cdot f_s'(M)}\right).$$

Dies in die Gleichung für dQ eingesetzt, gibt:

$$dQ = -\lambda \vartheta_{0M} \sqrt{\frac{f_c'^2(M) + f_s'^2(M)}{f_c^2(M) + f_s^2(M)}} \cdot \frac{M}{X} \cos\left(2\pi \frac{t}{t_0} + \arctan \frac{\div}{\div}\right) F \cdot dt.$$

Die Stärke des Wärmeflusses durch die Oberfläche ist also ebenfalls eine periodische Funktion mit der Periode t_0. Gegenüber der Funktion der Oberflächentemperatur tritt eine Phasenverschiebung ein, die durch das Glied mit arc tg zum Ausdruck kommt.

Die Wärmemenge, welche in der Zeit einer halben Periode durch die beiden Oberflächen $(= 2\,F)$ hindurchtritt, ergibt sich durch Integration.

$$Q_{t=\frac{t_0}{2}} = \mp \lambda \vartheta_{0M} \sqrt{\frac{f_c'^2(M) + f_s'^2(M)}{f_c^2(M) + f_s^2(M)}} \cdot \frac{M}{X} \cdot \frac{t_0}{\pi} 2F. \tag{48a}$$

Gespeicherte Wärme bezogen auf die Oberfläche. Wir beachten, daß

$$\lambda \frac{M}{X} \cdot \frac{t_0}{\pi} = \lambda \frac{X}{X} \sqrt{\frac{c\gamma\pi}{\lambda t_0}} \cdot \frac{t_0}{\pi} = \sqrt{\lambda c\gamma} \cdot \sqrt{\frac{t_0}{\pi}}$$

ist und erhalten dann für die Gleichung (48a) die Form

$$Q_{t=\frac{t_0}{2}} = \mp \sqrt{\lambda c \gamma} \cdot \sqrt{t_0} \cdot \vartheta_{0M} \cdot 2F \cdot \frac{1}{\sqrt{\pi}} \sqrt{\frac{f_c'^2(M) + f_s'^2(M)}{f_c^2(M) + f_s^2(M)}}$$

$$= \mp b \sqrt{t_0} \cdot \vartheta_{0M} \cdot 2F \cdot F(M) \,. \tag{48b}$$

Der Verlauf dieser Funktion ist in Abb. 43 dargestellt. Das Maximum bei der Abszisse 1,2 läßt erkennen, daß es bei vorgegebenen Stoffwerten und vorgegebener Dauer der Periode eine Wandstärke gibt, bei welcher die Speicherung je Einheit der Oberfläche einen Höchstwert erreicht. Z. B. ist für Schamotte ($a = 0,0016$) und für eine Periode von zwei Stunden die Wandstärke mit größtem Speichervermögen:

$$2X = 2\frac{1,2}{\sqrt{\pi}} \sqrt{a t_0} = 1,35 \sqrt{0,0032} = 0,076 \text{ m} \,.$$

Die Abb. 43 läßt ferner erkennen, daß für unendlich werdende Schichtdicke, also auch $M = \infty$, der Funktionswert in den Zahlenwert 0,80 der Gleichung (43c) S. 77 übergeht.

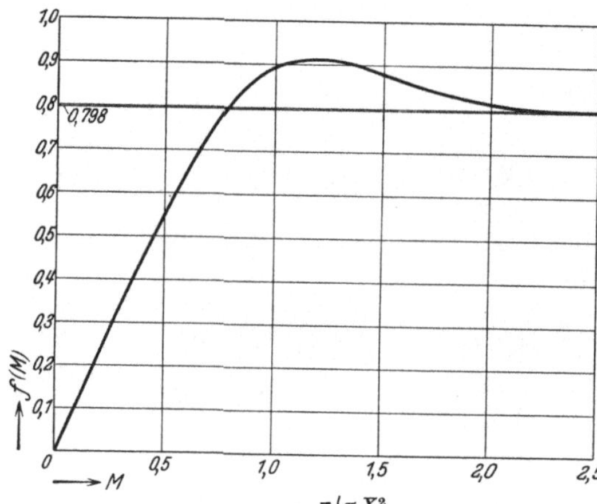

Abb. 43. Abszisse: $M = \sqrt{\dfrac{\pi X^2}{a t_0}}$;

Ordinate: $F(M) = \dfrac{1}{\sqrt{\pi}} \sqrt{2\,\dfrac{\mathfrak{Cof}^2 M - \cos^2 M}{\mathfrak{Cof}^2 M - \sin^2 M}}$.

Gespeicherte Wärme bezogen auf das Volumen. Die Gleichung (48a) können wir noch in anderer Weise umformen, indem wir beachten, daß

$$\frac{\lambda}{X} \cdot \frac{t_0}{\pi} = \frac{\lambda}{X} \cdot \frac{t_0}{\pi} \cdot \frac{aX}{aX}$$

$$= \frac{\lambda}{a} \cdot \frac{a t_0}{\pi X^2} X = c\gamma \frac{1}{M^2} X$$

ist.

Damit entsteht:

$$Q_{t=\frac{t_0}{2}} = \mp c\gamma \cdot 4XF\vartheta_{0M}\frac{1}{2M}$$

$$\times \sqrt{\frac{f_c'^2(M) + f_s'^2(M)}{f_c^2(M) + f_s^2(M)}} \,. \tag{49a}$$

Dieses Ergebnis läßt sich in einfacher Weise deuten: Der Ausdruck $c\gamma \cdot 2XF \cdot 2\vartheta_{0M}$ stellt die Wärmemenge dar, welche die Platte aufnehmen würde, wenn sie sich in ihrer ganzen Dicke von $-\vartheta_{0M}$ auf $+\vartheta_{0M}$ erwärmen würde. Wir nennen diese Wärmemenge Q_S.

Der Ausdruck $\dfrac{1}{2M}\sqrt{\dfrac{\div}{\div}}$ ist eine Funktion mit der einzigen Veränderlichen $M = \sqrt{\dfrac{\pi X^2}{a t_0}}$ und gibt an, welcher Bruchteil dieser Energie wirklich aufgespeichert wird.

Wir könnten also schreiben:

$$Q_{t=\frac{t_0}{2}} = Q_S \cdot \text{funkt}(M) \,.$$

Um aber in Übereinstimmung zu kommen mit unseren früheren Formeln (26b), (30b) und (34b), betrachten wir $(a\,t_0):X^2$ als Veränderliche und erhalten:

$$Q_{t=\frac{t_0}{2}} = Q_S \cdot \Psi\left(\frac{a\,t_0}{X^2}\right). \qquad (49\,\mathrm{b})$$

Die Werte dieser Funktion Ψ sind in Zahlentafel 11 und in Abb. 44 zusammengestellt.

Zahlentafel 11. Platte mit periodischen Oberflächentemperaturen.

$\dfrac{a\,t_0}{X^2}$	Ψ	$\dfrac{a\,t_0}{X^2}$	Ψ	$\dfrac{a\,t_0}{X^2}$	Ψ	$\dfrac{a\,t_0}{X^2}$	Ψ	$\dfrac{a\,t_0}{X^2}$	Ψ
0,00	0,00	0,4	0,25	1,1	0,44	1,8	0,60	5,0	0,90
0,05	0,09	0,5	0,28	1,2	0,47	1,9	0,62	6,0	0,92
0,10	0,12	0,6	0,31	1,3	0,49	2,0	0,64	7,0	0,94
0,15	0,15	0,7	0,34	1,4	0,52	2,5	0,72	8,0	0,95
0,20	0,18	0,8	0,37	1,5	0,54	3,0	0,78	9,0	0,96
0,25	0,20	0,9	0,39	1,6	0,56	3,5	0,82	10,0	0,97
0,30	0,22	1,0	0,42	1,7	0,59	4,0	0,86	∞	1,00

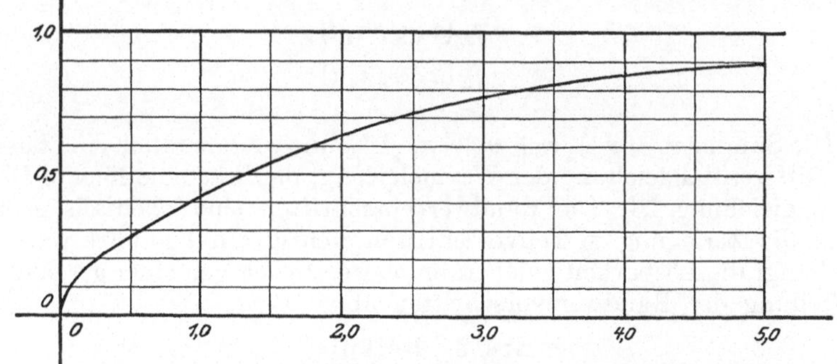

Abb. 44. Platte mit periodisch veränderlicher Oberflächentemperatur.

Abszisse: $\dfrac{a\,t_0}{X^2}$; Ordinate: Ψ aus Gl. (49b).

Die vorstehenden Funktionen wurden berechnet unter Anwendung folgender Formeln:

$$f_c'(u) = \frac{d}{du}(\cos u\,\mathfrak{Cof}\,u) = \cos u\,\mathfrak{Sin}\,u - \sin u\,\mathfrak{Cof}\,u\,,$$

$$f_s'(u) = \frac{d}{du}(\sin u\,\mathfrak{Sin}\,u) = \sin u\,\mathfrak{Cof}\,u + \cos u\,\mathfrak{Sin}\,u\,,$$

also

$$f_c'^2(u) + f_s'^2(u) = 2\,(\cos^2 u\,\mathfrak{Sin}^2 u + \sin^2 u\,\mathfrak{Cof}^2 u)\,.$$

Damit wird dann:

$$\frac{f_c'^2(u) + f_s'^2(u)}{f_c^2(u) + f_s^2(u)} = 2\,\frac{\cos^2 u\,\mathfrak{Sin}^2 u + \sin^2 u\,\mathfrak{Cof}^2 u}{\cos^2 u\,\mathfrak{Cof}^2 u + \sin^2 u\,\mathfrak{Sin}^2 u} = 2\,\frac{\mathfrak{Cof}^2 u - \cos^2 u}{\mathfrak{Cof}^2 u - \sin^2 u}\,.$$

Ferner ist oft für Zahlenrechnung die nachstehende Formel von Vorteil:

$$\cos^2 u\,\mathfrak{Cof}^2 u + \sin^2 u\,\mathfrak{Sin}^2 u = \tfrac{1}{2}\,(\cos(2\,u) + \mathfrak{Cof}(2\,u))\,.$$

Sie ist abzuleiten mit Hilfe der Formeln

$$2\,\mathfrak{Cof}^2 u = \mathfrak{Cof}(2\,u) + 1 \quad \text{und} \quad 2\,\mathfrak{Sin}^2 u = \mathfrak{Cof}(2\,u) - 1\,.*$$

---

* Bei Jahnke und Emde: S. 9, Ziffer 7, Potenzen.

Gleichung (49 b) besagt nun, daß die Wärmemenge, die eine Platte während einer halben Periode aufzuspeichern vermag, erstens dem Wert Q_S proportional ist. Sie ist also bei gleicher Oberfläche der Platte einerseits der Dicke $2\,X$ und andererseits der spezifischen Wärme pro Raumeinheit, also dem Produkt $c \cdot \gamma$ proportional. Von diesem Wert Q_S kommt aber zweitens nur ein Bruchteil in Rechnung — ein Bruchteil, der um so größer ist, je größer der Wert $(a\,t_0):X^2$ ist.

3. Zusammengesetzte Randwertaufgaben.

Bei den bisher besprochenen Aufgaben waren die zeitlichen und räumlichen Randwertangaben so einfacher Art, daß es möglich war, ein und dieselbe Lösung der Differentialgleichung allen Randwertvorschriften zugleich anzupassen.

Ist bei einer Aufgabe diese Anpassung nicht mehr möglich, so zerlegt man die Gesamtheit aller Randwertvorschriften in Gruppen von Teilvorschriften und sucht für jede dieser Teilvorschriften eine geeignete Lösung der Differentialgleichung.

Es seien solche Teillösungen gegeben durch die Funktionen:

$$u = f_1\,(x,\,y,\,z,\,t),$$
$$v = f_2\,(x,\,y,\,z,\,t).$$
$$\cdot \quad \cdot \quad \cdot \quad \cdot \quad \cdot \quad \cdot \quad \cdot$$

Die Summe $\vartheta = u + v + w + \dots$ ist ohne weiteres auch eine Lösung der Differentialgleichung der Wärmeleitung, da diese eine lineare Differentialgleichung ist. Die Randwertvorschriften sind ebenfalls erfüllt, wenn die Zerlegung in Teilvorschriften richtig durchgeführt war. Somit hängt die Lösbarkeit einer Aufgabe wesentlich von einer geschickten Aufteilung der Randwertvorschriften ab.

Erstes Beispiel.

Es sollen für die Platte, die wir schon auf S. 13 unserer einführenden Aufgabe zugrunde gelegt hatten, folgende Vorschriften bestehen:

Zur Zeit $t = 0$ sei wieder die Anfangsverteilung $\vartheta = F\,(x)$ gegeben. Den beiden Oberflächen sollen zeitlich veränderliche Temperaturen aufgezwungen werden, die sowohl periodisch als nicht periodisch sein können. Für $x = + X$ soll gelten $\vartheta = \varphi\,(t)$ und für $x = - X$ soll gelten $\vartheta = \psi\,(t)$.

Man spaltet dann die Randbedingungen folgendermaßen auf:

	für $t = 0$	für $x = + X$	für $x = - X$
muß sein	$u = F\,(x)$	$u = 0$	$u = 0$
	$v = 0$	$v = \varphi\,(t)$	$v = 0$
	$w = 0$	$w = 0$	$w = \psi\,(t)$
Summe:	$\vartheta = F\,(x)$	$\vartheta = \varphi\,(t)$	$\vartheta = \psi\,(t)$

Die Lösung $\vartheta = u + v + w$ erfüllt somit sämtliche Randwertvorschriften gleichzeitig.

Zweites Beispiel.

Dieses Beispiel betrifft Temperaturschwingungen und stellt eine Ergänzung zur Aufgabe 6, S. 73 dar, indem jetzt angenommen wird, daß zur Zeit $t = 0$ die Temperatur im ganzen Innern des Körpers den Wert Null hatte, und daß erst jetzt die Schwingungen der Oberflächentemperaturen einsetzen.

Wir zerlegen die gesuchte Funktion ϑ in die beiden Teillösungen u und v. Für u nehmen wir eine schwingende Temperaturverteilung gemäß Aufgabe 6, Gleichung (42) an. Dort hatten wir vorausgesetzt, daß die Schwingungen schon sehr lange im Gange sind und infolgedessen die Anfangsverteilung keine Rolle mehr spielt. Wir hätten zu Glei-

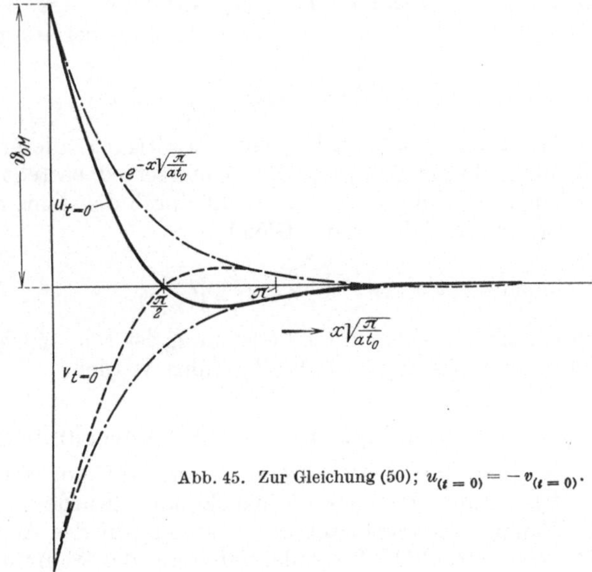

Abb. 45. Zur Gleichung (50); $u_{(t=0)} = -v_{(t=0)}$.

chung (42) auch gelangen können, wenn wir von einer Anfangsverteilung

$$u_{t=0} = \vartheta_{0M}\, e^{-x\sqrt{\frac{\pi}{a t_0}}} \cos\left(x\sqrt{\frac{\pi}{a t_0}}\right) \tag{50}$$

ausgegangen wären. Diese Gleichung entspricht der Gleichung (42), wenn wir darin $t = 0$ setzen. Vgl. auch Abb. 45.

Über die schwingende Temperaturfunktion u lagern wir eine abklingende Temperaturfunktion v, von der wir verlangen, daß sie zur Zeit $t = 0$ die Funktion $u_{t=0}$ für alle Werte x zu Null ergänzt. Es muß also die Kurve $v_{t=0}$ in bezug auf die Temperatur-Nullinie spiegelbildlich zur Kurve $u_{t=0}$ sein (vgl. Abb. 45). In den ersten Zeitintervallen, d. h. solange die Anfangsverteilung von v noch im wesentlichen erhalten ist, hebt sie die gleichmäßig weiterschwingende Temperaturverteilung u fast ganz auf. Je mehr aber im Laufe der Zeit v abklingt, um so weniger kann es u beeinflussen und um so mehr kommt u als schwingende Temperaturverteilung gemäß Aufgabe 6 rein zur Auswirkung. Wir bekommen dann folgende Zusammenstellung der Randwertvorschriften:

	für $t = 0$	für $x = 0$	für $x = \infty$
muß sein	$u = \vartheta_{0M}\, e^{-x\sqrt{\frac{\pi}{a t_0}}} \cos\left(x\sqrt{\frac{\pi}{a t_0}}\right)$ $v = -u$	$u = \vartheta_{0M} \cos\left(2\pi\,\frac{t}{t_0}\right)$ $v = 0$	$u = 0$ $v = 0$
Summe:	$\vartheta = 0$	$\vartheta = \vartheta_{0M} \cos\left(2\pi\,\frac{t}{t_0}\right)$	$\vartheta = 0$

a) Die Funktion $u = f_1(x, t)$. Die Gleichung des Temperaturfeldes ist durch die Gleichung (42) der Aufgabe 6 bereits gegeben:

$$u = \vartheta_{0M}\, e^{-x\sqrt{\frac{\pi}{a t_0}}} \cos\left(x\sqrt{\frac{\pi}{a t_0}} - 2\pi\,\frac{t}{t_0}\right).$$

b) Die Funktion $v = f_2(x, t)$. Zur Ermittlung dieser Funktion greifen wir auf Aufgabe 5 zurück. Der Unterschied besteht nur darin, daß die Anfangsverteilung $\vartheta = F(x)$ nicht durch den konstanten Wert ϑ_c gegeben ist, sondern durch die Gleichung

$$F(x) = -\vartheta_{0M}\, e^{-x\sqrt{\frac{\pi}{a t_0}}} \cos\left(x\sqrt{\frac{\pi}{a t_0}}\right).$$

Die weitere Entwicklung dieser Gleichung ist rein mathematischer Art und kann gemäß Aufgabe 5 durchgeführt werden.

4. Die Anwendung der Differenzenrechnung.

Die Anwendung der Differenzenrechnung auf ein zeichnerisches Verfahren bei Aufgaben der Wärmeleitung wurde von Ernst Schmidt, Danzig, ausgearbeitet und erstmalig in der August-Föppl-Festschrift veröffentlicht[1]. In Anlehnung an die Schmidtsche Veröffentlichung soll das Verfahren in der nachstehenden Aufgabe 8 dargelegt werden.

Aufgabe 8. Der einseitig unendlich ausgedehnte Körper.

Ein einseitig unendlich ausgedehnter Körper soll zur Zeit $t = 0$ eine Temperaturverteilung besitzen, die nur von der x-Koordinate abhängt, und die durch die Gleichung $\vartheta = F(x)$ festgelegt ist. Die Oberfläche des Körpers stehe einem Raum von der Temperatur Null gegenüber; bekannt seien ferner die Stoffwerte des Körpers und die Wärmeübergangszahl. Für den Ablauf des Vorganges gelten die Differentialgleichung

$$\frac{\partial \vartheta}{\partial t} = a\,\frac{\partial^2 \vartheta}{\partial x^2}$$

sowie die Randwertangabe dritter Art.

---

[1] Beiträge der Technischen Mechanik und Technischen Physik. Berlin: Julius Springer 1924.

Wir müssen die Differentialgleichung durch eine Differenzengleichung ersetzen und teilen zu diesem Zwecke den Körper in eine Anzahl Schichten $\varDelta x$ (s. Abb. 46), die wir durch die Bezeichnungen $(n-1)$, n, $(n+1)\ldots$ unterscheiden und ersetzen dann die stetige Kurve der Funktion $F(x)$ durch einen gebrochenen Linienzug. Auch den Ablauf der Zeit denken wir uns nicht stetig, sondern in kleinen Intervallen $\varDelta t$, die wir durch Benennungen k, $(k+1)$, $(k+2)$ usw. kennzeichnen. Die Schreibweise $\vartheta_{n,\,k}$ bezeichnet dann die Temperatur in der n-ten Schicht während des k-ten Zeitintervalles. Wie Abb. 46 zeigt, treffen an der Stelle n zwei Neigungen der Temperaturkurve zusammen, entsprechend den beiden Differenzenquotienten

$$\left(\frac{\varDelta\vartheta}{\varDelta x}\right)_{+} = \frac{\vartheta_{n+1,\,k} - \vartheta_{n,\,k}}{\varDelta x}$$

und

$$\left(\frac{\varDelta\vartheta}{\varDelta x}\right)_{-} = \frac{\vartheta_{n,\,k} - \vartheta_{n-1,\,k}}{\varDelta x}.$$

Für den zweiten Differenzenquotienten erhalten wir

$$\frac{1}{\varDelta x}\left(\left(\frac{\varDelta\vartheta}{\varDelta x}\right)_{+} - \left(\frac{\varDelta\vartheta}{\varDelta x}\right)_{-}\right)$$

$$= \frac{\vartheta_{n+1,\,k} + \vartheta_{n-1,\,k} - 2\,\vartheta_{n,\,k}}{(\varDelta x)^2}.$$

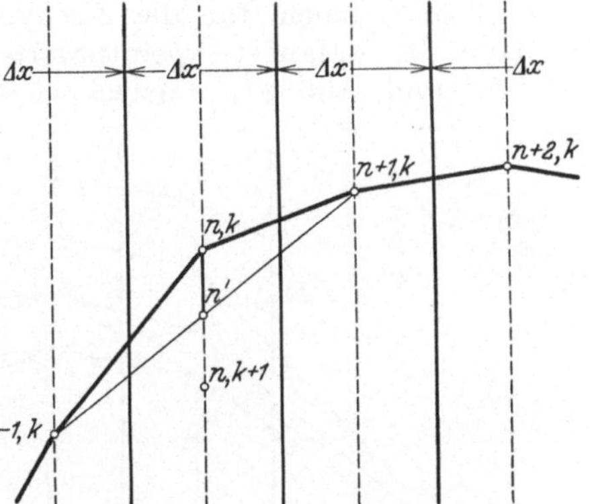

Abb. 46. Anwendung der Differenzenrechnung (allgemein).

Der Differenzenquotient nach der Zeit an der Stelle n lautet

$$\frac{\varDelta\vartheta}{\varDelta t} = \frac{\vartheta_{n,\,k+1} - \vartheta_{n,\,k}}{\varDelta t}.$$

Die Grundgleichung der Wärmeleitung

$$\frac{\partial\vartheta}{\partial t} = a\,\frac{\partial^2\vartheta}{\partial x^2}$$

nimmt als Differenzengleichung die Form an

$$\frac{\vartheta_{n,\,k+1} - \vartheta_{n,\,k}}{\varDelta t} = a\,\frac{\vartheta_{n+1,\,k} + \vartheta_{n-1,\,k} - 2\,\vartheta_{n,\,k}}{(\varDelta x)^2}$$

oder

$$\vartheta_{n,\,k+1} - \vartheta_{n,\,k} = a\,\frac{\varDelta t}{(\varDelta x)^2}\cdot 2\left(\frac{\vartheta_{n+1,\,k} + \vartheta_{n-1,\,k}}{2} - \vartheta_{n,\,k}\right).$$

Der Klammerausdruck auf der rechten Seite ist in der Abb. 46 durch die Strecke n' bis n, k gegeben, wobei n' auf der Verbindungslinie von $(n+1, k)$ nach $(n-1, k)$ liegt. Die Differenz auf der linken Seite der Gleichung ist die Temperaturänderung an der Stelle n, k während des Zeitraumes $\varDelta t$; sie ist also gemäß der letzten Gleichung der Strecke n, k bis n' proportional.

Der Proportionalitätsfaktor ist $2\,a\,\dfrac{\varDelta t}{(\varDelta x)^2}$. Wenn es gelingt, diesen Faktor zu Eins zu machen, so rückt der Punkt $n, k+1$ unmittelbar in den Punkt n', und das später zu beschreibende zeichnerische Verfahren vereinfacht sich wesentlich. Das Mittel, dies zu erreichen, haben wir in der freien Wahl der Schritte $\varDelta x$ und $\varDelta t$.

Ist z. B. eine Betonwand ($a = 0{,}002$) von 40 cm Stärke zu untersuchen, so wählt man im Hinblick auf die Zeichengenauigkeit etwa 8 Schichten und erhält $x = 0{,}05$ m. Die Zeitintervalle werden dann

$$\varDelta t = \frac{(\varDelta x)^2}{2\,a} = \frac{1}{2}\left(\frac{5}{100}\right)^2 \cdot \frac{100^2}{20} = \frac{25}{40} = \frac{5}{8}\,\mathrm{h}\,.$$

Die Durchführung einer bestimmten Aufgabe beginnt man damit, daß man einen für die Zeichnung günstigen Wert $\varDelta x$ ermittelt, dann die Anfangstemperaturverteilung als gebrochene Linie *0, 1, 2, 3 . . .* (vgl. Abb. 47) aufzeichnet und aus der gewählten Größe $\varDelta x$ und der Temperaturleitfähigkeit a die Größe der zeitlichen Schritte $\varDelta t$ berechnet.

Dann verbindet man in der Zeichnung Punkt *1* mit Punkt *3* und erhält Punkt *2'*, verbindet Punkt *2* mit Punkt *4* und erhält Punkt *3'* usw.

Eine neue Überlegung ist notwendig, um die Punkte *0'* und *1'* zu erhalten, denn hierbei muß die Oberflächenbedingung beachtet werden. Gemäß den Ausführungen auf S. 12 muß das Ende der Temperaturkurve, in unserem Falle also die Richtung *1' 0'* nach einem gegebenen Richtpunkte R weisen, dessen Ordinate durch die Umgebungstemperatur Θ und dessen Abszisse durch die Subtangente $s = \dfrac{\lambda}{\alpha}$ festgelegt ist.

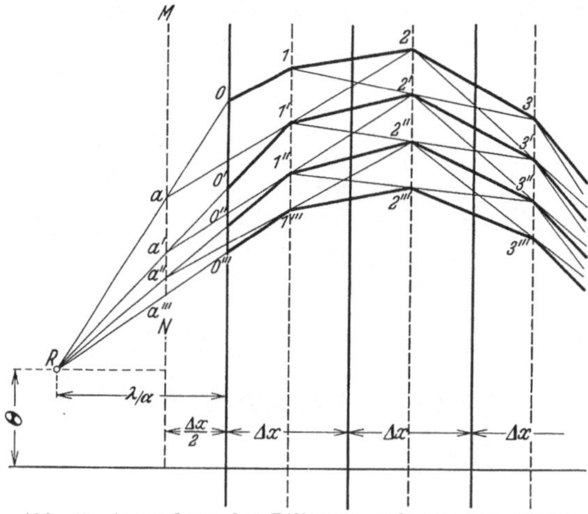

Abb. 47. Anwendung der Differenzenrechnung mit Berücksichtigung der Vorgänge an der Oberfläche.

Man bestimmt nun zuerst den Richtpunkt R und zieht dann zur Oberfläche eine Parallele MN im Abstand $\varDelta x/2$. Verbindet man den Punkt *0* mit dem Richtpunkt, so legt diese Verbindungsgerade auf der Parallelen MN den Punkt a fest. Die Verbindungslinie von Punkt a und Punkt *2* liefert den Punkt *1'* der neuen Temperaturkurve. Das letzte Stück *1' 0'* der Temperaturkurve muß wieder nach dem Richtpunkt weisen.

Die so gewonnene Temperaturkurve *0' 1' 2'* usw. wählt man als Ausgangsstellung für eine Wiederholung des ganzen Verfahrens und gelangt so zu einer dritten Temperaturkurve *0'' 1'' 2''* usw. Auf diese Weise kann man nur durch Ziehen von geraden Linien den ganzen

Vorgang des Temperaturausgleiches darstellen. Da solche Ausgleichvorgänge allmählich immer langsamer verlaufen, rücken die einzelnen Kurven später so nahe zusammen, daß die Zeichnung unklar wird. Man hilft sich dann so, daß man von einer bestimmten Kurve an die Schichtdicke Δx verdoppelt. Aus der Bedingung für den Proportionalitätsfaktor folgt, daß dann die Zeitintervalle Δt viermal größer werden.

Die vorstehende Darstellung setzt voraus, daß während des ganzen Ausgleichvorganges nicht nur die Umgebungstemperatur konstant ist, sondern auch die Wärmeübergangszahlen auf beiden Seiten und die gesamten Stoffwerte λ, c, γ, somit auch a. Wir können jedoch bei Anwendung des Differenzenverfahrens diese einschränkende Bedingung nachträglich fallen lassen, denn die Tatsache, daß jede Zwischentemperaturkurve zum Ausgang für einen neuen, von den vorherigen unabhängigen Schritt dient, gibt die Möglichkeit, mit einer anderen Lage des Richtpunktes weiter zu rechnen. Ändert sich die Umgebungstemperatur oder der Wert von λ und α, so wandert der Richtpunkt R, der bisher als festliegend angenommen war, auf einer Kurve. Ändern sich die Stoffwerte im Verlaufe des Vorganges, etwa infolge ihrer Temperaturabhängigkeit, so ergeben sich aus der Gleichung für den Proportionalitätsfaktor bei festgehaltener Schichtdicke Δx veränderliche Werte Δt, ein Umstand, der keinerlei Erschwernis des Verfahrens bedeutet. Die Arbeit von E. Schmidt, Danzig, in der die Anwendung des Differenzenverfahrens auf Wärmeleitvorgänge erstmalig dargestellt ist, zeigt weiter noch die Anwendung auf Wände mit mehreren Schichten und auf zweidimensionale Temperaturfelder.

Später (vgl. Z. VDI 1931 S. 969) gab E. Schmidt eine Erweiterung seiner Arbeit durch Anwendung des Verfahrens auf die entsprechenden Aufgaben bei Zylinder und Kugel.

D. Die zeitlich konstanten Temperaturfelder ohne Wärmequellen.

Die Differentialgleichung $\nabla^2 \vartheta = 0$.

Allgemeines.

Die Überschrift über diesem Abschnitt will keineswegs besagen, daß bei den nachstehenden Problemen gar keine Wärmequellen wirksam sein sollen. Im Gegenteil: wenn wir von dem durchaus belanglosen Falle der vollständigen örtlichen Temperaturgleichheit absehen wollen, so verlangt schon das Vorhandensein von Temperaturunterschieden auch das Vorhandensein von Wärmequellen. Sie müssen aber — so will die Überschrift sagen — außerhalb des Feldes liegen und dürfen sich nur durch ihre Einwirkung auf die Oberfläche bemerkbar machen. Wir werden davon bei der Erörterung der Randwertangaben zu sprechen haben.

Die Differentialgleichung.

Wenn wir die Grundgleichung der Wärmeleitung, also Gleichung (4a), auf zeitlich konstante Temperaturfelder ohne Wärmequellen anwenden, so müssen wir darin $\partial\vartheta/\partial t$ und W gleich Null setzen. Damit fällt auch „a“ aus der Gleichung fort, und es verbleibt als Bedingung für ϑ die einfache Gleichung

$$\nabla^2\vartheta = 0\,.$$

Diese Gleichung spielt in der Physik eine überaus wichtige Rolle, indem sie die Grundgleichung der Potentialtheorie ist. Sie ist unter dem Namen „Laplacesche Differentialgleichung“ bekannt. Ihr entspricht vor allem die räumliche Verteilung des Gravitationspotentials in einem Felde, wenn die das Potential erzeugenden Massen außerhalb des Feldes liegen, ferner die Potentialverteilung im elektrostatischen Feld, wenn keine Ladungen im Feld selbst sind und endlich die Verteilung des Geschwindigkeitspotentiales jeder stationären, wirbel- und quellenfreien Strömung in einer reibungslosen inkompressiblen Flüssigkeit.

Der Leser sei deshalb auf die Lehrbücher über Potentialtheorie verwiesen, wenn er sich eingehender, als es hier geschehen kann, mit dem vorliegenden Problem befassen will[1].

Die Grenzbedingungen.

Vor allem fällt die zeitliche Grenzbedingung fort, denn die konstanten Temperaturfelder sind als jener Endzustand aufzufassen, dem ein Temperaturfeld mit wachsender Zeit zustrebt, wenn die Oberflächenbedingungen konstant sind. Dieser End- oder Beharrungszustand ist von der ursprünglichen Temperaturverteilung unabhängig und allein durch die Oberflächenbedingungen bestimmt.

Bei den Oberflächenbedingungen oder räumlichen Grenzbedingungen unterscheiden wir auch hier wieder dieselben drei Arten, die wir auf S. 10 usw. abgeleitet haben, jedoch bestehen jetzt einige Vorschriften darüber, welche Angaben notwendig, aber auch hinreichend sind, um ein Problem eindeutig zu kennzeichnen. Bei den einzelnen Aufgaben, die wir besprechen werden, wird es sich meist von selbst ergeben, inwieweit die Angaben willkürlich gewählt werden dürfen. Eine allgemeine Erörterung dieser Einschränkungen würde hier zu weit führen. Es sei deshalb auf die einschlägige Literatur verwiesen[2].

1. Das Temperaturfeld von einer Koordinate abhängig.

Je nach der Art der gestellten Aufgabe wird man das Temperaturfeld durch kartesische, Zylinder- oder Kugelkoordinaten darstellen. Die Laplacesche Differentialgleichung $\nabla^2\vartheta = 0$ nimmt dann folgende

---

[1] Rothe-Ollendorf-Pohlhausen: „Funktionentheorie und ihre Anwendung in der Technik. Berlin: Julius Springer 1931.
[2] Enzyklopädie d. math. Wiss. II A. 7b, Seite 486/487. Eindeutigkeitssatz und Existenzsatz.

Formen an:
$$\frac{d^2\vartheta}{dx^2} = 0 \quad \text{mit der Lösung } \vartheta = C_1 + C_2\,x\,,$$

$$\frac{d^2\vartheta}{dr^2} + \frac{1}{r}\cdot\frac{d\vartheta}{dr} = 0 \quad \text{mit der Lösung } \vartheta = C_1 + C_2\ln r\,,$$

$$\frac{d^2\vartheta}{dr^2} + \frac{2}{r}\cdot\frac{d\vartheta}{dr} = 0 \quad \text{mit der Lösung } \vartheta = C_1 - C_2\,\frac{1}{r}\,.$$

Am bekanntesten sind die Anwendungen dieser drei Gleichungen auf das Wärmedurchgangsproblem bei der Platte, dem Rohr und der Hohlkugel. Man erhält dabei die nachstehenden drei Gleichungen, deren Bedeutung und Ableitung als bekannt vorausgesetzt werden darf.

Platte:
$$Q_h = \frac{1}{\dfrac{1}{\alpha_1} + \dfrac{\varDelta}{\lambda} + \dfrac{1}{\alpha_2}}\,F(\vartheta_i - \vartheta_a)\,, \tag{a}$$

Rohr:
$$Q_h = \frac{\pi}{\dfrac{1}{\alpha_i D_i} + \dfrac{1}{2\,\lambda}\ln\dfrac{D_a}{D_i} + \dfrac{1}{\alpha_a D_a}}\,L(\vartheta_i - \vartheta_a)\,, \tag{b}$$

Hohlkugel:
$$Q_h = \frac{\pi}{\dfrac{1}{\alpha_i D_i{}^2} + \dfrac{1}{\lambda}\left(\dfrac{1}{D_i} - \dfrac{1}{D_a}\right) + \dfrac{1}{\alpha_a D_a{}^2}}\,(\vartheta_i - \vartheta_a)\,. \tag{c}$$

2. Das Temperaturfeld von zwei Koordinaten abhängig.

Das ebene stationäre Temperaturfeld.

In den einleitenden Abschnitten auf S. 1 usw. haben wir die drei grundlegenden Felder kennengelernt, nämlich:

das skalare Temperaturfeld,

das Vektorfeld des Temperaturgradienten und

das Vektorfeld des Wärmeflusses.

An diese Betrachtungen knüpfen wir in nachstehendem an. Wir beschränken uns auf den Fall eines ebenen Temperaturfeldes, d. h. wir nehmen an, daß die Temperaturverteilung in allen Ebenen parallel zur Zeichenebene die gleiche ist, so daß die Temperaturverteilung nur mehr von zwei Koordinaten abhängt.

In Abb. 48 ist ein Teil eines wärmedurchströmten Körpers dargestellt. Die Oberfläche *1* werde ständig auf der Temperatur ϑ_1, die Oberfläche *2* auf der Temperatur ϑ_2 gehalten. Die beiden Oberflächen stellen also zwei Temperaturniveaulinien dar. Von den zwischen-

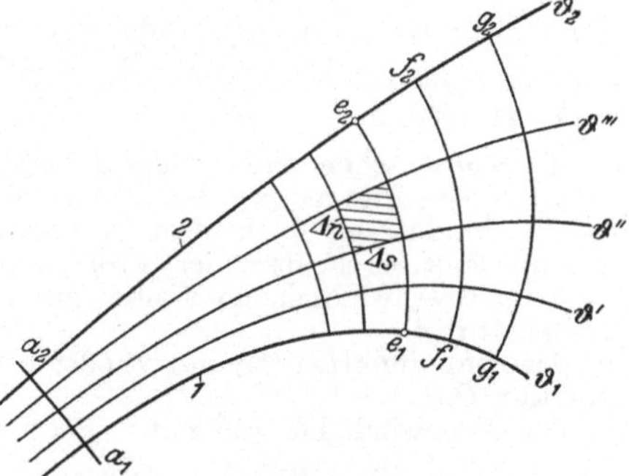

Abb. 48. Temperaturniveaulinien und Wärmestromlinien.

liegenden Temperaturniveaulinien sind einige in der Abbildung ebenfalls gezeichnet. Wir wählen nun in der Oberfläche *1*, die wir als die wärmere betrachten, den Punkt e_1 und ziehen von hier aus fortschreitend die Linie des Temperaturgradienten bis zum Punkt e_2. Wir können diese Linie nach früherem auch als Wärmestromlinie bezeichnen. Eine zweite solche Linie ziehen wir vom Punkte f_1 aus. Den Flächenstreifen zwischen diesen beiden Linien $e_1 e_2$ und $f_1 f_2$ nennen wir eine Wärmestromröhre. Die Gesamtheit aller Temperaturniveaulinien und aller Wärmestromlinien bildet ein Netz von Kurven, die ein Bild der Temperaturverteilung und des Wärmeflusses geben. Es erhöht die Anschaulichkeit dieses Bildes, wenn man gleiche Schritte $\Delta\vartheta$ der Temperatur wählt und wenn man ferner die Punkte e_1, f_1, g_1 ... so wählt, daß sämtliche Wärmestromröhren gleiche Wärmemengen fördern. In diesem Falle hat das Netz die Eigenschaft, daß alle Maschen im ganzen Bereich des Temperaturfeldes ein konstantes Seitenverhältnis aufweisen. Zum Beweise greifen wir eine solche Masche heraus und bezeichnen mit Δs den Abschnitt auf der Temperaturniveaulinie und mit Δn den Abschnitt auf der Linie des Temperaturgradienten. Dann gilt für die Wärmemenge, welche durch Δs hindurchtritt, der Ausdruck

$$- \lambda \frac{\Delta\vartheta}{\Delta n}\, \Delta s\,.$$

Da dieser Ausdruck für alle Stellen einer Stromröhre und für alle Stromröhren des Feldes den gleichen Wert haben muß, und da auch λ und $\Delta\vartheta$ konstante Werte sind, so muß auch das Verhältnis $\Delta s/\Delta n$ konstant sein, wie das oben behauptet wurde.

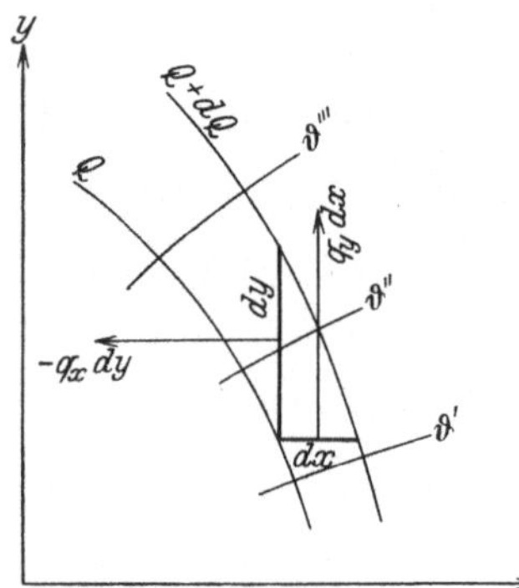

Abb. 49. Ausschnitt aus Abb. 48.

Um die Wärmemenge zu bestimmen, welche in den Körper durch irgendein Stück der Oberfläche, etwa durch die Strecke $a_1 e_1$ eintritt, wählen wir die durch a_1 gehende Wärmestromlinie zur Nullinie und zählen, von hier ausgehend die Wärmelieferung aller Stromröhren zusammen, bis wir zu der Wärmestromlinie durch e_1 gelangen. Dieser können wir dann einen bestimmten mit Q_e bezeichneten Wert zuordnen.

Es wurde schon früher darauf hingewiesen, daß der behandelte Abschnitt lediglich eine Anwendung der allgemeinen Potentialtheorie darstellt. Es ist für das Verständnis des Nachstehenden vorteilhaft, sich die Analogie mit den wirbel- und quellenfreien Feldern der Strömungslehre zu vergegenwärtigen.

Dem Geschwindigkeitspotential (oft mit Φ oder φ bezeichnet) entspricht die Temperatur ϑ,

der Stromfunktion (oft mit Ψ oder ψ bezeichnet) entspricht die Wärmestromfunktion Q,

der Geschwindigkeit (oft mit v oder w bezeichnet) entspricht der Wärmefluß q.

Die Abb. 49 stellt einen Ausschnitt aus Abb. 48 dar. Es sind darin die Koordinatenrichtungen x und y festgelegt, ferner zwei Wärmestromlinien Q und $Q + dQ$ sowie das unendlich kleine Dreieck dx, dy gezeichnet.

In dieses Dreieck strömt durch die Seite dx die Wärmemenge dQ ein und durch die Seite dy dieselbe Wärmemenge dQ wieder aus.

Es ist
$$q_y \cdot dx = -\lambda \frac{\partial \vartheta}{\partial y} \cdot dx = dQ,$$

$$q_x \cdot dy = +\lambda \frac{\partial \vartheta}{\partial x} \cdot dy = dQ.$$

Durch Dividieren mit dx bzw. dy und Vertauschen beider Gleichungen:

$$q_x = +\lambda \frac{\partial \vartheta}{\partial x} = \frac{\partial Q}{\partial y},$$

$$q_y = -\lambda \frac{\partial \vartheta}{\partial y} = \frac{\partial Q}{\partial x}.$$

Durch Differentiation der ersten Gleichung nach x und der zweiten nach y, ferner durch Differentiation der ersten Gleichung nach y und der zweiten nach x erhalten wir nachstehende vier Gleichungen:

a) $\dfrac{\partial q_x}{\partial x} = +\lambda \dfrac{\partial^2 \vartheta}{\partial x^2} = \dfrac{\partial^2 Q}{\partial x \cdot \partial y},$ c) $\dfrac{\partial q_x}{\partial y} = +\lambda \dfrac{\partial^2 \vartheta}{\partial x \cdot \partial y} = \dfrac{\partial^2 Q}{\partial y^2},$

b) $\dfrac{\partial q_y}{\partial y} = -\lambda \dfrac{\partial^2 \vartheta}{\partial y^2} = \dfrac{\partial^2 Q}{\partial x \cdot \partial y},$ d) $\dfrac{\partial q_y}{\partial x} = -\lambda \dfrac{\partial^2 \vartheta}{\partial y \cdot \partial x} = \dfrac{\partial^2 Q}{\partial x^2}.$

Durch Vergleich von je zwei Gleichungen folgt:

Aus a und b: $\qquad\qquad \dfrac{\partial^2 \vartheta}{\partial x^2} + \dfrac{\partial^2 \vartheta}{\partial y^2} = 0,$ $\qquad\qquad\qquad$ (t)

„ c „ d: $\qquad\qquad \dfrac{\partial^2 Q}{\partial x^2} + \dfrac{\partial^2 Q}{\partial y^2} = 0,$ $\qquad\qquad\qquad$ (u)

„ a „ b: $\qquad\qquad \dfrac{\partial q_x}{\partial x} - \dfrac{\partial q_y}{\partial y} = 0,$ $\qquad\qquad\qquad$ (v)

„ c „ d: $\qquad\qquad \dfrac{\partial q_x}{\partial y} + \dfrac{\partial q_y}{\partial x} = 0.$ $\qquad\qquad\qquad$ (w)

Die Gleichungen (t) und (u) besagen, daß die beiden skalaren Funktionen

$$\vartheta = f_\vartheta(x, y) \quad \text{und} \quad Q = f_Q(x, y)$$

der Laplaceschen Differentialgleichung genügen müssen. Die Gleichungen (v) und (w) stellen Aussagen über das Vektorfeld des Wärmeflusses dar, und zwar besagt Gleichung (v), daß das Feld wirbelfrei, Gleichung (w), daß es quellenfrei sein muß.

Konforme Abbildung.

Ein komplexe Veränderliche $Z = X + iY$, die in einer ersten komplexen Ebene (der Z-Ebene) gegeben ist, soll mit Hilfe der Abbildungsfunktion F in eine andere komplexe Ebene, die z-Ebene ($z = x + iy$) abgebildet werden. Es gilt dann die Gleichung: $z = F(Z)$ oder

$$x + iy = F(X + iY) = \Phi(X, Y) + i \cdot \Psi(X, Y),$$

wobei in dem letzten Ausdruck die komplexe Größe $F(X + iY)$ in ihren reellen Teil Φ und ihren rein imaginären Teil $i \cdot \Psi$ zerlegt ist.

7*

Das Wesen der konformen Abbildung setzt voraus, daß die Abbildungsfunktion eine analytische Funktion ist. Dies ist der Fall, wenn die Funktionen Φ und Ψ den Cauchy-Riemannschen Differentialgleichungen:

$$\frac{\partial \Phi}{\partial X} = \frac{\partial \Psi}{\partial Y} \quad \text{und} \quad \frac{\partial \Phi}{\partial Y} = -\frac{\partial \Psi}{\partial X}$$

genügen.

Soll z. B. sein: $z = Z^2$, also

$$x + i y = (X + i Y)^2 = X^2 - Y^2 + 2 X Y i ,$$

so ist $\Phi = X^2 - Y^2$; und $\Psi = 2 X Y$.

Durch Differentiation folgt:

$$\frac{\partial \Phi}{\partial X} = \frac{\partial \Psi}{\partial Y} = 2 X; \qquad \frac{\partial \Phi}{\partial Y} = -\frac{\partial \Psi}{\partial X} = -2 Y .$$

Die Cauchy-Riemannschen Differentialgleichungen sind also erfüllt und $z = Z^2$ ist eine analytische Funktion.

Im folgenden wollen wir vom rein mathematischen Standpunkte die Abbildungsfunktion $z = Z^{\frac{1}{2}}$, welche als analytische Funktion bekannt ist, besprechen.

Wir bringen beide komplexe Größen auf die Normalform:

$$z = x + i y = r e^{i \omega}$$

und

$$Z = X + i Y = R e^{i \Omega} .$$

Statt $z = Z^{\frac{1}{2}}$ erhalten wir

$$r e^{i \omega} = R^{\frac{1}{2}} e^{i \frac{\Omega}{2}} .$$

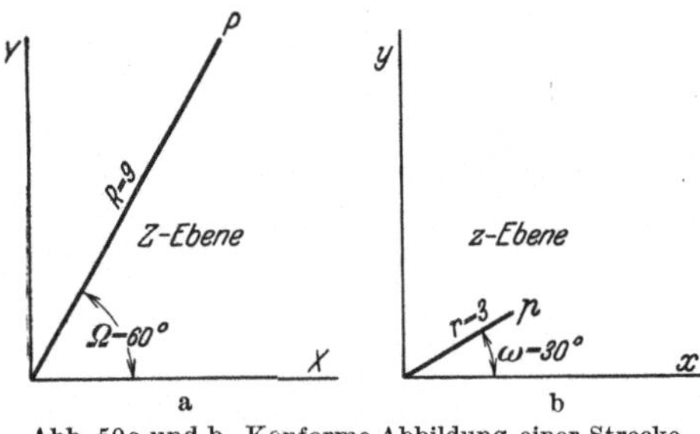

Abb. 50a und b. Konforme Abbildung einer Strecke nach dem Gesetz $z = Z^{\frac{1}{2}}$.

Zwei komplexe Größen können nur gleich sein, wenn die reellen Teile und die imaginären Teile für sich gleich sind. Darum ist

$$\text{1.} \quad r = \sqrt{R} \quad \text{und} \quad \text{2.} \quad \omega = \tfrac{1}{2}\Omega .$$

Ein Punkt P, der in der Z-Ebene durch die beiden Koordinaten $R = 9$ und $\Omega = 60^0$ gekennzeichnet ist, erscheint in der z-Ebene mit den Koordinaten $r = 3$ und $\omega = 30^0$ (vgl. Abb. 50a und b).

In Abb. 51a ist die Z-Ebene mit den sich schneidenden Geraden $X = \text{const}$ und $Y = \text{const}$ dargestellt. Überträgt man die einzelnen Schnittpunkte dieses Netzes mit Hilfe der Beziehungen: $r = \sqrt{R}$ und $\omega = \tfrac{1}{2}\Omega$ in die z-Ebene, so gehen die sich senkrecht schneidenden zwei Scharen von Geraden über in zwei sich senkrecht schneidende Scharen von gleichseitigen Hyperbeln (Abb. 51b). Ferner zeigt ein Vergleich der beiden Abbildungen, daß der Flächenstreifen zwischen der Abszissenachse und der Geraden Y_2 in der Abb. 51a bei der Abbildung in die z-Ebene übergeht in die dreieckartige Fläche zwischen den beiden positiven Achsen und der Hyperbel für den Wert y_2.

Wir kehren zu unseren Aufgaben der Wärmeleitung zurück, indem wir Abb. 51b jetzt als ein Wärmeschaubild auffassen. Die zuletzt erwähnte dreieckartige, schraffierte Fläche stelle den Schnitt durch einen wärmeleitenden Körper dar. Die Oberfläche, welche durch die beiden Achsen dargestellt ist, werde auf der Temperatur ϑ_0, die andere Oberfläche (Hyperbel) auf der Temperatur ϑ_2 gehalten. Dann erhalten die die Linien $y =$ const die Bedeutung von Temperaturniveaulinien, die Linien $x =$ const die Bedeutung von Wärmestromlinien. In gleicher Weise deuten wir auch Abb. 51a als das Wärmeschaubild einer von Wärme durchströmten Platte, deren beide Oberflächen auf denselben Temperaturen ϑ_0 und ϑ_2 gehalten sind. Ist die Dicke der Platte und ihre Wärmeleitzahl bekannt, so läßt sich die Wärmemenge, welche zwischen dem Koordinatenursprung und den Stellen X_1, X_2, X_3 die Abszissenachse durchsetzt, mit Hilfe der einfachen Wärmegleichung für die Platte leicht berechnen. Dieselben Zahlenwerte für den Wärmefluß gelten dann auch in Abb. 51b für das Stück der Abszissenachse vom Ursprung bis zu den Stellen x_1, x_2, x_3.

Dieses einfache Beispiel soll dem Leser nur den Zusammenhang

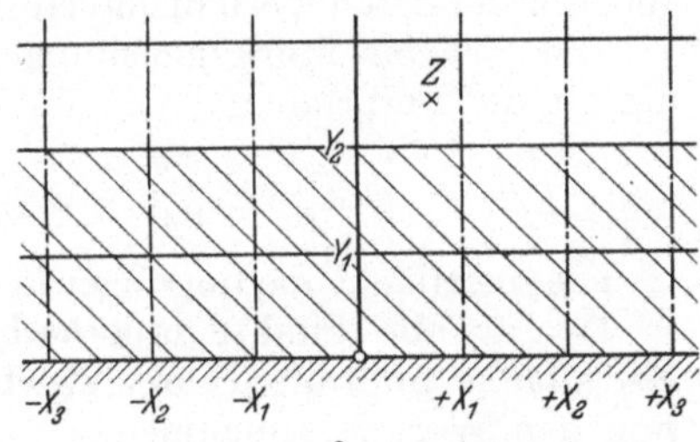
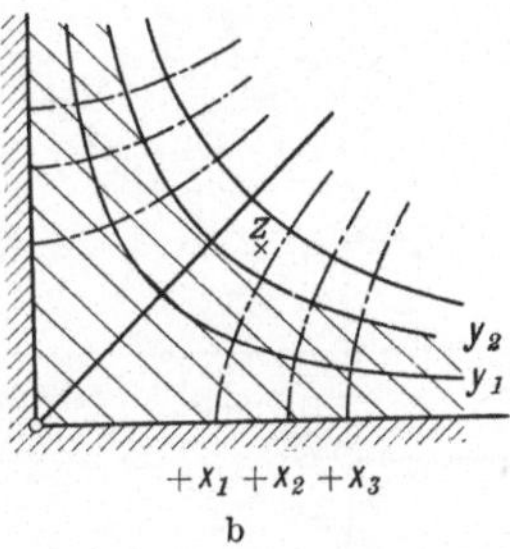

Abb. 51a und b. Konforme Abbildung eines Liniennetzes mit den Geraden $X =$ const und $Y =$ const nach dem Gesetz $z = Z^{\frac{1}{2}}$.

des Gebietes der Wärmeleitung mit dem Gebiete der konformen Abbildungen zeigen. Ich verweise im Anschluß auf das Buch von Rothe-Ollendorf-Pohlhausen (vgl. die Fußnote auf S. 96).

3. Räumliches Temperaturfeld von mehreren Koordinaten abhängig.

Aus diesem Gebiet sind eine große Anzahl von Aufgaben seitens der mathematischen Physik gelöst worden[1].

In nachstehendem soll nur eine Aufgabe aus diesem Gebiet besprochen werden, weil ihr eine größere technische Bedeutung zukommt. Für die Zwecke dieses Lehrbuches ist sie überdies wichtig, weil sie die Anwendung der diskontinuierlichen Faktoren zeigt.

Aufgabe 9. Eindringen der Wärme in den einseitig unendlich ausgedehnten Körper durch eine Kreisfläche.

„Ein einseitig unendlich ausgedehnter Körper (vgl. Aufgabe 5) besitze ursprünglich überall die Temperatur Null. Seine Oberfläche sei mit Ausnahme einer Kreisfläche vom Radius R vollständig isoliert.

---

[1] Vgl. Enzykl. d. math. Wiss. Bd. 5, Physik, Abschnitt: Wärmeleitung. Ferner Frank und v. Mises: Differentialgleichungen der Physik. Bd. 2. Verlag: Vieweg & Sohn. Braunschweig.

Nun werde von einem gegebenen Augenblick an die ganze Kreisfläche auf der Temperatur ϑ_c gehalten. Dann wird von der Kreisfläche aus dauernd Wärme in das Feld einströmen. — Es ist zu untersuchen, welchem Beharrungszustand die Temperaturverteilung mit der Zeit zustrebt und wie groß die Wärmemenge ist, die im Beharrungszustand während der Zeiteinheit durch die Kreisfläche in den Körper eindringt."

a) Der mathematische Ansatz. In Abb. 52 ist ein Zylinder-Koordinatensystem r, φ, z so im Körper festgelegt, daß die positive z-Achse vom Mittelpunkt der Kreisfläche aus nach dem Innern des Körpers geht. Dann ergibt sich aus der ganzen Art der Aufgabe, daß das Temperaturfeld von der Koordinate φ unabhängig ist, daß also die Flächen konstanter Temperatur Rotationsflächen sind, deren Erzeugende nur von r und z abhängen. Es ist auch ohne weiteres einzusehen, daß diese Erzeugenden ungefähr den in Abb. 52 durch die Kurven $\vartheta = \text{const}$ gekennzeichneten Verlauf haben.

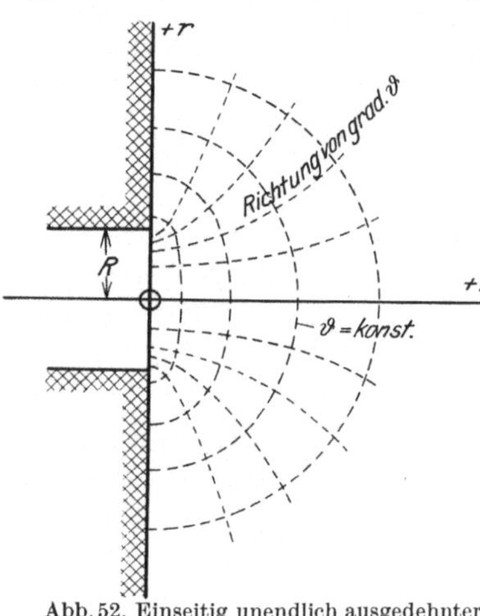

Abb. 52. Einseitig unendlich ausgedehnter Körper. Eindringen der Wärme durch eine Kreisfläche.

Die Wärmeleitungsgleichung (4c) nimmt die Form an

$$\frac{\partial^2 \vartheta}{\partial r^2} + \frac{1}{r} \cdot \frac{\partial \vartheta}{\partial r} + \frac{\partial^2 \vartheta}{\partial z^2} = 0 \,.$$

Die Oberflächenbedingungen lauten:

1. Für alle Punkte innerhalb der Kreisfläche muß die Temperaturfunktion den Wert ϑ_c annehmen.

2. Außerhalb der Kreisfläche muß wegen der vollkommenen Isolierung der Oberfläche der Wärmefluß durch die Oberfläche gleich Null sein; es muß also für alle diese Punkte das in Richtung der z-Achse gemessene Temperaturgefälle gleich Null sein.

3. Für alle Punkte des Feldes, die von der Kreisfläche unendlich weit entfernt sind, muß die Temperatur zu Null werden.

In mathematischer Ausdrucksweise lautet dies: Die Lösung

$$\vartheta = \Phi\,(r, z)$$

der Aufgabe muß außer der Differentialgleichung noch den Bedingungen genügen:

1.   für $z = 0$ und $r \leqq R$ muß $\vartheta = \text{const} = \vartheta_c$ sein,

2.   ,, $z = 0$,, $r > R$,, $\dfrac{\partial \vartheta}{\partial z} = 0$,,

3a.   ,,   beliebiges r, und $z = \infty$ muß $\vartheta = 0$,,

3b.   ,,   ,, z,   ,, $r = \infty$,, $\vartheta = 0$,,

b) Das Aufsuchen von partikulären Integralen und die allgemeine Lösung. Auf Grund früherer Erfahrungen versuchen wir es wieder zuerst mit einem Produkt zweier Funktionen:

$$\vartheta = Z(z) \cdot R(r),$$

wobei R nur Funktion von r und Z nur Funktion von z sein soll. Da die Temperatur mit wachsendem z sehr rasch abnimmt, setzen wir für $Z(z)$ die Exponentialfunktion e^{-mz}, in der wir mit „m" eine willkürliche Größe bezeichnen. Dann nimmt die Differentialgleichung die Form an

$$e^{-mz} \frac{d^2 R(r)}{dr^2} + e^{-mz} \frac{1}{r} \cdot \frac{dR(r)}{dr} + m^2 e^{-mz} \cdot R(r) = 0$$

oder

$$\frac{d^2 R(r)}{dr^2} + \frac{1}{r} \cdot \frac{dR(r)}{dr} + m^2 \cdot R(r) = 0.$$

Diese Gleichung ist die uns schon bekannte Besselsche Differentialgleichung nullter Ordnung [Gleichung (11b)] mit den Lösungen

$$R(r) = C \cdot J_0(mr) \quad \text{und} \quad R(r) = D \cdot Y_0(mr).$$

Von diesen beiden Lösungen ist nur die erste brauchbar, denn die zweite Lösung nimmt für $r = 0$ den Wert unendlich an, steht also im Widerspruch mit der 1. Oberflächenbedingung. Die allgemeine Lösung heißt jetzt in vorläufiger Form

$$\vartheta = \sum_{k=0}^{k=\infty} C_k \, e^{-mz} \cdot J_0(m_k r).$$

Da aber keine Randwertbedingung von der 3. Art vorgeschrieben ist, also auch für m keine den früher erwähnten transzendenten Gleichungen analoge Gleichung besteht, können die Werte m die Zahlenreihe stetig durchlaufen, und zwei aufeinanderfolgende Werte von m unterscheiden sich nur um dm. Ferner können wir statt des willkürlichen Wertesystems C eine willkürliche Funktion $f(m)$ einführen. Die unendliche Summe geht in ein Integral über, und wir erhalten als allgemeine Lösung:

$$\vartheta = \int_0^\infty f(m) \, e^{-mz} \cdot J_0(mr) \cdot dm. \tag{51}$$

c) Bestimmung der willkürlichen Funktion $f(m)$ mit Hilfe der Oberflächenbedingung. Die 1. Bedingung verlangt, daß das Integral

$$\vartheta_{z=0} = \int_0^\infty f(m) \cdot J_0(mr) \cdot dm$$

für $r < R$ den konstanten Wert ϑ_c haben muß. Dagegen schreibt sie für den Bereich $r > R$ nichts vor. Andererseits darf aber die Funktion diesen konstanten Wert nicht beibehalten, weil sich nach der Bedingung 3b mit wachsendem r die Funktion der Null nähern muß.

Das obige Integral, das wir als eine Funktion des Parameters r aufzufassen haben, muß also einen sog. diskontinuierlichen Verlauf haben.

Die 2. Oberflächenbedingung liefert ein ganz ähnliches Ergebnis. Sie verlangt, daß das Integral

$$\left(\frac{\partial \vartheta}{\partial z}\right)_{z=0} = -\int_0^\infty m \cdot f(m) \cdot J_0(mr) \cdot dm$$

für $r > R$ gleich Null ist. Im Bereich $r < R$ ist sie ganz willkürlich, nur darf sie hier nicht gleich Null bleiben, sonst würde durch die Kreisfläche keine Wärme in den Körper eintreten.

Nun kennt die Mathematik tatsächlich bestimmte Integrale, welche die Eigenschaft besitzen, daß sich ihr Funktionscharakter mit einem bestimmten Wert des Parameters plötzlich ändert, sog. diskontinuierliche Faktoren.

Am meisten bekannt ist das Integral

$$\int_0^\infty \frac{\sin(mR)}{m} \cos(mr)\, dm, \quad \text{das für } r < R \text{ den Wert } \pi/2,$$
$$\text{für } r = R \text{ den Wert } \pi/4,$$
$$\text{für } r > R \text{ den Wert } 0$$
$$\text{annimmt (vgl. Abb. 53a).}$$

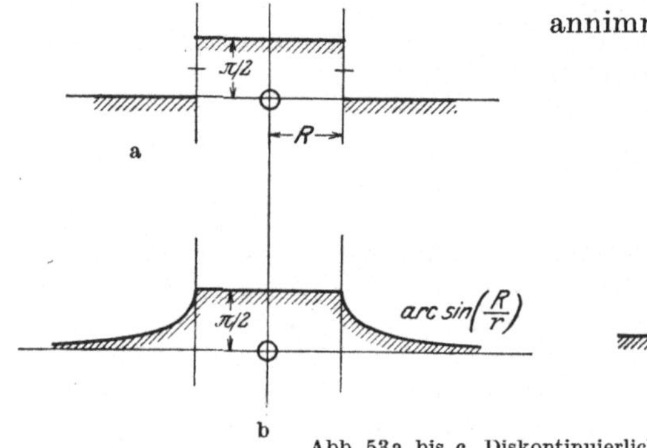

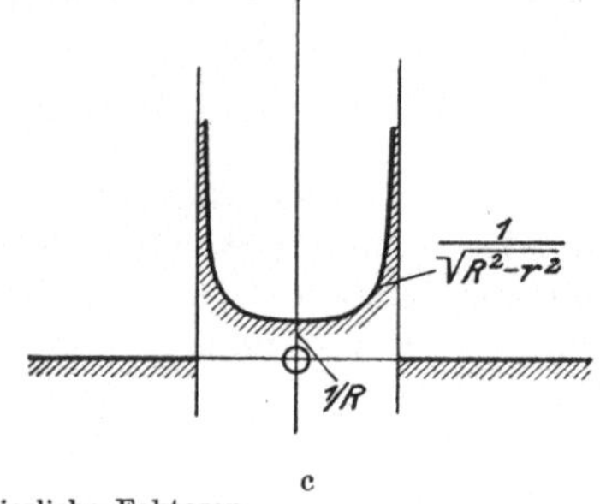

Abb. 53a bis c. Diskontinuierliche Faktoren.

Ganz ähnliche bestimmte Integrale lassen sich auch mit Besselschen Funktionen bilden[1].

Das Integral (vgl. Abb. 53b):

$$\int_0^\infty \frac{\sin(mR)}{m} \cdot J_0(mr) \cdot dm \quad \text{hat für } r \leq R \text{ den Wert } \pi/2$$
$$\text{und für } r > R \text{ den Wert } \arcsin\left(\frac{R}{r}\right)$$

und das Integral (vgl. Abb. 53c):

$$\int_0^\infty \sin(mR) \cdot J_0(mr) \cdot dm \quad \text{hat für } r < R \text{ den Wert } \frac{1}{\sqrt{R^2 - r^2}}$$
$$\text{und für } r > R \text{ den Wert } 0.$$

---

[1] Vgl. Frank u. v. Mises: Differentialgleichungen der Physik. 2. Aufl. Bd. 1 S. 418 bis 420. Verlag: Vieweg & Sohn. Braunschweig 1927.

Abb. 53c zeigt sofort, daß das letzte Integral der Bedingung 2 ohne weiteres genügt, und Abb. 53b zeigt, daß das vorletzte Integral der Bedingung 1 genügt, wenn man noch einen konstanten Faktor anfügt, der die konstante Ordinate zu ϑ_c macht.

Setzen wir deshalb in der allgemeinen Lösung (51)

$$f(m) = \frac{2}{\pi}\,\vartheta_c\,\frac{\sin(m\,R)}{m}\,,$$

so ist die Gleichung

$$\vartheta = \vartheta_c\,\frac{2}{\pi}\int\limits_0^\infty \frac{\sin(m\,R)}{m}\cdot J_0(m\,r)\cdot e^{-mz}\cdot dm \tag{52}$$

die gesuchte Gleichung des Temperaturfeldes.

d) Der Wärmefluß durch die Kreisfläche. Wir wollen vorerst den Wärmefluß durch eine Ringfläche mit dem Radius r und der Breite dr betrachten.

Das Temperaturgefälle senkrecht zur Oberfläche ist nach Gleichung (52):

$$\left(\frac{\partial\vartheta}{\partial z}\right)_{z=0} = -\,\vartheta_c\,\frac{2}{\pi}\int\limits_0^\infty \sin(m\,R)\cdot J_0(m\,r)\cdot dm$$

$$= -\,\vartheta_c\,\frac{2}{\pi}\,\frac{1}{\sqrt{R^2 - r^2}}\quad\text{für alle } r < R\,.$$

Damit

$$dQ = \vartheta_c\cdot 4\,\lambda\,\frac{r}{\sqrt{R^2 - r^2}}\cdot dr\,.$$

Dieser Ausdruck ist zugleich ein Maß für die Ergiebigkeit der Wärmequellen, die wir uns auf den einzelnen Ringflächen angeordnet denken müssen, damit die Temperatur ϑ_c auch wirklich erhalten bleibt. Aus Abb. 53c ist abzulesen, daß diese Ergiebigkeit von einem Kleinstwert in der Mitte der Scheibe an bis zur Ergiebigkeit unendlich am Rande zunimmt. Trotzdem ist der Wärmetransport durch die ganze Kreisfläche endlich, weil

$$\int\limits_0^\infty \frac{r\,dr}{\sqrt{R^2 - r^2}} = \left[-\sqrt{R^2 - r^2}\,\right]_0^R = R \text{ ist.}$$

Es ergibt sich

$$Q_{Kreis} = +\,4\,\lambda\,R\,\vartheta_c\,, \tag{53}$$

also nicht der Fläche des Kreises, sondern nur der ersten Potenz des Radius proportional.

Bemerkung.

Diese Aufgabe ließe sich in verschiedener Weise verallgemeinern. Man könnte vor allem das Temperaturfeld untersuchen, bevor der Beharrungszustand eingetreten ist, also das zeitlich veränderliche Feld; ferner könnte man für die Kreisfläche nicht die erste Randwertangabe, sondern die dritte Randwertangabe vorschreiben. Eine Lösung dieser beiden Probleme ist mir jedoch nicht bekannt.

4. Der Begriff des Wärmeleitwiderstandes.

Es ist schon mehrfach angeregt worden, die Berechnungen aus dem Gebiete Wärmeleitung in stärkerem Angleich an diejenige der Elektrizitätsleitung zu behandeln, insbesondere den Begriff der Leitfähigkeit durch denjenigen des Widerstandes zu ersetzen[1].

In welcher Weise dies für den Fall des Beharrungszustandes bei Randwertaufgaben I. Art möglich ist, soll an Hand der Gleichungen (a) bis (d) gezeigt werden:

Platte:
$$Q_h = \lambda \cdot \left(\frac{F}{\varDelta}\right) \qquad \cdot (\vartheta_1 - \vartheta_2)\,, \tag{a}$$

Rohr:
$$Q_h = \lambda \cdot \left(\frac{2\pi}{\ln\dfrac{D_a}{D_i}} L\right) \cdot (\vartheta_i - \vartheta_a)\,, \tag{b}$$

Hohlkugel:
$$Q_h = \lambda \cdot \left(\frac{2\pi}{\dfrac{1}{D_i} - \dfrac{1}{D_a}}\right) \cdot (\vartheta_i - \vartheta_a)\,, \tag{c}$$

Kreisscheibe:
$$Q_h = \lambda \cdot (2D) \qquad \cdot (\vartheta_c - 0)\,. \tag{d}$$

Der erste Faktor auf der rechten Seite ist ein reiner Stoffwert, der zweite ein reiner Formwert und der dritte ein reiner Temperaturwert.

Die ersten beiden Faktoren zusammen stellen das Wärmeleitvermögen des untersuchten Körpers dar. In nachfolgender Zusammenstellung sind für verschiedene Körper in verschiedener Anordnung die Größen für das Leitvermögen angegeben. Will man daraus den Wärmeleitwiderstand errechnen, so ist nur der reziproke Wert zu bilden. Mit Verwendung des Buchstaben s für den spezifischen Leitwiderstand $(= 1/\lambda)$ ergibt sich z. B. für die Kreisscheibe aus Gleichung (d) der Leitwiderstand zu
$$R = s : 2D\,.$$

Die Wärmemenge errechnet sich dann allgemein mittels der Gleichung:
$$Q_h = 1/R \cdot (\vartheta - \vartheta)\,.$$

Die nachstehende Übersicht ist einer Arbeit von Professor R. Rüdenberg[2] über den Ausbreitungswiderstand verschiedener Erdelektroden entnommen.

---

[1] Z. B. Jakob: Z. ges. Kälteind. Bd. 33 (1926) S. 21; Bd. 34 (1927) S. 141.
[2] Elektrotechn. Z. 1925 H. 36 S. 1344.

Form	Anordnung	Widerstand	Bedingung
Kugel in der Erde		$R = \dfrac{s}{2\,\pi\,D}$	
Halbkugel in der Erdoberfläche	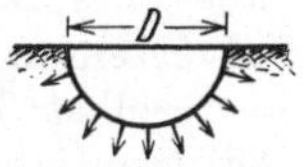	$R = \dfrac{s}{\pi\,D}$	
Kugel unter der Erdoberfläche	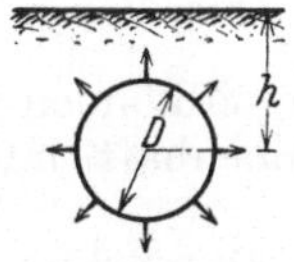	$R = \dfrac{s}{2\,\pi\,D}\left(1 + \dfrac{D}{4\,h}\right)$	
Kreisplatte in der Erde	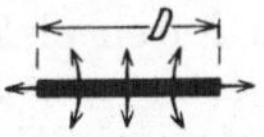	$R = \dfrac{s}{4\,D}$	
Kreisplatte auf der Erdoberfläche	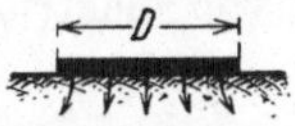	$R = \dfrac{s}{2\cdot D}$	
Draht in der Erde	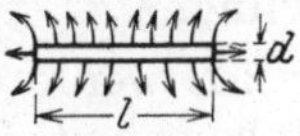	$R = \dfrac{s}{2\,\pi\,l}\ln\dfrac{2\,l}{d}$	$d \ll l$
Rohr in der Erdtiefe	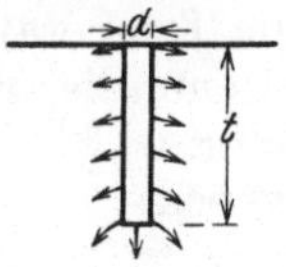	$R = \dfrac{s}{2\,\pi\,t}\ln\dfrac{4\,t}{d}$	$d \ll t$
Draht unter der Erdoberfläche	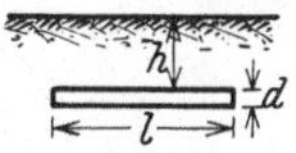	$R = \dfrac{s}{2\,\pi\,l}\ln\dfrac{2\,l}{d}\left(1 + \dfrac{\ln\dfrac{l}{2\,h}}{\ln\dfrac{2\,l}{d}}\right)$	$d \ll h$ $h \ll l$
Band in der Erde	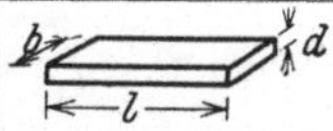	$R = \dfrac{s}{2\,\pi\,l}\ln\dfrac{4\,l}{b}$	$d \ll b$ $b \ll l$
Band auf der Erdoberfläche	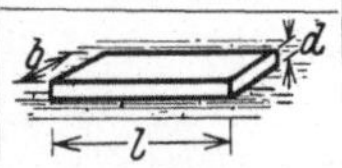	$R = \dfrac{s}{\pi\,l}\ln\dfrac{4\,l}{b}$	$d \ll b$ $b \ll l$
Kreisring in der Erde	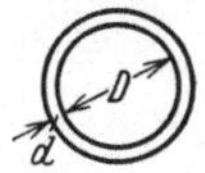	$R = \dfrac{s}{2\,\pi^2 D}\ln\dfrac{8\,D}{d}$	$d \ll D$
Kreisring unter der Erdoberfläche	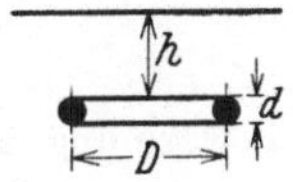	$R = \dfrac{s}{2\,\pi^2 D}\ln\dfrac{8\,D}{d}\left(1 + \dfrac{\ln\dfrac{2\,D}{h}}{\ln\dfrac{8\,D}{d}}\right)$	$d \ll h$ $h \ll D$

E. Die zeitlich konstanten Temperaturfelder mit Wärmequellen.

Die Differentialgleichung $V^2 \vartheta + \dfrac{1}{\lambda} \cdot W = 0$.

Vom Standpunkt der Potentialtheorie aus entsprechen die Temperaturfelder mit Wärmequellen der Potentialverteilung, wenn sich die Massen oder Ladungen innerhalb des Feldes selbst befinden. Diese Potentialverteilung muß der Poissonschen Differentialgleichung

$$V^2 \psi = \text{const}$$

(vgl. S. 26) genügen.

Wie in der Potentialtheorie die Massen, so können hier die Wärmequellen sowohl stetig verteilt als auch flächenhaft, linien- oder punktförmig angeordnet gedacht werden.

Vom technischen Standpunkt aus ist die wichtigste Wärmequelle dieser Art die Wärmeentwicklung beim Fortleiten elektrischer Energie und beim Magnetisieren und Ummagnetisieren von Eisen. Die obige Differentialgleichung und ihre Lösungen bilden die Grundlage für eine wärmetechnisch einwandfreie Berechnung von elektrischen Leitungen, Transformatoren und Maschinen[1].

Aufgabe 10. Der Zylinder.

„In einem Zylinder vom Durchmesser $2\,R$ werde durch Umwandlung anderer Energiearten in der Zeiteinheit und Raumeinheit die Wärmemenge W erzeugt. — Wir groß ist die Temperatur an der Oberfläche und in der Achse des Zylinders, wenn die Raumtemperatur gleich Θ und die Wärmeübergangszahl gleich α ist?"

Der mathematische Ansatz ist sofort gegeben:
Differentialgleichung:

$$\frac{d^2\vartheta}{dr^2} + \frac{1}{r} \cdot \frac{d\vartheta}{dr} + \frac{W}{\lambda} = 0,$$

Oberflächenbedingung:

$$- \lambda \left(\frac{d\vartheta}{dr}\right)_R = \alpha(\vartheta_R - \Theta).$$

Zur Lösung der Differentialgleichung setzen wir $\dfrac{d\vartheta}{dr} = U$ und multiplizieren beide Seiten mit $r \cdot dr$:

$$r \cdot dU + U \cdot dr + \frac{W}{\lambda} r \cdot dr = 0$$

oder

$$d(Ur) = - \frac{W}{\lambda} r \cdot dr.$$

Durch Integration folgt daraus:

$$r \frac{d\vartheta}{dr} = - \frac{W}{\lambda} \cdot \frac{r^2}{2} + C_1$$

oder

$$\frac{d\vartheta}{dr} = - \frac{W}{\lambda} \cdot \frac{r}{2} + \frac{C_1}{r}.$$

---

[1] Buchholz, H.: Besondere Probleme der Erwärmung elektrischer Leiter. Z. angew. Math. Mech. Bd. 9 (1929) S. 280.

Die nochmalige Integration liefert:

$$\vartheta = -\frac{W}{4\,\lambda}\,r^2 + C_1 \ln r + C_2\,.$$

Zur Bestimmung der Integrationskonstanten C_1 benützen wir die vorletzte Gleichung, also den Ausdruck für das Temperaturgefälle. Für $r = 0$, also für die Achse, muß dieses Temperaturgefälle jedenfalls gleich Null sein. Dies ist aber nur möglich, wenn $C_1 = 0$ ist. Die Konstante C_2 ergibt sich aus der Oberflächenbedingung:

$$-\lambda \cdot \left(-\frac{W\,R}{2\,\lambda}\right) = \alpha\left(\frac{-W\,R^2}{4\,\lambda} + C_2 - \Theta\right)$$

oder

$$C_2 = \Theta + \frac{W\,R^2}{4\,\lambda}\left(1 + \frac{2\,\lambda}{\alpha\,R}\right).$$

Mit diesen beiden Konstanten ergibt sich dann die Gleichung des Temperaturfeldes zu

$$\vartheta = \Theta + \frac{W\,R^2}{4\,\lambda}\left(1 + \frac{2\,\lambda}{\alpha\,R} - \left(\frac{r}{R}\right)^2\right). \tag{54a}$$

Aus dieser Gleichung folgt dann:

Temperatur in der Achse:

$$\vartheta_m = \Theta + \frac{W\,R^2}{4\,\lambda}\left(1 + \frac{2\,\lambda}{\alpha\,R}\right). \tag{54b}$$

Temperatur an der Oberfläche:

$$\vartheta_0 = \Theta + \frac{W\,R^2}{4\,\lambda}\cdot\frac{2\,\lambda}{\alpha\,R} = \Theta + \frac{W\,R}{2\,\alpha}\,. \tag{54c}$$

Unterschied:

$$\vartheta_m - \vartheta_0 = \frac{W\,R^2}{4\,\lambda}\,. \tag{54d}$$

Hier ist vor allem zu beachten, daß der Unterschied $\vartheta_m - \vartheta_0$ mit dem Quadrat des Radius und nicht etwa mit der ersten Potenz wächst.

F. Verschiedene Sonderfälle.

Wir haben auf S. 7 vor Ableitung der Differentialgleichung (4) verschiedene vereinfachende Annahmen getroffen, ohne uns über die Bedeutung oder auch über die Zulässigkeit dieser Annahmen irgendwie Rechenschaft abzulegen. Dies soll nun, soweit es dem Zwecke dieses Lehrbuches entspricht, nachgeholt werden, und zwar sollen diese einschränkenden Annahmen einzeln aufgehoben werden.

1. Das Feld ist von mehreren, verschiedenartigen Körpern erfüllt.

a) Allgemeines. Unsere einschränkende Annahme besagte in mathematischer Ausdrucksweise, daß die Stoffwerte λ, c und γ innerhalb des ganzen Feldes stetig sein sollen. Ist dagegen nach unserer jetzigen Voraussetzung das Feld von mehreren, verschiedenartigen Körpern erfüllt, so sind diese Stoffwerte nur innerhalb gewisser Teilgebiete des Feldes stetig, an der Grenzfläche zweier solcher Teilgebiete aber unstetig.

Innerhalb eines jeden solchen Teilgebietes muß die Temperaturfunktion der Differentialgleichung (4) genügen. Für jene Oberflächenbezirke der Teilgebiete, die zugleich die Begrenzung des ganzen Feldes bilden, müssen die Oberflächenbedingungen nach den Ausführungen der früheren Abschnitte gegeben sein. Dagegen haben wir jetzt noch zu untersuchen, welchen Bedingungen der Temperaturverlauf an den Trennungsflächen der Teilgebiete unterworfen ist, das heißt, wie sich die Temperaturfunktion an den Unstetigkeitsstellen der λ-, c- und γ-Werte verhält.

In Abb. 54 soll ein kleiner Raumteil aus der Gegend einer Trennungsfläche dargestellt sein. Die beiden sich berührenden Körper und ihre physikalischen Größen seien durch die Zeiger „1“ und „2“ unterschieden, df ist ein Element der Trennungsfläche. Die Normale zu df werde positiv gerechnet in Richtung 1 gegen 2.

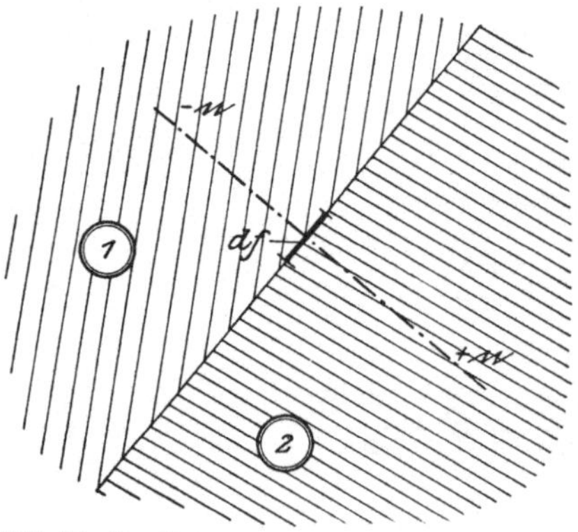

Wir stellen nun folgende Überlegung an:

Die Wärmemenge, die den Körper 1 durch das Flächenstück df in der Zeit dt verläßt, ist:

$$dQ_1 = -\lambda_1 \left(\frac{d\vartheta}{dn}\right)_1 \cdot df \cdot dt,$$

worin $\left(\dfrac{d\vartheta}{dn}\right)_1$

den Temperaturanstieg in Richtung der positiven Normalen bezeichnet, und zwar gemessen im Körper 1 dicht an der Trennungsfläche.

Abb. 54. Zu: Temperaturfeld an der Berührungsstelle zweier verschiedenartiger Körper.

Die Wärmemenge, die durch df in der Zeit dt in den Körper 2 eintritt, ist:

$$dQ_2 = -\lambda_2 \left(\frac{d\vartheta}{dn}\right)_2 \cdot df \cdot dt.$$

Da das Flächenstück df als ein unkörperliches Gebilde weder Wärme zurückbehalten noch hinzufügen kann, muß $dQ_1 = dQ_2$ sein. Also auch

$$\lambda_1 \left(\frac{d\vartheta}{dn}\right)_1 = \lambda_2 \left(\frac{d\vartheta}{dn}\right)_2. \tag{55}$$

Aus der Tatsache, daß die Größe λ an der untersuchten Stelle unstetig ist, folgt, daß auch das Temperaturgefälle an dieser Stelle unstetig sein muß, und zwar gilt das nicht nur für den Beharrungszustand, sondern auch für den veränderlichen Zustand. Durch Gleichung (55) sind die beiden Grenztemperaturgefälle einander zugeordnet. Ist z. B., wie in Abb. 55 gezeichnet, der Temperaturverlauf a, b, c im Körper 1

gegeben, so ist damit zugleich für die Temperaturkurve im Körper *2*
die Neigung der Anfangstangente gegeben — aber vorerst nur die
Neigung, noch nicht die Lage der Tangente. Wir kommen damit zu
der Frage, ob an der Grenze zweier Körper nicht nur der Temperatur-
gradient, sondern auch die Temperatur selbst unstetig ist, also zu der
Frage nach dem Temperatursprung. Diese Frage läßt sich heute auf
Grund zuverlässiger Messungen dahin beantworten, daß bei vollkommener
Berührung der beiden Körper kein Temperatursprung eintritt. Als
eine solche vollkommene Berührung kann z. B. gelten, wenn zwei
Metalle verlötet sind, wenn sich zwei Körper längs vollkommen ebener,
polierter Flächen berühren oder wenn der eine Körper ein plastischer
Körper ist, der fest gegen die Oberfläche des anderen Körpers gepreßt ist.

Berühren sich dagegen die Körper längs rauher Oberflächen, so
tritt scheinbar ein Temperatursprung ein, der aber nur durch ein sehr
starkes Temperaturgefälle in der dünnen Luftschicht vorgetäuscht wird.

Es ist vom mathematischen
Standpunkte aus sehr wohl möglich, diesem scheinbaren Temperatursprung durch Einführung
eines Überleitungskoeffizienten
Rechnung zu tragen. Allein es
ist schon sehr schwierig, den
Rauhigkeitsgrad der beiden Oberflächen zahlenmäßig festzulegen;
noch viel schwieriger ist es, dann
diesem Rauhigkeitsgrad wieder
zahlenmäßig einen Wärmeüber-
leitungskoeffizienten zuzuordnen.
Aus diesem Grunde will ich auf
die Besprechung der unvollkom-

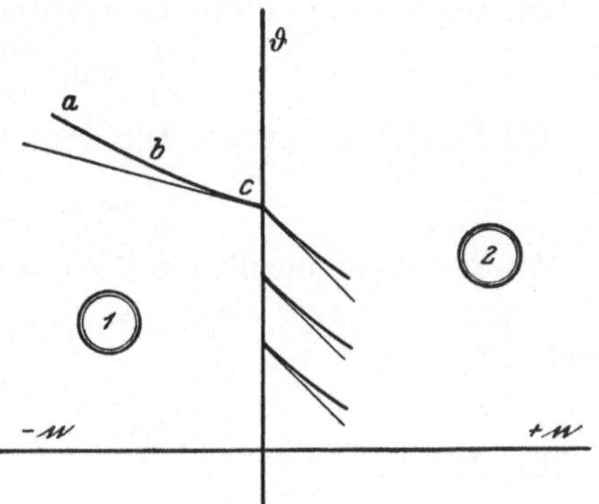

Abb. 55. Temperaturfeld an der Berührungsstelle
zweier verschiedenartiger Körper.

menen Berührung verzichten und, ohne es besonders zu betonen, stets
vollkommene Berührung annehmen. Dann wird stets $(\vartheta_1)_0 = (\vartheta_2)_0$ und
die beiden Zweige der Temperaturkurve in Abb. 55 schließen sich aneinander an.

Hier ist noch eine Bemerkung einzuschalten: Nach den Lehren der
kinetischen Gastheorie tritt bei sehr verdünnten Gasen zwischen Ge-
fäßwandung und Gas ein Temperatursprung auf. Dieser Widerspruch
ist dadurch zu erklären, daß die kinetische Gastheorie die Materie
nicht mehr als Kontinuum auffaßt, wie das die analytische Theorie
der Wärmeleitung (siehe S. 1) tut, und daß deshalb die betrachteten
Räume nicht mehr groß sind im Vergleich zur Größe oder zum Abstand
der Moleküle (vgl. Abschnitt II E, S. 210).

**b) Verallgemeinerung der Aufgabe 5 über den einseitig unendlich
ausgedehnten Körper.** Zur Lösung der Aufgabe 5 hatten wir uns
eines Kunstgriffes (S. 65) bedient, den wir dahin auffassen können,
daß zwei unendlich ausgedehnte Körper von den Temperaturen $+\vartheta_c$
und $-\vartheta_c$ mitsammen in Berührung gebracht werden und dann ihre
Temperaturen ausgleichen. Während aber damals die beiden Körper

aus gleichem Stoff waren, sollen sie jetzt aus verschiedenen Stoffen bestehen. Wir kommen so zu folgendem Wortlaut für die Aufgabe:

„Ein einseitig unendlich ausgedehnter Körper „*1*" aus einem Stoffe mit den Werten λ_1, c_1 und γ_1 werde mit einem zweiten, einseitig unendlich ausgedehnten Körper „*2*" mit den Stoffwerten λ_2, c_2 und γ_2 in Berührung gebracht. Vor der Berührung war die Temperatur im ersten Körper einheitlich gleich ϑ_1, im zweiten Körper gleich ϑ_2. — Welches ist der weitere Temperaturverlauf?"

Zur Zeit $t = 0$ ist der Temperaturverlauf im Felde an der Stelle $x = 0$ unstetig. Aber schon nach der unendlich kurzen Zeit dt ist diese Unstetigkeitsstelle verschwunden und durch ein sehr steiles Temperaturgefälle in der Nähe von $x = 0$ ersetzt. Die am Anfang verschiedenen Werte $\vartheta_{x=+0}$ und $\vartheta_{x=-0}$ haben sich zu dem Wert ϑ_m ausgeglichen.

Die Funktion $\vartheta = \Phi(x, t)$ hat folgendem mathematischen Ansatz zu genügen:

Im Bereich $x > 0$ der Differentialgleichung:

$$\frac{\partial \vartheta}{\partial t} = a_1 \frac{\partial^2 \vartheta}{\partial x^2}.$$ (I)

Im Bereich $x < 0$ der Differentialgleichung:

$$\frac{\partial \vartheta}{\partial t} = a_2 \frac{\partial^2 \vartheta}{\partial x^2}.$$ (II)

An der Trennungsfläche für $x = 0$, $t > 0$:

$$\vartheta_{x=+0} = \vartheta_{x=-0} = \vartheta_m$$ (III)

und

$$\lambda_1 \left(\frac{\partial \vartheta}{\partial x}\right)_{+0} = \lambda_2 \left(\frac{\partial \vartheta}{\partial x}\right)_{-0}.$$ (IV)

Im Anfang, $\quad$ für $x > 0$: $\quad \vartheta = \vartheta_1$ (V)

also für $t = 0$ $\quad$ für $x < 0$ $\quad \vartheta = \vartheta_2$. (VI)

Um die Rechnung abzukürzen, wollen wir eine Tatsache als bekannt annehmen, die wir sonst erst nach langer Rechnung erhalten würden. Wenn diese Annahme uns zu einer Temperaturfunktion führt, die allen Gleichungen (I) bis (VI) genügt, so ist damit auch die Richtigkeit der Annahme selbst erwiesen, weil es nur eine Lösung gibt, die allen 6 Gleichungen entspricht.

Diese Annahme betrifft die Temperatur ϑ_m der Berührungsebene. Solange wir nichts anderes wissen, werden wir etwa vermuten, daß unmittelbar nach Auflösung der Unstetigkeitsstelle ein Anfangswert von ϑ_m auftritt, der sich dann mit der Zeit asymptotisch einem bleibenden Wert nähert. Allein dies ist nicht der Fall: sofort nach Auflösung der Unstetigkeitsstelle stellt sich ein fester Wert ϑ_m ein, der während der ganzen Dauer des Vorganges unverändert bleibt. Dies ist die Tatsache, die wir vorerst unbewiesen hinnehmen wollen. Der Vorteil, den wir damit erreichen, ist der, daß sich unsere Aufgabe in zwei Aufgaben Nr. 5 spalten läßt, wofür wir in Gleichung (37 b) die Lösung bereits gefunden haben.

(Gleichung 37 b) $\quad \vartheta = \vartheta_C \cdot G\left(\dfrac{x}{\sqrt{4\,a\,t}}\right).$

Diese Gleichung, zusammen mit Abb. 56, ergibt:

für positives x:
$$\vartheta = \vartheta_m - (\vartheta_m - \vartheta_1) \cdot G\left(\frac{x}{\sqrt{4\,a_1\,t}}\right), \qquad \text{(VII)}$$

für negatives x:
$$\vartheta = \vartheta_m + (\vartheta_2 - \vartheta_m) \cdot G\left(\frac{x}{\sqrt{4\,a_2\,t}}\right). \qquad \text{(VIII)}$$

Für $x = 0$ ergeben beide Gleichungen vorschriftgemäß den Wert ϑ_m, weil das Gaußsche Fehlerintegral für $x = 0$ den Wert Null hat. Wir müssen nun noch den Wert ϑ_m bestimmen. Hierzu benützen wir Gleichung (IV).

Beachten wir, daß

$$\frac{d}{dx}\,G\left(\frac{\pm\,x}{\sqrt{4\,a\,t}}\right) = \pm\,\frac{1}{\sqrt{4\,a\,t}} \cdot \frac{2}{\sqrt{\pi}}\,e^{-\frac{x^2}{4\,a\,t}}$$

und daß $\dfrac{\lambda}{\sqrt{a}} = \sqrt{\lambda\,c\,\gamma} = b$ ist, so erhalten wir

$$\lambda_1\left(\frac{\partial\vartheta}{\partial x}\right)_{+0} = +\,\lambda_1(\vartheta_1 - \vartheta_m)\,\frac{\partial}{\partial x}\,G\left(\frac{+\,x}{\sqrt{4\,a_1\,t}}\right)$$

$$= +\,\lambda_1(\vartheta_1 - \vartheta_m)\,\frac{1}{\sqrt{a_1\,\pi\,t}} = +\,\frac{b_1}{\sqrt{\pi\,t}}\,(\vartheta_1 - \vartheta_m),$$

ebenso

$$\lambda_2\left(\frac{\partial\vartheta}{\partial x}\right)_{-0}$$

$$= -\,\frac{b_2}{\sqrt{\pi\,t}}\,(\vartheta_2 - \vartheta_m).$$

Mit diesen Ausdrücken wird Gleichung (IV)

$$b_1(\vartheta_1 - \vartheta_m) = -\,b_2(\vartheta_2 - \vartheta_m)$$

oder

$$(\vartheta_2 - \vartheta_m) : (\vartheta_m - \vartheta_1)$$

$$= b_1 : b_2.$$

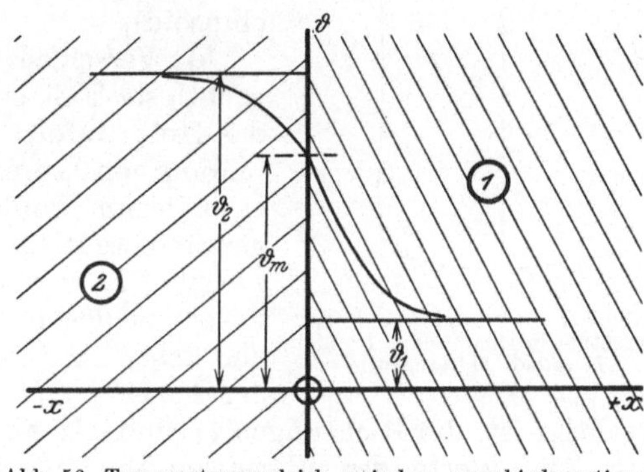

Abb. 56. Temperaturausgleich zwischen verschiedenartigen Körpern.

Erklären wir diese Gleichung an Hand unserer Abb. 56, so besagt sie: der Punkt ϑ_m teilt die Strecke $\vartheta_2 - \vartheta_1$ im umgekehrten Verhältnis der zugehörigen b-Werte. Die Grenztemperaturunterschiede $\vartheta_2 - \vartheta_m$ und $\vartheta_m - \vartheta_1$ hängen also vom Verhältnis der b-Werte, die Grenztemperaturgefälle aber vom Verhältnis der Wärmeleitfähigkeiten ab.

2. Der Körper ist nicht isotrop.

a) Allgemeines. Ein isotroper Stoff ist ein solcher, bei dem alle physikalischen Eigenschaften von der Richtung unabhängig sind; weitaus die meisten Stoffe sind isotrop. Das gebräuchlichste Beispiel eines anisotropen Körpers sind die Kristalle. Die analytische Theorie der Wärmeleitung in Kristallen ist ein wichtiger Zweig der theoretischen Physik geworden — doch liegt die Hauptbedeutung dieser Theorie auf rein mathematischem Gebiet. Wir wollen deshalb auf diese Theorie nicht weiter eingehen und begnügen uns damit, einige Begriffe aus dieser Lehre zu übernehmen.

In einem isotropen Körper ist die Wärmeleitfähigkeit an einer Stelle unabhängig von der Richtung und deshalb durch eine einzige Zahlenangabe vollkommen bestimmt — sie ist ein reiner Skalar. Anders bei einem Kristall; hier gibt es, durch das innere Gefüge hervorgerufen, ausgezeichnete Richtungen und die Wärmeleitfähigkeit wird für diese ausgezeichneten Richtungen im allgemeinen verschiedene Werte haben; aber auch jeder willkürlich dazwischen liegenden Richtung entspricht ein anderer Wert der Wärmeleitfähigkeit. Es ist deshalb die Wärmeleitfähigkeit in einem anisotropen Körper eine physikalische Größe, die erst gegeben ist durch Angabe des zu jeder Richtung gehörigen Wertes. Eine Größe dieser Art heißt ein Tensor. Ein Tensor ist keine richtungslose Größe wie der Skalar und keine einfach gerichtete Größe wie der Vektor. Ein Beispiel für einen Tensor, das jedem Ingenieur bekannt ist, ist der Spannungszustand in einem deformierten, elastischen Körper (Spannungsellipsoid).

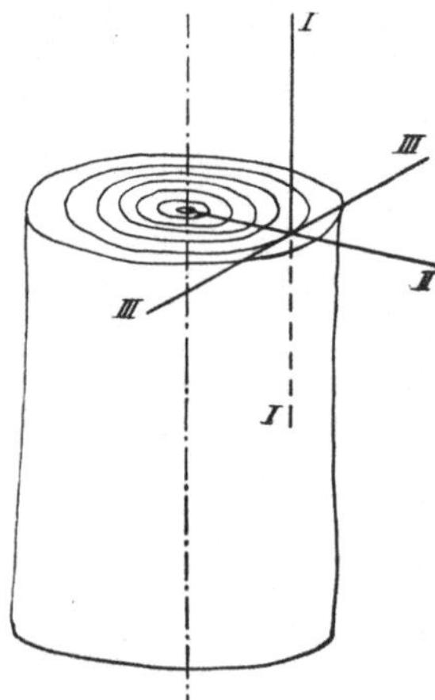

Abb. 57. Die drei ausgezeichneten Richtungen in Holz: *I* axial, *II* radial, *III* tangential.

b) Verschiedene anisotrope Körper. Der wichtigste Fall eines anisotropen Körpers ist das Holz. Infolge der Faserung und der Ausbildung von Jahresringen (Zylinderflächen) gibt es in jedem Punkte eines Stammes drei ausgezeichnete Richtungen, nämlich (vgl. Abb. 57) *I* axial, *II* radial und *III* tangential. Meist unterscheidet man jedoch nur „in Richtung der Faser" $= I$ und „senkrecht zur Richtung der Faser" $= II$ und *III*. Ob es wirklich berechtigt ist, die Richtungen *II* und *III* als gleich anzusehen, bezweifle ich. Die Werte der Wärmeleitfähigkeit in diesen Richtungen sind natürlich nur durch den Versuch zu bestimmen.

Nächst den Hölzern kommen als anisotrope Körper solche Körper in Betracht, die aus einzelnen Teilen in regelmäßiger Weise zusammengeschichtet sind. Dabei müssen die Abmessungen der einzelnen Teile klein gegen die Abmessungen des ganzen Körpers sein. Solche zusammengesetzte Körper sind: verschiedene Konstruktionen im Hochbau und in der Wärme- und Kälteisoliertechnik, ferner die Wicklungen der Elektromagnete usw. und die Plattenpakete und Drahtbündel der Magnetkerne u. a. m.

c) Die Wärmeleitfähigkeit von geschichteten Körpern. „Ein Körper bestehe aus lauter gleichen Schichten von der Dicke $\varDelta$. Jede Schicht bestehe ihrerseits wieder aus n planparallelen Platten von den Dicken $\delta_1 \ldots \delta_n$ und den Wärmeleitfähigkeiten $\lambda_1 \ldots \lambda_n$. Welches ist die Wärmeleitfähigkeit des ganzen Körpers senkrecht zur Lage der Schichten und parallel zur Lage der Schichten ?"

1. **Senkrecht zur Lage der Schichten** λ_s. Wir geben dem Körper eine solche Temperaturverteilung, daß die Plattenebenen zu Flächen konstanter Temperatur werden. Im Beharrungszustand wird dann durch jede Platte die gleiche Wärmemenge Q pro Flächen- und Zeiteinheit hindurchgehen. Diese Wärmemenge ist gegeben zu

$$Q_s = -\lambda_1 \frac{\vartheta_0 - \vartheta_1}{\delta_1} = -\lambda_2 \frac{\vartheta_1 - \vartheta_2}{\delta_2} = \cdots = \lambda_n \frac{\vartheta_{n-1} - \vartheta_n}{\delta_n}$$

oder
$$\vartheta_0 - \vartheta_1 = -Q_s \frac{\delta_1}{\lambda_1},$$

$$\vartheta_1 - \vartheta_2 = -Q_s \frac{\delta_2}{\lambda_2},$$

$$\cdot\cdot\cdot\cdot\cdot\cdot\cdot\cdot\cdot\cdot\cdot\cdot\cdot\cdot$$

$$\vartheta_{n-1} - \vartheta_n = -Q_s \frac{\delta_n}{\lambda_n},$$

Durch Addition $\qquad \vartheta_0 - \vartheta_n = -Q_s\left\{\frac{\delta_1}{\lambda_1} + \frac{\delta_2}{\lambda_2} + \cdots + \frac{\delta_n}{\lambda_n}\right\}.$ $\qquad$ (I)

Denken wir uns jetzt die Schicht durch eine einheitliche Platte von der Dicke Δ ersetzt und von einer solchen Wärmeleitfähigkeit λ_s, daß sie bei derselben Temperaturdifferenz $\vartheta_0 - \vartheta_n$ von derselben Wärmenge Q_s durchflossen wird, so gilt für diese Ersatzplatte

$$Q_s = -\lambda_s \frac{\vartheta_0 - \vartheta_n}{\Delta} \qquad \text{(II)}$$

oder $\qquad \vartheta_0 = \vartheta_n = Q_s \dfrac{\Delta}{\lambda_s}.$

Durch Vergleich von (I) und (II) folgt:

$$\lambda_s = \frac{\Delta}{\dfrac{\delta_1}{\lambda_1} + \dfrac{\delta_2}{\lambda_2} + \cdots + \dfrac{\delta_n}{\lambda_n}}. \qquad \text{(56a)}$$

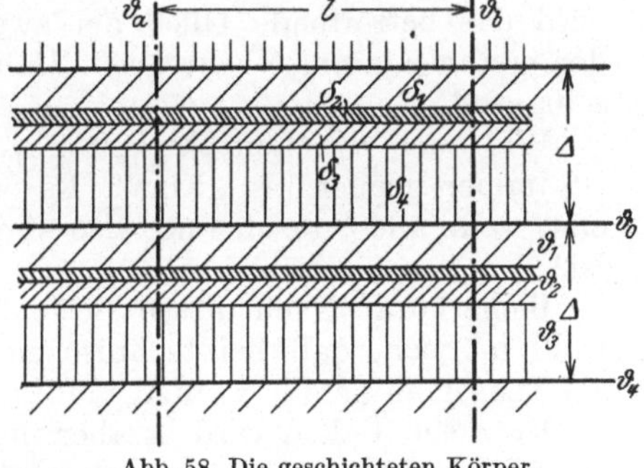

Abb. 58. Die geschichteten Körper.

2. **Parallel zur Lage der Schichten** λ_p. Wir geben jetzt dem Körper eine solche Temperaturverteilung, daß die Flächen konstanter Temperatur durch parallele Ebenen gebildet sind, welche die Platten senkrecht durchsetzen. In Abb. 58 sind durch die gestrichelten Geraden zwei solche Ebenen mit den Werten ϑ_a und ϑ_b angedeutet. Ihr Abstand sei „l". In der Richtung senkrecht zur Bildebene sei die Abmessung des Plattenpaketes gleich „1". Dann strömen längs der einzelnen Platten folgende Wärmemengen:

längs der 1. Platte: $\qquad q_1 = -\lambda_1 \dfrac{\vartheta_a - \vartheta_b}{l} \delta_1 \cdot 1;$

längs der 2. Platte: $\qquad q_2 = -\lambda_2 \dfrac{\vartheta_a - \vartheta_b}{l} \delta_2 \cdot 1;$

$$\cdot\cdot\cdot\cdot\cdot\cdot\cdot\cdot\cdot\cdot\cdot\cdot\cdot\cdot\cdot\cdot\cdot\cdot\cdot\cdot\cdot\cdot$$

längs der n-ten Platte: $\qquad q_n = -\lambda_n \dfrac{\vartheta_a - \vartheta_b}{l} \delta_n \cdot 1;$

längs der ganzen Schicht: $Q_p = -\dfrac{\vartheta_a - \vartheta_b}{l}(\lambda_1 \delta_1 + \lambda_2 \delta_2 + \cdots + \lambda_n \delta_n).$ $\quad$ (III)

Ersetzen wir wieder die Schicht durch eine einheitliche Platte von solcher Wärmeleitfähigkeit λ_p, daß bei gleichem Temperaturgefälle $(\vartheta_a - \vartheta_b) : l$ die gleiche Wärmemenge Q_p hindurchgeht, so gilt für diese Platte

$$Q_p = -\lambda_p \frac{\vartheta_a - \vartheta_b}{l} \varDelta \cdot 1. \tag{IV}$$

Durch Vergleich von (III) und (IV):

$$\lambda_p = \frac{\lambda_1 \delta_1 + \lambda_2 \delta_2 + \cdots + \lambda_n \delta_n}{\varDelta}. \tag{56b}$$

3. Das Verhältnis $\lambda_p : \lambda_s$. Die Gleichungen (56a) und (56b) ergeben:

$$\frac{\lambda_p}{\lambda_s} = \frac{1}{\varDelta^2} \left(\frac{\delta_1}{\lambda_1} + \frac{\delta_2}{\lambda_2} + \cdots + \frac{\delta_n}{\lambda_n} \right) (\delta_1 \lambda_1 + \delta_2 \lambda_2 + \cdots + \delta_n \lambda_n). \tag{56c}$$

Ist die Leitfähigkeit einer einzelnen Platte sehr groß, so wird das entsprechende Glied in der ersten Klammer gleich Null, fällt also fort, in der zweiten Klammer wird das entsprchende Glied sehr groß und damit auch das Verhältnis $\lambda_p : \lambda_s$.

Ist umgekehrt die Wärmeleitfähigkeit einer Platte sehr klein, so wird das betreffende Glied der zweiten Klammer fortfallen und das der ersten Klammer sehr groß. Damit wird auch das Verhältnis $\lambda_p : \lambda_s$ sehr groß.

Wie auch die Leitfähigkeiten verteilt sein mögen, das Verhältnis ist immer größer als „Eins". Es erreicht seinen Kleinstwert „Eins" erst, wenn alle λ gleich sind, also wenn die Schicht homogen und isotrop ist[1].

Bemerkung. Nach diesen Beispielen anisotroper Körper ist es sehr wohl möglich, daß bei technischen Aufgaben die Wärmeleitfähigkeit als Tensor aufgefaßt werden muß[2].

In vielen Fällen wird es aber möglich sein, die Wärmeleitfähigkeit als Skalar zu betrachten, nämlich überall dort, wo das Temperaturfeld nur von einer Koordinate abhängt und diese Koordinatenrichtung mit einer Hauptachse des Tensors zusammenfällt. (Vgl. das oben besprochene Plattenpaket.)

3. Wärmeleitfähigkeit, spezifische Wärme und spezifisches Gewicht sind vom Druck und von der Temperatur abhängig.

a) Die Abhängigkeit vom Druck. Bei festen Körpern sind diese Werte nur in sehr geringem Maße vom Druck abhängig. Nun treten aber in jedem festen Körper, dessen Inneres Temperaturunterschiede aufweist, Spannungen auf, die unter dem Namen „Temperaturspannungen"

---

[1] Über eine experimentelle Bestimmung von λ_p und λ_s vgl. L. Ott: Untersuchungen zur Frage der Erwärmung elektrischer Maschinen. Mitt. Forsch.-Arb. vom VDI Heft 35, 36. Berlin 1906.

[2] Es sei deshalb hier auf die einschlägige, mathematische Literatur verwiesen, z. B.: Enzykl. d. math. Wiss. Bd. 5 4 S. 181. Winkelmann: Handbuch der Physik, Band Wärme.

bekannt sind. Diese Spannungen — ebenso wie die ihnen verwandten Gußspannungen — sind von sehr hohem Betrage, und es ist deshalb das Bedenken keineswegs von der Hand zu weisen, daß unter so hohen Drücken auch die an sich schwache Abhängigkeit der Stoffwerte vom Druck von Einfluß werde. Etwas Sicheres ist jedoch hierüber nicht bekannt, denn einerseits fehlen die experimentellen Angaben für diese Abhängigkeitsgesetze und andererseits wird die Berechnung ungemein schwierig, sobald man diese Abhängigkeit berücksichtigen will.

b) Die Abhängigkeit von der Temperatur. Es gibt Legierungen, deren Ausdehnungskoeffizient gleich Null, deren spezifisches Gewicht also von der Temperatur unabhängig ist. Ebenso mag es auch Stoffe geben, deren Wärmeleitfähigkeit oder deren spezifische Wärme von der Temperatur unabhängig ist. Aber es werden dies seltene Ausnahmen sein. Im allgemeinen sind λ, c und γ als Funktionen der Temperatur anzusehen.

Die Differentialgleichung (4)

$$\frac{\partial \vartheta}{\partial t} = a \cdot \nabla^2 \vartheta + \frac{1}{c\,\gamma}\,W$$

ist deshalb richtiger zu schreiben:

$$\frac{\partial \vartheta}{\partial t} = f_1(\vartheta) \cdot \nabla^2 \vartheta + f_2(\vartheta) \cdot W \,.$$

Die Methoden, die wir bisher zur Lösung der Aufgaben angewandt hatten, bestanden in dem Zusammensetzen der allgemeinen Lösung aus Teillösungen. Dies darf aber nur geschehen, solange die Differentialgleichung linear ist. Unsere obige Gleichung ist jedoch wegen des Gliedes $f(\vartheta) \cdot \nabla^2 \vartheta$ nicht mehr linear und das Verfahren mit den Teillösungen versagt. Die Wege, die dann einzuschlagen sind — es sind dies meist mathematische Näherungsmethoden —, sind so zahlreich und vielgestaltig, daß ihre Besprechung über den Rahmen dieses Buches hinausgeht.

4. Vorgänge mit Änderung des Aggregatzustandes oder der chemischen Natur.

a) Allgemeines. Die reinen Schmelz- und Erstarrungsvorgänge müssen wir hier ausschalten, da bei ihnen immer Konvektionsströme auftreten; dagegen ist das Vordringen des Frostes in feuchtem Erdboden ein Vorgang, der sich rechnerisch verfolgen läßt, und der als Beispiel für eine Gruppe von Erscheinungen gelten soll, die insbesondere in der chemischen Technik häufig vorkommen.

Für unsere Zwecke läßt sich das Wesentliche dieser Vorgänge in folgenden vier Sätzen aussprechen:

1. Es findet eine Änderung des Aggregatzustandes oder der chemischen Natur des Körpers, der das Feld erfüllt, statt.

2. Hierbei treten latente Wärmemengen auf.

3. An der Umwandlungsstelle ändern die Stoffwerte λ, c und γ sprungweise ihren Wert.

4. Es treten keine Konvektionsströme auf.

b) Das Vordringen des Frostes in feuchtem Erdboden. „Ein feuchter Erdboden besitze im Anfang überall die Temperatur ϑ_{II}. Von einem gegebenen Augenblick an werde die Oberfläche konstant auf der Temperatur ϑ_I gehalten. Das Gefrieren des Erdbodens erfolge bei der Temperatur ϑ_0, und zum Gefrieren der Gewichtseinheit feuchten Erdreiches müsse die Wärmemenge Q_0 entzogen werden. — Welches ist die Gleichung des Temperaturfeldes, und wie rasch dringt die Frostgrenze vor?"

Der mathematische Ansatz. In Abb. 59 ist die Tiefe unter der Bodenoberfläche als die eine Koordinate x und die Temperatur als die andere Koordinate ϑ angenommen. Mit ξ ist ein veränderlicher Wert auf der x-Achse bezeichnet, der die augenblickliche Lage der Frostgrenze angibt. Die physikalischen Größen werden mit dem Zeiger „1" bezeichnet, wo sie für den gefrorenen Boden und mit „2", wo sie für den ungefrorenen Boden gelten.

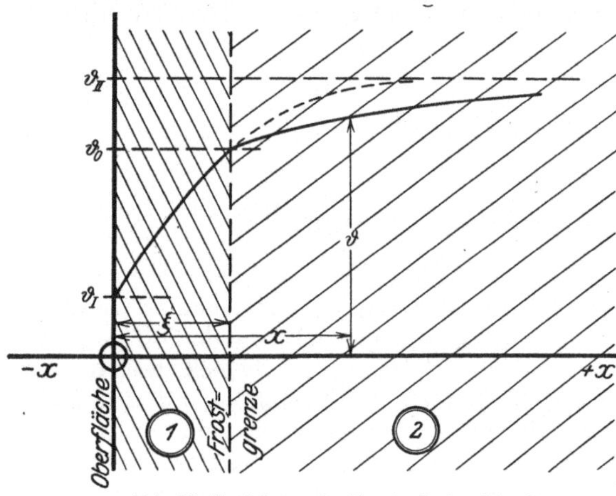

Abb. 59. Vordringen des Frostes in feuchter Erde.

1. Differentialgleichungen:

Im gefrorenen Teil, d. i. für $x < \xi$:

$$\frac{\partial \vartheta_1}{\partial t} = a_1 \frac{\partial^2 \vartheta_1}{\partial x^2}; \qquad \text{(I a)}$$

Im ungefrorenen Teil, d. i. für $x > \xi$:

$$\frac{\partial \vartheta_2}{\partial t} = a_2 \frac{\partial^2 \vartheta_2}{\partial x^2}. \qquad \text{(I b)}$$

2. Anfangsbedingung: Für $t = 0$ muß

$$\vartheta_2 = \text{const} = \vartheta_{II} \qquad \text{(II)}$$

sein.

3. Randbedingungen:

An der Oberfläche: für $x = 0$ und $t \gtreqless 0$ muß $\vartheta_1 = \vartheta_I$. $\qquad$ (III)

In sehr großen Tiefen: für $x = \infty$ und $t \gtreqless 0$ muß $\vartheta_2 = \vartheta_{II}$. (IV)

An der Frostgrenze:

$$\text{für } x = \xi \text{ und } t > 0 \text{ muß } \vartheta_1 = \vartheta_2 = \vartheta_0 = \text{const}. \qquad \text{(V)}$$

4. Der Gefriervorgang:

Wenn wir beobachten, daß die Frostgrenze in der Zeit dt um die Strecke $d\xi$ vorgerückt ist, so ist eine Erdmasse von dem Volumen $F \cdot d\xi$ erstarrt, wenn mit F das beobachtete Stück der Frostgrenze bezeichnet ist. Bei diesem Vorgange ist die Wärmemenge $Q_0 \gamma_2 F \cdot d\xi$ frei geworden. Diese Wärmemenge muß nun — zusammen mit der aus dem noch ungefrorenen Boden kommenden Wärmemenge — durch den gefrorenen Boden abgeleitet werden. Es gilt also die Gleichung:

$$- \lambda_1 \left(\frac{\partial \vartheta}{\partial x} \right)_{\xi - 0} F \cdot dt = - Q_0 \gamma_2 F \cdot d\xi - \lambda_2 \left(\frac{\partial \vartheta}{\partial x} \right)_{\xi + 0} F \cdot dt$$

oder
$$\frac{d\xi}{dt} = \frac{1}{Q_0 \gamma_2}\left(\lambda_1 \left(\frac{\partial \vartheta}{\partial x}\right)_{\xi-0} - \lambda_2 \left(\frac{\partial \vartheta}{\partial x}\right)_{\xi+0}\right). \tag{VI}$$

Durch diese 6 Bedingungen ist die Temperaturfunktion eindeutig bestimmt.

Die Lösung der Aufgabe. In Aufgabe 5 haben wir das Gaußsche Fehlerintegral als eine Lösung unserer Differentialgleichung kennengelernt. Sind C_1, D_1 und C_2, D_2 vier willkürliche Konstanten, so ist

$$\vartheta_1 = C_1 + D_1 \cdot G\left(\frac{x}{\sqrt{4\,a_1 t}}\right)$$

eine partikuläre Lösung von (Ia) und

$$\vartheta_2 = C_2 + D_2 \cdot G\left(\frac{x}{\sqrt{4\,a_2 t}}\right)$$

eine partikuläre Lösung von (Ib).

Da nun $G(0) = 0$ und $G(\infty) = 1$ ist, so liefern die Bedingungsgleichungen (III) und (IV) die Beziehungen

$$\text{für } x = 0: \quad \vartheta_1 = C_1 + 0 = \vartheta_I$$

und

$$\text{für } x = \infty: \quad \vartheta_2 = C_2 + D_2 = \vartheta_{II}.$$

Damit also Bedingung (III) und (IV) erfüllt sind, muß

$$C_1 = \vartheta_I \quad \text{und} \quad C_2 = \vartheta_{II} - D_2$$

gesetzt werden.

Unsere obigen partikulären Lösungen heißen jetzt

$$\vartheta_1 = \vartheta_I + D_1 \cdot G\left(\frac{x}{\sqrt{4\,a_1 t}}\right), \tag{VIIa}$$

$$\vartheta_2 = \vartheta_{II} - D_2\left(1 - G\left(\frac{x}{\sqrt{4\,a_2 t}}\right)\right). \tag{VIIIa}$$

Die Bedingung (II) ist ebenfalls erfüllt, denn die Gleichung (VIIIa) ergibt für $t = 0$ den Wert $\vartheta_2 = \vartheta_{II}$.

Als nächste Bedingung, die zu erfüllen ist, betrachten wir Bedingung (V), den Temperaturwert in der Frostgrenze. Für $x = \xi$ liefern die Gleichungen (VIIa) und (VIIIa):

$$\vartheta_I + D_1 \cdot G\left(\frac{\xi}{\sqrt{4\,a_1 t}}\right) = \vartheta_{II} - D_2\left(1 - G\left(\frac{\xi}{\sqrt{4\,a_2 t}}\right)\right) = \vartheta_0.$$

Da D_1 und D_2 konstante Größen sind, kann diese Doppelgleichung nur dann für jeden Wert von t erfüllt sein, wenn auch die Gaußschen Fehlerintegrale konstante Größen sind. Dies ist aber nur dann möglich, wenn sich ξ so mit t ändert, daß die Argumente der Funktion G konstant sind, daß also ξ mit $\sqrt{t}$ proportional ist. Ist q ein Proportionalitätsfaktor, so gilt die Gleichung

$$\xi = q\,\sqrt{t}. \tag{IXa}$$

Durch Differenzieren ergibt sich daraus die Geschwindigkeit $d\xi/dt$, mit der die Frostgrenze vorrückt. Es ist

$$\frac{d\xi}{dt} = \frac{q}{\sqrt{4\,t}}\,. \qquad\qquad \text{(IX b)}$$

Die Geschwindigkeit des Vorrückens ist also zu Beginn sehr groß (im ersten Augenblick unendlich groß), nimmt dann aber rasch ab.

Aus der Doppelgleichung ergibt sich ferner

$$D_1 = \frac{\vartheta_0 - \vartheta_I}{G\left(\dfrac{\xi}{\sqrt{4\,a_1\,t}}\right)} \quad\text{und}\quad D_2 = \frac{\vartheta_{II} - \vartheta_0}{1 - G\left(\dfrac{\xi}{\sqrt{4\,a_2\,t}}\right)}\,.$$

Mit Hilfe dieser beiden Werte und unter Verwendung von Gleichung (IX a) nehmen die partikulären Lösungen (VII a) und (VIII a) die Form an:

$$\vartheta_1 = \vartheta_I + (\vartheta_0 - \vartheta_I)\;\frac{G\left(\dfrac{x}{\sqrt{4\,a_1\,t}}\right)}{G\left(\dfrac{q}{\sqrt{4\,a_1}}\right)}\,, \qquad\qquad \text{(VII b)}$$

$$\vartheta_2 = \vartheta_{II} - (\vartheta_{II} - \vartheta_0)\;\frac{G\left(\dfrac{x}{\sqrt{4\,a_2\,t}}\right)}{1 - G\left(\dfrac{q}{\sqrt{4\,a_2}}\right)}\,. \qquad\qquad \text{(VIII b)}$$

Zur Bestimmung der letzten Unbekannten q dient Bedingung (VI): Es ist

$$\frac{\partial \vartheta_1}{\partial x} = \frac{\vartheta_0 - \vartheta_I}{G\left(\dfrac{q}{\sqrt{4\,a_1}}\right)} \cdot \frac{e^{-\frac{x^2}{4\,a_1\,t}}}{\sqrt{a_1\,\pi\,t}}$$

und

$$\left(\frac{\partial \vartheta_1}{\partial x}\right)_{x=\xi-0} = \frac{\vartheta_0 - \vartheta_I}{G\left(\dfrac{q}{\sqrt{4\,a_1}}\right)} \cdot \frac{e^{-\frac{q^2}{4\,a_1}}}{\sqrt{a_1\,\pi\,t}}\,.$$

Ebenso ist:

$$\left(\frac{\partial \vartheta_2}{\partial x}\right)_{x=\xi+0} = \frac{-(\vartheta_{II} - \vartheta_0)}{1 - G\left(\dfrac{q}{\sqrt{4\,a_2}}\right)} \cdot \frac{e^{-\frac{q^2}{4\,a_2}}}{\sqrt{a_2\,\pi\,t}}\,.$$

Mit diesen beiden Differentialquotienten wird Gleichung (VI):

$$Q_0\,\gamma_2\,\frac{d\xi}{dt} = \frac{\lambda_1}{\sqrt{a_1\,\pi\,t}}\,(\vartheta_0 - \vartheta_I)\,\frac{e^{-\frac{q^2}{4\,a_1}}}{G\left(\dfrac{q}{\sqrt{4\,a_1}}\right)} + \frac{\lambda_2}{\sqrt{a_2\,\pi\,t}}\,(\vartheta_{II} - \vartheta_0)\,\frac{e^{-\frac{q^2}{4\,a_2}}}{1 - G\left(\dfrac{q}{\sqrt{4\,a_2}}\right)}\,.$$

Unter Verwendung von Gleichung (IX b) und unter Einführung von $b = \sqrt{\lambda c \gamma}$ ergibt sich:

$$Q_0 \gamma_2 \frac{\sqrt{\pi}}{2} q = b_1 (\vartheta_0 - \vartheta_I) \frac{e^{-\frac{q^2}{4 a_1}}}{G\left(\frac{q}{\sqrt{4 a_1}}\right)} + b_2 (\vartheta_{II} - \vartheta_0) \frac{e^{-\frac{q^2}{4 a_2}}}{1 - G\left(\frac{q}{\sqrt{4 a_2}}\right)}. \tag{X}$$

Dies ist eine transzendente Gleichung mit der einen Unbekannten q. Sie wird am besten auf graphischem Wege gelöst, indem man sie in der Form const·q = Funkt (q) schreibt. Die linke Seite stellt eine Gerade durch den Ursprung'des Koordinatensystems dar. Die rechte Seite gibt eine transzendente Kurve. Gerade und Kurve schneiden sich immer, aber immer nur in einem Punkte, so daß also die Gleichung (X) stets eine Wurzel, die wir q_0 heißen wollen, besitzt. Mit diesem Wert q_0 gibt dann Gleichung (IX a) den augenblicklichen Stand der Frostgrenze und die Gleichungen (VII b) und (VIII b) geben die Gestalt des Temperaturfeldes.

G. Das Prinzip der Ähnlichkeit.

Das Prinzip der Ähnlichkeit gestattet uns, aus dem mathematischen Ansatz einer Aufgabe, also aus der Differentialgleichung und den räumlichen und zeitlichen Randbedingungen, eine Reihe von Folgerungen abzuleiten, ohne daß wir die Gleichung zu lösen brauchen. Deshalb ist es in allen jenen Fällen von Bedeutung, in denen eine Lösung aus mathematischen Gründen nicht möglich ist.

Der Gedankengang bei Aufstellung des Ähnlichkeitsprinzipes beruht darauf, daß man alle überhaupt möglichen Temperaturfelder in Gruppen von unter sich verwandten — sogenannten „ähnlichen Feldern" — zusammenfaßt, dann das Gemeinsame einer jeden Gruppe, also ihr Kennzeichen hervorhebt und endlich die physikalischen und mathematischen Eigenschaften eines Feldes als Funktionen dieses Kennzeichens darstellt. Die Gesichtspunkte, nach denen die Felder in Gruppen zusammengefaßt werden, also das Wesen der Ähnlichkeit, können erst später erörtert werden.

Wir wollen nun das Prinzip der Ähnlichkeit an dem Beispiel der zeitlich veränderlichen Temperaturfelder ohne Wärmequellen ableiten.

1. Die Bestimmungsstücke des ersten Feldes.

Durch das Fehlen von Wärmequellen ist festgelegt, daß das Temperaturfeld der Differentialgleichung

$$\frac{\partial \vartheta}{\partial t} = a \cdot \nabla^2 \vartheta \tag{I}$$

zu genügen hat. Diese Differentialgleichung ist die erste Angabe über das Feld. Die zweite Angabe betrifft die Begrenzung des Temperaturfeldes, also die Gestalt des Körpers, in dem sich der Vorgang abspielt. Sie ist gegeben z. B. durch die Angabe: n-seitiges, gerades Prisma mit der Höhe l_0 und den Seitenlängen l_1, $l_2 \ldots l_n$. Oder durch eine Funktion

$$f(\xi, \eta, \zeta; \quad l_0, l_1 \ldots l_n) = 0$$

mit den Raumkoordinaten ξ, η, ζ als laufenden Koordinaten und den Körperabmessungen $l_0 \ldots l_n$ als Parametern.

Statt die Parameter „l" alle einzeln anzugeben, ist es zweckmäßiger, eine Abmessung, z. B. l_0, als die Bezugsgröße zu wählen und die anderen Abmessungen durch ihr Verhältnis zu dieser Bezugsgröße festzulegen. Dann nimmt die letzte Gleichung die Gestalt an:

$$f_1\left(\xi, \eta, \zeta; \quad l_0, \frac{l_1}{l_0}, \frac{l_2}{l_0} \cdots \frac{l_n}{l_0}\right) = 0. \tag{II}$$

Durch die Gestalt der Funktion f_1 kommt zum Ausdruck, welcher Art die Oberfläche des Körpers ist, ob Kugel oder Ellipsoid usw. Das Wertesystem l_1/l_0, l_2/l_0, $\ldots$, l_n/l_0 kennzeichnet von diesen Flächen eine Schar unter sich geometrisch ähnlicher Flächen, und der Wert l_0 greift aus dieser Schar eine bestimmte, einzelne Fläche heraus.

Die dritte Angabe ist die zeitliche Grenzbedingung, bestehend in einer Angabe über das Temperaturfeld zur Zeit $t = 0$. Also in einer Gleichung

$$\vartheta_{t=0} = f_2\left(\xi, \eta, \zeta; l_0, \frac{l_1}{l_0} \cdots \frac{l_n}{l_0}\right). \tag{III}$$

Die vierte und letzte Angabe über das Problem besteht in der Angabe der räumlichen Grenzbedingung, die wir vorerst der Einfachheit wegen nur von der ersten Art und zeitlich konstant annehmen wollen. Diese vierte Angabe lautet dann:

Für alle Wertezusammenstellungen ξ, η, ζ, die der Bedingung $f_1 = 0$ genügen, also für alle Punkte der Oberfläche muß sein:

$$\vartheta_{t>0} = f_3\left(\xi, \eta, \zeta; l_0, \frac{l_1}{l_0}, \frac{l_2}{l_0} \cdots \frac{l_n}{l_0}\right). \tag{IV}$$

Unter der Lösung des Problems verstehen wir dann eine Gleichung, welche die Gestalt des Temperaturfeldes wiedergibt und welche allgemein die Form hat:

$$\Phi\left(\xi, \eta, \zeta, \vartheta, t; a, l_0, \frac{l_1}{l_0} \cdots \frac{l_n}{l_0}\right) = 0. \tag{V}$$

2. Das zweite Temperaturfeld.

Zur Ableitung des Prinzips der Ähnlichkeit ziehen wir noch ein zweites Feld zum Vergleich heran. Dieses Feld soll ebenfalls ohne Wärmequellen, im übrigen aber hinsichtlich seiner Form und seiner Grenzbedingungen vorerst vollkommen beliebig sein. Für dieses Feld gelten dann ebensolche fünf Gleichungen wie für das erste Feld, wobei wir die Funktionen und Größen des zweiten Feldes durch das Zeichen ' kennzeichnen wollen. Es seien nur zwei dieser Gleichungen als Beispiel angeschrieben.

$$\frac{\partial \vartheta'}{\partial t'} = a' \nabla^2 \vartheta', \tag{I'}$$

$$\vartheta'_{t'=0} = f_2'\left(\xi', \eta', \zeta'; l_0' \frac{l_1'}{l_0'} \cdots \frac{l_n'}{l_0'}\right). \tag{III'}$$

Wir beginnen nun damit, die Willkür dieses zweiten Feldes allmählich einzuschränken, indem wir das zweite Feld dem ersten immer ähnlicher machen.

a) Die beiden Felder sollen von geometrisch ähnlichen Flächen begrenzt sein. Damit die beiden Felder überhaupt von der gleichen Art sind, müssen die Funktionen f_1 und f_1' die gleichen sein. Damit sie aber auch geometrisch ähnlich sind, müssen die Parameter und die Koordinaten alle im selben Verhältnis gedehnt sein. Nennen wir dieses Dehnungsverhältnis ν_l, so gelten die Gleichungen

$$\left.\begin{aligned}
\xi' &= \nu_l \cdot \xi; & l_0' &= \nu_l \cdot l_0; \\
\eta' &= \nu_l \cdot \eta \quad \text{und} & \cdots\cdots\cdots \\
\zeta' &= \nu_l \cdot \zeta; & l_n' &= \nu_l \cdot l_n\,.
\end{aligned}\right\} \qquad \text{(VIa)}$$

Deshalb gilt auch $\dfrac{l_1'}{l_0'} = \dfrac{l_1}{l_0}$; usw. bis $\dfrac{l_n'}{l_0'} = \dfrac{l_n}{l_0}$.

b) Es gelte als nächste Einschränkung die Annahme, daß beide Felder am Anfange einander „ähnlich" waren. Dies will sagen, daß

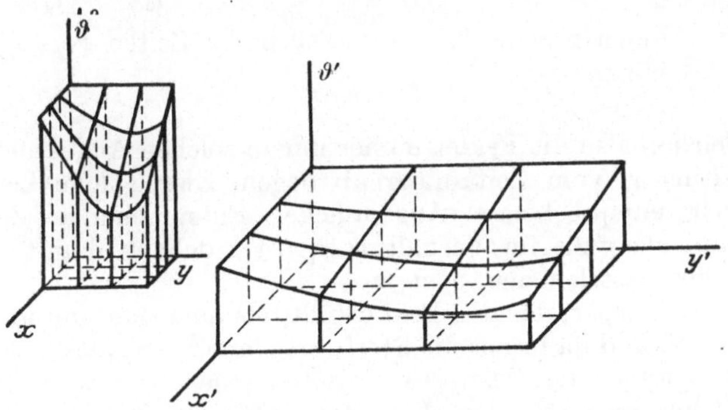

Abb. 60. Zwei ähnliche Temperaturfelder $\nu_l = 3$; $\nu_\vartheta = \tfrac{1}{2}$.

zur Zeit $t = 0$ zwischen den Temperaturen an ähnlich gelegenen Stellen die Beziehung bestanden hat'

$$\vartheta'_{t'=0} = \nu_\vartheta \cdot \vartheta_{t=0}\,, \qquad \text{(VIb)}$$

wobei ν_ϑ ebenfalls ein im ganzen Feld konstanter Wert ist.

Wir können uns also den Anfangszustand des zweiten Feldes dadurch aus dem des ersten Feldes abgeleitet denken, daß wir zuerst jene Koordinatenachsen, auf denen wir die Längen aufgetragen haben, im Verhältnis ν_l und dann die Temperaturachse im Verhältnis ν_ϑ dehnen.

Die Werte „grad ϑ" werden dadurch überall im Verhältnis $\nu_\vartheta : \nu_l$ und die Werte $\nabla^2 \vartheta$ im Verhältnis $\nu_\vartheta \cdot \nu_l^2$ verändert. Abb. 60 veranschaulicht das Gesagte für Temperaturfelder, welche nur von zwei Koordinaten abhängen. Bei Feldern mit 3 Dimensionen geht natürlich diese leichte Anschaulichkeit verloren.

In Anlehnung an die Begriffe „ähnlich" und „affin" in der Geometrie wäre es richtiger, die beiden Temperaturfelder „affin" zu nennen, denn das Wort „ähnlich" würde verlangen, daß der Zahlenwert ν_ϑ gleich dem Zahlenwert ν_l sei. Dies soll aber nicht verlangt werden. Es hat sich jedoch im Prinzip der mechanischen Ähnlichkeit dieser allgemeinere Begriff „ähnlich" bereits eingebürgert, und wir übernehmen ihn im selben Sinne.

Wenn der Anfangszustand beider Felder in dem so umschriebenen Sinne ähnlich ist, dann ist $f_2' = f_2$. Dann nimmt die Gleichung (III') die Form an:

$$v_\vartheta \cdot \vartheta_{t'=0} = f_2 \left(v_l \cdot \xi, \; v_l \cdot \eta, \; v_l \cdot \zeta; \; v_l \cdot l_0, \; \frac{l_1}{l_0} \cdots \frac{l_n}{l_0} \right). \qquad \text{(III')}$$

c) Wir nehmen an, daß die Oberflächentemperaturverteilungen bei beiden Feldern ebenfalls ähnlich seien, daß also für die Oberflächentemperaturen die Beziehung gelte:

$$\vartheta_{t'>0}' = v_\vartheta \cdot \vartheta_{t>0},$$

wobei v_ϑ den gleichen Zahlenwert wie in Gleichung (VI b) habe.

Dann muß für alle Punkte ξ', η', ζ' der Oberfläche nachstehende Gleichung erfüllt sein:

$$v_\vartheta \cdot \vartheta_{t>0} = f_3 \left(v_l \cdot \xi, \; v_l \cdot \eta, \; v_l \cdot \zeta; \; v_l \cdot l_0, \; \frac{l_1}{l_0} \cdots \frac{l_n}{l_0} \right).$$

d) Wir nehmen nun noch den Maßstab der Zeiten verschieden an nach der Gleichung

$$t' = v_t \cdot t \qquad \text{(VI c)}$$

und vergleichen also die Felder immer nur in solchen Augenblicken, die im Verhältnis v_t vom Zeitanfang ab liegen. Zwei solche Zeitpunkte nennen wir entsprechende Augenblicke. Entsprechende Zeiträume stehen dann ebenfalls im Verhältnis v_t. Wir dehnen damit auch die Zeitachse des gestrichenen Systems.

e) Da der Körper, der das Feld erfüllt, als homogen und isotrop angenommen sei, und da ferner die Stoffwerte innerhalb eines jeden Feldes als unabhängig von der Temperatur gelten sollen, so sind a und a' für jedes Feld konstante Größen. Es gilt also für alle Zeiten und für alle Stellen im Feld die Gleichung

$$a' = v_a \cdot a. \qquad \text{(VI d)}$$

3. Die Ähnlichkeit beider Felder.

Wir haben in den vorstehenden Absätzen verschiedene Beziehungen zwischen den beiden Feldern aufgestellt, die wir kurz als die Ähnlichkeit der Randbedingungen bezeichnen können. Sie besagen vorerst nur, daß die Temperaturfelder an der Berandung des Raum-Zeit-Gebietes einander ähnlich sind, aber noch nicht, daß dies auch im Innern der Fall sein muß. Die Lösung für die zweite Aufgabe können wir deshalb vorerst nur in der Form

$$\Phi' \left(v_l \cdot \xi, \; v_l \cdot \eta, \; v_l \cdot \zeta, \; v_\vartheta \cdot \vartheta, \; v_t \cdot t, \; v_a \cdot a, \; v_l \cdot l_0, \; \frac{l_1}{l_0} \cdots \frac{l_n}{l_0} \right) = 0$$

schreiben; wir dürfen noch nicht annehmen, daß $\Phi' = \Phi$ sei.

Nun wollen wir uns die Frage vorlegen: Unter welchen Bedingungen bleiben die Felder — zu entsprechenden Zeiten betrachtet — auch im weiteren Verlaufe des Wärmeleitvorganges ähnlich im Sinne der Gleichung

$$\vartheta' = \nu_\vartheta \cdot \vartheta \, ?$$

Oder mit anderen Worten: Unter welchen Bedingungen sind die beiden Felder auch im Innern des vierdimensionalen Raum-Zeit-Gebietes ähnlich?

Und dies läuft auf die mathematischen Fragen hinaus: Wie sind die Werte ν_l, ν_ϑ, ν_t und ν_a zu wählen, damit $\Phi' = \Phi$ wird? Können die Werte ν willkürlich angenommen werden, oder müssen zwischen ihnen irgendwelche Beziehungen bestehen?

Zur Beantwortung dieser Fragen gelangen wir durch nachstehende Überlegung:

Ist die Funktion Φ' gleich der Funktion Φ, so besagt dies, daß der mathematische Ansatz im gestrichenen System identisch ist mit dem Ansatz im ungestrichenen System, daß also vor allem die Differentialgleichungen identisch sind, denn nur gleiche Ansätze liefern gleiche Lösungen. Wir schreiben die Differentialgleichung (I') in der Form

$$\frac{\nu_\vartheta}{\nu_t} \cdot \frac{\partial \vartheta}{\partial t} = \nu_a \frac{\nu_\vartheta}{\nu_l{}^2} a \cdot \nabla^2 \vartheta,$$

und setzen darunter die Gleichung (I)

$$\frac{\partial \vartheta}{\partial t} = a \cdot \nabla^2 \vartheta.$$

Diese Gleichungen sind dann identisch, wenn sie sich nur durch einen beiderseits gleichen Faktor unterscheiden, wenn also

$$\frac{\nu_\vartheta}{\nu_t} = \frac{\nu_a \cdot \nu_\vartheta}{\nu_l{}^2} \quad \text{oder} \quad \frac{\nu_a \cdot \nu_t}{\nu_l{}^2} = 1 \qquad \text{(VII)}$$

ist.

Die Ähnlichkeit der Grenzbedingungen an sich ist also noch nicht hinreichend, um die vollständige Ähnlichkeit zu gewährleisten, sondern es muß zwischen den ν-Werten die Beziehung (VII) bestehen. In welcher Weise dies zu ermöglichen ist, soll an drei Beispielen gezeigt werden:

1. Bei gegebenen Stoffen in beiden Feldern und gegebenem Verhältnis entsprechender Längen — also bei gegebenen ν_a und ν_l sind die Felder zu vergleichen zu Zeitpunkten, die im Verhältnis

$$t' : t = \nu_t = \nu_l{}^2 : \nu_a = (l_0'{}^2 \cdot a) : (l_0{}^2 \cdot a')$$

vom Zeitanfang ab liegen.

2. Bei gegebenen Stoffen und gegebenen Zeitpunkten — also gegebenen ν_a und ν_t — sind die entsprechenden Längen zu wählen wie

$$l_0' : l_0 = \nu_l = \sqrt{\nu_a \cdot \nu_t} = \sqrt{a' \cdot t'} : \sqrt{a \cdot t}.$$

3. Bei gegebenen Zeitpunkten und gegebenem Verhältnis der Längen — also gegebenem ν_t und ν_l — sind Stoffe zu wählen, deren Temperaturleitfähigkeiten sich verhalten wie

$$a' : a = \nu_a = \nu_l{}^2 : \nu_t = (l'^2 \cdot t) : (l^2 \cdot t').$$

Diese Überlegungen zeigen, daß sich zu einem gegebenen ersten Feld, also zu einem gegebenen Wertesystem a, t, l_0 nicht nur ein zweites, vollständig ähnliches System a', t', l_0' finden läßt, sondern beliebig viele. Wir können also die Gleichung (VII) erweitern:

$$\frac{a \cdot t}{l_0{}^2} = \frac{a' \, t'}{l_0'{}^2} = \frac{a'' \, t''}{l_0''{}^2} = \cdots = Fo, \qquad\qquad \text{(VIII)}$$

wobei wir uns unter Fo einen festen Zahlenwert vorstellen müssen. Bei bestehender Ähnlichkeit der Grenzbedingungen ist dieser Zahlenwert das gemeinsame Kennzeichen für alle unter sich vollständig ähnlichen Felder, das Charakteristikum oder die „Kennzahl" dieser Gruppe vollständig ähnlicher Felder.

Wir werden in diesem Buche noch mehrere Kennzahlen festlegen und wollen deshalb zu ihrer Bezeichnung ein Verfahren wählen, das sie von anderen Größen sofort unterscheidet. Wir wählen dazu immer die ersten zwei Buchstaben aus dem Namen eines Forschers, der sich auf diesem Gebiet hervorgetan hat ($Fo = \mathrm{Fou}$-rier).

Wir können jetzt die Gesichtspunkte, nach denen die Felder in Gruppen zusammengefaßt wurden, also das Wesen ihrer Ähnlichkeit (vgl. S. 121) genauer bestimmen.

Die Gesamtheit aller überhaupt möglichen Temperaturfelder ordnen wir so in Klassen, daß wir vorerst alle jene Felder zusammennehmen, die durch Flächen gleicher Art, durch affine Flächen, begrenzt sind und für deren Anfangs- und Oberflächentemperaturverteilung die Gleichung $\vartheta' = v_\vartheta \cdot \vartheta$ gilt.

Solche Felder nennen wir Felder gleicher Art. Aus einer solchen Klasse von Feldern gleicher Art greifen wir nun wieder jene Felder heraus, die durch geometrisch ähnliche Flächen begrenzt sind, das sind jene Felder also, deren Koordinatenachsen im einheitlichen Verhältnis v_l gedehnt sind. — Wir nennen dies eine Gruppe von ähnlich berandeten Feldern.

Endlich heben wir aus einer solchen Gruppe wieder die Untergruppe aller jener Felder hervor, die die gleiche Kennzahl $Fo = \dfrac{a\,t}{l_0{}^2}$ besitzen.

Für die Felder einer Klasse gilt dann

$$\Phi\left(\vartheta,\, \xi,\, \eta,\, \zeta,\, \frac{a\,t}{l_0{}^2},\, \frac{l_1}{l_0} \cdots \frac{l_n}{l_0}\right) = 0, \qquad\qquad \text{(IX a)}$$

und für die Felder einer Gruppe:

$$\Phi\left(\vartheta,\, \xi,\, \eta,\, \zeta,\, \frac{a\,t}{l_0{}^2}\right) = 0. \qquad\qquad \text{(IX b)}$$

Das Temperaturfeld hängt also nicht von den Parametern a, t und l_0 im einzelnen ab, sondern nur von ihrer Zusammenstellung $\dfrac{a\,t}{l_0{}^2}$. Dadurch ist also die Zahl der Argumente der Temperaturfunktion um zwei vermindert worden, und darin liegt die große Bedeutung des Prinzipes der Ähnlichkeit, die wir allerdings erst im zweiten Hauptteil des Buches voll kennenlernen werden.

Anmerkung. Wir hatten für die Temperaturen an entsprechenden Stellen die Beziehung $\vartheta' = v_\vartheta \cdot \vartheta$ vorgeschrieben. Nun hat sich aber aus der Gleichung (VII) (erste Form) das v_ϑ auf beiden Seiten herausgehoben. Dies besagt: der Zahlenwert v_ϑ darf ganz willkürlich gewählt werden, er muß nur im ganzen Feld, einschließlich der Berandung konstant sein. Wir dürfen aber noch weiter gehen, indem wir statt (VIb) die Gleichung

$$\vartheta' = v_\vartheta \cdot \vartheta + \vartheta_c \qquad\qquad \text{(VIe)}$$

setzen, in der wir mit ϑ_c eine räumlich und zeitlich konstante Größe bezeichnen. Solange nämlich in dem mathematischen Ansatz nur Temperaturunterschiede und Differentiale der Temperatur vorkommen, hebt sich die konstante Zusatzgröße ϑ_c aus der Rechnung stets heraus.

4. Die Ähnlichkeit bei Randwertaufgaben dritter Art.

Bei Randwertaufgaben dritter Art haben wir den mathematischen Ansatz:

a) die Differentialgleichung $\dfrac{\partial \vartheta}{\partial t} = a \cdot V^2 \vartheta$,

b) die Anfangsbedingung $\vartheta_{t=0} = f_2\left(\xi,\, \eta,\, \zeta;\, l_0,\, \dfrac{l_1}{l_0} \cdots \dfrac{l_n}{l_0}\right)$,

c) die Oberflächenbedingung $(\mathrm{grad_n}\,\vartheta)_0 = -h\,(\vartheta_0 - \Theta)$.

Die Außentemperatur Θ wird als konstant angenommen.

Wir vergleichen nun zwei Felder mit ähnlich angenommenen Randbedingungen, welche durch die Beziehungen (VI) miteinander verbunden sind. Diese lauten:

$l_i' = v_l \cdot l_i$ für die i^{te} Abmessung als Beispiel,

$\vartheta' = v_\vartheta \cdot \vartheta + \vartheta_c$,

$t' = v_t \cdot t$,

$a' = v_a \cdot a$,

$h' = v_h \cdot h$.

Damit nun diese beiden Felder vollständig ähnlich sind, müssen sie demselben mathematischen Ansatz genügen.

Aus der Differentialgleichung folgt wieder wie früher, daß

$$\frac{v_a\, v_t}{v_l{}^2} = 1, \quad \text{also} \quad \frac{a\,t}{l_0{}^2} = \frac{a'\,t'}{l_0'{}^2} = \cdots = \frac{a'''\,t'''}{l_0''{}^2} \cdots Fo$$

sein muß. Dazu liefert aber nun die Oberflächenbedingung noch eine zweite Vorschrift. Für das gestrichene System gilt:

$$\frac{v_\vartheta}{v_l} \cdot (\mathrm{grad_n}\,\vartheta) = -v_h \cdot v_\vartheta \cdot h\,(\vartheta_0 - \Theta).$$

Denn es ist

$$\vartheta_0' - \Theta' = (v_\vartheta \cdot \vartheta + \vartheta_c) - (v_\vartheta \cdot \Theta + \vartheta_c) = v_\vartheta\,(\vartheta - \Theta).$$

Damit nun diese Oberflächenbedingung identisch ist mit derjenigen des ungestrichenen Systems, muß

$$\frac{v_\vartheta}{v_l} = v_\vartheta \cdot v_h \quad \text{oder} \quad v_h \cdot v_l = 1$$

sein. Und dies gibt als zweite Kennzahl

$$h\, l_0 = h'\, l_0' = h''\, l_0'' = \cdots . \tag{X}$$

5. Schlußbemerkung.

Wir haben in dem Prinzip der Ähnlichkeit nun den tieferen Grund erkannt, weshalb es uns stets möglich war, bei Randwertaufgaben dritter Art (vgl. z. B. Aufgabe 1, 2 und 3) das Ergebnis in die allgemeine Form zu bringen

$$\vartheta = \vartheta_c \cdot \Phi\left(\frac{\xi}{L}, \frac{a\,t}{L^2}, h\,L\right).$$

Das Prinzip der Ähnlichkeit bei Wärmeleitvorgängen ist, ebenso wie das Prinzip der mechanischen Ähnlichkeit, nur ein Sonderfall eines viel allgemeineren Prinzips. Dieses erscheint in zweierlei Gestalt, meist als die Lehre von den Dimensionen oder seltener als das allgemeine Prinzip der Ähnlichkeit.

Weiteres über das Prinzip der Ähnlichkeit wird im II. Hauptteil des Buches zur Sprache kommen.

Literatur zum Ersten Teil: Die Wärmeleitung in festen Körpern:

Frank u. v. Mises: Differentialgleichungen der Physik. Bd. 2 Abschnitt Wärmeleitung und Diffusion. Braunschweig: Vieweg & Sohn 1927.

Enzyklop. d. math. Wiss. Bd. 5 Abschnitt 4: Wärmeleitung; Bd. 2 Abschnitt A 7: Randwertaufgaben der Potentialtheorie; Bd. 2 Abschnitt A 12: Trigonometrische Reihen; Bd. 2 Abschnitt C 3: Potentialtheorie und konforme Abbildungen.

Literatur über das Ähnlichkeitsprinzip.

Enzyklop. d. math. Wiss. Bd. 4, 6 S. 478/479 und F. Klein: Z. Math. Physik Bd. 47 (1902).

Weber, M.: Das Allgemeine Ähnlichkeitsprinzip der Physik und sein Zusammenhang mit der Dimensionslehre und der Modellwissenschaft. Jb. schiffbautechn. Ges. Bd. 31. Berlin 1930.

Hermann, W.: Die Anwendung des Ähnlichkeitsprinzips der Mechanik bei zeitlich beliebig veränderlichen Vorgängen mit besonderer Berücksichtigung schiffbaulicher und aerodynamischer Probleme. Jb. schiffbautechn. Ges. Bd. 31. Berlin 1930. Gleichzeitig Dissertation Berlin T. H. 1929.

Bridgman-Holl: Theorie der physikalischen Dimensionen. B. G. Teubner 1932.

Zweiter Teil.

Wärmebewegung in Flüssigkeiten.

Von S. Erk.

Im allgemeinen kommt die Bewegung von Wärme in Flüssigkeiten durch das Ineinandergreifen von zwei Vorgängen zustande: Neben der Wärmeleitung unter der Wirkung eines Temperaturgefälles tritt in der Flüssigkeit gleichzeitig fast immer eine Eigenbewegung infolge eines Druck- oder Dichteunterschiedes auf. Beide Vorgänge sind meistens voneinander abhängig, wofür als Beispiel nur die freie Konvektion angeführt sei, die eintritt, wenn man etwa in eine zunächst überall in Ruhe und auf gleicher Temperatur befindliche Flüssigkeit einen festen Körper von anderer (höherer oder niedrigerer) Temperatur bringt: durch Wärmeleitung entstehen in der Flüssigkeit in unmittelbarer Nähe des Körpers sofort Temperatur- und als deren Folge Dichteunterschiede, die eine Flüssigkeitsbewegung zur Folge haben. Diese beeinflußt ihrerseits wieder maßgebend den Wärmeaustausch des festen Körpers mit seiner Umgebung.

Will man die Wärmebewegung in Flüssigkeiten — wozu nach obigem auch der Wärmeaustausch zwischen einer Flüssigkeit und einem festen Körper gehört — planmäßig erforschen, so muß man trotz des innigen Zusammenhanges zwischen reiner Wärmeleitung und Flüssigkeitsbewegung versuchen, die beiden Vorgänge gedanklich voneinander zu trennen und die für jeden Einzelvorgang maßgebenden Gesetze zu untersuchen. Dieser Weg wird auch seit Nußelts bahnbrechenden Arbeiten von der neueren Forschung durchwegs eingeschlagen; zu einer strengen Lösung führt er nur in seltenen Fällen, aber er hat unsere Kenntnis des Wärmeüberganges schon ein gutes Stück vorwärts gebracht. Leider ist man infolge der Schwierigkeit des Gegenstandes bei der praktischen Anwendung der gewonnenen Ergebnisse häufig gezwungen, die Einflüsse von Leitung, Konvektion und Strahlung in eine empirische Funktion zusammenzufassen. Die darin enthaltene Gefahr kann aber sehr vermindert werden, wenn man sich dabei immer an die einzelnen bei der Wärmeübertragung mitwirkenden Teilvorgänge erinnert. Letzteres muß besonders von jedem auf dem Gebiet der Wärmeübertragung tätigen Ingenieur oder Physiker verlangt werden. Der kritiklose Gebrauch von Wärmeübergangszahlen führt oft zu schweren Fehlern.

A. Die Flüssigkeitsbewegung (Hydrodynamik).

Nachdem die reine Wärmeleitung im ersten Teil dieses Buches bereits besprochen wurde, wollen wir uns am Beginn des zweiten Teiles mit der Lehre von der Flüssigkeitsbewegung (der Hydrodynamik) befassen, soweit es für die Behandlung der Wärmeübertragung erforderlich ist.

Wenn auch die wichtigsten allgemeinen Lehren der Hydrodynamik als bekannt vorausgesetzt werden, so sollen doch zum Zwecke der Erinnerung und Zusammenfassung auch ihre Grundbegriffe kurz erörtert werden, da in den meisten Problemen des Wärmeüberganges die Massenströmung (Flüssigkeitsbewegung) die vorherrschende Rolle spielt und daher eine klare Vorstellung von den Flüssigkeitsbewegungen unbedingt gefordert werden muß.

1. Grundbegriffe.

a) Eigenschaften einer Flüssigkeit. Wenn man einen Naturvorgang erforschen will, so muß man stets damit anfangen, ihn gedanklich möglichst weitgehend zu vereinfachen, indem man aus dem beobachteten Bild die wichtigen Vorgänge herausschält und die nebensächlichen zunächst vernachlässigt. Von der geschickten Wahl der eingeführten Vernachlässigungen hängt in erster Linie der Erfolg der Untersuchung ab.

In der Hydrodynamik hat dieser Grundsatz zu dem Begriff der „idealen Flüssigkeit" geführt; diese stellen wir uns homogen, isotrop, raumbeständig und reibungsfrei vor.

Die Eigenschaft der Homogenität und Isotropie besitzen auch in Wirklichkeit alle Flüssigkeiten, von denen in diesem Buch die Rede ist.

Mit „raumbeständig" bezeichnen wir eine Flüssigkeit, deren spezifisches Volumen weder durch Druck- noch durch Temperaturänderungen beeinflußt wird. Durch ihr Verhalten gegenüber Druckänderungen werden die mit dem Wort „Flüssigkeit" in seinem allgemeinen Sinne bezeichneten Stoffe getrennt in zwei Gruppen, nämlich Flüssigkeiten im engeren Sinne des Wortes (tropfbare Flüssigkeiten) und Gase (elastische Flüssigkeiten). Bei den meisten in diesem Buch betrachteten Vorgängen der Wärmebewegung in Gasen kommen jedoch nur so geringe Druckunterschiede vor, daß man den Einfluß des Druckes auf die Dichte vernachlässigen und unter „Flüssigkeit", wenn nicht ausdrücklich etwas anderes vermerkt wird, stets tropfbare Flüssigkeiten und Gase verstehen kann.

Etwas anderes ist es mit der Änderung des spezifischen Volumens bzw. der Dichte infolge von Temperaturunterschieden. Diese Erscheinung muß häufig berücksichtigt werden, besonders bei den Vorgängen, bei denen die freie Konvektion eine Rolle spielt, da diese ja gerade durch solche Dichteunterschiede verursacht wird.

Die Eigenschaft der Homogenität verliert für uns eine Flüssigkeit nur da, wo wir von der Betrachtungsweise der kinetischen Gastheorie Gebrauch machen, also das Verhalten der einzelnen Moleküle untersuchen, ferner in den seltenen Fällen, wo mit der Wärmebewegung eine Zustandsänderung verbunden ist (Kondensation und Verdampfung).

Die innere Reibung (Zähigkeit) verursacht bei den für uns in Betracht kommenden Vorgängen die stärksten Abweichungen gegenüber dem Verhalten einer idealen Flüssigkeit. Man muß sie daher meistens berücksichtigen, doch werden wir die hydrodynamischen Gleichungen zunächst für den einfacheren Fall der reibungslosen Flüssigkeit ableiten und erst dann den schwierigeren Fall der zähen Flüssigkeit behandeln. Diese Trennung hat außerdem noch den Vorteil, daß man für gewisse Probleme, bei deren Untersuchung man die Zähigkeit vernachlässigen kann, die schwierigeren Ableitungen gar nicht braucht.

Der wichtigste Unterschied zwischen einer zähen und einer reibungslosen Flüssigkeit besteht darin, daß in letzterer keine Tangentialspannungen, sondern nur Normalspannungen auftreten können, und von diesen sind wiederum nur Druckspannungen möglich, Zugspannungen hingegen ausgeschlossen. Eine Folge davon ist, daß der in irgendeinem Punkte der idealen Flüssigkeit auf eine Fläche wirkende Druck unabhängig von der Richtung dieser Fläche ist. Der Druck ist also eine skalare Größe, man nennt ihn Pascalschen oder statischen Flüssigkeitsdruck; wir bezeichnen ihn mit den Buchstaben p.

b) Die Methoden der Hydrodynamik. Die anschaulichste Art der mathematischen Darstellung eines hydrodynamischen Vorgangs oder Zustands ist die der „Feldbeschreibung". Man gibt den augenblicklichen Wert der den Vorgang bestimmenden Größen (z. B. Geschwindigkeit, Druck, Temperatur) an jedem Punkt des betrachteten Raumes in einem bestimmten Zeitpunkt an, und außerdem die Änderung mit der Zeit. Zweckmäßig benützt man, soweit dies durchführbar ist, zur Darstellung die „skalaren" (ungerichteten) Größen, wie Druck, Temperatur, Dichte, weil man aus einem skalaren Feld leichter durch Differentiation das zugehörige „vektorielle" (gerichtete) Feld ableiten kann, während der umgekehrte Weg nicht immer gangbar ist.

c) Totaler oder substantieller Differentialquotient. Wir wollen uns nun vorstellen, daß wir für jeden Punkt innerhalb eines Raumes die Größe des Druckes in einem bestimmten Augenblick kennen und außerdem das Gesetz, nach dem sich der Druck an diesem Ort mit der Zeit ändert. Diese Änderung nennt man die lokale Änderung (weil sie sich auf einen bestimmten, festgehaltenen Ort bezieht). Durch Übergang zu dem unendlich kleinen Zeitelement dt erhalten wir den lokalen Differentialquotienten; hierfür schreiben wir

$$\frac{\partial p}{\partial t}.$$

Wir müssen das Zeichen ∂ der partiellen Differentiation setzen, weil der Druck auch eine Funktion des Ortes ist. Wenn wir uns, um die Grundgleichung der Mechanik auf ein Flüssigkeitsteilchen anzuwenden, für die Druckänderung interessieren, die ein Flüssigkeitsteilchen im Laufe der Zeitspanne dt erfährt, so müssen wir bedenken, daß es am Ende der Zeit dt an einen anderen Ort gelangt ist, wo schon am Anfang des

Zeitraumes dt ein anderer Druck geherrscht hatte. Folglich müssen wir gleichzeitig auch die Druckänderung längs des vom Flüssigkeitsteilchen zurückgelegten Weges berücksichtigen, die wir die „konvektive Änderung" nennen. Den „konvektiven Differentialquotienten" erhalten wir, wenn wir uns überlegen, um welche Strecke das Teilchen während der Zeit dt fortgeführt wurde, und welches Druckgefälle in der Richtung des zurückgelegten Weges bestand. Wenn an dem Aufpunkt, in den wir den Nullpunkt eines rechtwinkligen Koordinatensystems mit den Achsen x, y, z legen wollen (vgl. Abb. 61), die Geschwindigkeit $\mathfrak{w}$ herrscht, so ist der Weg des Teilchens während der Zeit dt offenbar

$$d\mathfrak{s} = \mathfrak{w} \cdot dt ,$$

wenn wir mit $\mathfrak{s}$ allgemein einen (beliebig gerichteten) Weg bezeichnen.

Nun kann man die Geschwindigkeit $\mathfrak{w}$ in drei Komponenten w_x, w_y, w_z parallel zu den Koordinatenachsen x, y, z und folglich auch das Wegelement $d\mathfrak{s} = \mathfrak{w}\, dt$ in die Komponenten

$$w_x\, dt = dx , \quad w_y\, dt = dy \quad \text{und} \quad w_z\, dt = dz$$

zerlegen, oder man kann auch schreiben:

$$w_x = \frac{dx}{dt}, \quad w_y = \frac{dy}{dt}, \quad w_z = \frac{dz}{dt}.$$

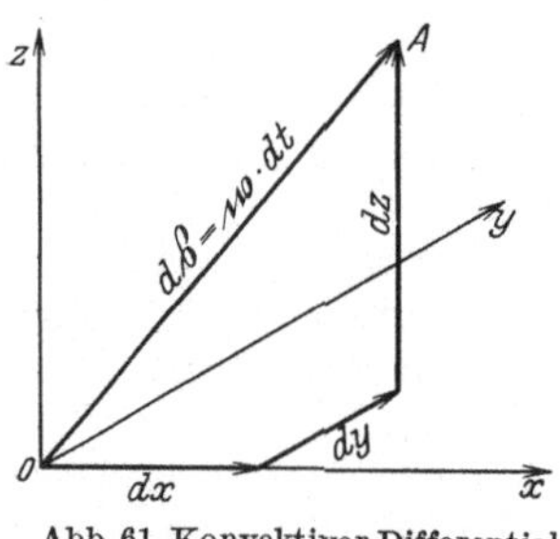

Abb. 61. Konvektiver Differentialquotient.

Betrachten wir das Druckfeld zu Beginn der Zeit dt, und bezeichnen den in diesem Augenblick im Aufpunkt herrschenden Druck mit p, so ist gleichzeitig der Druck in der Entfernung $dx = w_x\, dt$ gleich

$$p - \frac{\partial p}{\partial x} \cdot \frac{\partial x}{\partial t} \cdot dt = p - \frac{\partial p}{\partial x} \cdot w_x \cdot dt .$$

Die entsprechenden Ausdrücke für die Änderung in der y- und z-Richtung ergeben sich ohne weiteres zu $p - \dfrac{\partial p}{\partial y} \cdot w_y \cdot dt$ und $p - \dfrac{\partial p}{\partial z} \cdot w_z \cdot dt$. Das negative Vorzeichen setzen wir deshalb vor den Differentialquotienten, weil die Bewegung (d. i. die Zunahme des Weges) immer in Richtung der Abnahme des Druckes erfolgt.

Die totale Änderung des Druckes während der Zeit dt, in der das Teilchen von O nach A gelangt (Abb. 61), ist gleich der Summe der lokalen und konvektiven Änderung. Also erhalten wir für den totalen Differentialquotienten $\dfrac{Dp}{dt}$ den Ausdruck

$$\frac{Dp}{dt} = \frac{\partial p}{\partial t} - \frac{\partial p}{\partial x}\, w_x - \frac{\partial p}{\partial y}\, w_y - \frac{\partial p}{\partial z}\, w_z . \tag{1}$$

Man nennt $\dfrac{Dp}{dt}$ auch den „substantiellen" Differentialquotienten, weil er an den Begriff der Substanz gebunden ist.

Bei der Ableitung der Gleichung (1) sind wir von einer skalaren Größe ausgegangen. Die Berechnung der totalen Änderung eines Vektors geschieht nach demselben Verfahren, das als „Eulersche Differentiationsregel" bezeichnet wird.

Wir zerlegen den Vektor, z. B. die Geschwindigkeit $\mathfrak{w}$, in die drei Komponenten w_x, w_y, w_z und schreiben für diese skalaren Größen die Gleichung (1) an:

$$\left.\begin{aligned}
\frac{D w_x}{dt} &= \frac{\partial w_x}{\partial t} + w_x \frac{\partial w_x}{\partial x} + w_y \frac{\partial w_x}{\partial y} + w_z \frac{\partial w_x}{\partial z}, \\
\frac{D w_y}{dt} &= \frac{\partial w_y}{\partial t} + w_x \frac{\partial w_y}{\partial x} + w_y \frac{\partial w_y}{\partial y} + w_z \frac{\partial w_y}{\partial z}, \\
\frac{D w_z}{dt} &= \frac{\partial w_z}{\partial t} + w_x \frac{\partial w_z}{\partial x} + w_y \frac{\partial w_z}{\partial y} + w_z \frac{\partial w_z}{\partial z}.
\end{aligned}\right\} \qquad (2)$$

Der Ausdruck (2) gibt uns die totale Änderung der Geschwindigkeit oder die Beschleunigung eines Flüssigkeitsteilchens an.

In der Schreibweise der Vektoranalysis lauten die Gleichungen (1) und (2):

$$\frac{D p}{dt} = \frac{\partial p}{\partial t} - (\mathfrak{w}, \operatorname{grad} p), \qquad (1\,\mathrm{v})$$

$$\frac{D \mathfrak{w}}{dt} = \frac{\partial \mathfrak{w}}{\partial t} + (\mathfrak{w}, \operatorname{grad}) \mathfrak{w}. \qquad (2\,\mathrm{v})$$

d) Stromlinien und Stromröhren. Wenn man in einem Druckfeld an jeder Stelle die Gradienten einträgt und zu zusammenhängenden Linien verbindet, so bilden diese die sog. „Stromlinien“, deren Tangentenrichtung überall mit der Richtung der Geschwindigkeit der Flüssigkeitsströmung zusammenfällt.

Die Stromlinien, die durch die Punkte einer kleinen geschlossenen Kurve gelegt werden, umschließen als „Stromröhre“ einen „Stromfaden“. Durch die Wand einer Stromröhre kann Flüssigkeit weder ein- noch austreten, diese fließt also darin wie in einem festen Kanal. Da von einer volumbeständigen Flüssigkeit durch jeden Querschnitt einer Stromröhre in jedem Augenblick gleich viel strömen muß, ist der Querschnitt einer Stromröhre umgekehrt proportional der in ihr herrschenden Geschwindigkeit. Man gewinnt so ein sehr anschauliches Bild des augenblicklichen Zustandes einer Strömung, das sich jedoch im allgemeinen ständig ändert, so daß in diesem Falle die Bahnen der einzelnen Flüssigkeitsteilchen anders verlaufen als die nur für einen bestimmten Augenblick geltenden Stromlinien.

Lediglich im Fall der „stationären“ Strömung, d. h., wenn das Geschwindigkeitsfeld sich mit der Zeit nicht ändert, bleiben auch die Stromröhren unverändert und die Bahnen der Flüssigkeitsteilchen fallen mit den Stromlinien zusammen.

Wenn man nun einen Strömungsvorgang rechnerisch verfolgen will, kann man zwei Verfahren einschlagen: entweder verfolgt man, von der Anfangslage eines Flüssigkeitsteilchens ausgehend, das Teilchen im Laufe der Zeit auf seiner Bahn und gibt die Geschwindigkeiten, Drücke, Kräfte, usw. an, deren Einwirkung es auf seinem Wege ausgesetzt ist, schwimmt also in Gedanken mit dem Flüssigkeitsteilchen; oder man verfolgt die Vorgänge in einem Raumelement und berechnet die Geschwindigkeit und Menge der durch seine sämtlichen

Seitenflächen ein- und austretenden Flüssigkeit; letzteres kann von einem im Raum ruhenden (z. B. am Ufer eines Flusses stehenden) Beobachter geschehen (Absolutbetrachtung) oder von einem bewegten System aus (Relativbetrachtung). Das letztere Verfahren, das fast durchwegs angewendet wird, wurde von Euler[1] ausgebildet, der auch das ersterwähnte Verfahren bereits kannte. Dieses wurde aber erst ein Menschenalter später durch Lagrange[2] weiter ausgearbeitet.

2. Ableitung der Grundgleichungen für reibungslose Flüssigkeiten.

Die Grundgleichungen zur Beschreibung irgendeiner Flüssigkeitsbewegung kann man erhalten durch Anwendung der beiden allgemeinsten physikalischen Sätze, nämlich des Satzes von der Erhaltung der Masse und der Grundgleichung der Mechanik: Kraft = Masse × Beschleunigung.

a) Die Kontinuitätsgleichung für raumbeständige Flüssigkeiten. Wir legen in die Flüssigkeit ein irgendwie orientiertes rechtwinkliges Koordinatensystem x, y, z und betrachten die in der Zeit dt durch ein Volumenelement $dV = dx \cdot dy \cdot dz$ (Abb. 62) strömende Flüssigkeitsmenge. Die irgendwie gerichtete Strömungsgeschwindigkeit $\mathfrak{w}$ der Flüssigkeit zer-

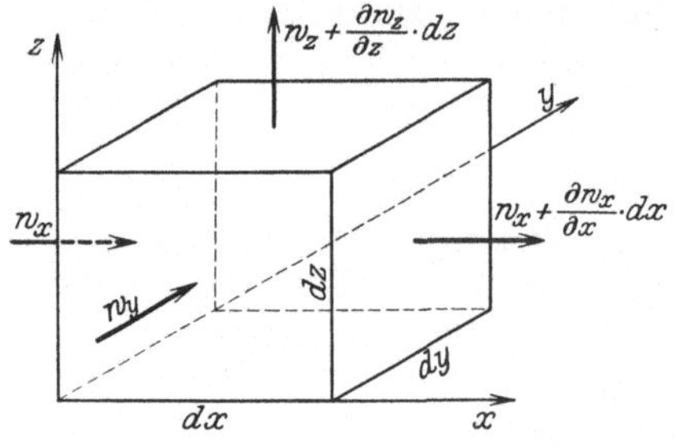

Abb. 62. Geschwindigkeits- und Beschleunigungskomponenten.

legen wir nach den Richtungen der Koordinatenachsen in die Komponenten w_x, w_y, w_z. In der x-Richtung strömt von links die Masse

$$\varrho\, w_x \cdot dy\, dz \cdot dt$$

ein, nach rechts strömt aus

$$\varrho \left(w_x + \frac{\partial w_x}{\partial x}\, dx \right) \cdot dy\, dz \cdot dt\,.$$

Der Überschuß in der x-Richtung ist also

$$\varrho\, \frac{\partial w_x}{\partial x} \cdot dx\, dy\, dz \cdot dt\,.$$

Durch entsprechende Überlegungen für die y- und z-Richtung oder zyklische Vertauschung von x, y und z erhalten wir für den gesamten Überschuß der ausströmenden gegenüber der einströmenden Flüssigkeit den Ausdruck:

$$\varrho \left(\frac{\partial w_x}{\partial x} + \frac{\partial w_y}{\partial y} + \frac{\partial w_z}{\partial z} \right) \cdot dx\, dy\, dz \cdot dt\,.$$

Der Satz von der Erhaltung der Masse sagt aus, daß die algebraische Summe der Überschüsse gleich Null sein muß; daraus folgt:

$$\frac{\partial w_x}{\partial x} + \frac{\partial w_y}{\partial y} + \frac{\partial w_z}{\partial z} = 0\,. \tag{3}$$

Die Gleichung (3) führt den Namen „Kontinuitätsgleichung". Eine besonders einfache Form nimmt sie in vektorieller Schreibweise an, nämlich

$$\operatorname{div} \mathfrak{w} = 0\,, \tag{3 v}$$

[1] Euler, L.: Hist. de l'Acad. Berlin Bd. 11 S. 1755.
[2] Lagrange, J. L. de: Mécanique analytique. Paris 1788.

in Worten: die „Divergenz" der Geschwindigkeit ist gleich Null, die Flüssigkeit ist quellenfrei. Wenn die Divergenz größer als Null ist, „divergiert" Flüssigkeit aus dem Raumelement heraus, es ist eine „Quelle" vorhanden.

b) Die Kontinuitätsgleichung für elastische Flüssigkeiten. Bisher haben wir angenommen, daß die Dichte der Flüssigkeit an allen Stellen gleich sei. Geben wir diese Annahme auf, so müssen wir außer der Änderung von $\mathfrak{w}$ auch noch die von ϱ berücksichtigen und erhalten als Überschuß in der x-Richtung

$$\left(\varrho\,\frac{\partial w_x}{\partial x} + w_x\,\frac{\partial \varrho}{\partial x}\right) dx\,dy\,dz \cdot dt\,.$$

Die Summe der Überschüsse muß nun nicht gleich Null, sondern gleich der zeitlichen Änderung der in dem Volumenelement dV enthaltenen Masse sein, also:

$$\varrho\left(\frac{\partial w_x}{\partial x} + \frac{\partial w_y}{\partial y} + \frac{\partial w_z}{\partial z}\right) dV dt + \left(w_x\,\frac{\partial \varrho}{\partial x} + w_y\,\frac{\partial \varrho}{\partial y} + w_z\,\frac{\partial \varrho}{\partial z}\right) dV dt$$

$$= -\frac{\partial}{\partial t}(\varrho\,dV)\,dt = -\frac{\partial \varrho}{\partial t}\cdot dV dt\,. \tag{4}$$

Das negative Vorzeichen auf der rechten Seite rührt davon her, daß eine Einströmung in das Volumenelement durch eine Verringerung der Dichte verursacht wird. Durch Verwendung des substanziellen Differentialquotienten (s. S. 132) bringen wir die Gleichung (4) auf die Form:

$$\frac{D\varrho}{dt} + \varrho\cdot\operatorname{div}\mathfrak{w} = 0 \tag{5v}$$

oder wir können sie auch schreiben:

$$\frac{\partial \varrho}{\partial t} + \operatorname{div}(\varrho\,\mathfrak{w}) = 0\,. \tag{6v}$$

c) Die Bewegungsgleichungen für reibungslose Flüssigkeiten. Wir betrachten wieder, wie bei der Ableitung der Kontinuitätsgleichung, ein Parallelepiped mit den Kanten dx, dy, dz und wollen nun sehen, was uns über sein Verhalten in einer Strömung die Grundgleichung der Mechanik aussagt.

Wir erhalten die einfache Beziehung:

$$\sum K = \varrho\,dV\cdot\frac{D\mathfrak{w}}{dt}\,. \tag{7}$$

Mit Worten: Die Summe aller an dem Volumelement dV angreifenden Einzelkräfte K ist gleich dem Produkt aus der Masse $\varrho\,dV$ des Volumelements und seiner Beschleunigung.

Außer der Schwerkraft (äußere Kraft), deren Wirkung auf die Masseneinheit wir mit $\mathfrak{g}$ bezeichnen, soll auf das Volumelement nur der Flüssigkeitsdruck (innere Kraft) wirken. Ausdrücke dafür kann man unmittelbar aus Abb. 63 entnehmen. Man erhält, da in einer reibungs-

losen Flüssigkeit der Druck von der Richtung der Fläche unabhängig,
also $p_x = p_y = p_z = p$ ist:

$$-\frac{\partial p}{\partial x} dx \cdot dy\, dz = \frac{D w_x}{d t} \cdot \varrho\, dV, \qquad (8\,\text{a})$$

$$-\frac{\partial p}{\partial y} dy \cdot dx\, dz = \frac{D w_y}{d t} \cdot \varrho\, dV, \qquad (8\,\text{b})$$

$$g\,\varrho\, dV - \frac{\partial p}{\partial z} dz \cdot dx\, dy = \frac{D w_z}{d t} \cdot \varrho\, dV. \qquad (8\,\text{c})$$

Dividieren wir beide Seiten durch dV, so nimmt in volumenbestän-
digen Flüssigkeiten der Ausdruck (8) in vektorieller Schreibweise die
Form an:

$$\varrho\, \frac{D \mathfrak{w}}{d t} = \varrho\, \mathfrak{g} - \operatorname{grad} p. \qquad (8\,\text{v})$$

d) Die Bernoullische Gleichung. Die Gleichung (8) kann man unter

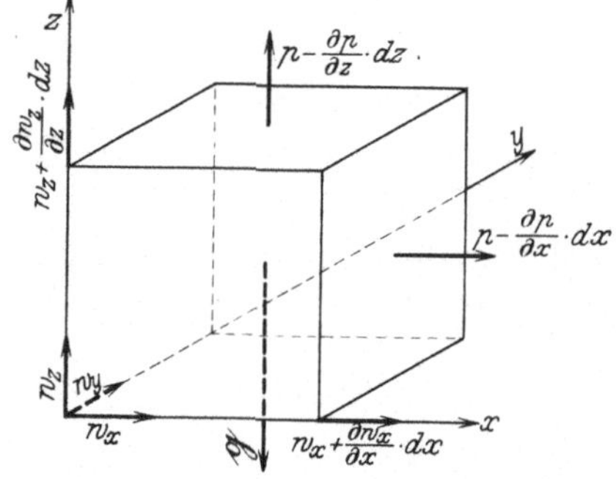

Abb. 63. Die in einer reibungsfreien Flüssigkeit
an einem Volumelement angreifenden Kräfte.

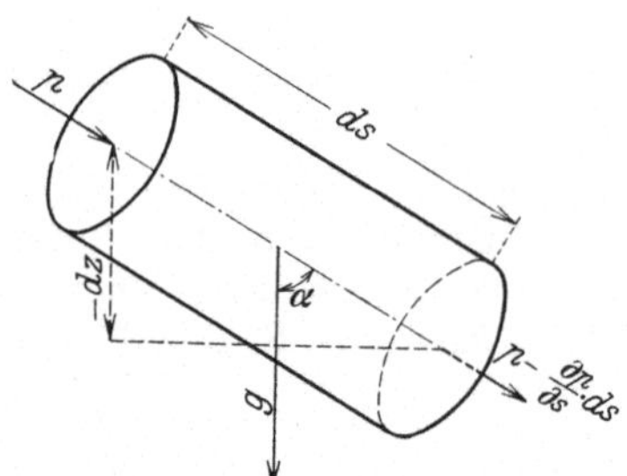

Abb. 64. Stromröhre mit daran angreifenden
Kräften.

bestimmten Voraussetzungen integrieren und daraus ein wichtiges Gesetz ableiten.

Wir betrachten das in Abb. 64 dargestellte Stück einer Stromröhre.
Aus Gleichung (8) erhält man:

$$\frac{D w}{d t} = -\frac{1}{\varrho} \frac{\partial p}{\partial s} ds + g \cdot \cos \alpha. \qquad (9)$$

Wir setzen den Fall, daß die Strömung stationär ist, dann ist $\dfrac{\partial w}{\partial t} = 0$,
also $\dfrac{D w}{d t} = w \cdot \dfrac{\partial w}{\partial s} = \dfrac{\partial}{\partial s}\left(\dfrac{w^2}{2}\right)$. Für $\cos \alpha$ kann man ferner $-\dfrac{dz}{ds}$ einsetzen;
mit diesen Umformungen wird Gleichung (9) zu:

$$\frac{\partial}{\partial s}\left(\frac{w^2}{2}\right) + \frac{1}{\varrho} \frac{\partial p}{\partial s} + g \frac{dz}{ds} = 0. \qquad (9\,\text{a})$$

Für eine raumbeständige Flüssigkeit ist ϱ unabhängig von s, also
kann man die Gleichung (9a) für diesen Fall integrieren und erhält:

$$\frac{w^2}{2} + \frac{p}{\varrho} + g \cdot z = K\,(s), \qquad (10)$$

worin K eine von s abhängige Integrationskonstante ist.

Besonders anschaulich wird die Gleichung, wenn man alle Glieder durch g dividiert, wodurch sie die Dimension einer Länge bekommen. Wenn man noch $g \cdot \varrho$ gleich dem Gewicht der Volumeneinheit γ setzt kann man schreiben:

$$\frac{w^2}{2\,g} + \frac{p}{\gamma} + z = \text{const}. \tag{10a}$$

Das erste Glied der Gleichung (10a) nennt man die Geschwindigkeitshöhe. Dies ist nach dem Fallgesetz die Höhe, aus der ein Körper frei herabfallen muß, um die Geschwindigkeit w zu erlangen. Das zweite Glied p/γ, die Druckhöhe genannt, ist aus der Hydrostatik bekannt als diejenige Höhe, die eine Flüssigkeitssäule haben muß, um durch ihr Gewicht den Druck p zu erzeugen. Der dritte Summand, die Ortshöhe, ist die Höhe des betrachteten Punktes über einer irgendwie festgesetzten Horizontalebene. Die Bernoullische Gleichung sagt aus, daß die Summe der drei Höhen in dem ganzen Bereich einer Stromlinie konstant ist.

Bei vielen Strömungsvorgängen, die in diesem Buch behandelt werden, kann man den Einfluß der Schwerkraft vernachlässigen. Das dritte Glied der Gleichung (10) fällt dann weg und die Gleichung nimmt die Form an:

$$\frac{\varrho\,w^2}{2} + p = \text{const}. \tag{11}$$

p ist der statische, in der Flüssigkeit herrschende Druck; das Glied $\dfrac{\varrho\,w^2}{2}$ hat ebenfalls die Dimension eines Druckes, man nennt es den „dynamischen Flüssigkeitsdruck". In der Form (11) sagt uns also die Bernoullische Gleichung, daß für eine Stromlinie die Summe aus statischem und dynamischem Flüssigkeitsdruck, d. i. der „Gesamtdruck" konstant ist. Einer Beschleunigung entspricht eine Abnahme des statischen Druckes und umgekehrt einer Verzögerung eine Drucksteigerung. Bringt man z. B. in eine mit der Geschwindigkeit w strömende Flüssigkeit ein Hindernis, so ist auf dessen der Strömung zugekehrter Seite, im „Staupunkt" d. h. dort, wo die Geschwindigkeit Null herrscht, der Druck um den Betrag $\dfrac{\varrho\,w^2}{2}$ größer als in der ungestörten Flüssigkeit; man nennt den dynamischen Druck daher auch „Staudruck". Die Messung des Staudruckes, etwa mit einem dünnen hakenförmig gebogenen Rohr, das man so in die Flüssigkeit einbringt, daß das offene Ende der Strömung entgegensteht, ist eine häufig gebrauchte Methode der Geschwindigkeitsmessung. Man nennt solche Rohre „Pitotrohre" oder „Staurohre".

Für eine Stromröhre in einer raumbeständigen Flüssigkeit nimmt die Kontinuitätsgleichung (3) die einfache Form an

$$F \cdot w = \text{const}. \tag{12}$$

Es entspricht also jeder Verringerung des Querschnitts F eine Vergrößerung der Geschwindigkeit und folglich nach Gleichung (11) ein Druckabfall, jeder Querschnittsvergrößerung ein Druckanstieg.

3. Ableitung der Grundgleichungen für zähe Flüssigkeiten.

a) Einführung der Tangentialspannungen. Durch den Übergang von den idealen, reibungslosen zu den zähen Flüssigkeiten wird an der Kontinuitätsgleichung nichts geändert, da diese aus dem Satz von der Erhaltung der Materie abgeleitet ist. Dagegen ist bei der Anwendung der mechanischen Grundgleichung zu berücksichtigen, daß ein vorhandener Druckunterschied nicht nur in kinetische Strömungsenergie, sondern durch die innere Reibung auch in Wärme umgesetzt werden kann.

Die Ableitung der Bewegungsgleichungen erfolgt in gleicher Weise, wie bei der idealen Flüssigkeit, jedoch müssen wir nunmehr die in einer zähen Flüssigkeit auftretenden Tangentialspannungen beachten.

Wir bezeichnen (vgl. Abb. 65) Tangentialspannungen mit τ, Normalspannungen mit σ und zerlegen die Spannungen in Komponenten parallel zu den Achsen unseres Koordinatensystems. Die Richtung der Komponenten kennzeichnen wir durch Indizes, und zwar gibt der erste Index die Lage des Flächenelementes an, auf das die Spannung wirkt;

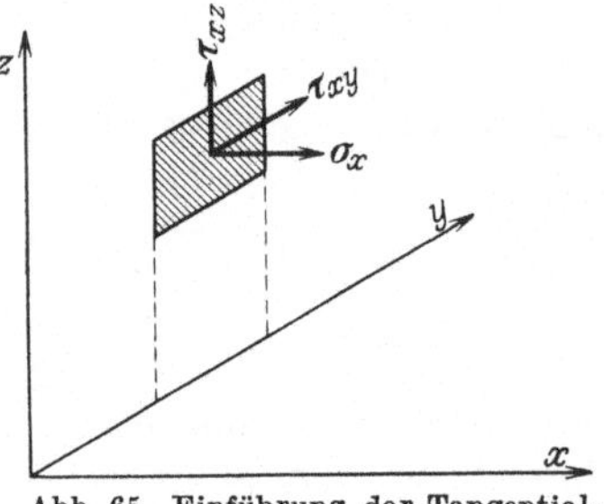

Abb. 65. Einführung der Tangential- und Normalspannungen.

z. B. bedeutet σ_x einen Normaldruck auf ein Flächenstück, das senkrecht zur x-Achse steht. Damit ist σ_x eindeutig festgelegt. Dagegen gibt es noch zwei Tangentialspannungen τ_x, die beide an einem zur x-Achse senkrecht stehenden Flächenstück angreifen; wir unterscheiden sie durch einen zweiten Index, der die Richtung der Spannung im Koordinatensystem festlegt. τ_{xy} ist parallel zur y-Achse, τ_{xz} parallel zur z-Achse gerichtet.

b) Definition des statischen Druckes in einer zähen Flüssigkeit. Bezeichnen wir mit ξ, η, ζ drei aufeinander senkrechte, im übrigen aber beliebige Richtungen, so lehrt die Hydrodynamik[1], daß für irgendeine Stelle in einer zähen Flüssigkeit die Summe der drei Normaldrücke $\sigma_\xi, \sigma_\eta, \sigma_\zeta$ konstant ist, wie wir auch das Achsensystem im Raum legen. Es ist also

$$\sigma_\xi + \sigma_\eta + \sigma_\zeta = \cdots = \sigma_x + \sigma_y + \sigma_z.$$

Wir können nun in einer zähen Flüssigkeit einen skalaren Druck p (entsprechend dem Pascalschen Druck in einer idealen Flüssigkeit) definieren als negativen arithmetischen Mittelwert dreier zueinander senkrechter Druckspannungen nach der Gleichung

$$- p = \frac{\sigma_x + \sigma_y + \sigma_z}{3} = \frac{\sigma_\xi + \sigma_\eta + \sigma_\zeta}{3}. \tag{13}$$

Druckspannungen erhalten negatives Vorzeichen.

c) Kinetische Vorstellungen von der Zähigkeit. Den Begriff „Spannung" verbinden wir im allgemeinen unwillkürlich mit dem der „Elasti-

---

[1] Z. B. Hydro- und Aeromechanik nach Vorlesungen von L. Prandtl von O. Tietjens, Berlin. Bd. 1 1929, Bd. 2 1931 (im folgenden zitiert als Prandtl-Tietjens) Bd. 1 S. 10ff. und L. Prandtl: Abriß der Strömungslehre, Braunschweig 1931.

zität". Nun treten aber in Flüssigkeiten — abgesehen von einer bestimmten Gruppe von Kolloiden, die im Rahmen dieses Buches keine Rolle spielen — elastische Tangentialkräfte nicht auf. Wie haben wir uns also die Tangentialspannungen der inneren Reibungen vorzustellen? Die kinetische Gastheorie gibt uns darauf eine Antwort, die mit hinreichender Genauigkeit auch auf die Reibung in Flüssigkeiten angewendet werden kann.

A (Abb. 66) sei eine ebene, ruhende Platte. Im Abstand a (in Richtung der y-Achse) werde eine zweite ebene Platte B mit der gleichförmigen Geschwindigkeit $\mathfrak{w}_0$ (in der x-Richtung) parallel zu A bewegt. Der Raum zwischen beiden Platten sei mit einer Flüssigkeit ausgefüllt.

Wir wissen, daß die Flüssigkeit aus einzelnen kleinen Teilchen (Molekülen) besteht, die mit sehr großer Geschwindigkeit regellos umherfliegen und dabei sehr häufig miteinander zusammenstoßen. Bei jeder solchen Begegnung tauschen die beiden sich treffenden Moleküle ihre Bewegungsgröße $m \cdot \mathfrak{w}$ oder, da wir allen Molekülen gleiche Masse m zusprechen dürfen, ihre Geschwindigkeit $\mathfrak{w}$ miteinander aus. Nun kann man $\mathfrak{w}$ in zwei Komponenten zerlegen; die Größe der einen, die wir als „thermische Eigengeschwindigkeit" w_ϑ bezeichnen, hängt nur von der Temperatur des Moleküls ab. Bildet man für eine große Anzahl von Molekülen den Mittelwert aus w_ϑ, so ergibt dieser keine Resultante in

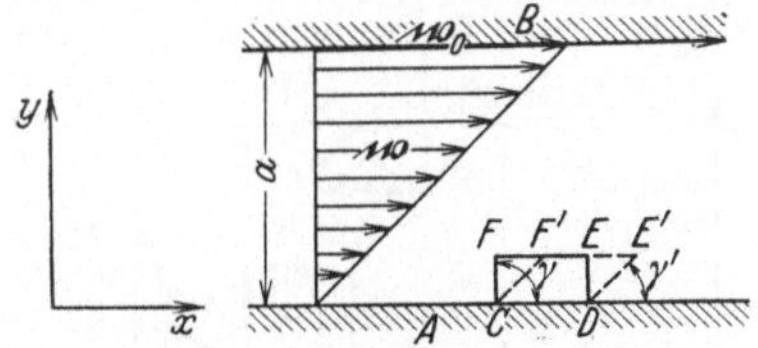

Abb. 66. Geschwindigkeitsverteilung in einer zähen Flüssigkeit zwischen einer ruhenden und einer bewegten Platte.

irgendeiner Richtung. Die andere Komponente (Translationsgeschwindigkeit), die wir mit w_x bezeichnen, rührt von der Bewegung der Platte B (Abb. 66) her. Die Moleküle, die bei ihrem Umherfliegen an die Platte B stoßen, nehmen von ihr die Bewegungskomponente $\mathfrak{w}_0$ auf, sodaß also die unmittelbar an B grenzende Schicht dieselbe Geschwindigkeit hat, wie B selbst.

Ein Teil der Moleküle aus der an B grenzenden 1. Schicht trifft mit Molekülen aus der nächsten, entfernter liegenden Schicht zusammen und überträgt an diese seine Bewegungskomponente $\mathfrak{w}_0$. So wandert der von B stammende Impuls immer weiter in die Flüssigkeit hinein. Der Mittelwert w_x der Translationsbewegung einer Schicht wird dabei aber immer kleiner, da mit wachsender Entfernung von B immer weniger Moleküle vorhanden sind, die unmittelbar oder mittelbar die Bewegungskomponente $\mathfrak{w}_0$ von B erhalten haben. Die unmittelbar an A grenzende Schicht befindet sich wieder vollkommen in Ruhe, da aller Strömungsimpuls, der von B her bis zu ihr durchgedrungen ist, an A abgegeben wird.

Als wichtiges Ergebnis dieser Betrachtung halten wir zunächst fest, daß die unmittelbar an eine feste Oberfläche grenzenden Flüssigkeitsschichten dieselbe Geschwindigkeit haben wie die Begrenzung selbst. Man sagt, eine Flüssigkeit „hafte" an ihrer festen Begrenzung. Weiterhin ergibt sich aus der kinetischen Gastheorie, daß die Geschwindigkeit von A bis B linear zunimmt. Und drittens, daß die von einer Flüssigkeitsschicht an eine benachbarte abgegebene Bewegungsgröße proportional dem Geschwindigkeitsunterschied beider Schichten ist. Folglich können wir die in einer Fläche auftretende Schubspannung τ proportional dem Geschwindigkeitsgefälle senkrecht zu der Fläche setzen. Es ist also

$$\tau = \eta \cdot \frac{\partial w_x}{\partial y}. \tag{14}$$

Der Proportionalitätsfaktor η ist der „Koeffizient der inneren Reibung" oder die „Zähigkeit" einer Flüssigkeit. Die Gleichung (14) stammt von Newton; man nennt sie den „Newtonschen Ansatz", weil sie ursprünglich rein als Hypothese aufgestellt wurde. Ihre Richtigkeit wurde erst später durch die experimentelle Entdeckung des Poiseuilleschen Gesetzes (s. S. 164) und weiterhin durch die kinetische Gastheorie bewiesen.

Die Gleichung (14) kann man zweckmäßig noch auf eine andere Form bringen, indem man die Schubspannung τ in Beziehung setzt zu

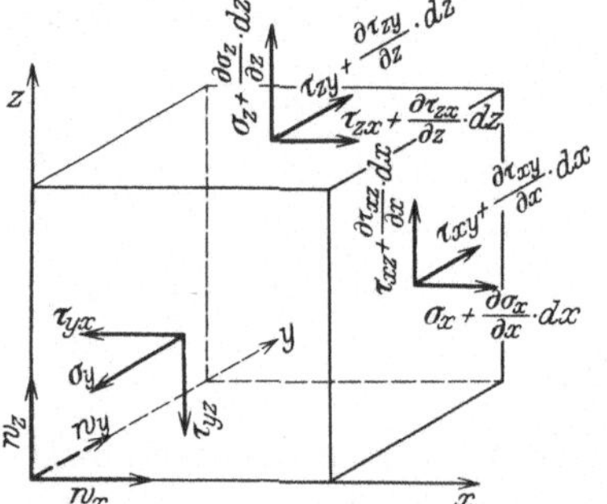

Abb. 67. Die in einer zähen Flüssigkeit an einem Volumelement angreifenden Kräfte.

der zeitlichen Änderung $\frac{\partial \gamma}{\partial t}$ des Winkels γ (Verschiebung des Rechtecks $CDEF$ in $CDE'F'$, Abb. 66). Wir schreiben

$$\tau = \eta \cdot \frac{\partial \gamma}{\partial t}. \tag{14a}$$

Die Gleichung (14a) ist ebenso willkürlich aufgestellt wie Gleichung (14) und in gleicher Weise durch die Erfahrung gerechtfertigt. Man kann ihr eine weitgehende Analogie zwischen den Schubspannungen in zähen Flüssigkeiten und denen in elastischen Medien entnehmen: während bei letzteren die Schubspannungen proportional der WinkelÄnderung sind, besteht in zähen Flüssigkeiten nach Gleichung (14a) Proportionalität zwischen Schubspannung und Winkeländerungsgeschwindigkeit. Die Proportionalitätskonstante heißt in der Elastizitätstheorie „Schubmodul".

d) Die Bewegungsgleichungen für zähe Flüssigkeiten. Gleichung (14) gibt uns die Beziehung zwischen Schubspannung und Änderung der Strömungsgeschwindigkeit und setzt uns damit in die Lage, die Bewegungsgleichungen für zähe Flüssigkeiten abzuleiten. Wir stellen zu diesem Zweck wieder die Energiegleichung für ein Parallelepiped auf.

Abb. 67 zeigt das gleiche Volumelement dV wie Abb. 62 oder 63. Die Geschwindigkeitskomponenten sind nicht eingezeichnet, da sie gegen Abb. 62 nicht verändert sind, dafür sind jetzt die neu auftretenden Schub- und Normalspannungen eingetragen.

Ein Gleichgewichtszustand des Elementes ist nur möglich, wenn die daran angreifenden Schubspannungen keine Verdrehung bewirken können. Daraus folgen die drei Gleichungen

$$\tau_{xy} = \tau_{yx}; \quad \tau_{xz} = \tau_{zx}; \quad \tau_{yz} = \tau_{zy}. \tag{15}$$

Nun bildet man für jede Koordinatenrichtung die Summe der Beschleunigungskräfte und erhält entsprechend den Gleichungen (8):

$$\varrho\, dV \frac{Dw_x}{dt} = -\frac{\partial \sigma_x}{\partial x}dx\,dy\,dz + \frac{\partial \tau_{yx}}{\partial y}dy\,dx\,dz + \frac{\partial \tau_{zx}}{\partial z}dz\,dx\,dy, \qquad (16\,\mathrm{a})$$

$$\varrho\, dV \frac{Dw_y}{dt} = -\frac{\partial \sigma_y}{\partial y}dy\,dx\,dz + \frac{\partial \tau_{xy}}{\partial x}dx\,dy\,dz + \frac{\partial \tau_{zy}}{\partial z}dz\,dx\,dy, \qquad (16\,\mathrm{b})$$

$$\varrho\, dV \frac{Dw_z}{dt} = -\frac{\partial \sigma_z}{\partial z}dz\,dx\,dy + \frac{\partial \tau_{xz}}{\partial x}dx\,dy\,dz + \frac{\partial \tau_{yz}}{\partial y}dy\,dx\,dz + \varrho\,\mathfrak{g}\,dV. \quad (16\,\mathrm{c})$$

Es handelt sich jetzt darum, die Schub- und Druckspannungen als Funktionen der Geschwindigkeitskomponenten bzw. deren Gradienten darzustellen.

Zu diesem Zweck wollen wir zunächst den in Abb. 66 dargestellten Fall eindimensionaler Strömung verallgemeinern[1]. Es genügt dabei die Betrachtung zweidimensionaler Strömung, da wir dann durch zyklische Vertauschung der Indizes ohne weiteres auf die allgemeine räumliche Strömung übergehen können.

In Abb. 68 ist die Horizontalprojektion eines Elementarwürfels dV mit den an den Seitenflächen angreifenden Schubspannungen τ_{xy} und τ_{yx} dargestellt. Durch das Zusammenwirken der Schubspannungen (die nach Gleichung (15) im Gleichgewicht stehen) wird der ursprünglich rechte Kantenwinkel in einen spitzen verformt. Aus Gleichung (14) und (14a) folgt:

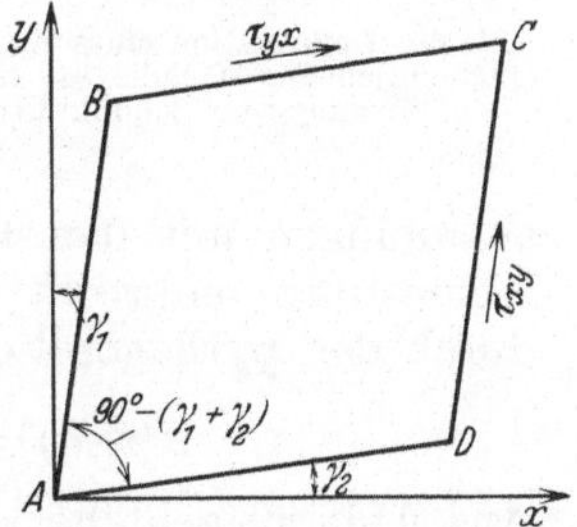

Abb. 68. Änderung des rechten Winkels eines Würfels unter der Einwirkung von Schubkräften.

$$\frac{\partial \gamma_1}{\partial t} = \frac{\partial w_x}{\partial y} \quad \text{und} \quad \frac{\partial \gamma_2}{\partial t} = \frac{\partial w_y}{\partial x}.$$

Es ist also

$$\tau = \eta \frac{\partial \gamma}{\partial t} = \eta \left(\frac{\partial \gamma_1}{\partial t} + \frac{\partial \gamma_2}{\partial t} \right) = \eta \left(\frac{\partial w_x}{\partial y} + \frac{\partial w_y}{\partial x} \right). \qquad (17)$$

Für die drei Koordinatenrichtungen erhält man somit:

$$\tau_{xy} = \tau_{yx} = \eta \left(\frac{\partial w_x}{\partial y} + \frac{\partial w_y}{\partial x} \right), \qquad (18\,\mathrm{a})$$

$$\tau_{yz} = \tau_{zy} = \eta \left(\frac{\partial w_y}{\partial z} + \frac{\partial w_z}{\partial y} \right), \qquad (18\,\mathrm{b})$$

$$\tau_{zx} = \tau_{xz} = \eta \left(\frac{\partial w_z}{\partial x} + \frac{\partial w_x}{\partial z} \right). \qquad (18\,\mathrm{c})$$

Zeichnet man in das in Abb. 69 dargestellte (dick ausgezogene) Quadrat ein zweites, auf der Spitze stehendes (dünn ausgezogenes) Quadrat ein, so geht dies in ein Rechteck über, wenn das äußere Quadrat unter der Wirkung der Schubspannung τ_{xy} bzw. τ_{yx} die in Abb. 68 gezeigte Form einnimmt. Man erkennt, daß die an den Rechtecksseiten

---

[1] Die folgenden Ableitungen schließen sich an Prandtl-Tietjens: Bd. 2 S. 62ff. an, woraus auch die Abb. 68 bis 70 entnommen sind.

auftretenden Normalspannungen σ mit Geschwindigkeitsänderungen verknüpft sind, und zwar σ_1 mit einer Beschleunigung, da die in Richtung von σ_1 strömende Flüssigkeit eine Querschnittsverminderung erfährt, während in Richtung von σ_2 entsprechend der Querschnittsvergrößerung eine Verzögerung zu erwarten ist.

Betrachtet man nun das durch die $+x$- und $+y$-Achse aus dem inneren Quadrat herausgeschnittene Dreieck (Abb. 69 a), so sieht man, daß in den Diagonalen des Quadrates Schubspannungen auftreten.

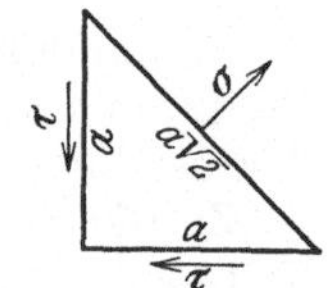

Um die Bedingung für das Kräftegleichgewicht zu erhalten, multiplizieren wir die Schub- und Normal-

Abb. 69 a. Kräftegleichgewicht zwischen Schub- und Normalspannungen.

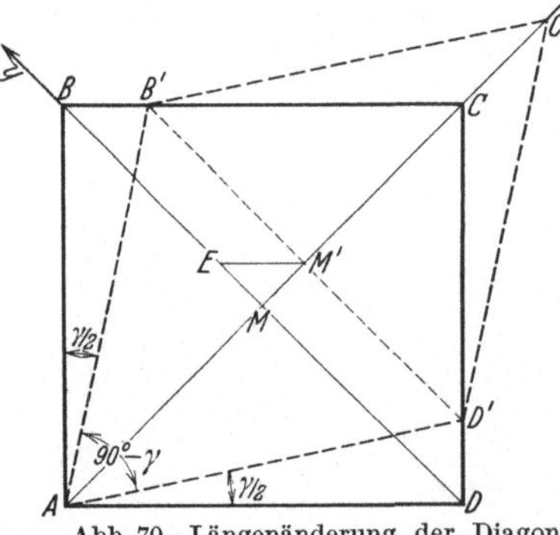

Abb. 69. Deformation eines Würfels und eingeschriebenen Quadrates unter der Wirkung von Schubkräften.

spannungen mit den Flächen, an denen sie angreifen (wobei wir die Abmessung senkrecht zur Zeichenebene gleich 1 setzen) und finden durch den pythagoreischen Lehrsatz nach Abb. 69 a:

$$2\,(\tau \cdot a)^2 = (\sigma \cdot a\,\sqrt{2})^2 \quad \text{oder} \quad \sigma = \pm\,\sqrt{\tau^2}.$$

Aus Abb. 69 geht hervor, daß für σ_1 das positive, für σ_2 das negative Vorzeichen gilt, so daß wir schließlich erhalten

$$\sigma_1 - \sigma_2 = 2\,\tau. \tag{19}$$

Die durch die Verformung des Quadrates $ABCD$ (Abb. 70) zu der Raute $A\,B'C'D'$ verursachten Geschwindigkeitsänderungen berechnen wir aus der Dehnung der Diagonalen AC nach Abb. 70. Unter der Voraussetzung, daß der Winkel $\gamma/2$ klein ist, man also den Winkel gleich seiner Tangente setzen kann, ist

Abb. 70. Längenänderung der Diagonalen eines Quadrates bei infinitesimaler Deformation unter der Wirkung von Schubspannungen.

$$\overline{DD'} = \overline{EM'} = \overline{BB'} = \overline{AB} \cdot \frac{\gamma}{2},$$

$$\overline{MM'} = \frac{\overline{EM'}}{\sqrt{2}} = \frac{\overline{AB}}{\sqrt{2}} \cdot \frac{\gamma}{2} \quad \text{und} \quad \overline{AM} = \frac{\overline{AB} \cdot \sqrt{2}}{2}.$$

Die Dehnung ε_1 der Diagonale $\overline{AC}$ ist

$$\varepsilon_1 = \frac{\overline{CC'}}{\overline{AC}} = \frac{\overline{MM'}}{\overline{AM}} = \frac{\gamma}{2}.$$

Entsprechend gilt für die Diagonale $\overline{BD}$:

$$\varepsilon_2 = -\frac{\gamma}{2},$$

also

$$\varepsilon_1 - \varepsilon_2 = \gamma. \tag{20}$$

Wie wir oben (Gleichung (14a)) die Schubspannungen proportional den durch sie verursachten Winkeländerungsgeschwindigkeiten gesetzt haben, so nehmen wir jetzt Proportionalität zwischen den Dehnungsgeschwindigkeiten $\frac{\partial \varepsilon}{\partial t}$ und den Normalspannungen an. Auf das in Abb. 70 eingezeichnete Achsenkreuz bezogen, erhalten wir somit nach Gleichung (19) und (20)

$$\sigma_x - \sigma_y = 2\,\tau_{xy} = 2\,\eta\,\frac{\partial \gamma}{\partial t} = 2\,\eta\,\frac{\partial}{\partial t}(\varepsilon_1 - \varepsilon_2). \tag{21}$$

Nun ist die zeitliche Änderung der Dehnung ε_1 gleich der örtlichen Änderung von w_x beim Fortschreiten in der x-Richtung, also

$$\frac{\partial \varepsilon_1}{\partial t} = \frac{\partial w_x}{\partial x}$$

und ebenso

$$\frac{\partial \varepsilon_2}{\partial t} = \frac{\partial w_y}{\partial y}.$$

Setzt man dies in Gleichung (21) ein, so erhält man

$$\sigma_x - \sigma_y = 2\,\eta\left(\frac{\partial w_x}{\partial x} - \frac{\partial w_y}{\partial y}\right) \tag{22a}$$

und durch die gleiche Betrachtung:

$$\sigma_x - \sigma_z = 2\,\eta\left(\frac{\partial w_x}{\partial x} - \frac{\partial w_z}{\partial z}\right). \tag{22b}$$

Im Gegensatz zu einer reibungslosen Flüssigkeit, in der die Normalspannungen unabhängig von der Richtung der Fläche sind, an der sie angreifen, sind in einer zähen Flüssigkeit die Normalspannungen verschieden je nach der Lage der Fläche gegenüber der Strömungsrichtung. (Nur für $w = 0$ verhält sich eine zähe Flüssigkeit wie eine reibungsfreie.) Man kann aber einen „Flüssigkeitsdruck" als negativen arithmetischen Mittelwert der Normalspannungen definieren nach der Gleichung:

$$p = -\tfrac{1}{3}(\sigma_x + \sigma_y + \sigma_z). \tag{23}$$

Wenn man zu den Gleichungen (22a) und (22b) die Identität

$$\sigma_x - \sigma_x = 2\,\eta\left(\frac{\partial w_x}{\partial x} - \frac{\partial w_x}{\partial x}\right)$$

hinzufügt und dann alle drei Gleichungen addiert, so erhält man:

$$3\,\sigma_x + 3\,p = 2\,\eta\left(3\,\frac{\partial w_x}{\partial x} - \left(\frac{\partial w_x}{\partial x} + \frac{\partial w_y}{\partial y} + \frac{\partial w_z}{\partial z}\right)\right)$$

oder

$$\sigma_x = -p - \frac{2}{3}\,\eta\left(\frac{\partial w_x}{\partial x} + \frac{\partial w_y}{\partial y} + \frac{\partial w_z}{\partial z}\right) + 2\,\eta\,\frac{\partial w_x}{\partial x}. \tag{24a}$$

Für die anderen Koordinatenrichtungen ergibt sich:

$$\sigma_y = -p - \frac{2}{3}\,\eta\left(\frac{\partial w_x}{\partial x} + \frac{\partial w_y}{\partial y} + \frac{\partial w_z}{\partial z}\right) + 2\,\eta\,\frac{\partial w_y}{\partial y}\,, \qquad (24\,\text{b})$$

$$\sigma_z = -p - \frac{2}{3}\,\eta\left(\frac{\partial w_x}{\partial x} + \frac{\partial w_y}{\partial y} + \frac{\partial w_z}{\partial z}\right) + 2\,\eta\,\frac{\partial w_z}{\partial z}\,. \qquad (24\,\text{c})$$

Nunmehr sind wir in der Lage, aus den Gleichungen (18) und (24) die Differentialquotienten zu bilden und in die Gleichungen (16) einzusetzen. Wenn wir durch dV dividieren, erhalten wir zunächst für die x-Richtung

$$\varrho\,\frac{Dw_x}{dt} = -\frac{\partial p}{\partial x} - \frac{2}{3}\,\eta\left(\frac{\partial^2 w_x}{\partial x^2} + \frac{\partial^2 w_y}{\partial x\,\partial y} + \frac{\partial^2 w_z}{\partial x\,\partial z}\right) + 2\,\eta\,\frac{\partial^2 w_x}{\partial x^2}$$
$$+ \eta\left(\frac{\partial^2 w_x}{\partial y^2} + \frac{\partial^2 w_y}{\partial x\,\partial y}\right) + \eta\left(\frac{\partial^2 w_z}{\partial x\,\partial z} + \frac{\partial^2 w_x}{\partial z^2}\right).$$

Wir fassen die gleichartigen Glieder zusammen:

$$\varrho\,\frac{Dw_x}{dt} = -\frac{\partial p}{\partial x} + \eta\left(\frac{\partial^2 w_x}{\partial x^2} + \frac{\partial^2 w_x}{\partial y^2} + \frac{\partial^2 w_x}{\partial z^2}\right)$$
$$+ \frac{1}{3}\,\eta\,\frac{\partial}{\partial x}\left(\frac{\partial w_x}{\partial x} + \frac{\partial w_y}{\partial y} + \frac{\partial w_z}{\partial z}\right). \qquad (25\,\text{a})$$

Für die beiden anderen Koordinatenrichtungen erhalten wir entsprechend

$$\varrho\,\frac{Dw_y}{dt} = \quad -\frac{\partial p}{\partial x} + \eta\left(\frac{\partial^2 w_y}{\partial x^2} + \frac{\partial^2 w_y}{\partial y^2} + \frac{\partial^2 w_y}{\partial z^2}\right)$$
$$+ \frac{1}{3}\,\eta\,\frac{\partial}{\partial y}\left(\frac{\partial w_x}{\partial x} + \frac{\partial w_y}{\partial y} + \frac{\partial w_z}{\partial z}\right), \qquad (25\,\text{b})$$

$$\varrho\,\frac{Dw_z}{dt} = \varrho\,g - \frac{\partial p}{\partial x} + \eta\left(\frac{\partial^2 w_z}{\partial x^2} + \frac{\partial^2 w_z}{\partial y^2} + \frac{\partial^2 w_z}{\partial z^2}\right)$$
$$+ \frac{1}{3}\,\eta\,\frac{\partial}{\partial z}\left(\frac{\partial w_x}{\partial x} + \frac{\partial w_y}{\partial y} + \frac{\partial w_z}{\partial z}\right). \qquad (25\,\text{c})$$

In vektorieller Schreibweise lauten die als „Navier-Stokessche Gleichungen" bekannten Formeln:

$$\varrho\,\frac{D\mathfrak{w}}{dt} = \varrho\,\mathfrak{g} - \operatorname{grad} p + \eta\,V^2\mathfrak{w} + \frac{1}{3}\,\eta\,\operatorname{grad}\operatorname{div}\mathfrak{w}. \qquad (25\,\text{v})$$

Für inkompressible Flüssigkeiten vereinfachen sich die Gleichungen (25) durch Fortfall des letzten Gliedes der rechten Seite, da dann $\operatorname{div} w = 0$ ist.

Die Glieder der Gleichungen (25) haben die Dimension $\text{kg}\cdot\text{m}^{-3}$, stellen also Kräfte, bezogen auf die Raumeinheit dar. Die treibenden Kräfte $\varrho\,\mathfrak{g}$ (Erdanziehung) und $-\operatorname{grad} p$ (Druckgefälle) stehen im Gleichgewicht mit den der Beschleunigung entgegenwirkenden Trägheitskräften $\varrho\,\dfrac{D\mathfrak{w}}{dt}$ und den Reibungskräften $\eta\,(V^2\mathfrak{w} + \tfrac{1}{3}\operatorname{grad}\operatorname{div}\mathfrak{w})$.

e) Berechnung des Auftriebes. Wir wollen hier gleich noch eine Ergänzung zu Gleichung (25) bringen, von der wir später häufig Gebrauch machen. Bei allen Problemen der freien Konvektion tritt als einzige treibende Kraft der Auftrieb der erwärmten und daher spezifisch leichteren Flüssigkeitsteile auf, dessen Berechnung wir nun ableiten wollen.

Es sei ϑ die Temperatur an irgendeiner Stelle in der um einen wärmeabgebenden Körper verlaufenden Konvektionsströmung, ϑ_F die Flüssigkeitstemperatur in großer Entfernung von dem Körper. ϱ und ϱ_F seien die den Temperaturen ϑ und ϑ_F zugeordneten Werte der Dichte. Dann ist das Gewicht der Raumeinheit der Flüssigkeit bei $\vartheta = \varrho \cdot g$,

,,   ,,   ,,   ,,   ,,   ,,   ,, $\vartheta_F = \varrho_F \cdot g$.

Führen wir die räumliche Wärmedehnung β der Flüssigkeit und die Temperaturdifferenz $\Theta = \vartheta - \vartheta_F$ ein, so wird

$$\frac{1}{\varrho} = \frac{1}{\varrho_F}(1 + \beta\,\Theta)$$

und

$$\varrho_F - \varrho \equiv \varrho\left(\frac{\varrho_F}{\varrho} - 1\right) = \varrho\,\beta\,\Theta.$$

Folglich ist die Auftriebskraft der Volumeneinheit

$$A = -g\,\varrho\,\beta\,\Theta. \tag{26}$$

Für Gase ist innerhalb der Gültigkeitsgrenzen des idealen Gasgesetzes

$$\frac{\varrho_F}{\varrho} = \frac{T}{T_F} \quad \text{und} \quad \beta = \frac{1}{T_F},$$

wobei $T = 273 + \vartheta$ und $T_F = 273 + \vartheta_F$ ist.

Damit wird

$$A = -g\,\varrho\,\frac{\Theta}{T_F}. \tag{26a}$$

Gleichung (26a) gilt für Gase auch bei großen Werten von Θ, Gleichung (26) für Flüssigkeiten nur, soweit β als unabhängig von Θ angesehen werden kann[1].

Da bei den Problemen der Wärmeübertragung in einer Flüssigkeit nicht Kräfte, sondern Energien miteinander in Beziehung treten, wollen wir zunächst aus Gleichung (16) die Gleichung der mechanischen Energie ableiten und diese durch Berücksichtigung der Wärmeenergie zu der allgemeinen Energiegleichung erweitern.

B. Die Energiebewegung.

1. Die Gleichung der mechanischen Energie.

Wir multiplizieren die Gleichungen (16) der Reihe nach mit w_x, w_y und w_z:

$$\varrho\,w_x\,\frac{D w_x}{dt}\,dV = w_x\left(-\frac{\partial \sigma_x}{\partial x} + \frac{\partial \tau_{xy}}{\partial y} + \frac{\partial \tau_{xz}}{\partial z}\right)dV, \tag{27a}$$

$$\varrho\,w_y\,\frac{D w_y}{dt}\,dV = w_y\left(-\frac{\partial \sigma_y}{\partial y} + \frac{\partial \tau_{yx}}{\partial x} + \frac{\partial \tau_{yz}}{\partial z}\right)dV, \tag{27b}$$

$$\varrho\,w_z\,\frac{D w_z}{dt}\,dV = w_z\left(-\frac{\partial \sigma_z}{\partial z} + \frac{\partial \tau_{zz}}{\partial x} + \frac{\partial \tau_{zy}}{\partial y}\right)dV + \varrho\,\mathfrak{g}\,w_z\,dV. \tag{27c}$$

---

[1] Nach R. Hermann: Physik. Z. Bd. 33 (1932) S. 425.

Addieren wir die drei Gleichungen und integrieren über den Raum V, so liefert die linke Seite:

$$\int\limits_V \varrho\left(\frac{1}{2}\frac{D w_x^2}{dt} + \frac{1}{2}\frac{D w_y^2}{dt} + \frac{1}{2}\frac{D w_z^2}{dt}\right) dV = \int\limits_V \frac{\varrho}{2}\frac{D\mathfrak{w}^2}{dt}\,dV .$$

Das letzte Glied der rechten Seite von Gleichung (27c) gibt nach den Regeln der Vektorrechnung

$$\int\limits_V \varrho\,(\mathfrak{g},\mathfrak{w})\,dV .$$

Die übrigen Glieder der rechten Seite erfordern eine längere Rechnung. Nach dem Beispiel

$$w_x \cdot \frac{\partial \tau_{xy}}{\partial y} = \frac{\partial\,(w_x \cdot \tau_{xy})}{\partial y} - \tau_{xy}\cdot\frac{\partial w_x}{\partial y}\,;\qquad\qquad \tau_{xy} = \tau_{yx}$$

erhalten wir zwei Gruppen von Gliedern. Die erste Gruppe:

$$-\frac{\partial}{\partial x}\,(w_x\cdot\sigma_x) + \frac{\partial}{\partial y}\,(w_x\cdot\tau_{yx}) + \frac{\partial}{\partial z}\,(w_x\cdot\tau_{zx}),$$

$$-\frac{\partial}{\partial y}\,(w_y\cdot\sigma_y) + \frac{\partial}{\partial z}\,(w_y\cdot\tau_{zy}) + \frac{\partial}{\partial x}\,(w_y\cdot\tau_{xy}),$$

$$-\frac{\partial}{\partial z}\,(w_z\cdot\sigma_z) + \frac{\partial}{\partial x}\,(w_z\cdot\tau_{xz}) + \frac{\partial}{\partial y}\,(w_z\cdot\tau_{yz})$$

ordnen wir zu der Reihenfolge

$$\frac{\partial}{\partial x}\,(-\,\sigma_x w_x + \tau_{xy} w_y + \tau_{xz} w_z),$$

$$+\frac{\partial}{\partial y}\,(-\,\sigma_y w_y + \tau_{yz} w_z + \tau_{yx} w_x),$$

$$+\frac{\partial}{\partial z}\,(-\,\sigma_z w_z + \tau_{zx} w_x + \tau_{zy} w_y).$$

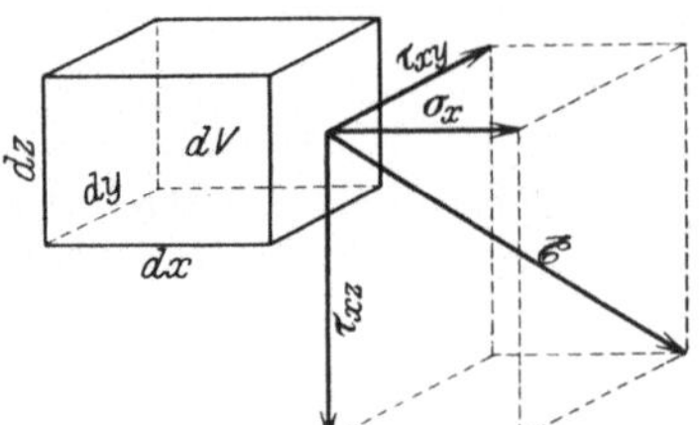

Abb. 71. Zerlegung der Zähigkeitskräfte in Tangential- und Normalspannungen.

Da der erste Zeiger immer die Fläche des Parallelepipeds (Abb. 71) bezeichnet, auf die die betreffende Spannung wirkt, so stehen in den Klammern nur Spannungen beisammen, die auf die gleiche Fläche wirken.

Bezeichnen wir (vgl. Abb. 71) die auf

$$dy\,dz \text{ wirkende Spannung mit } \mathfrak{x},$$
$$dz\,dx \qquad,, \qquad\qquad,, \qquad,, \ \mathfrak{y},$$
$$dx\,dy \qquad,, \qquad\qquad,, \qquad,, \ \mathfrak{z},$$

so haben wir

$$\text{unter} \quad \sigma_x \text{ die } x\text{-Komponente von } \mathfrak{x}$$
$$,, \quad \tau_{xy} \ ,, \ y\text{-} \qquad,, \qquad\qquad,, \ \mathfrak{x}$$
$$,, \quad \tau_{xz} \ ,, \ z\text{-} \qquad,, \qquad\qquad,, \ \mathfrak{x}$$

zu verstehen und die erste Gruppe von Gliedern liefert nach der Integration unter Verwendung der Formel für das innere (skalare) Produkt zweier Vektoren:

$$\int\limits_V\left[\frac{\partial}{\partial x}\,(\mathfrak{x},\mathfrak{w}) + \frac{\partial}{\partial y}\,(\mathfrak{y},\mathfrak{w}) + \frac{\partial}{\partial z}\,(\mathfrak{z},\mathfrak{w})\right] dx\,dy\,dz ,$$

und hieraus erhält man mittels des Gaußschen Satzes (Formel (VI), S. 254):

$$\int_F [(\mathfrak{x}, \mathfrak{w})\, dy\, dz + (\mathfrak{y}, \mathfrak{w})\, dz\, dx + (\mathfrak{z}, \mathfrak{w})\, dx\, dy]\,.$$

Da das skalare Produkt aus Kraft $(\mathfrak{x}, \mathfrak{y}, \mathfrak{z})$ und Geschwindigkeit die Arbeit der Kraft in der Zeiteinheit darstellt, so ist das Integral ein Ausdruck für die in der Zeiteinheit geleistete Arbeit der an der Oberfläche des Raumes V angreifenden Kräfte. Diese können aber nur Komponenten des Flüssigkeitsdruckes $\mathfrak{p}$ (gerichtete Größe, nicht zu verwechseln mit dem statischen Flüssigkeitsdruck p!) sein, also können wir das obige Integral auf die allgemeine Formel bringen:

$$\int_F (\mathfrak{p}, \mathfrak{w})\, dF\,.$$

Die zweite Gruppe von Gliedern

$$- \sigma_x \frac{\partial w_x}{\partial x} + \tau_{yx} \frac{\partial w_x}{\partial y} + \tau_{zx} \frac{\partial w_x}{\partial z}\,,$$

$$- \sigma_y \frac{\partial w_y}{\partial y} + \tau_{zy} \frac{\partial w_y}{\partial z} + \tau_{xy} \frac{\partial w_y}{\partial x}\,,$$

$$- \sigma_z \frac{\partial w_z}{\partial z} + \tau_{xz} \frac{\partial w_z}{\partial x} + \tau_{yz} \frac{\partial w_z}{\partial y}$$

gibt durch Umstellen:

$$- \left(\sigma_x \frac{\partial w_x}{\partial x} + \sigma_y \frac{\partial w_y}{\partial y} + \sigma_z \frac{\partial w_z}{\partial z} \right) + \tau_{xy} \left(\frac{\partial w_x}{\partial y} + \frac{\partial w_y}{\partial x} \right)$$

$$+ \tau_{yz} \left(\frac{\partial w_y}{\partial z} + \frac{\partial w_z}{\partial y} \right) + \tau_{zx} \left(\frac{\partial w_z}{\partial x} + \frac{\partial w_x}{\partial z} \right)\,.$$

Mit Hilfe der Gleichungen (18) und (24) gewinnen wir für die zweite Gruppe den Ausdruck

$$\int_V p \cdot \operatorname{div} \mathfrak{w} \cdot dV - \eta \int_V \text{Diss. Funkt. } (\mathfrak{w}) \cdot dV\,.$$

Hierin ist

$$\text{Diss. Funkt. } (\mathfrak{w}) = 2 \left(\frac{\partial w_x}{\partial x} \right)^2 + 2 \left(\frac{\partial w_y}{\partial y} \right)^2 + 2 \left(\frac{\partial w_z}{\partial z} \right)^2 + \left(\frac{\partial w_x}{\partial y} + \frac{\partial w_y}{\partial x} \right)^2$$

$$+ \left(\frac{\partial w_y}{\partial z} + \frac{\partial w_z}{\partial y} \right)^2 + \left(\frac{\partial w_z}{\partial x} + \frac{\partial w_x}{\partial z} \right)^2 - \frac{2}{3} (\operatorname{div} \mathfrak{w})^2\,.$$

Es ist dies die von Lord Rayleigh eingeführte Dissipationsfunktion. Sie ist ein Differentialoperator, gerade so wie z. B. div oder grad, nur von verwickelterer Bauart.

Nunmehr sind die einzelnen Glieder der Gleichungen (27) auf die Größen η, p und die Eigenschaften des Geschwindigkeitfeldes zurückgeführt. Wir setzen sie in die Gleichung (27) ein, ordnen sie zweckmäßig und fassen die Gleichungen für die drei Koordinatenachsen zusammen zu der Vektorgleichung

$$\int_V \varrho\, (\mathfrak{g}, \mathfrak{w})\, dV + \int_F (\mathfrak{p}, \mathfrak{w})\, dF$$

$$= \int_V \frac{\varrho}{2} \frac{D\,(\mathfrak{w}^2)}{dt}\, dV - \int_V p \cdot \operatorname{div} \mathfrak{w} \cdot dV + \eta \int_V \text{Diss. Funkt. } (\mathfrak{w})\, dV\,. \qquad (28\mathrm{v})$$

Wir wollen uns die Bedeutung der einzelnen Glieder dieser Gleichung klarmachen: die Dimension der Glieder ist mkg·h⁻¹, sie stellen also Leistung oder Arbeit (Energie) in der Zeiteinheit dar. Die Gleichung (28v) sagt aus, daß — bezogen auf die Zeiteinheit — die Arbeit der Schwerkraft und der Flüssigkeitskräfte, die auf die Oberfläche des Raumes V wirken, sich in diesem Raum erstens in einer Zunahme der kinetischen Energie, zweitens als potentielle Energie in Form von Kompressionsarbeit und infolge der inneren Reibung auch als Wärme[1] äußert.

2. Die allgemeine Energiegleichung.

Die Gleichung (28v), die ja lediglich eine Umformung der Bewegungsgleichung ist, stellt eine Beziehung ausschließlich zwischen mechanischen Energiegrößen dar. Im folgenden soll nun eine neue Gleichung aufgestellt werden, die alle bei der Wärmeübertragung auftretenden Energieformen umschließt.

Wir betrachten die Vorgänge in einem unbeweglichen Raumteil V, der sich an einer beliebigen Stelle eines Strömungsfeldes befinden möge. Die Änderung $\dfrac{\partial E}{\partial t}$ der in V enthaltenen Energie E muß gleich sein der Arbeit A, die die äußeren Kräfte während dt auf die in V enthaltene Masse ausüben, plus der von außen durch die Oberfläche von V während dt eintretenden Energie, und zwar haben wir bei letzterer zu unterscheiden: die Energie E_1, die als Wärme durch Leitung in das Innere gelangt und die Energie E_2, die mit der bewegten Masse als deren Energieinhalt in den Raum V hereingeführt wird. Es gilt also

$$\frac{\partial E}{\partial t} = A + E_1 + E_2. \tag{29}$$

Zur Berechnung der linken Seite führen wir für den gesamten Energieinhalt der Masseneinheit den Buchstaben ε ein; somit ist $\varepsilon \cdot \varrho \cdot dV$ der Energieinhalt eines Raumelementes und dessen lokale Änderung:

$$\frac{\partial E}{\partial t} = \frac{\partial (\varrho\,\varepsilon)}{\partial t}\,dV = \varrho\,\frac{\partial \varepsilon}{\partial t}\,dV + \varepsilon\,\frac{\partial \varrho}{\partial t}\,dV.$$

Das erste Glied der rechten Seite von Gleichung (29), die Arbeit A in der Zeiteinheit, ist durch Gleichung (28v) gegeben.

Zur Berechnung der Energie E_1 je Zeiteinheit benützen wir den bei der Leitung in festen Körpern verwendeten Vektor $\mathfrak{Q}$, den Wärmefluß. Es ist (vgl. S. 4)

$$\mathfrak{Q} = -\lambda \cdot \operatorname{grad} \vartheta.$$

Für den durch die Oberfläche des Raumes V während dt tretenden Wärmestrom erhalten wir mit Benützung des Gaußschen Satzes (Vektorformel Nr. VI, S. 254):

$$E_1 = \int_F - \lambda \cdot \operatorname{grad} \vartheta \cdot dF = - \lambda \int_V \nabla^2 \vartheta \cdot dV.$$

---

[1] Latzko, H.: (Z. angew. Math. Mech. Bd. 1 (1921) S. 268) hat eine Gleichung entwickelt, mittels derer die Reibungswärme einer Strömung abgeschätzt werden kann; es zeigt sich, daß sie in den allermeisten Fällen vernachlässigbar klein ist.

Zur Berechnung der Energie E_2 führen wir einen dem Wärmefluß $\mathfrak{Q}$ entsprechenden Vektor $\mathfrak{E}$ ein, den wir etwa den konvektiven Energiefluß nennen können. Durch die Flächeneinheit strömt in der Zeiteinheit die Flüssigkeitsmenge $\varrho\,\mathfrak{w}$ mit dem Energieinhalt $\varrho\,\mathfrak{w}\,\varepsilon$ hindurch. Wir setzen:

$$\mathfrak{E} = \varrho\,\mathfrak{w}\,\varepsilon,$$

und erhalten mit Hilfe des Gaußschen Satzes für die durch die Oberfläche des Raumes V in der Zeiteinheit strömende Energie den Betrag:

$$- E_2 = \int_F \varrho\,\varepsilon\,\mathfrak{w}_n \cdot dF = \int_V \operatorname{div}(\varrho\,\varepsilon\,\mathfrak{w}) \cdot dV.$$

Durch Anwendung der Vektorformel (III, S. 254) entsteht daraus:

$$+ E_2 = - \int_V \varepsilon \cdot \operatorname{div}(\varrho\,\mathfrak{w}) \cdot dV - \int_V (\varrho\,\mathfrak{w}, \operatorname{grad}\varepsilon)\,dV,$$

und mit Hilfe der Kontinuitätsgleichung (6v):

$$E_2 = \int_V \varepsilon \frac{\partial \varrho}{\partial t}\,dV - \int_V \varrho\,(\mathfrak{w}, \operatorname{grad}\varepsilon)\,dV.$$

Wir setzen nun die einzelnen Glieder in Gleichung (29) ein und lassen den Raum V unendlich klein werden. So erhalten wir:

$$\varrho\frac{\partial \varepsilon}{\partial t} + \varepsilon\frac{\partial \varrho}{\partial t} = A - \lambda \cdot \nabla^2\vartheta + \varepsilon\frac{\partial \varrho}{\partial t} - \varrho\,(\mathfrak{w}, \operatorname{grad}\varepsilon).$$

Durch Einführung des substanziellen Differentialquotienten (Gleichung (1v)) wird daraus

$$\varrho \cdot \frac{D\varepsilon}{dt} = A - \lambda \cdot \nabla^2\vartheta. \tag{30a}$$

Die totale Änderung des Energieinhalts ist also gleich der sekundlichen Arbeit der äußeren Kräfte plus der in dieser Zeit durch Leitung eintretenden Wärme. Nun setzt sich die Gesamtenergie ε der Masseneinheit aus der kinetischen Energie $w^2/2$ und der inneren Energie u zusammen. Aus der Thermodynamik wissen wir, daß der Wärmeinhalt i gleich $u + pv$ ist. Somit wird

$$\varepsilon = \frac{w^2}{2} + u = \frac{w^2}{2} + i - p\,v$$

und

$$\varrho\frac{D\varepsilon}{dt} = \frac{\varrho}{2} \cdot \frac{Dw^2}{dt} + \varrho\frac{Di}{dt} - \varrho\,v\frac{Dp}{dt} - \varrho\,p\frac{Dv}{dt}$$

$$= \frac{\varrho}{2} \cdot \frac{Dw^2}{dt} + \varrho\frac{Di}{dt} - \frac{Dp}{dt} - p \cdot \operatorname{div}\mathfrak{w}.$$

Wenn wir diesen Ausdruck und gleichzeitig den Wert für A aus Gleichung (28v) in Gleichung (30a) einsetzen, so erhalten wir die Gleichung der Gesamtenergie in der zweiten Form

$$\varrho\frac{Di}{dt} - \frac{Dp}{dt} = - \lambda \cdot \nabla^2\vartheta + \eta \cdot \text{Diss.\,Funkt.}(\mathfrak{w}). \tag{30b}$$

Übernehmen wir endlich noch aus der Thermodynamik die Gleichung $i = C_p \cdot \vartheta$ (wobei sich C_p auf die Masseneinheit bezieht), so erhalten wir damit die dritte Form:

$$\varrho\, C_p \frac{D\vartheta}{dt} - \frac{Dp}{dt} = -\lambda \cdot V^2 \vartheta + \eta \cdot \text{Diss. Funkt. } (\mathfrak{w}). \qquad (30\,\mathrm{c})$$

3. Die Differentialgleichungen für den Beharrungszustand.

Da wir uns im folgenden fast nur mit Vorgängen im Beharrungszustand beschäftigen werden, sollen hierfür nochmals kurz die Differentialgleichungen zusammengestellt werden. Bekanntlich ist der Beharrungszustand dadurch gekennzeichnet, daß in dem Ausdruck für den substantiellen Differentialquotienten (Gleichung (1 v) und (2 v)) das Glied $\frac{\partial}{\partial t}$, das die zeitliche Feldänderung am Ort angibt, zu Null wird.

Somit erhalten wir für eine zähe, elastische Flüssigkeit im Beharrungszustand die Differentialgleichungen:
Die Kontinuitätsgleichung:

$$\operatorname{div}(\varrho\, \mathfrak{w}) = 0. \qquad (31)$$

Die Bewegungsgleichung:

$$\varrho \cdot (\mathfrak{w},\ \operatorname{grad})\, \mathfrak{w} = \varrho\, \mathfrak{g} - \operatorname{grad} p + \eta\, (V^2 \mathfrak{w} + \tfrac{1}{3} \operatorname{grad} \operatorname{div} \mathfrak{w}). \qquad (32)$$

Die Energiegleichung:

$$\varrho \cdot C_p \cdot (\mathfrak{w},\ \operatorname{grad} \vartheta) - (\mathfrak{w},\ \operatorname{grad} p) = -\lambda \cdot V^2 \vartheta + \eta \cdot \text{Diss. Funkt. } \mathfrak{w}. \qquad (33)$$

Zu diesen drei Fundamentalgleichungen gehört als vierte Gleichung von allgemeiner Geltung die Zustandsgleichung. Sie gibt an, in welcher Weise für einen bestimmten Stoff die „Zustandsgrößen" Druck, Dichte und Temperatur voneinander abhängen und lautet in der allgemeinsten Form:

$$f\,(p,\ \varrho,\ T) = 0, \qquad (34)$$

wobei f eine bekannte Funktion bedeutet.

4. Die Grenzbedingungen.

Bekanntlich ist ein Vorgang allein durch die Angabe von Differentialgleichungen nicht eindeutig festgelegt. Der Grund liegt darin, daß jede Differentialgleichung beliebig viele Lösungen hat, aus deren Zahl die richtige Lösung durch die Grenzbedingungen hervorgehoben wird (vgl. S. 9).

Wir unterscheiden zeitliche und örtliche Grenzbedingungen; erstere entfallen jedoch für den Beharrungszustand.

Um das darzustellende Gebiet einzuschränken, setzen wir stets voraus, daß keine freien Flüssigkeitsoberflächen auftreten sollen. Wir haben also nur mit festen Begrenzungsflächen zu tun und mit den Flächen, durch die die strömende Flüssigkeit ein- und austritt. Zu den letzteren Flächen zählen wir auch die unendliche Ferne für den Fall eines allseitig von Flüssigkeit umspülten Körpers in einem (praktisch) unendlich großen Raum.

a) Der Randwert der Geschwindigkeit. Es ist ohne weiteres klar, daß die Geschwindigkeit in unmittelbarer Nähe der Wand keine Komponente senkrecht dazu haben kann. Aber auch parallel zur Wand besitzt eine wirkliche Flüssigkeit keine Relativbewegung gegenüber dieser in ihrer unmittelbaren Nähe, die Flüssigkeit „haftet" an der Wand. Diese Tatsache ist a priori nicht zu beweisen, aber experimentell festgestellt. Eine Ausnahme macht nur die Bewegung von Gasen, wenn die freie Weglänge der Moleküle groß ist gegenüber den Abmessungen des Raumes, z. B. die Strömung verdünnter Gase (vgl. auch S. 210).

b) Der Randwert der Temperatur. Während das Geschwindigkeitsfeld naturgemäß an der festen Wand seine Begrenzung findet, ist dies beim Temperaturfeld nie der Fall; denn dieses erstreckt sich stets durch die Oberfläche des festen Körpers hindurch in dessen Inneres und bei einer Wand auch noch auf den Raum jenseits der Wand. Aus mathematischen Gründen ist man jedoch gezwungen, das Temperaturfeld zu begrenzen, indem man es nur innerhalb der Flüssigkeit untersucht und für die Heiz- oder Kühlflächen eine bestimmte Temperaturverteilung vorschreibt. Man kümmert sich dabei nicht darum, durch welche außerhalb des betrachteten Raumes getroffenen Maßnahmen diese Temperaturverteilung erzielt oder aufrecht erhalten werden kann.

Es ist jetzt die Frage zu beantworten: Wie groß ist der Grenzwert, dem die Flüssigkeitstemperatur bei Annäherung an die Wand zustrebt, wenn deren Temperatur gegeben ist? Im Sinne der früher (S. 111) angestellten Erörterungen über den Temperatursprung an der Berührungsfläche zweier verschiedenartiger Körper kann die Berührung zwischen einer Flüssigkeit und ihrer festen Begrenzung als vollkommen gelten. Wie an der Berührungsfläche zwischen Wand und Flüssigkeit kein Geschwindigkeitsunterschied besteht, so ist dort auch kein Temperaturunterschied vorhanden. Der Grenzwert der Flüssigkeit an der Wand ist also die Wandtemperatur. Eine Ausnahme besteht wieder für verdünnte Gase.

c) Die Grenzbedingungen an der Ein- und Austrittsstelle. Für die Ein- oder Austrittsstellen muß die Druck-, Geschwindigkeits- und Temperaturverteilung für den Strömungsquerschnitt gegeben sein; unter Umständen genügt auch die Angabe von Mittelwerten für diese Größe. Hierauf werden wir näher bei Besprechung der einzelnen Fälle eingehen.

C. Lösungsverfahren der Hydrodynamik.

1. Vereinfachung des Gleichungssystems.

Die allgemeinen Differentialgleichungen (31) bis (33) und die Randbedingungen enthalten als unabhängige Veränderliche die drei Koordinaten des Raumes, als abhängige Veränderliche: die Dichte ϱ, den Druck p, die Temperatur ϑ, die Geschwindigkeit w, als Stoffwerte: die Schwerebeschleunigung g, die Zähigkeit η, die spezifische Wärme c und die Wärmeleitzahl λ.

Die strenge „Lösung" irgendeines Problems würde darin bestehen, die sämtlichen Differentialgleichungen mit Hilfe der Randbedingungen zu integrieren. Abgesehen davon, daß dabei oft die wenig oder gar nicht bekannte Temperaturabhängigkeit der Stoffwerte berücksichtigt werden müßte, ist die allgemeine Integration der Gleichungen überhaupt noch nicht geglückt.

Man versucht nun die Aufgaben dadurch leichter zu machen, daß man durch bestimmte, dem jeweiligen Problem angepaßte Annahmen einen Teil der Unbekannten konstant setzt oder ihren Einfluß vernachlässigt. Auf der richtigen Wahl solcher vereinfachender Annahmen beruht sehr oft der Erfolg einer Untersuchung. Die bedeutensten Fortschritte der letzten Jahre auf dem Gebiet des Wärmeübergangs wurden durch Theorien gemacht, die einfachere „Bilder" an Stelle der vorderhand noch unlösbaren Naturvorgänge setzten. Mit solchen vereinfachenden Theorien von allgemeiner Bedeutung wollen wir uns im ersten Teil des nächsten Kapitels beschäftigen.

Der zweite Teil ist sodann einem Verfahren gewidmet, das in den Fällen, wo trotz aller Vereinfachungen eine exakte Lösung nicht möglich ist, wenigstens zu praktischen Erfolgen führt: es ist dies die Verallgemeinerung von Meßergebnissen mit Hilfe des Ähnlichkeitsprinzips.

a) Die Potentialtheorie (drehungsfreie Strömung). Eine exakte allgemeine Lösung von Strömungsvorgängen ist dann vielfach möglich, wenn die Bewegung überall drehungsfrei verläuft. Das Strömungsfeld kann in diesem Falle als Ableitung einer einzigen Funktion dargestellt werden, die man als „Potentialfunktion" bezeichnet. Der Vorteil dieser Einführung besteht darin, daß man statt mit drei Geschwindigkeitskomponenten w_x, w_y, w_z nur mehr mit einer Größe, nämlich dem Potential Φ zu rechnen braucht oder

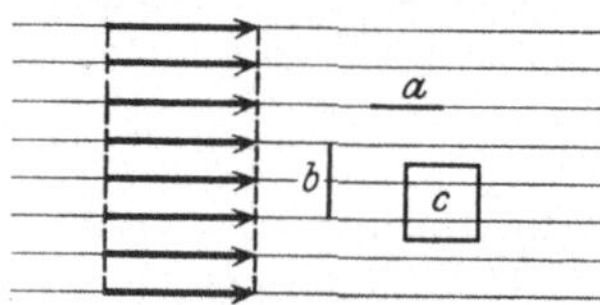
Abb. 72. Parallelströmung mit konstanter Geschwindigkeit (drehungsfrei).

mit anderen Worten, daß man statt des Vektors $\mathfrak{w}$ den Skalar Φ einführt. Die Potentialtheorie ist eine sehr hoch entwickelte Lehre der Mathematik, und wenn auch ihre unmittelbare Anwendung auf Wärmeübergangsprobleme nur in wenigen Fällen in Frage kommt, so ist doch ihre Bedeutung für das Verständnis von Flüssigkeitsbewegungen so groß, daß ihre Grundbegriffe hier wenigstens kurz besprochen werden müssen[1].

b) Drehbewegung in einer Flüssigkeit. Die Drehung eines Flüssigkeitselementes kann definiert werden als der Mittelwert der Winkelgeschwindigkeiten, mit denen die Teilchen einer in der Flüssigkeit abgegrenzten kleinen Kugel um deren Mittelpunkt umlaufen. Wir wollen mit Bezug auf diese Definition einige kennzeichnende Strömungsformen betrachten, wobei wir uns der Anschaulichkeit wegen auf zweidimensionale Vorgänge beschränken.

Daß eine Strömung, wie sie in Abb. 72 dargestellt ist, drehungsfrei verläuft, ist wohl ohne weiteres verständlich. Ein Stäbchen a, das in

---

[1] Im ersten Teil des Buches (S. 96 ff.) wurde bereits von der Potentialtheorie Gebrauch gemacht, ohne daß jedoch der Begriff der Drehung erwähnt wurde.

der Flüssigkeit parallel zu der Strömungsrichtung schwimmt, ändert seine Richtung ebensowenig wie das senkrecht zur Strömungsrichtung liegende Stäbchen *b* oder das quadratische Flächenstück *c*.

Ebenso leicht verständlich ist der in Abb. 73 dargestellte Typ einer drehenden Bewegung. Die Geschwindigkeit ist proportional dem Abstand von der Drehachse. *a*, *b* und *c* drehen sich während ihrer Fortbewegung mit konstanter Winkelgeschwindigkeit, da die Flüssigkeit sich wie ein starrer Körper dreht.

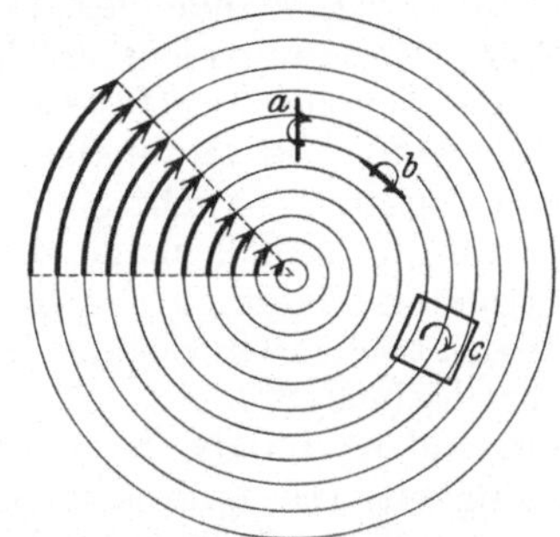

Abb. 73. Rotationsströmung (nicht drehungsfrei).

Die in Abb. 72 dargestellte Bewegung ist nur möglich in einer idealen reibungslosen Flüssigkeit oder in einem großen, homogenen Strömungsfeld in großer Entfernung von den Wänden. Im Gebiet des Wandeinflusses ist eine Strömung, wie Abb. 74 zeigt, nicht drehungsfrei, auch wenn alle Stromlinien parallel verlaufen; *a* behält zwar seine Richtung bei, aber *b* wird gedreht, ebenso das Flächenelement *c*, das gleichzeitig eine Formänderung erfährt. Aus Abb. 74 folgt, daß z. B. die am häufigsten vorkommende Strömung, nämlich die in einem Rohr oder Kanal, niemals drehungsfrei ist, auch nicht wenn sie laminar verläuft.

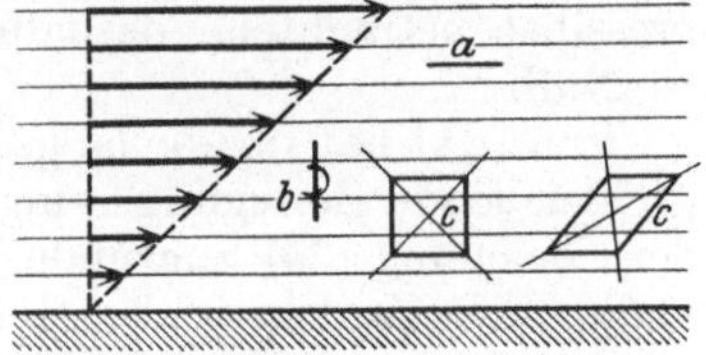

Abb. 74. Parallelströmung mit Geschwindigkeitsgefälle (nicht drehungsfrei).

Dagegen kann man eine kreisförmige Strömung so bestimmen, daß sie drehungsfrei ist. Man braucht nämlich nur vorzuschreiben, daß die Strömungsgeschwindigkeit umgekehrt proportional der Entfernung von der Drehachse sein soll. Eine solche Strömung ist in Abb. 75 dargestellt. *a* und *b* erfahren zwar beide eine Drehung, aber in entgegengesetzter Richtung, so daß *c* zwar eine Formänderung, aber keine im obigen Sinn als Mittelwert definierte Drehung erleidet, wie man an der unveränderten Lage der Diagonalen leicht erkennen kann. Die in Abb. 75 dargestellte Strömungsform ist nicht so unwahrscheinlich, wie man auf den ersten Blick glauben möchte, sie spielt im Gegenteil eine große Rolle; sie entsteht z. B. an den Rändern einer Platte, die senkrecht zu ihrer Fläche durch eine ruhende Flüssigkeit bewegt wird oder, was mathematisch dasselbe ist, an einer ruhenden Platte, die senkrecht zu

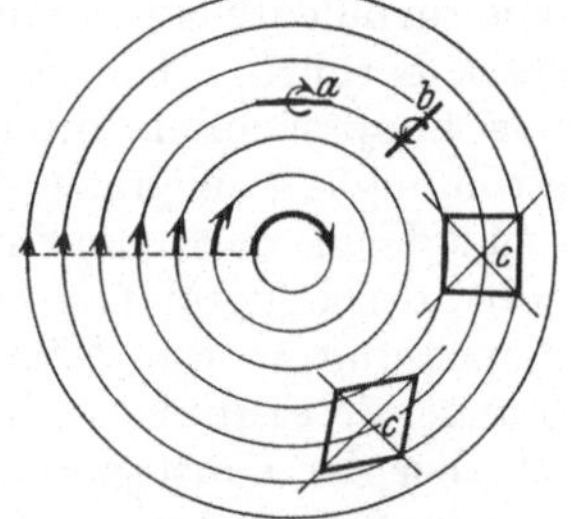

Abb. 75. Potentialwirbel (drehungsfrei).

ihrer Fläche mit gleichmäßiger Geschwindigkeit angeströmt wird.

Leider können wir die Potentialrechnung bei der Wärmeübertragung an flüssige Stoffe fast niemals anwenden. In der Hydrodynamik kann man zwar viele Strömungsvorgänge in erster Annäherung als drehungsfrei betrachten und auf diese Weise mit Hilfe der Potentialtheorie auch praktische Aufgaben mit genügender Genauigkeit lösen. Die Bedingung dafür ist aber immer, daß die Strömung nicht in der Nähe fester Wände verläuft. Diese Bedingung ist aber gerade beim Wärmeübergang nicht erfüllt; denn in unmittelbarer Nähe der Wand ist das Temperaturgefälle am größten. Wir werden später (S. 198) sehen, daß gerade die wandnahen Flüssigkeitsschichten für den Wärmeübergang besonders wichtig sind.

c) Die „schleichende Bewegung". Wenn die Geschwindigkeit einer Strömung abnimmt, so wird in der Gleichung (32) der Einfluß des in $\mathfrak{w}$ quadratischen Gliedes ($\mathfrak{w}$, grad) $\mathfrak{w}$ rascher als der in $\mathfrak{w}$ linearen Glieder verschwindend klein, mit anderen Worten, die Trägheitskräfte verschwinden und die Strömung steht nurmehr unter dem Einfluß der Zähigkeit. Das hydrodynamische Gleichungssystem lautet dann, wenn man vom Einfluß der Schwerkraft absieht:

$$\operatorname{div}(\varrho\,\mathfrak{w}) = 0, \tag{31}$$

$$\operatorname{grad} p = \eta \cdot \nabla^2\,\mathfrak{w}. \tag{35}$$

Eine sehr langsam strömende Flüssigkeit kann man stets als inkompressibel betrachten, deshalb wird auch das Glied $\eta \cdot \tfrac{1}{3}\operatorname{grad}\operatorname{div}\mathfrak{w}$ zu Null.

Prandtl hat für die langsame Strömung den bezeichnenden Namen „schleichende Bewegung" eingeführt. Er weist aber darauf hin, daß die der Gleichung (35) zugrunde liegenden Vereinfachungen nur bei Reynoldsschen Zahlen (siehe S. 159) kleiner als 0,2 eingeführt werden dürfen. In besonders einfachen Fällen ist die Lösung des durch Gleichungen (31) und (35) gegebenen Ansatzes gelungen.

d) Die Grenzschichttheorie. Eine für die Hydrodynamik, wie auch für die Lehre vom Wärmeübergang besonders wichtige von Prandtl[1] stammende Theorie beruht auf der gedanklichen Teilung eines Strömungsvorganges in eine wandnahe laminare „Grenzschicht" und in eine turbulente Strömung, die den übrigen, von Wandeinflüssen weniger stark berührten Teil der Gesamtströmung umfaßt und die wir bei der uns hauptsächlich interessierenden Strömung im Rohr als „Kernströmung" bezeichnen. Der mathematische Vorteil dieser Teilung besteht darin, daß man für Grenzschicht und turbulente Strömung verschiedene Vereinfachungen einführen kann, und dadurch eine bessere Anpassung an die Wirklichkeit erzielt, als wenn man die ganze Strömung mit einem mathematischen Ansatz erfassen will. Ebenso hoch ist aber der Umstand einzuschätzen, daß dadurch die Aufmerksamkeit auf die Grenzschicht gelenkt wurde, deren Verhalten — besonders beim Wärmeübergang — oft ausschlaggebend für den Ablauf eines Vorganges ist.

---

[1] Prandtl, L.: Verh. d. 3. internat. Math. Kongr. Heidelberg 1904. Leipzig: B. G. Teubner 1905.

Das Wesen der laminaren Grenzschicht[1] kann man sich vielleicht am besten an Hand der Abb. 76 klar machen, die (schematisch) die Geschwindigkeitsverteilung im Querschnitt eines zylindrischen Rohres darstellt. Die Gesamtströmung verläuft turbulent, d. h. die einzelnen Stromfäden liegen nicht parallel nebeneinander, sondern verschlingen sich ineinander[2]. Die dadurch verursachten radialen Querbewegungen werden in der Nähe der Wand abgebremst, so daß dort die Strömung laminar, d. h. in parallel geordneten Bahnen verläuft. Im turbulenten Teil wird die Flüssigkeit durch die Querbewegungen stark durchmischt, so daß dort (etwa von der Achse bis $r = r'$) die Geschwindigkeit nur langsam von dem in der Mitte vorhandenen Maximalwert w_a aus abnimmt, während sie in der Grenzschicht von dem Wert w' steil bis auf $w = 0$ an der Wand abfällt. Die Grenzschicht ist also definiert als die dünne[3] wandnahe Schicht, die laminar verläuft und einen linearen Geschwindigkeitsgradienten $\dfrac{\partial w}{\partial r}$ $\left(\text{allgemein } \dfrac{\partial w_x}{\delta y}\right)$ besitzt (AB, Abb. 76). Natürlich besteht in Wirklichkeit keine scharfe Trennung zwischen Grenzschicht und Kernströmung; die Definition der Grenzschichtdicke ist deshalb willkürlich und bei mehreren Autoren verschieden.

Gemäß obiger Definition ist die Dicke der Grenzschicht gegeben durch die Beziehung

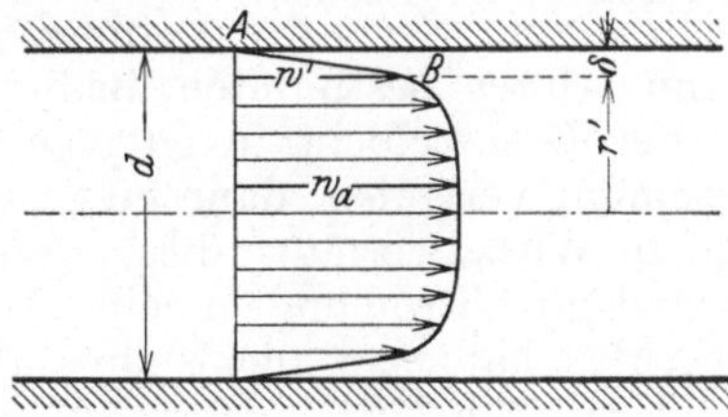

Abb. 76. Geschwindigkeitsverteilung bei turbulenter Strömung in einem Rohr.

$$\frac{\partial w}{\partial r} = \frac{w'}{\delta}. \tag{36}$$

Mit Hilfe der Gleichung (36) kann man leicht die Dicke der Grenzschicht, wenigstens ihrer Größenordnung nach, berechnen. Man betrachtet zu diesem Zweck das Kräftegleichgewicht zwischen dem auf die Querschnittsfläche des Rohres wirkenden Druckgefälle und der am Umfang der Kernströmung angreifenden Schubspannung, wobei man, mit Rücksicht darauf, daß $\delta \ll r$ ist, $r' = r$ setzen kann. Man erhält so:

$$-\frac{\partial p}{\partial x} \cdot r^2\,\pi = \tau \cdot 2\,r\,\pi = \eta \cdot \frac{\partial w}{\partial r} \cdot 2\,r\,\pi. \tag{37}$$

---

[1] Unter „Grenzschicht" wird hier also der Begriff verstanden, wie ihn Prandtl 1904 und in seiner Theorie des Wärmeüberganges (vgl. S. 198) entwickelt hat. Neuerdings wird der Name Grenzschicht auch für das Übergangsgebiet zwischen der wandfernen Potential- und der wandnahen Laminarströmung gebraucht. Prandtl empfiehlt daher jetzt, für die laminare Grenzschicht den Namen „Gleitschicht" zu gebrauchen. Im folgenden wurde aber der in der Lehre vom Wärmeübergang eingebürgerte ältere Brauch beibehalten. Im Rohr reicht diese turbulente Grenzschicht bis in die Achse, vgl. z. B. den ausgezeichneten Überblick von Th. v. Karman in Werft, Reed., Hafen Bd. 13 (1932) S. 210.

[2] Ausführlicher wird der Unterschied zwischen laminarer und turbulenter Strömung auf S. 164 behandelt.

[3] In Abb. 76 ist aus zeichnerischen Gründen die Dicke der Grenzschicht stark übertrieben (vgl. S. 156).

Durch Einsetzen von Gleichung (36) erhält man hieraus

$$\delta = -\frac{2\,\eta\,w'}{r\,\dfrac{\partial p}{\partial x}}. \tag{38}$$

In diese Gleichung kann man nun für $\dfrac{\partial p}{\partial x}$ und für w' Werte einsetzen, die man aus empirisch gefundenen Gesetzen (vgl. S. 164) berechnet, doch möge an dieser Stelle die Angabe des Gedankenganges genügen[1].

Zahlentafel 12. Grenzschichtdicke δ für die Strömung im Rohr bei verschiedenen Reynoldsschen Zahlen.

$Re = \dfrac{\bar{w}d}{\nu}$	$\dfrac{\delta}{d}$
10000	1/466
100000	1/3660
1000000	1/28400

In Zahlentafel 12 sind die Ergebnisse einer von Jakob[2] durchgeführten Berechnung mitgeteilt.

Aus Zahlentafel 12 ersieht man, daß die Grenzschicht tatsächlich so dünn ist, daß die eben gemachten Annahmen gerechtfertigt sind.

Die Bedeutung der Grenzschicht für die Hydrodynamik liegt in erster Linie darin, daß man in der Grenzschicht die Ursache für die Entstehung von Wirbeln vermuten kann. Unter bestimmten Bedingungen kann nämlich die Strömung in der Grenzschicht in entgegengesetzter Richtung wie in der Kernströmung verlaufen; dann gibt es eine instabile Diskontinuitätsschicht, die in Wirbel zerfällt; diese wandern dann als Störungszentren in die turbulente Strömung hinein. Durch Einführung des Grenzschichtbegriffes hat man nicht nur zahlreiche Vorgänge aufklären können, sondern auch Mittel gefunden, um die meist unerwünschte, weil mit starkem Energieverlust verbundene Wirbelbildung in vielen Fällen zu verhindern (Formgebung, Absaugung).

Da die Strömung in der Grenzschicht laminar verläuft, kann die Wärmeleitung in ihr wie in einer Platte und die Reibung nach dem Newtonschen Ansatz [Gleichung (14), S. 140] berechnet werden. Von diesen einfachen Ansätzen wird später (S. 198) noch Gebrauch gemacht, wenn die Rolle der Grenzschicht beim Wärmeübergang behandelt wird.

2. Das Prinzip der Ähnlichkeit.

Im ersten Teil des Buches wurde bereits vom Ähnlichkeitsprinzip Gebrauch gemacht. Während dies aber bei der Wärmeleitung in festen Körpern nur in besonders schwierigen Ausnahmefällen herangezogen zu werden braucht, ist es bei der Untersuchung der Wärmeübertragung an Flüssigkeiten fast stets das einzige Hilfsmittel, um wenigstens zu Teillösungen zu gelangen.

Ein grundsätzlicher Unterschied zwischen der Wärmeleitung in festen Körpern und der in Flüssigkeiten besteht darin, daß bei ersterer

---

[1] Vgl. L. Prandtl: Physik. Z. Bd. 29 (1928) S. 487. Prandtl-Tietjens: Bd. 2 S. 81ff.

[2] Jakob, M. in Eucken-Jakob: Der Chemie-Ingenieur. Bd. 1/1 S. 49, Leipzig 1933.

nur die Wärme sich bewegt, ihr Träger, der Körper aber in Ruhe bleibt, während im letzteren Fall die Wärme und die Materie, an die sie gebunden ist, sich bewegen. Es sind daher auch zwei Felder (das Geschwindigkeits- und das Temperaturfeld) zu untersuchen, die noch dazu voneinander abhängen. Diese Verkoppelung zweier Strömungsfelder macht die Wärmeübertragung in Flüssigkeiten zu einem so schwierigen Gegenstand, daß die gegenwärtigen Methoden der Mathematik nur in Ausnahmefällen eine Integration gestatten.

Die Lehre von der Wärmeübertragung beruht heute noch fast ausschließlich auf experimenteller, Grundlage. Das Ähnlichkeitsprinzip ermöglicht aber eine bedeutend rationellere Verwertung der Versuchsergebnisse als die früher üblichen empirischen Faustformeln. Außerdem hat die Einführung des Ähnlichkeitsprinzips durch Nußelt überhaupt erst den Ausbau einer „Lehre vom Wärmeübergang" ermöglicht, indem erst dadurch der erforderliche Leitgedanke aufgestellt wurde, der die Zusammenfassung der Einzelbeobachtungen unter einem einheitlichen Gesichtspunkt ermöglichte.

Die Anwendung des Ähnlichkeitsprinzips beruht, wie wir bereits im 1. Teil (S. 121) gesehen haben, auf dem Rechnen mit Kennzahlen. Es sei nun zunächst eine Kennzahl abgeleitet, die von allgemeiner Bedeutung ist. Dabei läßt sich auch zeigen, daß das Ähnlichkeitsprinzip nicht nur ein formales Hilfsmittel zur Umgehung mathematischer Schwierigkeiten ist, sondern daß seine Verwendung auch einen Fortschritt für das Verstehen der physikalischen Strömungsvorgänge bedeutet.

a) Ableitung der Reynoldsschen Kennzahl Re. Wir wollen zunächst die Kennzahl ableiten, die die hydrodynamische Ähnlichkeit von Strömungsfeldern in zähen Flüssigkeiten charakterisiert. Dabei gehen wir genau wie im ersten Teil (S. 122) vor, indem wir die maßgebenden Differentialgleichungen (31) und (32) für ein „gestrichenes" und für ein „ungestrichenes" Strömungssystem anschreiben. Für diese gelten unter der bereits früher gemachten Einschränkung, daß keine freien Flüssigkeitsoberflächen vorhanden sind, folgende Bedingungen:

1. Ähnlichkeitsbedingung: In beiden Flüssigkeiten herrscht gleicher Strömungszustand, d. h. beide Strömungen sind entweder laminar oder turbulent (s. S. 155). Außerdem müssen auch die Begrenzungen von gleicher Art (affin) sein, z. B. entweder in beiden Fällen gerade Rohre oder Krümmer oder Röhrenbündel.

2. Ähnlichkeitsbedingung: Die Strömungen sollen in geometrisch ähnlichen Räumen verlaufen, d. h. entsprechende Abmessungen des Raumes, in dem die eine Strömung verläuft, sind mit entsprechenden Abmessungen des anderen Raumes durch folgende Gleichungen verknüpft:

$$\left. \begin{array}{l} l_0' = \mu_l \cdot l_0 \\ l_1' = \mu_l \cdot l_1 \\ \qquad \vdots \\ l_i' = \mu_l \cdot l_i \end{array} \right\} \ \mu_l = \text{const}. \tag{39}$$

μ_l ist das „Dehnungsverhältnis“ (vgl. S. 123). Die Bedeutung der übrigen Bezeichnungen geht ohne weitere Erklärung aus Abb. 77 hervor.

3. Ähnlichkeitsbedingung: Die Geschwindigkeit $\mathfrak{w}'$ an irgendeinem Punkte der einen Strömung sei mit der Geschwindigkeit $\mathfrak{w}$ an dem entsprechend gelegenen Punkt der anderen Strömung durch die Gleichung verbunden:

$$\mathfrak{w}' = \mu_w \cdot \mathfrak{w} . \tag{40}$$

μ_w ist ein reiner Zahlenfaktor, also haben $\mathfrak{w}'$ und $\mathfrak{w}$ gleiche Richtung, aber verschiedene absolute Größe. Da wir voraussetzen, daß beide Strömungsvorgänge sich in zähen Flüssigkeiten abspielen, so ist an den festen Begrenzungsflächen sowohl $\mathfrak{w}'$ als auch $\mathfrak{w}$ gleich Null.

4. Ähnlichkeitsbedingung: Da für den Verlauf einer Strömung nicht der absolute Betrag des Druckes maßgebend ist, sondern nur das Druckgefälle, so ist es bei Aufstellung der Ähnlichkeitsbedingung für die Druckfelder gestattet, ein konstantes Zusatzglied p_c' einzuführen. Wir dürfen also schreiben:

$$p' + p_c' = \mu_p \cdot p . \tag{41}$$

Das heißt: der Druck p' an einem beliebigen Punkt des einen Strömungs-

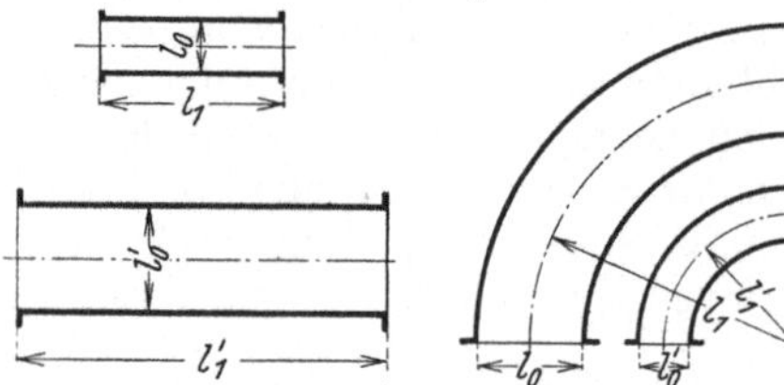
feldes muß nach Abzug eines im ganzen Feld konstanten Wertes p_c' in einem bestimmten, im ganzen Feld konstanten Verhältnis zu dem Druck p an dem entsprechend gelegenen Punkt des anderen Feldes stehen. Den Einfluß, den eine im ganzen Feld konstante Druckänderung auf

Abb. 77. Geometrisch ähnliche Räume.

die Dichte der strömenden Flüssigkeit hat, wenn diese kompressibel ist, wollen wir zunächst vernachlässigen.

5. Ähnlichkeitsbedingung: Für die Stoffwerte ϱ und η gelten die Beziehungen

$$\varrho' = \mu_\varrho \cdot \varrho , \tag{42}$$

$$\eta' = \mu_\eta \cdot \eta \tag{43}$$

Es entsteht nun die Frage, ob wir die Ähnlichkeitsfaktoren μ_l, μ_w, μ_p, μ_ϱ und μ_η beliebig wählen dürfen, oder ob zwischen ihnen ein Zusammenhang besteht, so daß durch die Wahl einiger Faktoren die übrigen zwangsläufig bestimmt sind.

Wir schreiben die Differentialgleichungen für die beiden Systeme an, wobei, da freie Oberflächen ausgeschlossen sind, die Schwerkraft keinen Einfluß auf die Strömung hat:

$$\operatorname{div} (\varrho \, \mathfrak{w}) = 0 , \tag{44a}$$

$$\varrho \cdot (\mathfrak{w} \cdot \operatorname{grad}) \, \mathfrak{w} = - \operatorname{grad} p + \eta (\nabla^2 \mathfrak{w} + \tfrac{1}{3} \operatorname{grad} \operatorname{div} \mathfrak{w}) , \tag{45a}$$

$$\frac{\mu_\varrho \, \mu_w}{\mu_l} \cdot \operatorname{div} (\varrho \, \mathfrak{w}) = 0 , \tag{44b}$$

$$\frac{\mu_\varrho \, \mu_w^2}{\mu_l} \cdot \varrho \, (\mathfrak{w}, \operatorname{grad}) \, \mathfrak{w} = \frac{\mu_p}{\mu_l} \, (- \operatorname{grad} p)$$
$$+ \frac{\mu_\eta \, \mu_w}{\mu_l^2} \cdot \eta (\nabla^2 \mathfrak{w} + \tfrac{1}{3} \operatorname{grad} \operatorname{div} \mathfrak{w}) . \tag{45b}$$

Sollen die beiden Gleichungssysteme identisch sein, so dürfen sich die entsprechenden Gleichungen nur durch beiderseits gleiche Faktoren unterscheiden.

Aus der Kontinuitätsgleichung folgt:

$$\frac{\mu_\varrho\,\mu_w}{\mu_l} = \frac{0}{0}\,.$$

Diese Gleichung sagt also nichts über μ_ϱ, μ_w und μ_l aus.

Aus der Bewegungsgleichung erhalten wir die Beziehung

$$\frac{\mu_\varrho\,\mu_w^2}{\mu_l} = \frac{\mu_p}{\mu_l} = \frac{\mu_\eta\,\mu_w}{\mu_l^2}\,. \tag{46}$$

Aus dieser Doppelgleichung können wir die nachstehenden drei Beziehungen ablesen:

$$\frac{\mu_p}{\mu_\varrho\,\mu_w^2} = 1\,, \tag{47a}$$

$$\frac{\mu_\varrho\,\mu_w\,\mu_l}{\mu_\eta} = 1\,, \tag{47b}$$

$$\frac{\mu_p\,\mu_l}{\mu_\eta\,\mu_w} = 1\,. \tag{47c}$$

Wenn wir auf die Definition der Werte μ in den Gleichungen (39) bis (43) zurückgreifen und gleichzeitig die Betrachtung auf mehr als zwei Systeme verallgemeinern, können wir die Gleichungen (47) auch in der Form schreiben[1]

$$\operatorname{grad} p \cdot \frac{l_0}{\varrho\,w^2} = \operatorname{grad} p' \cdot \frac{l_0'}{\varrho'\,w'^2} = \cdots \tag{48a}$$

$$\frac{\varrho\,w\,l_0}{\eta} = \frac{\varrho'\,w'\,l_0'}{\eta'} = \cdots \tag{48b}$$

$$\operatorname{grad} p \cdot \frac{l_0^2}{\eta\,w} = \operatorname{grad} p' \cdot \frac{l_0'^2}{\eta'\,w'} = \cdots \tag{48c}$$

Durch diese Gleichungen sind drei dimensionslose Größen definiert, die die Ähnlichkeit verschiedener Strömungsfelder untereinander kennzeichnen. Wir nennen sie daher „Kennzahlen". Die drei Größen sind aber nicht unabhängig voneinander. Eine rein algebraische Überlegung lehrt uns zunächst, daß Gleichung (48c) das Produkt aus (48a) und (48b) ist, also keine neue Aussage. Ferner liefert Gleichung (48a) keine physikalische Ähnlichkeitsbedingung, da sie nur ein Verhältnis innerer Kräfte, nämlich des statischen Flüssigkeitsdruckes $\operatorname{grad} p \cdot l$ zum dynamischen Flüssigkeitsdruck $\varrho\,w^2$ enthält. Es bleibt also nur der Ausdruck (48b), der sich unter dem Namen „Reynoldssche Zahl"[2] bereits allgemein eingebürgert hat und mit „Re" bezeichnet wird.

---

[1] In den Gleichungen (48) tritt $w = |\mathfrak{w}|$ an die Stelle des Vektors $\mathfrak{w}$, da eine dimensionslose Kenngröße natürlich keine Richtung besitzen kann. Ebenso ist unter $\operatorname{grad} p$ nur der Betrag des Druckgradienten zu verstehen. Unabhängig davon bleibt aber die Bedingung in Geltung, daß entsprechende Vektoren in ähnlichen Feldern gleiche Richtung haben müssen.

[2] Osborne Reynolds hat als erster im Jahr 1883 das Ähnlichkeitsprinzip auf die Strömung zäher Flüssigkeiten angewandt.

Das „Reynoldssche Ähnlichkeitsgesetz" kann man etwa so ausdrücken:

„Sollen verschiedene (stationäre) Strömungsvorgänge in zähen Flüssigkeiten untereinander ähnlich verlaufen, so müssen die Reynoldsschen Kennzahlen an allen einander entsprechenden Punkten der verschiedenen Strömungsfelder einander gleich sein."

Es taucht nun die Frage auf: Wie ist es praktisch möglich, die Ähnlichkeit verschiedener Felder in deren ganzem Bereich zu erzwingen oder zu beurteilen?

Eine einfache Überlegung sagt uns, daß es genügt, wenn wir die besonderen Ähnlichkeitsbedingungen (2. bis 5.) an der Berandung der Strömungsfelder einhalten, daneben aber natürlich die 1. (allgemeine) Bedingung beachten. Wenn wir in Gedanken vom Rand aus ins Innere eines Feldes fortschreiten, so entwickelt sich der Strömungsverlauf von dem am Rand herrschenden Zustand aus nach den Vorschriften des mathematischen Ansatzes. Sind nun die Strömungen zweier Felder am Rande einander ähnlich und gilt für den ganzen Bereich der Felder der gleiche mathematische Ansatz, so müssen notwendigerweise die Strömungen im ganzen Bereich der beiden Felder ähnlich verlaufen.

Es genügt also z. B. die Bedingung, daß im Eintrittsquerschnitt zweier geometrisch ähnlicher Rohre ähnliche Geschwindigkeitsverteilung besteht. An der Wand der Rohre liegt auf jeden Fall Ähnlichkeit der Strömung vor, da hier die Geschwindigkeit überall zu Null wird. Sind nun noch beide Strömungen von gleicher Art und befolgen dieselben Differentialgleichungen, so sind die Geschwindigkeitsverteilungen in beliebigen entsprechenden Querschnitten, z. B. in den Austrittsquerschnitten einander ähnlich.

Wir fragen nun nach der praktischen Nutzanwendung des Reynoldsschen Ähnlichkeitsgesetzes. Wenn die Reynoldssche Zahl Re maßgebend ist für die Ähnlichkeit verschiedener Geschwindigkeitsfelder, so können wir sie offenbar als Grundlage für die experimentelle Untersuchung aller hydrodynamischen Vorgänge wählen, die den Differentialgleichungen (31) und (32) und den Bedingungen Gleichung (39) bis (43) gehorchen. Denn aus diesen Gleichungen ist ja Re abgeleitet worden. Wollen wir z. B. untersuchen, in welcher Weise die Grenzschichtdicke, die Geschwindigkeitsverteilung in einem Rohrquerschnitt oder der Druckverlust längs eines Rohres von den besonderen Strömungsbedingungen abhängt, so brauchen wir nur den Zusammenhang zwischen den gesuchten Größen und der Reynoldsschen Zahl ermitteln.

Den Zusammenhang selbst kann uns das Ähnlichkeitsprinzip nicht geben, er muß immer noch auf experimentellem Weg gefunden werden. Aber die Zahl der notwendigen Versuche wird sehr stark vermindert, da es ja genügt, eine der vier Variablen, aus denen Re zusammengesetzt ist, zu variieren, um das vollständige Gesetz zu erhalten.

Wir wollen nun einzelne hydrodynamische Probleme behandeln, natürlich nur, soweit sie für den Wärmeübergang von Bedeutung sind.

Der Leser möge nicht ungeduldig werden, daß der Hydrodynamik eine so eingehende Behandlung zuteil wird. Für das Eindringen in die

Vorgänge der Wärmeübertragung ist es aber unbedingt erforderlich, daß man mit den hydrodynamischen Erscheinungen bereits einigermaßen vertraut ist. Die Untersuchung eines Wärmeübergangsproblems erfolgt ja meistens in der Weise, daß man erst das isotherme Geschwindigkeitsfeld zu erfassen sucht und dann dessen Veränderung durch das überlagerte Temperaturfeld studiert.

b) Reynoldssche Zahl und Geschwindigkeitsverteilung. Wir müssen uns daran erinnern, daß wir der Ableitung der Reynoldsschen Zahl die Bedingung (40) zugrunde gelegt haben, daß also zunächst auch wl/ν für jeden einzelnen Punkt der Berandung des betrachteten Strömungsfeldes ermittelt werden muß (wobei aber l konstant bleibt). Damit können wir natürlich praktisch nichts anfangen. Wir müssen dahin streben, irgendeine besonders ausgezeichnete Geschwindigkeit in Re einzuführen, z. B. bei der Strömung im Rohr die mittlere oder auch die Geschwindigkeit in der Achse. Dies ist nur deshalb statthaft, weil ein bestimmter Zusammenhang zwischen der mittleren oder axialen Geschwindigkeit und der Geschwindigkeitsverteilung über den ganzen Strömungsquerschnitt besteht.

Nun folgt aber schon aus dem Reynoldsschen Ähnlichkeitsgesetz, daß bei gleicher Reynoldsscher Zahl auch ähnliche Geschwindigkeitsverteilung bestehen muß. Zahlreiche Versuche, von denen nur die von Stanton[1]

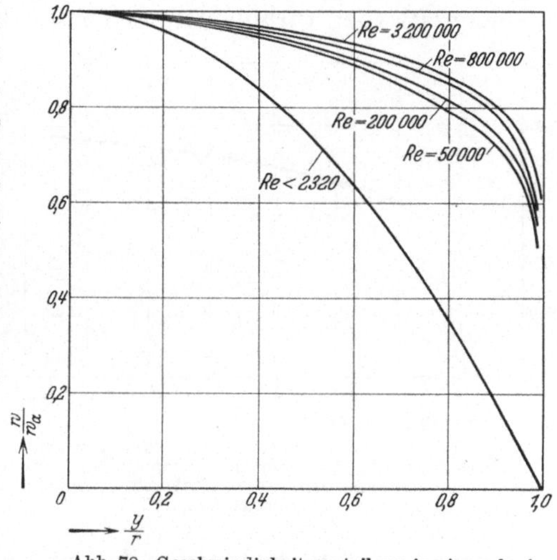

Abb. 78. Geschwindigkeitsverteilung in einem kreiszylindrischen Rohr bei laminarer und turbulenter Strömung.

w_a = Geschwindigkeit in der Rohrachse,
w = Geschwindigkeit im Abstand y von der Rohrachse.

und Mitarbeitern und Kirsten[2] mit Rohren, Nikuradse[3] mit Rohren und offenen Gerinnen, Hansen[4] mit ebenen Platten erwähnt seien, haben dies bestätigt.

In Abb. 78 ist als Beispiel die Geschwindigkeitsverteilung in einem kreiszylindrischen Rohr bei laminarer und turbulenter Strömung für verschiedene Reynoldssche Zahlen dargestellt. Als Abszisse ist y/r aufgetragen, wobei y den Abstand von der Rohrachse, r den Rohrradius

---

[1] Stanton, T. E.: Proc. Roy. Soc., Lond. (A) Bd. 85 (1911) S. 366. — u. J. R. Pannell: Philos. Trans. Roy. Soc., Lond. (A) Bd. 214 (1914) S. 199. —, D. Marshall u. C. N. Bryant: Proc. Roy. Soc., Lond. (A) Bd. 97 (1920) S. 413.
[2] Kirsten, H.: Diss. Leipzig 1927.
[3] Nikuradse, J.: Forsch.-Arb. Ing.-Wes. 1926 Heft 281.
[4] Hansen, M.: Z. angew. Math. Mech. Bd. 8 (1928) S. 185.

bedeutet; die Ordinate ist das Verhältnis der Geschwindigkeit w an der Stelle y zu der Geschwindigkeit w_a in der Achse $(y = 0)$. Für $Re < Re_{krit.}$ (vgl. S. 164) ist die Geschwindigkeitsverteilung unabhängig von Re gegeben durch die bekannte Parabelgleichung der Poiseuilleschen Strömung:

$$w = w_a \cdot \frac{r^2 - y^2}{r^2} = 2\,\overline{w} \cdot \frac{r^2 - y^2}{r^2}, \tag{49}$$

worin $\overline{w}$ die mittlere Geschwindigkeit bedeutet.

Im Gebiet der turbulenten Strömung dagegen ist die Geschwindigkeitsverteilung abhängig von der Reynoldsschen Zahl, und zwar in der Weise, daß mit steigender Reynoldsscher Zahl der flache Teil des Profils immer mehr verbreitert und der Teil mit starkem Geschwindigkeitsgefälle immer mehr an die Rohrwand gedrängt wird. Die Geschwindigkeitsprofile der turbulenten Strömung können angenähert durch die Gleichung dargestellt werden:

$$w = w_a \left(\frac{r - y}{r}\right)^n, \tag{50}$$

wobei n aus den bis 1921 bekannt gewordenen Unterlagen von Prandtl und v. Kármán[1] gleich 1/7 gesetzt wurde. Später zeigte Nikuradse[2], daß n mit wachsender Reynoldsscher Zahl abnimmt, und bei $Re = \sim 1\,500\,000$ nur mehr den Wert 1/9,5 bis 1/10 besitzt. Neuerdings hat v. Kármán[3] ein logarithmisches Gesetz für den Zusammenhang zwischen Geschwindigkeitsverteilung und Reynoldsscher Zahl angegeben, wodurch der Zusammenhang von n und Re ausgeschaltet wird.

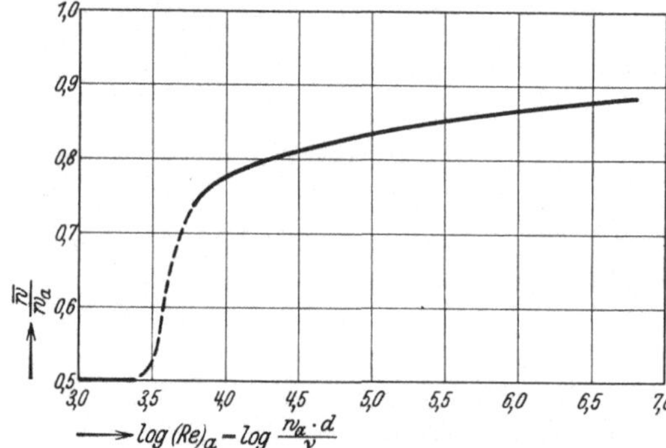

Abb. 79. Verhältnis von mittlerer zu axialer Geschwindigkeit in Abhängigkeit von der Reynoldsschen Zahl. $\overline{w}$ = mittlere Geschwindigkeit, w_a = axiale Geschwindigkeit.

Von besonderer Bedeutung ist die mittlere Geschwindigkeit $\overline{w}$, die definiert ist durch die Gleichung

$$V = r^2 \pi \cdot \overline{w}, \tag{51}$$

wenn wir mit V das in der Zeiteinheit durch den Rohrquerschnitt strömende Flüssigkeitsvolumen bezeichnen. Nach dem oben Gesagten muß, solange man mit Gleichung (50) rechnet, das Verhältnis $\overline{w}/w_a$ bei turbulenter Strömung ebenfalls von der Reynoldsschen Zahl abhängen. Abb. 79 zeigt den Zusammenhang nach Messungen verschiedener Beobachter[4].

---

[1] v. Kármán, Th.: Z. angew. Math. Mech. Bd. 1 (1921) S. 233.

[2] Nikuradse, J.: Verh. d. 3. intern. Kongr. f. techn. Mech. Stockholm Bd. 1 (1930) S. 239.

[3] v. Kármán, Th.: Verh. d. 3. internat. Kongr. f. techn. Mech. Stockholm Bd. 1 (1930) S. 85.

[4] In Abb. 79 ist die Reynoldssche Zahl ausnahmsweise auf w_a bezogen, sonst immer auf $\overline{w}$.

Als Ergebnis dieses Abschnittes wollen wir festhalten, daß in geometrisch ähnlichen Räumen das Geschwindigkeitsfeld durch Angabe der Reynoldsschen Zahl und der Geschwindigkeit an einer (aber stets analogen) Stelle (etwa in der Rohrachse) oder der mittleren Geschwindigkeit eindeutig festgelegt ist. Dies gilt jedoch — worauf schon jetzt ausdrücklich hingewiesen sei — nur für isotherme Strömung, d. h. konstante Temperatur in dem ganzen Untersuchungsbereich.

Die experimentelle Forschung hat aber auch in zwei Richtungen zu einer Erweiterung des Reynoldsschen Ähnlichkeitsgesetzes geführt. Es muß nämlich einerseits die Rauhigkeit der Wände, andererseits der „Anlaufvorgang" (s. u.) berücksichtigt werden. Durch die Bedingungen (39) ist ja vorgeschrieben, daß die Strömungsräume geometrisch ähnlich sein müssen. Diese Vorschrift erstreckt sich auch auf die kleinsten Unebenheiten der Wandflächen, so daß also nur Wandflächen von gleicher „relativer Rauhigkeit" verglichen werden dürfen. Die „relative Rauhigkeit" kennzeichnet man zweckmäßig durch einen Quotienten ε/l, worin ε ein Maß für die absolute Rauhigkeit von der Dimension einer Länge ist, das aber leider nur empirisch und auch dann nur mit einer gewissen Willkür festgelegt werden kann. Die Ausarbeitung eines Verfahrens zur Messung der Rauhigkeit ist zur Zeit ein wichtiges Problem der Hydrodynamik.

Immerhin ist es durch Einführung des Quotienten ε/l gelungen, den Vergleich von Strömungsvorgängen in verschieden rauhen, also nicht mehr vollkommen geometrisch ähnlichen Wandungen, aber auch in Rohren mit gleicher Rauhigkeit und verschiedenem Durchmesser mit Hilfe des Ähnlichkeitsprinzipes zu beherrschen[1].

Die zweite Ergänzung des Reynoldsschen Gesetzes bezieht sich darauf, daß eine Strömung erst in einer gewissen Entfernung („Anlaufstrecke") hinter, d. h. stromabwärts, einer Änderung der Berandung (z. B. Beginn des angeströmten Körpers, Querschnittsänderung des untersuchten Rohres am Einlauf, Krümmer, Ventile) den stationären Zustand erreicht, der den neuen Strömungsverhältnissen entspricht. Zwischen der Länge der „Anlaufstrecke", und der Reynoldsschen Zahl besteht auch ein Zusammenhang, mit dessen Bestimmung sich neuere Arbeiten[2] beschäftigen. Jedenfalls steht fest, daß als dritter Parameter neben der Reynoldsschen Zahl Re und der relativen Rauhigkeit ε/l häufig noch der Quotient x/l zu berücksichtigen ist, der die Entfernung x der Meßstelle (des Aufpunktes) von der letzten Unstetigkeit der Berandung enthält.

c) Reynoldssche Zahl und Grenzschichtdicke. Es ist ohne weiteres klar, daß, wie die Geschwindigkeitsverteilung, so auch die Dicke der Grenzschicht von der örtlichen Reynoldsschen Zahl abhängen muß. Denn

---

[1] Vgl. z. B. L. Prandtl: Werft, Reed., Hafen Bd. 13 (1932) S. 211; im Zusammenhang mit Wärmeübergang auch F. Bradtke: Gesundh.-Ing., Kongreß-Sonderheft 1930 S. 1.

[2] Vgl. L. Schiller: Z. angew. Math. Mech. Bd. 2 (1922) S. 96; ferner R. Hermann u. Th. Burbach: Strömungswiderstand und Wärmeübergang in Rohren. Leipzig 1930.

die laminare Grenzschicht ist ja nichts anderes als der Teil der Strömung, in dem der Geschwindigkeitsgradient senkrecht zur Wand linear ist.

Die Beziehungen zwischen der Dicke der Grenzschicht an einer Platte und der Reynoldsschen Zahl wurde mehrfach untersucht und Eisner[1] hat u. a. gezeigt, daß die Versuchsergebnisse an Platten in guter Übereinstimmung stehen mit Untersuchungen über die Strömung im Rohr.

d) Reynoldssche Zahl und Strömungswiderstand. In jeder strömenden Flüssigkeit nimmt der Gesamtdruck in der Strömungsrichtung ab, da durch die innere Reibung Strömungsenergie in Wärme umgesetzt wird und diese Energiemenge nur dem Flüssigkeitsdruck entnommen werden kann. Betrachten wir als Beispiel die für den Wärmeaustausch besonders wichtige stationäre Strömung einer inkompressiblen Flüssigkeit in einem Rohr mit kreisförmigem Querschnitt, so gilt hierfür die Gleichung:

$$\Delta p = p_1 - p_2 = \psi_R \cdot \frac{l}{d} \cdot \frac{\varrho \, \overline{w}^2}{2} . \tag{52}$$

Hierin ist Δp der Druckabfall auf der Strecke l, d der Rohrdurchmesser, ϱ die Dichte der strömenden Flüssigkeit, $\overline{w}$ die mittlere Strömungsgeschwindigkeit. Die „Widerstandszahl" ψ_R ist eine Funktion der Reynoldsschen Zahl $Re = \dfrac{\overline{w} \, d}{\nu}$.

Setzt man $\psi_R = \dfrac{64}{Re}$ (linker Ast der Kurve in Abb. 80) in Gleichung (52) ein, so erhält man

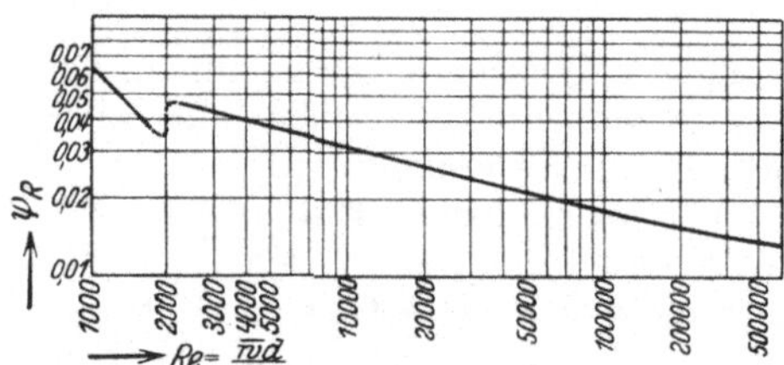

Abb. 80. Widerstandszahl für die Strömung in glatten Rohren, abhängig von der Reynoldsschen Zahl. Definition der Ordinate s. Gl. (52).

$$\Delta p = \frac{32 \, \eta \, l \, \overline{w}}{d^2} . \tag{53}$$

Dies ist das Poiseuillesche Gesetz, das u. a. besagt, daß der Druckabfall Δp im Gebiet der laminaren Strömung der 1. Potenz der Geschwindigkeit proportional ist.

Steigert man $\overline{w}$ bis über einen bestimmten Wert, der bei genügend großer Anlauflänge durch die „kritische Reynoldssche Zahl" $Re_{krit.} = \sim 2000$ gegeben ist, so schlägt die laminare Strömung in die turbulente um, und in dem gleichen Augenblick ändert ψ_R sprunghaft seinen Charakter. Der Druckabfall ist im Gebiet der turbulenten Strömung proportional einer höheren Potenz der Geschwindigkeit und ist außerdem stark von der Rauhigkeit der Rohrwand abhängig.

In glatten Rohren (gezogenen Messingrohren) gilt nach den Versuchen von Hermann[2] für $20000 < Re < 1900000$ die empirische Gleichung

$$\psi_R = 0{,}0054 + 0{,}3964 \cdot (Re)^{-0{,}3} . \tag{54}$$

[1] Eisner, F.: Schiffbau Bd. 31 (1930) S. 563.

[2] Hermann, R., u. Th. Burbach: Strömungswiderstand u. Wärmeübergang in Rohren. Leipzig 1930.

Für $2000 < Re < 80000$ kann man mit der von Blasius stammenden, etwas bequemeren Formel

$$\psi_R = 0{,}3164 \cdot \sqrt[4]{\frac{1}{Re}} \tag{55}$$

rechnen.

Gleichung (54) bildet den rechten Ast der Kurve in Abb. 80. Die verschiedenen Potenzgesetze für ψ_R sind durch das auf S. 162 bereits erwähnte logarithmische Gesetz von v. Kármán[1] zusammengefaßt.

In rauhen Rohren ist die Widerstandszahl wesentlich größer. Alle ψ_R-Kurven für rauhe Rohre liegen also oberhalb der in Abb. 80 eingezeichneten Kurve, die einen Grenzfall bildet. Sie fallen mit wachsendem Re zuerst ebenfalls ab, gehen aber, je nach dem Rauhigkeitsgrad der Rohrwand, schon mehr oder weniger bald in eine Horizontale über. Alle Bemühungen, die zahlreichen Versuche über den Druckabfall in rauhen Rohren durch eine allgemein gültige Gleichung zusammenzufassen, scheiterten bisher an der Unmöglichkeit, den Rauhigkeitsgrad einwandfrei festzulegen. Die Versuchsergebnisse sind in zahlreichen empirischen Formeln und Diagrammen zusammengefaßt[2]. In neuester Zeit ist Prandtl[3] für bestimmte Rauhigkeitsformen (Sand) die Zusammenfassung verschiedener Rauhigkeitsmaße in eine gemeinsame Gleichung gelungen.

Ist die strömende Flüssigkeit kompressibel (ein Gas), so tritt zu dem Faktor ψ_R in Gleichung (52) noch ein Summand ψ_B als Ausdruck für den Druckabfall, der zur Beschleunigung des strömenden Gases verbraucht wird. Infolge des Druckabfalls in der Strömungsrichtung tritt nämlich eine Expansion und Volumenvergrößerung auf, die wieder eine Zunahme der Strömungsgeschwindigkeit bedingt. ψ_B kann bei isothermem Strömungsverlauf nach der Formel

$$\psi_B = \frac{4\,d}{l} \cdot \frac{1}{2} \ln \frac{p_1}{p_2} \tag{56}$$

oder für nicht zu großen Druckabfall genügend genau nach

$$\psi_B = \frac{4\,d}{l} \cdot \frac{p_1 - p_2}{p_1 + p_2} \tag{56a}$$

berechnet werden.

Die bisher besprochenen Gesetzmäßigkeiten und Formeln gelten auch für Rohre mit nicht kreisförmigem Durchmesser und offene Gerinne, wenn man an Stelle von d als geometrische Bezugsgröße eine andere Länge einführt. Diese erhält man aus der Überlegung, daß das Verhältnis des Strömungsquerschnitts F (auf den der Druck wirkt, der die Strömung verursacht), zu der festen Begrenzung U der Strömung (benetzter Um-

---

[1] v. Kármán, Th.: Verh. d. internat. Kongr. f. techn. Mech. Stockholm Bd. 1 (1930) S. 85.

[2] Z. B. L. Hopf: Z. angew. Math. Mech. Bd. 3 (1923) S. 329; oder L. Hopf: „Zähe Flüssigkeiten" in H. Geiger u. K. Scheel: Handb. d. Physik. Bd. 7 Berlin 1927.

[3] Prandtl, L.: Werft, Reed., Hafen Bd. 13 (1932) S. 211.

fang, an dem die Reibung angreift) für den Druckabfall maßgebend ist; die Größe

$$d_g = \frac{4\,F}{U}$$

nennen wir den „hydrodynamisch gleichwertigen Durchmesser". Der Faktor 4 rührt davon her, daß d_g für den Kreisquerschnitt natürlich gleich dem Durchmesser d werden muß[1].

D. Lösungsverfahren des Wärmeübergangs.

1. Grundbegriffe.

Wie in der Hydrodynamik die Lösung einer Aufgabe der technischen Physik nicht mit der Beschreibung der Geschwindigkeits- und Druckfelder abgeschlossen ist, sondern die Berechnung des Druckverlustes und der auftretenden Kräfte erfordert, ist auch bei den Problemen des Wärmeübergangs das Ziel nicht die Beschreibung der Temperaturfelder, sondern die Berechnung des Energietransportes, vor allem des Wärmeaustausches zwischen Flüssigkeit und Wand.

Die Bestimmung der Temperaturfelder stellt also nur eine Vorstufe der Lösung dar. Schon bei Ableitung der Gleichungen (30) der Gesamtenergie hatten wir (auf S. 148/9) die beiden Vektoren $\mathfrak{Q}$ und $\mathfrak{E}$ eingeführt. Wir können nach den dort gegebenen Definitionen für den Energiefluß an einer Stelle des Feldes schreiben

$$\mathfrak{Q} + \mathfrak{E} = -\lambda \cdot \mathrm{grad}\,\vartheta + \varrho\,\varepsilon\,\mathfrak{w}\,.$$

Hierin ist $\lambda \cdot \mathrm{grad}\,\vartheta$ jene Wärmemenge, die durch Leitung und $\varrho\,\varepsilon\,\mathfrak{w}$ diejenige Energie, die als Energieinhalt mit der Flüssigkeit durch die Strömung fortgeschafft wird.

Ist nach dem Energietransport durch ein Flächenelement df gefragt, so kommen dafür nur die Normalkomponenten der beiden Vektoren $\mathfrak{Q}$ und $\mathfrak{E}$ in Betracht.

Für den Energieinhalt der Raumeinheit müßten wir nach S. 149 streng genommen

$$\varepsilon = \frac{w^2}{2} + i - p\,v$$

setzen. Da aber bei den in diesem Buche behandelten Vorgängen alle anderen Energieänderungen gegenüber der Wärmeströmung vernachlässigt werden sollen, so können wir schreiben

$$\varepsilon = i = \varrho\,c_p\,\vartheta + \mathrm{const}\,.$$

Das konstante Zusatzglied können wir auch weglassen, weil wir immer nur mit Energieunterschieden zu tun haben.

---

[1] In der Hydraulik wird meistens mit dem „hydraulischen Radius" $r_h = \dfrac{F}{U}$ gerechnet, manchmal auch mit $\dfrac{2\,F}{U}$. Auf die jeweils angewendete Definition muß daher geachtet werden.

Wir erhalten also für den Energietransport durch ein Flächenelement df den Wert

$$- \lambda \cdot \operatorname{grad}_n \vartheta \cdot df + \varrho \, c_p \, \vartheta \, w_n \cdot df. \tag{57}$$

a) Methoden der Problemstellung. Wenn wir uns die Aufgabe stellen, den Wärmeaustausch zwischen einer strömenden Flüssigkeit und ihren festen Begrenzungswänden bei gegebenem Geschwindigkeits- und Temperaturfeld zu bestimmen, so stehen uns zur Lösung dieser Frage zunächst zwei Wege offen:

1. Weg: Wir können den Ausdruck für den Eintrittsquerschnitt der Strömung und ebenso für ihren Austrittsquerschnitt berechnen[1]. Der Unterschied zwischen beiden ist der Energieaustausch zwischen Flüssigkeit und Wandung.

Dabei dürfen wir das 1. Glied in Gleichung (57) vernachlässigen, d. i. diejenige Wärmemenge, die durch Wärmeleitung den Ein- und Austrittsquerschnitt durchsetzt.

Wenn f_1 der Eintritts- oder Anfangs- und f_2 der Austritts- oder Endquerschnitt ist, so erhalten wir für die Wärmemenge Q, die in der Zeiteinheit an die Wandung übergeht, den Wert

$$Q = \int\limits_{f_1} \varrho \, c_p \, \vartheta \, w_n \cdot df - \int\limits_{f_2} \varrho \, c_p \, \vartheta \, w_n \cdot df. \tag{58}$$

Um die Integrale der Gleichung (58) lösen zu können, müssen wir die Geschwindigkeit und Temperatur an jeder Stelle des Querschnitts kennen. Da die Temperatur- und Geschwindigkeitsfelder in jedem einzelnen Fall verschieden sind, kann das weitere Vorgehen nur bei der Behandlung der einzelnen Aufgaben besprochen werden; an dieser Stelle sollte lediglich die prinzipielle Art der Lösung gezeigt werden.

2. Weg: Man kann auch umgekehrt versuchen, die Wärmemenge zu bestimmen, die durch die Wandung strömt, und daraus den Unterschied zwischen dem Energieinhalt der zu- und abströmenden Flüssigkeit zu berechnen. Zu diesem Zweck legen wir das Flächenelement df in die feste Begrenzungsfläche und berechnen dafür den Ausdruck (57). An der Wand ist die Normalkomponente der Geschwindigkeit und diese selbst gleich Null, so daß jetzt der zweite Summand von (57) verschwindet und wir somit erhalten

$$Q = - \lambda \int\limits_{f} \operatorname{grad}_n \vartheta \cdot df. \tag{59}$$

Das Integral muß in diesem Falle über die ganze Wand der Strömung genommen werden.

Bezüglich der weiteren Lösung sind wir, wie bei der ersten Methode, auf die Kenntnis des Temperaturfeldes angewiesen.

---

[1] Bei der Strömung in einem abgeschlossenen Raum (z. B. in einem Rohr) sind die Ein- und Austrittsquerschnitte ohne weiteres gegeben. Im Falle der Wärmeabgabe eines Körpers an eine räumlich unbegrenzte Flüssigkeit müssen als Ein- und Austrittsquerschnitte Flächen definiert werden, die im Sinne der Strömungsrichtung vor bzw. hinter dem Körper liegen und seitlich ebensoweit reichen wie die Flüssigkeit. Meistens wird man aber in solchen Fällen den zweiten Weg zur Berechnung des Wärmeaustausches vorziehen.

Welchen Weg man bei einer Untersuchung einschlägt, ist allein eine Frage der Zweckmäßigkeit. Wenn man relativ kleine Ein- und Austrittsquerschnitte hat, wie z. B. beim Rohr, und die Möglichkeit, die Temperatur- und Geschwindigkeitsverteilung im Ein- und Austrittsquerschnitt zu messen, dann wird man den ersten Weg beschreiten. Wenn aber Ein- und Austrittsquerschnitt unendlich groß sind, wie etwa bei der Abkühlung einer Hauswand durch den Wind, dann bleibt von vornherein nur der zweite Weg übrig.

Die experimentelle Forschung hat aber leider keinen dieser beiden direkten und physikalisch sinnvollen Wege beschritten, sondern stets ihren Blick auf die Bestimmung der „Wärmeübergangszahl" gerichtet. Um zu verstehen, wie sie dazu kam, wie weit die Wärmeübergangszahl nur als Ergebnis einer geschichtlichen Entwicklung zu bewerten und welches ihr physikalischer Sinn ist, wollen wir eine kurze historische Betrachtung einschalten:

b) Die geschichtliche Entwicklung des Begriffes der „Wärmeübergangszahl". Der Weg, auf dem wir bisher zu den Gesetzen für den Wärmeübergang zu gelangen trachteten, entspricht der mathematisch-physikalischen Forschungsweise. Wir müssen nun auch den zweiten Weg besprechen, die technisch-empirische Forschung. Zu diesem Zwecke müssen wir etwas weiter ausholen und in kurzen Worten auf die Entwicklung dieser Forschungsweise eingehen.

Die Bestrebungen, bei der Bemessung von Heizflächen die Schätzung durch die Berechnung zu ersetzen, begannen damit, daß man sich die am stärksten in die Augen fallenden Einflüsse klarmachte. Die Erfahrung hatte gezeigt, daß die ausgetauschte Wärmemenge um so größer wird, erstens je größer die wärmeaufnehmende oder wärmeabgebende Fläche f ist und zweitens je größer der Unterschied zwischen der Temperatur der Flüssigkeit ϑ_F und der Temperatur der Wand ϑ_w ist. Ferner war es selbstverständlich, daß sie im Beharrungszustand der Zeit t proportional ist.

Es ergibt sich damit der Ansatz:

$$Q = \Phi(\vartheta_F - \vartheta_w, \, f) \cdot t, \tag{60a}$$

worin von der Funktion Φ vorerst nur bekannt ist, daß sie mit jedem der beiden Argumente wächst.

Diese Funktion hat man stets dadurch in willkürlicher Weise spezialisiert, daß man sie als ein Produkt von zwei Teilfunktionen mit je einem Argument auffaßte und daß man jeder Teilfunktion die Gestalt einer Potenzfunktion mit positivem Exponenten gab. Man nahm also an, daß die in der Zeiteinheit übergehende Wärmemenge einer noch unbekannten Potenz der Fläche und einer anderen ebenfalls noch unbekannten Potenz der Temperaturdifferenz proportional ist. Dies gibt die Gleichung

$$Q = \alpha \cdot (\vartheta_F - \vartheta_w)^n \cdot f^m \cdot t. \tag{60b}$$

Den Proportionalitätsfaktor α nannte man die äußere Wärmeleitfähigkeit der Wand und seinen reziproken Wert $1/\alpha$ den Übergangswiderstand. Heute ist für α allgemein die Bezeichnung Wärmeübergangszahl gebräuchlich. Für den Exponenten m findet man nur selten andere Werte als „eins". Dagegen sind für n besonders in älteren Arbeiten verschiedene zwischen eins und zwei gelegene Werte angegeben[1]. In neuerer Zeit wird aber auch für n immer häufiger der Zahlenwert eins angenommen; man schreibt also:

$$Q = \alpha\,(\vartheta_F - \vartheta_w)\cdot f\cdot t. \tag{60c}$$

Dieser ungemein einfache Ansatz (analog dem Newtonschen Abkühlungsgesetz) würde in der Tat auch zu einfachen Rechnungen führen, wenn es möglich wäre, für die Wahl des Wertes α einfache und zuverlässige Regeln aufzustellen, oder wenn man diese Werte in Tabellen zusammenstellen könnte, etwa wie die Dichte, die spezifische Wärme usw.

Daß dies aber nicht möglich ist, zeigte sich um so klarer, je mehr man sich mit dem Problem befaßte. Jede neuere Experimentaluntersuchung zeigte den Vorgang von einer neuen Seite und vermehrte die Zahl derjenigen Größen, die den Wärmeübergang beeinflussen.

Langsam wurde man so zu der Erkenntnis geführt, daß der Ansatz (60c) nur scheinbar einfach ist, daß er die Schwierigkeiten des Wärmeübergangsproblemes nicht löst, sondern nur in die Wahl des Wertes α zusammendrängt.

Die äußere Wärmeleitfähigkeit war ursprünglich als ein reiner Stoffwert gedacht, als ein Wert, der nur von der physikalischen Natur der Flüssigkeit und der Substanz der Wandung abhängt. Als ein Beweis für diese Auffassung mögen die Angaben aus der älteren Literatur dienen, welche Wärmeübergangszahlen nennen und zu ihrer Bezeichnung nur angeben: von Wasser an Eisen, von Wasser an Messing, von Messing an Wasser, von Mauerwerk an Luft usw. Insbesondere interessierte die Frage, ob der Übergangswiderstand größer ist, wenn die Wärme vom festen Körper an die Flüssigkeit übergeht oder umgekehrt. — Obwohl diese Ansicht, nach welcher α ein reiner Stoffwert sein sollte, schon sehr früh als unrichtig erkannt wurde, so hat sie sich doch in manchen Schriften recht lange erhalten, und zwar weniger in der technischen Literatur als in den Lehrbüchern der Physik.

Die nächstliegende Verbesserung, die man an dem Ansatz (60c) vornahm, bestand in der Berücksichtigung der Strömungsgeschwindigkeit. Es war ja bekannt, daß bei sonst gleichbleibenden Verhältnissen die Erhöhung der Strömungsgeschwindigkeit zu einer Vermehrung der übergehenden Wärmemenge führt. In üblicher Weise versuchte man auch diese Abhängigkeit durch eine Potenzfunktion auszudrücken. Man setzte:

$$\alpha = \alpha_0 + C\cdot w^m, \tag{61a}$$

worin C stets positiv und m zwischen 0 und 1 gewählt war. Sehr häufig findet sich der Ansatz:

$$\alpha = \alpha_0 + C\cdot \sqrt{w}. \tag{61b}$$

---

[1] Vgl. z. B. Dulong u. Petit: Ann. Chim. Bd. 7 (1817) S. 113, 225.

Der Wert α_0 bedeutet jene Wärmeübergangszahl, welche für sogenannte ruhende Luft einzusetzen ist, also für Vorgänge, bei denen die Luft nicht durch äußere Ursachen, sondern nur durch innere Ursachen, nämlich durch den Auftrieb infolge verschiedener Erwärmung in Bewegung gehalten wird.

Sehr bald versuchte man auch die Beschaffenheit der Heiz- und Kühlflächen in der Formel zum Ausdruck zu bringen; denn man hatte erkannt, daß der Grad der Rauhigkeit der Wand und ihrer Verunreinigung durch Ruß, Kesselstein oder andere Ablagerungen aus der Strömung von großem Einfluß auf den Wärmeübergang sind.

Ferner mußte man vermuten, daß nicht nur die Temperaturdifferenz $(\vartheta_F - \vartheta_w)$, die ja schon in den Gleichungen (60) zum Ausdruck kommt, den Wärmeübergang bestimme, sondern, daß auch die absolute Höhe der Temperatur, bei der der Wärmeübergang erfolgt, zu berücksichtigen seien, also etwa ϑ_F oder ϑ_w oder auch beide Werte. Diese Frage wurde sehr oft in unklarer Weise vermengt mit der Frage nach der Größe des Exponenten n in der Potenz $(\vartheta_F - \vartheta_w)^n$.

Ein anderer Umstand, der ebenfalls zur Verwirrung Anlaß gibt, ist der Begriff „Flüssigkeitstemperatur“, und wir müssen uns deshalb mit den verschiedenen Anschauungen über die Temperaturverteilung in der Flüssigkeit bekannt machen.

Die ältere Auffassung ging dahin, daß man innerhalb eines Querschnittes nur mit zwei Temperaturen zu rechnen habe: mit der Wandtemperatur ϑ_w und mit der im ganzen Querschnitt gleichen Flüssigkeitstemperatur ϑ_F. Die Differenz $(\vartheta_F - \vartheta_w)$ bedeutete dann den Temperatursprung, welcher zusammen mit dem Übergangswiderstand die Intensität des Wärmeübergangs bestimmen sollte. Dies ähnelt durchaus jener älteren hydraulischen Auffassung über das Geschwindigkeitsfeld, wonach im ganzen Querschnitt eine konstante Geschwindigkeit und an der Wand ein Gleiten, also ein Geschwindigkeitssprung angenommen wird. Die Annahme wurde später ergänzt durch die Lehre von der adhärierenden Schicht. Eine dünne Flüssigkeitshaut spaltet sich — so besagt diese Lehre — von der übrigen Flüssigkeitsmasse ab und haftet fest an der Wand. Der Geschwindigkeitssprung wird also durch diese Annahme von der Wand weg nach dem Inneren der Flüssigkeit verlegt.

Wir dürfen in dieser Auffassung einen, wenn auch noch fehlerhaften, Vorläufer der Prandtlschen Lehre von den Grenzschichten erblicken. Übrigens hat die Lehre von der anhaftenden Schicht in der Hydraulik nur geringe Bedeutung gewonnen. Um so mehr hat sie die Lehre vom Wärmeübergang beherrscht. Sie führte zu der Vorstellung, daß in der ganzen bewegten Flüssigkeit die einheitliche Temperatur ϑ_F vorhanden ist, und daß dann diese Temperatur innerhalb der dünnen anhaftenden Schicht von ϑ_F bis ϑ_w steigt oder sinkt. Da die Flüssigkeit innerhalb der Schicht als vollkommen bewegungslos galt, so glaubte man nach den Gesetzen für die Wärmeleitung in festen Körpern den Wärmedurchgang durch diese Fläche berechnen zu können. Mit der Bezeichnung δ für die Dicke der Schicht erhielt man

$$Q = - \lambda \frac{\vartheta_F - \vartheta_w}{\delta} \cdot f \cdot t \,.$$

Da sich aber kein Anhalt finden ließ, welchen Zahlenwert man für δ einsetzen müsse, so war auch durch diese Deutung des Vorganges die Schwierigkeit nicht behoben, sondern nur in die Wahl der Größe δ statt der Wahl der Größe α verlegt.

Interessant ist, in welcher Weise die experimentelle Forschung von diesen anhaftenden Schichten Notiz nahm. Man empfand das Auftreten dieser Schichten bei der Strömung im Versuchsapparat als ein störendes Moment, als eine Erscheinung, die den naturgemäßen Wärmeaustausch behindert, und man suchte deshalb in den Versuchseinrichtungen die anhaftende Schicht durch rotierende Bürsten und andere Vorrichtungen immer wieder zu entfernen. Gerade dadurch aber, daß man diesen Schichten eine solche Bedeutung beimaß, verbot es sich von selbst, die Ergebnisse der Versuche auf Fälle der Praxis zu übertragen, bei denen sich ja diese Schichten ungehindert ausbilden können.

Auf die Dauer vermochte sich die Lehre von der anhaftenden Schicht nicht zu halten, vor allem auch nicht die Vorstellung einer in der ganzen bewegten Masse gleichen Querschnittstemperatur. Sie wurde durch die Versuche mehrfach widerlegt. Interessant ist aber, daß diese alten Anschauungen in Prandtls Überlegungen wieder aufleben (vgl. S. 198).

Wenn einmal feststeht, daß die Temperatur im Querschnitt nicht gleichen Wert besitzt, so entsteht die Frage, was man dann unter der Temperatur der Flüssigkeit verstehen soll. Wir wollen uns bei diesen Erörterungen wieder an das Beispiel der Strömung im geraden Rohr mit kreisförmigem Querschnitt halten, weil für diesen Fall Messungen vorliegen und weil sich die Darstellung an diesem Beispiel am einfachsten gestaltet.

c) Definition des Mittelwertes der Temperatur. In Abb. 81a u. b ist die Geschwindigkeits- und zugehörige Temperaturverteilung einer turbulenten Strömung von überhitztem Wasserdampf in einem gekühlten Rohr nach Messungen mit verschiebbaren feinen Thermoelementen bzw. Pitotrohren dargestellt[1]. Man sieht ohne weiteres, daß von einer Flüssigkeitstemperatur schlechthin überhaupt nicht die Rede sein kann. Spricht man aber von einer mittleren Flüssigkeitstemperatur, so muß man angeben, in welcher Weise die Mittelbildung erfolgen soll.

α) **Die mittlere Temperatur bezogen auf den Querschnitt.** Wir denken uns den ganzen Querschnitt f des Rohres in kleine Elemente df zerlegt, messen die zu jedem df gehörige Temperatur ϑ (bei beliebig gewähltem Nullpunkt) und definieren die mittlere Temperatur ϑ_f im Querschnitt durch die Gleichung

$$\vartheta_f = \frac{1}{f} \int_f \vartheta \, df \,. \tag{62}$$

---

[1] Die Versuchseinrichtung ist beschrieben bei M. Jakob, S. Erk u. H. Eck: Forschung Bd. 3 (1932) S. 161.

Dieser Mittelwert bezieht sich nur auf die Querschnittsfläche und berücksichtigt in keiner Weise das Vorhandensein einer Strömung. Er kann gefunden werden durch Abtasten des Querschnittes mit einem Thermoelement und Berechnung nach Gleichung (62) oder durch direkte Messung mit Hilfe eines Widerstandsthermometers, das gitterartig über den ganzen Querschnitt ausgespannt ist.

β) **Die mittlere Temperatur bezogen auf den Flüssigkeitsstrom.** Wir denken uns wieder den Querschnitt in seine Elemente df zerlegt, messen die zu jedem df gehörige Temperatur sowie die Normalkomponente w_n der Geschwindigkeit w und bilden den Ausdruck $\vartheta \cdot w_n \cdot df$. Wir multiplizieren also die Temperatur nicht mit dem Flächenelement df, sondern mit dem Volumenelement, welches dieses

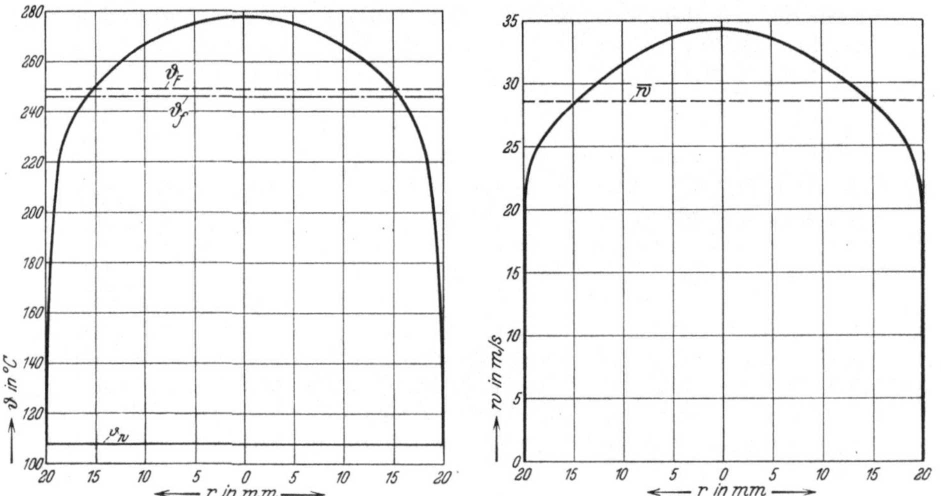

Abb. 81a u. b. Temperatur- und Geschwindigkeitsverteilung bei Strömung von überhitztem Wasserdampf in einem gekühlten Rohr.
ϑ_w = Wandtemperatur, ϑ_f = mittlere Flüssigkeitstemperatur nach Gl. (62), ϑ_F = mittlere Flüssigkeitstemperatur nach Gl. (63), $\overline{w}$ = mittlere Geschwindigkeit.

df durchströmt (dem „Flüssigkeitsstrom“). Wir definieren dann die mittlere Temperatur ϑ_F der Flüssigkeit durch die Gleichung

$$\vartheta_F = \frac{\int\limits_f \vartheta \cdot w_n \cdot df}{\int\limits_f w_n \cdot df} = \frac{1}{V}\int\limits_f \vartheta \cdot w_n \cdot df. \tag{63}$$

Dieser Mittelwert läßt sich bestimmen entweder durch Messung der Temperatur- und Geschwindigkeitsverteilung und Berechnung nach Gleichung (63) oder durch Einbau einer Mischvorrichtung (z. B. einer kleinen Kammer) unmittelbar nach dem Querschnitt und Messen der einheitlich gemachten Flüssigkeitstemperatur[1].

---

[1] Eine Vorrichtung zur Messung von ϑ_F mit Hilfe von Thermoelementen beschreibt H. Kraußold in Forsch.-Arb. Ing.-Wes. Nr. 351 Berlin 1932.

γ) **Die mittlere Temperatur bezogen auf den Wärme-strom.** Bei der Definition von ϑ_F in Gleichung (63) war stillschweigend vorausgesetzt, daß die Dichte ϱ der strömenden Flüssigkeit und ihre spezifische Wärme c innerhalb des Querschnittes f konstant sind. Es gibt aber Fälle, wo diese Voraussetzung — die im allgemeinen wenigstens näherungsweise erfüllt ist — nicht mehr zutrifft, z. B. bei der in Abb. 81a und b dargestellten Strömung von überhitztem Dampf (Eintrittstemperatur 370^0) in einem Rohr, dessen Wandtemperatur (108^0) nahe bei der Sättigungstemperatur des Dampfes liegt. In solchen Fällen muß man, um die Mitteltemperatur wirklich einwandfrei zu definieren, das Integral der durch jedes Flächenelement strömenden Wärmemenge $\vartheta \varrho c w_n \cdot df$ (den „Wärmestrom") durch das Integral des Wasserwertes der durch jedes Flächenelement strömenden Flüssigkeitsmasse $\varrho c w_n \cdot df$ (den „Wärmemassenstrom") dividieren. Die Definitionsgleichung lautet also:

$$\vartheta_M = \frac{\int\limits_f \vartheta \, \varrho \, c \, w_n \cdot df}{\int\limits_f \varrho \, c \, w_n \cdot df} \, . \tag{64}$$

Wie man aus einem Vergleich der Gleichungen (62), (63) und (64) sieht, sind die unter α) und β) definierten Mitteltemperaturen Näherungen des durch Gleichung (64) definierten genauen Wertes. Es wird in jedem einzelnen Falle von der Größe des Temperaturbereiches, über den gemittelt werden soll, sowie von der verlangten Genauigkeit abhängen, welchen Mittelwert man in die Rechnung einführen muß. Für die in Abb. 81a und b dargestellten Temperatur- und Geschwindigkeitsprofile ergibt sich

$$\vartheta_f = 246^0; \qquad \vartheta_F = 249^0; \qquad \vartheta_M = 249^0 \, .$$

Der Umstand, daß im vorliegenden Falle $\vartheta_F = \vartheta_M$ ist, darf aber nicht zu dem Schluß verführen, daß das immer so sein müßte. Bei dem hier besprochenen Beispiel besitzt c_p in dem fraglichen Temperaturbereich ein flaches Minimum und kann daher als konstant angenommen werden[1].

d) Definition des Mittels der Stoffwerte. Dieselbe Schwierigkeit wie bei der Definition der mittleren Temperatur tritt auch bei der Definition mittlerer Stoffwerte auf. Nicht alle Stoffwerte sind in gleichem Maße von der Temperatur abhängig, so daß in jedem einzelnen Falle erst eine Überlegung ergeben kann, wie weit die Temperaturabhängigkeit berücksichtigt werden muß.

Das einfachste wäre, für eine irgendwie, etwa nach Gleichung (62), (63) oder (64) definierte, Mitteltemperatur die Stoffwerte als Konstante in die Rechnung einzuführen. Dieses Verfahren ist, wie wir aus Zahlentafel 13 sehen werden, dann zulässig, wenn der Stoffwert linear von der Temperatur abhängt. Dann ist aber nur die Schwierigkeit an eine andere Stelle, nämlich auf die Wahl der Mitteltemperatur geschoben,

---

[1] Zur Diskussion der Temperaturmittelung vgl. a. G. J. Taylor: Proc. Roy. Soc., Lond. (A) Bd. 129 (1930) S. 25.

und es ist durchaus nicht gesagt, daß der Wahl eines Stoffwertes (z. B. der Zähigkeit) dieselbe Mitteltemperatur zugrunde gelegt werden kann, wie einer kalorimetrischen Berechnung.

Nußelt[1] hat die folgende sehr häufig verwendete Definitionsgleichung vorgeschlagen

$$\varphi_m = \frac{1}{\vartheta_F - \vartheta_w} \cdot \int_{\vartheta_w}^{\vartheta_F} \varphi \cdot d\vartheta, \tag{65}$$

worin φ irgendeinen Stoffwert (z. B. Dichte, Zähigkeit, Wärmeleitfähigkeit) bedeutet. Diese Gleichung berücksichtigt bis zu einem gewissen Grade den starken Einfluß der wandnahen Schichten; dadurch, daß die Wandtemperatur ϑ_w und die Flüssigkeitstemperatur ϑ_F als gleichwertig in die Rechnung eingehen, muß diese zwangläufig gleiche Ergebnisse für den Wärmeübergang von der Wand an die Flüssigkeit und von der Flüssigkeit an die Wand liefern. In Wirklichkeit ist aber die Richtung der Wärmeströmung durchaus nicht gleichgültig[2]. Um dem Rechnung zu tragen, haben verschiedene Autoren[3] andere, teils willkürliche, teils theoretisch begründete Vorschläge zur Berechnung der für die Stoffwerte maßgebenden Temperatur gemacht. Ohne auf diese näher einzugehen, wollen wir nur in Zahlentafel 13 zeigen, wie sich die verschiedenen Berechnungsmethoden zahlenmäßig auswirken. Als Beispiel wurde wieder die in Abb. 81a und b dargestellte Dampfströmung zugrunde gelegt; aus dem gemessenen Temperaturprofil ergibt sich zunächst die in Abb. 82 wiedergegebene Verteilung des spezifischen Volumens. In dieses Diagramm sind auch die größten und kleinsten Mittelwerte eingezeichnet, die in Zahlentafel 13 auftreten.

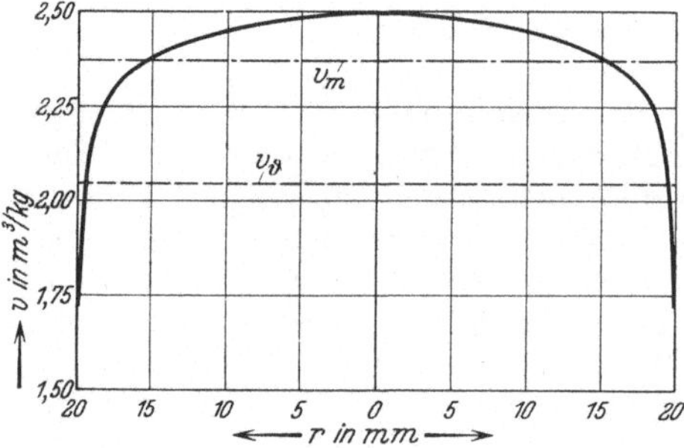

Abb. 82. Verteilung des spezifischen Volumens v in dem durch Abb. 81a und b bestimmten Dampfstrom. Definition von v_m und v_ϑ s. Zahlentafel 13.

In der letzten Zeile der Zahlentafel ist ein Mittelwert angeschrieben, der analog Gleichung (64) definiert ist als Quotient aus „Massenstrom" und „Volumenstrom". Diese Definition ist die genaueste, weil ohne willkürliche Annahmen zustande gekommen; aber sie darf nur dann angewendet werden, wenn alle Teile der Strömung in gleichem Maße an dem zu untersuchenden Vorgang beteiligt sind; für kalorimetrische

---

[1] Nußelt, W.: Gesundh.-Ing. Bd. 38 (1915) S. 42.

[2] Vgl. S. 183 u. J. Schmekel, Z. angew. Math. Mech. Bd. 9 (1929) S. 101; ferner W. Nußelt: Die Wärmeübertragung bei zähen Flüssigkeiten im Rohr. Festschr. z. Jahrhundertfeier d. Techn. Hochsch. Karlsruhe, 1925.

[3] Z. B. W. Stender: Der Wärmeübergang an strömendes Wasser in vertikalen Röhren. Berlin 1924.

Zahlentafel 13. Mittelbildung eines Stoffwertes nach verschiedenen Methoden (spezifisches Volumen von überhitztem Wasserdampf, $p = 1{,}04$ at abs.).

Für die Temperatur $\vartheta_f = 246^0$ nach Gleichung (62): $\qquad v = 2{,}355$ m³/kg

,, ,, ,, $\vartheta_F = 249^0$ nach Gleichung (63): $\qquad v = 2{,}370$,,

,, ,, ,, $\dfrac{\vartheta_a + \vartheta_w}{2} = 193^0$: ($\vartheta_a = $ Temp. i. d. Achse) $\quad v = 2{,}110$,,

,, ,, ,, $\dfrac{\vartheta_F + \vartheta_w}{2} = 179^0$: $\qquad v = 2{,}045$,,

,, ,, ,, $\vartheta_F + 0{,}1\,(\vartheta_w - \vartheta_F) = 235^0$ (Stender) $\quad v = 2{,}305$,,

Nach Nußelt $v_\vartheta = \dfrac{1}{\vartheta_F - \vartheta_w} \cdot \displaystyle\int_{\vartheta_w}^{\vartheta_F} v\,d\vartheta = \qquad\qquad\qquad 2{,}045$,,

$v_m = \dfrac{1}{V} \displaystyle\int_f w_n \cdot \dfrac{1}{v} \cdot df = \qquad\qquad\qquad 2{,}370$,,

Rechnungen trifft dies zu, nicht aber für den Reibungswiderstand oder den Wärmeübergang.

Die Nußeltsche Definition führt bei einem Stoffwert, der, wie das spezifische Volumen, in dem fraglichen Temperatur- und Druckbereich linear von der Temperatur abhängt, zu demselben Ergebnis wie die einfache Rechnung der Zeile 4 von Zahlentafel 13. Bei anderen Stoffwerten ist dies aber durchaus nicht der Fall, wie Zahlentafel 14 am

Zahlentafel 14. Dynamische Zähigkeit η von Wasser.

ϑ	$\eta \cdot 10^6$	$\left|\eta_m\right|_0^\vartheta \cdot 10^6$	$\vartheta_m = \dfrac{\vartheta}{2}$	$\left|\eta\right|_{\vartheta_m} \cdot 10^6$
^{0} C	$\dfrac{\text{kg} \cdot \text{s}}{\text{m}^2}$	$\dfrac{\text{kg} \cdot \text{s}}{\text{m}^2}$	^{0} C	$\dfrac{\text{kg} \cdot \text{s}}{\text{m}^2}$
0	182	182	0	182
10	133	156	5	155
20	102,5	136	10	133
30	81,8	121	15	116
40	66,6	109,6	20	102,5
50	56,0	99,8	25	91,1
60	48,0	91,9	30	81,8
70	41,4	85,2	35	73,5
80	36,3	79,4	40	66,6
90	32,1	74,3	45	60,8
100	28,8	70,0	50	56,0

Beispiel der Zähigkeit des Wassers zeigt. Spalte 2 enthält die zu den Temperaturen ϑ der 1. Spalte gehörenden Zähigkeitswerte, Spalte 3 den nach Gleichung (65) gebildeten Mittelwert für den von 0^0 C bis zu der Temperatur der 1. Spalte reichenden Temperaturbereich; Spalte 4 und 5 entsprechen der Zeile 4 von Zahlentafel 13.

Man sieht aus Zahlentafel 13, daß man durch entsprechende Wahl der Stoffwerte die Deutung und Auswertung von Versuchsergebnissen weitgehend beeinflussen kann. Dieser Umstand mag zum Teil die Tatsache erklären, daß die verschiedensten Formeln für den Wärmeübergang, die man in der Literatur antrifft, sich auf ein und dieselben Experimentaluntersuchungen stützen. Dadurch wird aber leider eine Erkenntnis verwischt, die in den letzten Jahren immer deutlicher zutage getreten ist, und die voraussichtlich von großem Einfluß auf die Forschung sein wird. Sie läßt sich kurz in folgenden Sätzen zusammenfassen:

1. Der Wärmeübergang von einer warmen Oberfläche an eine kältere Flüssigkeit und der in umgekehrter Richtung vor sich gehende sind — auch bei gleicher Mitteltemperatur — zwei einander unähnliche Vorgänge, die daher auch nicht mittels des Ähnlichkeitsprinzips miteinander verglichen werden können.

2. Bei allen experimentellen Untersuchungen, die Anspruch auf Vollständigkeit und Genauigkeit erheben, ist die Ausmessung der Geschwindigkeits- und Temperaturfelder unumgänglich notwendig.

Recht klar werden diese beiden Sätze durch die Ausführungen auf S. 183 belegt werden. Besondere Bedeutung erhalten die hier behandelten Fragen durch die Entwicklung der Technik zu immer höheren Drücken.

Ein neuerdings von Hermann[1] gezeigter Weg zur genaueren Berücksichtigung der Temperaturabhängigkeit der Stoffwerte wird später (S. 194) besprochen.

2. Exakte Lösungen.

Zum größten Teil ist die Lehre vom Wärmeübergang heute auf der Verallgemeinerung experimenteller Versuchsergebnisse mit Hilfe des Ähnlichkeitsprinzips aufgebaut. Nur in zwei Fällen ist eine Lösung der Differentialgleichungen auf mathematischem Wege gelungen. Wir wollen im folgenden diese beiden Probleme — Wärmeübergang an eine laminar durch ein Rohr strömende Flüssigkeit und Wärmeabgabe einer senkrechten ebenen Wand an ruhende Luft — besprechen, dabei aber von vornherein darauf hinweisen, daß die Lösungsverfahren wichtiger sind als die Ergebnisse.

Die Lösung beider Aufgaben ist nur dadurch möglich, daß der Ansatz durch besondere Annahmen weitgehend vereinfacht wird. Während aber diese Annahmen bei dem zweiten Problem aus einer experimentellen Untersuchung hervorgegangen sind, sind sie bei der laminaren Strömung willkürlich und — wie die Ergebnisse der neuesten experimentellen Arbeiten zeigen — nicht in hinreichendem Einklang mit der Wirklichkeit. Die zweite Aufgabe ist also bereits weiter entwickelt, aber gerade die Gegenüberstellung der beiden Rechnungen ist sehr lehrreich.

Besonders die erste Aufgabe läßt sehr klar erkennen, daß alle Wärmeübergangsprobleme nur „Randwertaufgaben" des allgemeinen Problems „Wärmeleitung in beweglichen Medien" sind. Für die physikalische Durchdringung des Gegenstandes ist es sehr wesentlich, ab und zu an diesen Zusammenhang zu erinnern.

---

[1] Hermann, R.: Physik. Z. Bd. 33 (1932) S. 425.

a) Laminare Strömung im geraden Rohr mit kreisförmigem Querschnitt. Die Strömung im Rohr ist schon immer wegen ihrer großen technischen Bedeutung besonders aufmerksam untersucht worden und für den Fall laminarer Bewegung bereits seit langem weitgehend aufgeklärt. So war es naheliegend, daß auch als eines der ersten Probleme der Wärmebewegung in Flüssigkeiten die laminare Strömung im Rohr aufgegriffen wurde. Unter allen Aufgaben auf dem Gebiet des Wärmeüberganges ist diese wohl die einfachste, und so gelang auch bereits Graetz[1] (1883) die mathematische Lösung. Andererseits bedingt doch die Verbindung von Flüssigkeits- und Wärmebewegung so große Schwierigkeiten, daß die Lösung nur in Form einer Reihenentwicklung möglich war und nur unter der Einführung von so weitgehend vereinfachenden Annahmen, daß die Lösung auch nur beschränkt bzw. angenähert gilt.

Ohne Kenntnis der Graetzschen Arbeit hat Nußelt[2] das Problem später nochmals bearbeitet. Wir schließen uns im folgenden im wesentlichen der Nußeltschen Rechnung und einer von Gröber[3] stammenden Ergänzung an.

Die Aufgabe lautet: In einem absolut glatten Rohr mit kreisförmigem Querschnitt (Radius r_0) ströme eine inkompressible Flüssigkeit laminar mit konstanter Temperatur $\vartheta_{F,a}$ und ausgebildeter Poiseuillescher (parabolischer) Geschwindigkeitsverteilung. Von einem bestimmten Querschnitt an, in dessen Mitte wir den Nullpunkt der x-Achse legen, besitze die Rohrwand die konstante Temperatur $\vartheta_w \neq \vartheta_{F,a}$. Wie ändert sich die Temperatur der Flüssigkeit? Welche Wärmemenge wird zwischen Rohr und Flüssigkeit auf der Strecke $x = l$ ausgetauscht?

Unter den angeführten Bedingungen vereinfacht sich die Energiegleichung (33) (S. 150) zu der Form:

$$(\mathfrak{w}, \operatorname{grad} \Theta) = a \cdot \nabla^2 \Theta; \tag{66}$$

dabei werde die Temperatur Θ von der Wandtemperatur ϑ_w aus gezählt, so daß also die Randbedingungen gelten:

$$\text{für } x > 0 \text{ und } r = r_0 \text{ ist } \Theta = \Theta_w = 0;$$
$$\text{für } x = 0 \text{ und } r < r_0 \text{ ist } \Theta = \vartheta_w - \vartheta_{F,a} = \Theta_a.$$

Gleichung (66) lautet in Zylinderkoordinaten (vgl. Gl. IX, S. 254):

$$w_r \cdot \frac{\partial \Theta}{\partial r} + w_\varphi \frac{\partial \Theta}{\partial \varphi} + w_x \frac{\partial \Theta}{\partial x} = a \left(\frac{\partial^2 \Theta}{\partial r^2} + \frac{1}{r} \frac{\partial \Theta}{\partial r} + \frac{1}{r^2} \frac{\partial^2 \Theta}{\partial \varphi^2} + \frac{\partial^2 \Theta}{\partial x^2} \right). \tag{67}$$

Für Poiseuillesche Strömung ist

$$w_r = 0; \qquad w_\varphi = 0;$$

ferner nach Gleichung (49):

$$w_x = 2\,\overline{w} \left(1 - \left(\frac{r}{r_0} \right)^2 \right). \tag{68}$$

---

[1] Graetz, L.: Ann. Physik (N. F.) Bd. 18 (1883) S. 79; Bd. 25 (1885) S. 337.
[2] Nußelt, W.: Z. VDI Bd. 54 (1910) S. 1154.
[3] Gröber, H.: Grundgesetze, 1. Aufl. S. 181ff.

Aus Symmetriegründen darf man $\dfrac{\partial^2 \Theta}{\partial \varphi^2} = 0$ setzen. Schließlich werde noch die Annahme gemacht, daß $\dfrac{\partial^2 \Theta}{\partial x^2}$ vernachlässigbar klein ist gegen $\dfrac{\partial^2 \Theta}{\partial r^2} + \dfrac{1}{r}\dfrac{\partial \Theta}{\partial r}$. Damit nimmt die Gleichung (67) die einfache Form an:

$$\frac{\partial^2 \Theta}{\partial r^2} + \frac{1}{r}\frac{\partial \Theta}{\partial r} = \frac{2\overline{w}}{a}\left(1 - \left(\frac{r}{r_0}\right)^2\right)\cdot\frac{\partial \Theta}{\partial x}. \tag{69}$$

Die Lösung dieser Gleichung wird in der üblichen Weise dadurch erreicht, daß man Θ als ein Produkt aus zwei Funktionen ansetzt, von denen die eine nur von x, die andere nur von r abhängt:

$$\Theta = \Phi(x)\cdot\Psi(r). \tag{70}$$

Da der Unterschied zwischen Rohr- und Flüssigkeitstemperatur mit zunehmendem x allmählich abklingen muß, liegt es nahe, für $\Phi(x)$ eine Exponentialfunktion mit negativem Exponenten anzusetzen in der Form:

$$\Theta = A\cdot e^{-\beta^2\frac{a}{2\overline{w}}x}\cdot\Psi(r), \tag{71}$$

worin A und β zunächst willkürliche Konstante sind. Bildet man nun die in Gleichung (69) auftretenden Ableitungen von Θ und setzt sie darin ein, so erhält man

$$\frac{d^2\Psi(r)}{dr^2} + \frac{1}{r}\cdot\frac{d\Psi(r)}{dr} + \beta^2\left(1 - \left(\frac{r}{r_0}\right)^2\right)\cdot\Psi(r) = 0, \tag{72}$$

oder, wenn wir als Variable βr einführen:

$$\frac{d^2\Psi(\beta r)}{d(\beta r)^2} + \frac{1}{\beta r}\cdot\frac{d\Psi(\beta r)}{d(\beta r)} + \left(1 - \left(\frac{\beta r}{\beta r_0}\right)^2\right)\cdot\Psi(\beta r) = 0. \tag{72a}$$

Die Lösung dieser Gleichung ist eine Funktion $\Psi(\beta r, \beta r_0)$, für die ein geschlossener Ausdruck nicht besteht. Nußelt gibt dafür eine unendliche Reihe. Nehmen wir die Funktion als bekannt an, so lautet ein Teilintegral der Differentialgleichung:

$$\Theta = A\cdot e^{-(\beta r_0)^2\cdot\frac{a}{2\overline{w}r_0^2}\cdot x}\cdot\Psi(\beta r,\ \beta r_0). \tag{73}$$

Statt der willkürlichen Konstanten β wird die Größe βr_0 bestimmt; dazu dient die Randbedingung, die für alle Werte $x > 0$ und $r = r_0$ den Wert $\Theta = 0$ vorschreibt. Also ist

$$\Psi(\beta r_0,\ \beta r_0) = \Psi_1(\beta r_0) = 0. \tag{74}$$

$\Psi_1(\beta r_0)$ ist eine oszillierende Funktion, von deren unendlich vielen Nullstellen Nußelt die drei ersten berechnet hat.

$$\left.\begin{aligned}
(\beta r_0)_0 &= \mu_0 = 2{,}705, \\
(\beta r_0)_1 &= \mu_1 = 6{,}66, \\
(\beta r_0)_2 &= \mu_2 = 10{,}3, \\
&\ \ \vdots \\
(\beta r_0)_n &= \mu_n.
\end{aligned}\right\} \tag{75}$$

Die Gleichung (72a) hat also unendlich viele Teillösungen von der Form

$$A_n \cdot e^{-\mu_n^2 \cdot \frac{a\,x}{2\bar{w}r_0^2}} \cdot \Psi\left(\mu_n \cdot \frac{r}{r_0},\ \mu_n\right). \tag{76}$$

Man kann neue Funktionen χ einführen nach der Gleichung

$$\chi_n\left(\frac{r}{r_0}\right) = \Psi\left(\mu_n \cdot \frac{r}{r_0},\ \mu_n\right). \tag{77}$$

Die von Nußelt mit den oben angegebenen drei Werten berechneten Funktionen χ_0, χ_1, χ_2 sind in Abb. 83 dargestellt.

Aus den unendlich vielen Teillösungen χ_n muß die allgemeine Lösung so zusammengestellt werden, daß auch die Randbedingung für $x = 0$ erfüllt und dadurch die Konstante A_n bestimmt wird. Nußelt erhält die drei ersten Werte

$$\left.\begin{aligned} A_0 &= +1{,}477 \cdot \Theta_a\,, \\ A_1 &= -0{,}810 \cdot \Theta_a\,, \\ A_2 &= +0{,}385 \cdot \Theta_a\,. \end{aligned}\right\} \tag{78}$$

α) **Die Gleichung des Temperaturfeldes.** Der Temperaturverlauf wird durch die unendliche Reihe dargestellt

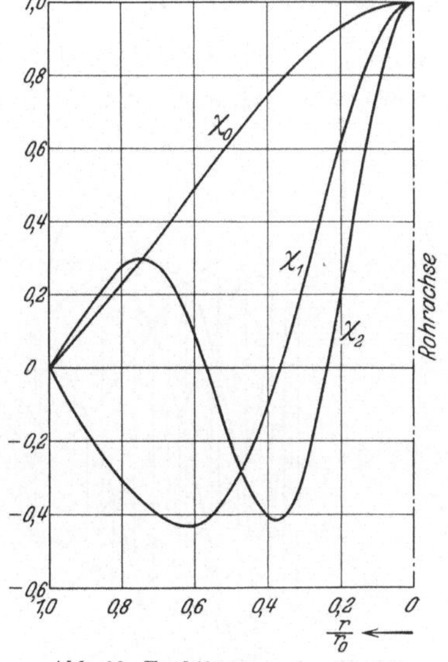

Abb. 83. Funktionen χ der Gl. (79) nach Nußelt.

$$\begin{aligned} \Theta = {}& 1{,}477\,\Theta_a \cdot e^{-3{,}658 \cdot \frac{a}{\bar{w}\,r_0} \cdot \frac{x}{r_0}} \cdot \chi_0\left(\frac{r}{r_0}\right) - \\ &- 0{,}810\,\Theta_a \cdot e^{-22{,}178 \cdot \frac{a}{\bar{w}\,r_0} \cdot \frac{x}{r_0}} \cdot \chi_1\left(\frac{r}{r_0}\right) + \\ &+ 0{,}385\,\Theta_a \cdot e^{-53{,}05 \cdot \frac{a}{\bar{w}\,r_0} \cdot \frac{x}{r_0}} \cdot \chi_2\left(\frac{r}{r_0}\right) - \cdots + \cdots \end{aligned} \tag{79}$$

oder

$$\Theta = \Theta_a \cdot f\left(\frac{a}{\bar{w}\,d} \cdot \frac{x}{d},\ \frac{r}{r_0}\right), \tag{80}$$

wenn man den Rohrdurchmesser $d = 2\,r_0$ einführt.

Die Temperaturverteilung über den Querschnitt an der Stelle x ist also nur von der Größe $\frac{a}{\bar{w}\,d}$ und von dem auf den Rohrdurchmesser bezogenen Abstand des Querschnittes vom Rohranfang abhängig. Die beiden Größen kommen nicht selbständig vor, sondern zu einem Produkt vereinigt; fassen wir dies als Maß für die Rohrlänge in einem bestimmten Maßstab auf, so können wir das in Abb. 84 dargestellte Bild der Temperaturverteilung im Rohr zeichnen.

Die zu den hell schraffierten Flächen parallelen Schnitte geben den Temperaturverlauf längs des Rohres für festgehaltene Werte r/r_0 an. Die äußersten Schichten nehmen sehr rasch die Temperatur der Wand an, während die Kernströmung so lange fast unverändert bleibt, bis sie durch die Zone starken Temperaturgefälles von der Wand her aufgezehrt ist. Das Vordringen des Wandeinflusses kann man noch deutlicher erkennen, wenn man die dunkler schraffierten Flächen, für die $\dfrac{a}{\overline{w}\,d} \cdot \dfrac{x}{d} = \text{const.}$ ist, ins Auge faßt. Die Strömung von $\dfrac{a}{\overline{w}\,d} \cdot \dfrac{x}{d} = 0$ bis etwa zum Querschnitt X (eine scharfe Grenze kann man natürlich

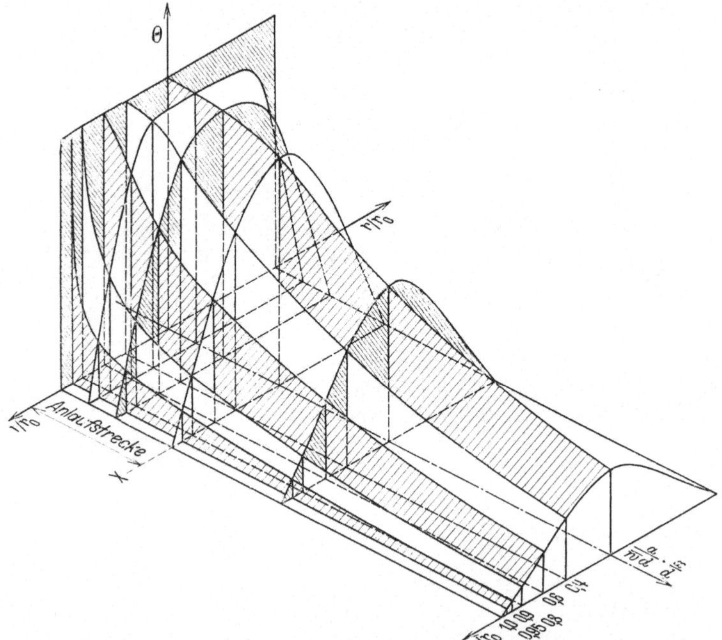

Abb. 84. Temperaturverteilung in einem Rohr bei laminarer Strömung nach Gl. (79).

nicht angeben) wollen wir in Analogie zu dem auf S. 163 erwähnten hydrodynamischen Anlaufvorgang als „thermischen Anlaufvorgang" bezeichnen.

Mathematisch ausgedrückt steht die thermische Anlaufstrecke noch stark unter dem Einfluß der Eintrittstemperaturverteilung; die höheren Glieder der Reihe spielen noch eine Rolle. Mit zunehmendem x klingen sie aber sehr rasch ab, da x im Exponenten der e-Funktion steht, und die niedrigeren Glieder immer mehr überwiegen, bis schließlich nur mehr das erste übrigbleibt.

β) **Die mittlere Flüssigkeitstemperatur** Θ_F. Aus der Definitionsgleichung (63), die man bei dem vorliegenden Problem anwenden kann, da die Flüssigkeit inkompressibel sein soll, und der Gleichung (68) kann man die mittlere Flüssigkeitstemperatur in irgendeinem Querschnitt des Rohres berechnen, wenn man die Annahme macht, daß die parabolische Geschwindigkeitsverteilung durch das Temperaturfeld nicht gestört wird; über die Berechtigung dieser Annahme werden wir später noch sprechen. Es ergibt sich dann

$$\Theta_{F,x} = \frac{\int\limits_0^{r_0} \Theta \cdot 2\,\overline{w}\left(1 - \left(\frac{r}{r_0}\right)^2\right) 2\,r\,\pi\,dr}{\int\limits_0^{r_0} 2\,\overline{w}\left(1 - \left(\frac{r}{r_0}\right)^2\right) 2\,r\,\pi\,dr} . \tag{81}$$

Dividiert man Zähler und Nenner des Bruches durch $2\,\overline{w}\cdot 2\,r_0^2\,\pi$ und setzt $\dfrac{r}{r_0} = \xi$, so erhält man

$$\Theta_{F,x} = \frac{\int\limits_0^1 \Theta\,(1 - \xi^2)\,\xi\,d\xi}{\int\limits_0^1 (1 - \xi^2)\,\xi\,d\xi} . \tag{82}$$

Der Wert des Integrales im Nenner ist $\frac{1}{4}$; das Integral im Zähler hat Gröber[1] ausgewertet, indem er den Wert für Θ aus Gleichung (79) einsetzte und die entstehende Reihe gliedweise integrierte. Er erhielt so

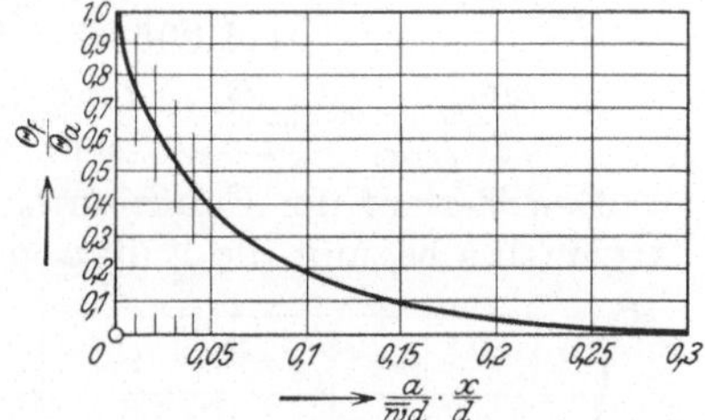

Abb. 85. Temperatursenkung längs des Rohres bei laminarer Strömung nach Gl. (83).

$$\Theta_{F,x} = 0{,}819\,\Theta_a \cdot e^{-14{,}6272\frac{a}{\overline{w}\,d}\cdot\frac{x}{d}} + 0{,}0976\,\Theta_a \cdot e^{-89{,}22\frac{a}{\overline{w}\,d}\cdot\frac{x}{d}}$$

$$+ 0{,}01896\,\Theta_a \cdot e^{-212\frac{a}{\overline{w}\,d}\cdot\frac{x}{d}} + \cdots \tag{83}$$

oder

$$\Theta_{F,x} = \Theta_a \cdot f_1\left(\frac{a}{\overline{w}\,d}\cdot\frac{x}{d}\right). \tag{83a}$$

Das Verhältnis $\dfrac{\Theta_F}{\Theta_a}$ kann also wieder als Funktion des Argumentes $\dfrac{a}{\overline{w}\,d}\cdot\dfrac{x}{d}$ dargestellt werden. Es ist für $\dfrac{a}{\overline{w}\,d}\cdot\dfrac{x}{d} = 0$ gleich „eins" und nähert sich mit wachsendem Argument asymptotisch dem Wert Null. Der Verlauf von $\dfrac{\Theta_F}{\Theta_a}$ ist in Abb. 85 dargestellt.

Die auf der Strecke x zwischen Flüssigkeit und Rohrwand ausgetauschte Wärmemenge kann man nun leicht berechnen, indem man Gleichung (58) mit Hilfe von Gleichung (68) integriert und dann

---

[1] Gröber, H.: a. a. O.; auch Graetz hat diese Rechnung bereits durchgeführt, leider aber mit einem Rechenfehler. Die Konstanten der folgenden Gl. (83), die sich nur wenig von denen Gröbers unterscheiden, sind einer Arbeit von M. Jakob u. H. Eck: Forschung Bd. 3 (1932) S. 121 entnommen.

Gleichung (83) einsetzt. Man erhält der Reihe nach

$$\Theta = \varrho\, c_p (\Theta_a - \Theta_{F,\,x})\,\overline{w} \cdot \frac{d^2 \pi}{4}$$

$$= \varrho\, c_p\, \overline{w}\, \frac{d^2 \pi}{4}\, \Theta_a \left(1 - f_1\left(\frac{a}{\overline{w}\, d} \cdot \frac{x}{d}\right)\right). \tag{84}$$

Setzt man hierin für x die Rohrlänge l ein, so gibt die Gleichung (84)
den Wärmeaustausch auf der ganzen Rohrstrecke an.

γ) **Das Temperaturgefälle gegen die Wand.** Durch Differentiation folgt aus Gleichung (79)

$$\left(\frac{d\Theta}{dr}\right)_{r=r_0} = -\frac{\Theta_a}{d}\left[2{,}996 \cdot e^{-14{,}6272\frac{a}{\overline{w}\,d}\cdot\frac{x}{d}} + 2{,}228 \cdot e^{-89{,}22\frac{a}{\overline{w}\,d}\cdot\frac{x}{d}}\right.$$

$$\left. + 1{,}006 \cdot e^{-212\frac{a}{\overline{w}\,d}\cdot\frac{x}{d}} + \cdots\right], \tag{85}$$

$$\left(\frac{d\Theta}{dr}\right)_{r=r_0} = -\frac{\Theta_a}{d} \cdot f_2\left(\frac{a}{\overline{w}\,d}\cdot\frac{x}{d}\right). \tag{85a}$$

Den Verlauf der Funktion f_2 zeigt Abb. 86. Für den Wert Null des
Arguments beginnt die Funktion mit dem Wert ∞, nimmt dann stetig

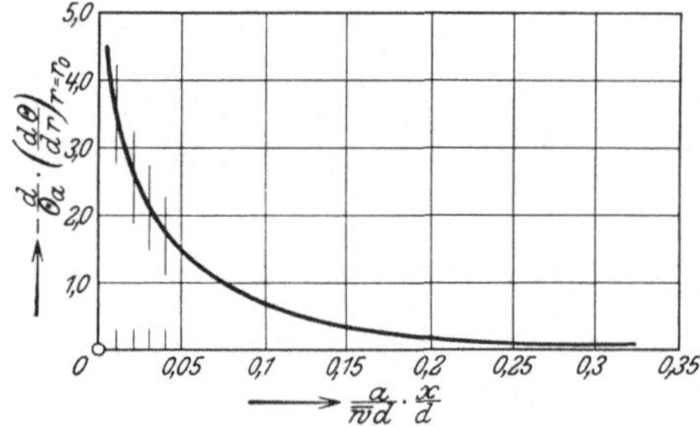
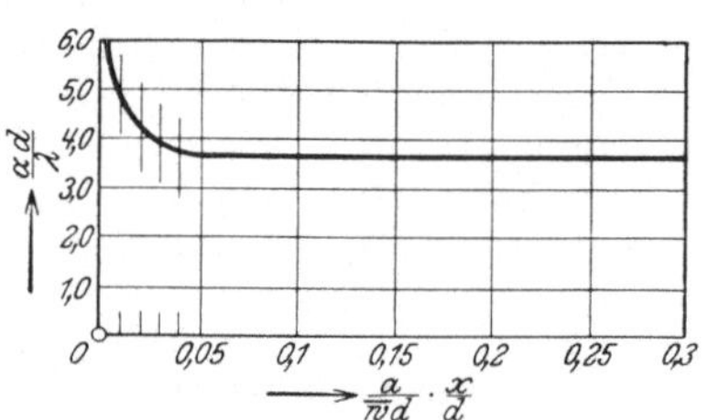

Abb. 86. Radialer Temperaturgradient im Rohr bei laminarer Strömung nach Gl. (85).

Abb. 87. Verlauf der Nußeltschen Kennzahl im Rohr bei laminarer Strömung nach Gl. (88).

ab und nähert sich ebenso wie die Funktion f_1 asymptotisch dem Wert
Null.

δ) **Die Wärmeübergangszahl α.** Für die Wärmemenge dQ, die
innerhalb der Rohrstrecke dx zwischen Flüssigkeit und Wand ausgetauscht wird, kann man nach Gleichung (59) ansetzen

$$dQ = -\lambda \left(\frac{d\Theta}{dr}\right)_{r=r_0} \cdot d \cdot \pi \cdot dx, \tag{86}$$

oder nach Gleichung (60c):

$$dQ = \alpha \cdot \Theta_{F,\,x} \cdot d \cdot \pi \cdot dx. \tag{87}$$

Aus diesen beiden Gleichungen folgt:

$$\alpha = -\lambda \left(\frac{d\Theta}{dr}\right)_{r=r_0} \cdot \frac{1}{\Theta_{F,\,x}} = +\frac{\lambda}{d} \cdot \frac{f_2\left(\dfrac{a}{\overline{w}\,d}\cdot\dfrac{x}{d}\right)}{f_1\left(\dfrac{a}{\overline{w}\,d}\cdot\dfrac{x}{d}\right)}$$

$$= +\frac{\lambda}{d} \cdot f_3\left(\frac{a}{\overline{w}\,d}\cdot\frac{x}{d}\right). \tag{88}$$

Den Verlauf der Funktion f_3 zeigt Abb. 87. Für das Argument Null

f_3 unendlich groß, entsprechend dem unendlich großen Temperaturgefälle an der Wand. Dann nimmt α in der Anlaufstrecke sehr rasch ab und bleibt von einem bestimmten Wert des Argumentes an praktisch konstant. Den konstanten Endwert, der asymptotisch erreicht wird, erhält man, indem man die beiden Reihen [Gleichung (83) und (85)] auf ihre ersten Glieder reduziert. Ihr Quotient wird dann $2,996 : 0,819 = 3,66$. Auf Grund des Verlaufes von α kann man das Ende X der Anlaufstrecke etwa dadurch definieren, daß man eine gewisse Annäherung an die Asymptote vorschreibt. Setzt man eine Annäherung von 1% an, so wird

$$\left(\frac{a}{\overline{w}\,d}\cdot\frac{x}{d}\right)_X = 0,05 . \qquad (89)$$

Ein Vergleich der hier entwickelten Rechnungen mit den Ergebnissen experimenteller Untersuchungen würde den Rahmen dieses Buches überschreiten, es muß hier deswegen auf die Literatur verwiesen werden[1]. Nur eine Beobachtung soll an Hand von Abb. 88 besprochen werden, da sie auch die Ausführungen des vorhergehenden Abschnittes ergänzt.

In Abb. 88 ist die Geschwindigkeitsverteilung bei laminarer Strömung in einem Rohr für die drei Fälle der isothermen Strömung (Kurve I), Wärmeabgabe (Kurve II) und Wärmeaufnahme (Kurve III) der Flüssigkeit dargestellt. Die Kurven sind nicht unmittelbar durch Geschwindigkeitsmessungen erhalten, sondern aus den von Kraußold gemessenen Temperaturfeldern und der bekannten Zähigkeit der strömenden Flüssigkeit (Öl) berechnet. Man sieht erstens, daß die grundlegende Annahme der Nußeltschen Theorie (parabolische Geschwindigkeitsverteilung, Kurve I) nicht zutrifft, und zweitens, daß Wärmeabgabe und Wärmeaufnahme der Flüssigkeit ganz verschiedene Strömungsformen bedingt. Die Theorie muß also mindestens quantitativ berichtigt werden, wenn nicht überhaupt die grundlegenden Annahmen abgeändert werden müssen.

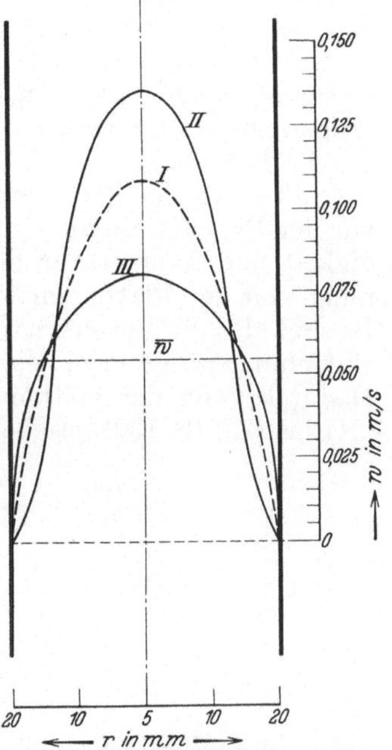

Abb. 88. Geschwindigkeitsverteilung in einem Rohr bei laminarer Strömung.
Kurve I: isotherme Strömung
Kurve II: Wärmeabgabe ⎫ der
Kurve III: Wärmeaufnahme ⎭ Flüssigkeit
Die mittlere Geschwindigkeit $\overline{w}$ ist in allen drei Fällen gleich groß.

Im folgenden Abschnitt soll nun als 2. Beispiel einer mathematischen Lösung ein Rechenverfahren geschildert werden, dessen grundlegende Annahmen erst durch eine Voruntersuchung festgestellt werden.

---

[1] Kraußold, H.: Forsch.-Arb. Ing.-Wes. Heft 351. Berlin 1931; Forschung 3 (1932) S. 21. Jakob, M., u. H. Eck: Forsch. Bd. 3 (1932) S. 121.

b) Freie Konvektion an einer senkrechten ebenen Platte. Die Wärmeabgabe einer geheizten senkrechten Wand an ruhende Luft ist schon 1881 von Lorenz[1] behandelt und — nach Einführung einiger vereinfachender Annahmen — theoretisch gelöst worden. Nußelt[2] hat später darauf hingewiesen, daß die von Lorenz eingeführten Annahmen seine Lösung auf große Temperaturunterschiede zwischen Platte und Luft beschränken und hat zusammen mit Jürges[3] die Theorie verbessert. Er behielt aber die grundlegende Annahme von Lorenz bei, daß die Temperatur und Geschwindigkeit der Luft nur von dem Abstand von der Platte abhängen. Schmidt und Beckmann[4] wiesen durch Ausmessen des Temperatur- und Geschwindigkeitfeldes vor der Platte nach, daß diese Annahme falsch ist. Ihre Messungen zeigten aber einen anderen Weg zu einer theoretischen Lösung des Problems.

Schmidt und Beckmann fanden nämlich, daß die Luftströmung vor der Platte laminar verläuft, und daß die Schicht, in der Geschwindigkeit und Temperatur merklich anders sind als in größerer Entfernung von der Platte, im Vergleich zu der Plattenhöhe sehr dünn ist. Es sind also die Voraussetzungen gegeben, um für diese Schicht die Vereinfachungen der Prandtlschen Grenzschicht einzuführen (vgl. S. 154). Dadurch kann der mathematische Ansatz, der durch die Gleichungen (31) bis (33) (S. 150) gegeben ist, in die folgende Form gebracht werden:

$$\frac{\partial w_x}{\partial x} + \frac{\partial w_y}{\partial y} = 0 , \tag{90}$$

$$w_x \frac{\partial w_x}{\partial x} + w_y \frac{\partial w_y}{\partial y} = v \frac{\partial^2 w_x}{\partial y^2} + g \frac{T_w - T_0}{T_0} \cdot \Theta , \tag{91}$$

$$w_x \frac{\partial \Theta}{\partial x} + w_y \frac{\partial \Theta}{\partial y} = a \frac{\partial^2 \Theta}{\partial y^2} , \tag{92}$$

dazu die Randbedingungen:

$$w_x = 0 , \quad w_y = 0 , \quad \Theta = 1 \text{ für } y = 0 ,$$

$$w_x = 0 , \qquad\qquad \Theta = 0 \text{ für } y = \infty .$$

Der Nullpunkt des Koordinatensystems liegt in der Unterkante der senkrecht stehenden Platte, die x-Achse geht senkrecht nach oben, die y-Achse steht senkrecht zur Platte. Θ ist die relative Übertemperatur der Luft, definiert durch die Gleichung

$$\Theta = \frac{T_L - T_0}{T_w - T_0} , \tag{93}$$

[1] Lorenz, L.: Wied. Ann. Bd. 13 (1881) S. 582.
[2] Nußelt, W.: Forsch.-Arb. Ing.-Wes. Heft 63/64, Berlin 1909.
[3] Nußelt, W., u. W. Jürges: Z. VDI Bd. 72 (1928) S. 597.
[4] Schmidt, E., u. W. Beckmann: Techn. Mech. Thermodyn. Bd. 1 (1930) S. 341; vgl. a. F. Elias: Z. angew. Math. Mech. Bd. 9 (1929) S. 434; Bd. 10 (1930) S. 1.

wobei T_L die Lufttemperatur an irgendeiner Stelle im Temperaturfeld vor der Platte,

T_0 die Lufttemperatur in großer Entfernung von der Platte,

T_w die konstante Wandtemperatur bedeuten.

Das zweite Glied rechts in Gleichung (91) ist dadurch entstanden, daß als Massenkraft der Auftrieb $g\varrho \, \dfrac{T_L - T_0}{T_0}$ eingesetzt wurde. Die Gleichung (90) wird durch Einführen einer Stromfunktion nach den Gleichungen

$$w_x = \frac{\partial \psi}{\partial y}\,; \qquad w_y = -\frac{\partial \psi}{\partial x} \tag{94}$$

erfüllt. Damit gehen die Gleichungen (91) und (92) über in

$$\frac{\partial \psi}{\partial y}\cdot\frac{\partial^2 \psi}{\partial x \partial y} - \frac{\partial \psi}{\partial x}\cdot\frac{\partial^2 \psi}{\partial y^2} = v\,\frac{\partial^3 \psi}{\partial y^3} + g\,\frac{T_w - T_0}{T_0}\cdot\Theta\,, \tag{95}$$

$$\frac{\partial \psi}{\partial y}\cdot\frac{\partial \Theta}{\partial x} - \frac{\partial \psi}{\partial x}\cdot\frac{\partial \Theta}{\partial y} = a\,\frac{\partial^2 \Theta}{\partial y^2}\,. \tag{96}$$

Diese partiellen Differentialgleichungen kann man nach Pohlhausen in gewöhnliche transformieren, wenn man als neue Variable einführt

$$\xi = \sqrt[4]{\frac{g\,(T_w - T_0)}{4\,v^2\,T_0}}\cdot\frac{y}{\sqrt[4]{x}} = c\cdot\frac{y}{\sqrt[4]{x}}\,, \tag{97}$$

und ferner setzt

$$\psi(x,y) = 4\,v\,c\,\sqrt[4]{x^3}\,\zeta(\xi) \quad \text{und} \quad \Theta_{(x,y)} = \chi(\xi)\,. \tag{98}$$

Dadurch treten an Stelle der gesuchten Funktionen $\psi\,(x,\,y)$ und $\Theta\,(x,\,y)$ zwei neue Funktionen ζ und χ der einen Unbekannten ξ. Damit gehen die Gleichungen (95) und (96) über in die beiden gewöhnlichen Differentialgleichungen

$$\zeta''' + 3\,\zeta\,\zeta'' - 2\,\zeta'^2 + \chi = 0\,, \tag{99}$$

$$\chi'' + 3\,\frac{v}{a}\,\zeta\,\chi' = 0 \tag{100}$$

mit den Randbedingungen

$$\zeta = 0\,, \quad \zeta' = 0\,, \quad \chi = 1 \text{ für } \xi = 0\,,$$

$$\zeta' = 0\,, \quad \zeta'' = 0\,, \quad \chi = 0 \text{ für } \xi = \infty\,.$$

Das Temperaturfeld ist dann gegeben durch

$$\frac{T_L - T_0}{T_1 - T_0} = \Theta_{(x,\,y)} = \chi\left(c\,\frac{y}{\sqrt[4]{x}}\right), \tag{101}$$

und für die Geschwindigkeitskomponenten gelten die Gleichungen

$$w_x = \frac{\partial \psi}{\partial y} = 4\,v\,c^2\,\sqrt{x}\,\zeta'\left(c\,\frac{y}{\sqrt[4]{x}}\right), \tag{102}$$

$$w_y = -\frac{\partial \psi}{\partial x} = -\,v\,c\left[\frac{1}{\sqrt[4]{x}}\,\zeta - c\,\frac{y}{\sqrt{x}}\cdot\zeta'\right]. \tag{103}$$

Wenn die von Schmidt und Beckmann eingeführten Vereinfachungen zulässig sind, dann müssen die in verschiedener Höhe aufgenommenen Querschnitte des Temperatur- und Geschwindigkeitsfeldes zusammenfallen, wenn man die dimensionslos gemachten Temperaturen und Geschwindigkeiten Θ und

$$\frac{w_x}{4\,v\,c^2\,\sqrt{x}} \quad \text{über} \quad \xi = c \cdot \frac{y}{\sqrt[4]{x}}$$

aufträgt. Abb. 89 und 90 zeigen die Ergebnisse dieser Darstellung für eine Platte 50×50 cm². Entsprechend den Versuchsbedingungen ist darin $c = 5{,}59$ und $4\,v\,c^2 = 24{,}96$ gesetzt. Man sieht, daß die Temperaturmessungen überraschend gut mit der berechneten Kurve übereinstimmen, während die Geschwindigkeitskurven zwar grundsätzlich auch gute Über-

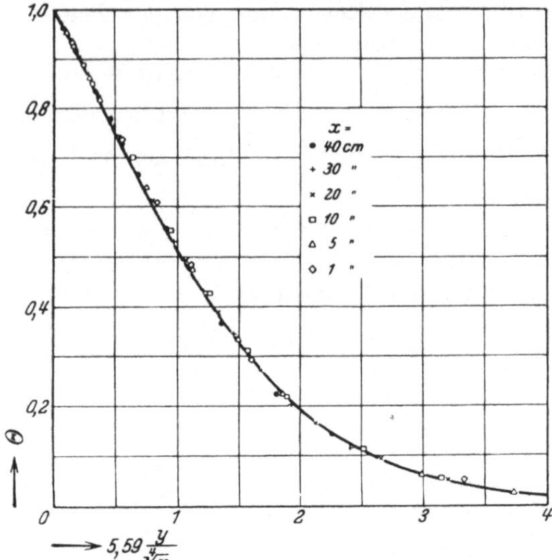

Abb. 89. Temperaturfeld vor einer senkrechten Platte bei freier Konvektion in dimensionsloser Darstellung. Definition der Abszisse s. Gl. (97), Definition der Ordinate s. Gl. (93). (Abb. 89 bis 91 sind entnommen aus E. Schmidt u. W. Beckmann, Techn. Mech. u. Thermodyn. Bd. 1 (1930) S. 341.)

einstimmung zeigen, aber in Einzelheiten Unterschiede aufweisen, die Schmidt und Beckmann teils auf Schwierigkeiten des Experiments, teils auf die Grenzen der Zulässigkeit der vereinfachenden Annahmen zurückführen. Jedenfalls glauben die Verfasser ihre Theorie, soweit sie das Temperaturfeld und die Wärmeabgabe betrifft, auf Plattenhöhen bis 1 m und Übertemperaturen bis 80° anwenden zu können.

Die Gleichungen (99) und (100) ergeben durch eine Reihenentwicklung nach Potenzen von ξ:

$$\zeta = \frac{\xi^2}{2!}\,m - \frac{\xi^3}{3!}$$

$$- \frac{\xi^4}{4!}\,n + \frac{\xi^5}{5!}\,m^2 + \frac{\xi^7}{7!}\,(5+s)\,m\,n$$

$$- \frac{\xi^8}{8!}\,[13\,m^2 + (5+s)\,n] - \frac{\xi^9}{9!}$$

$$\times\,[(5+s)\,n^2 - 18\,m^2] + \cdots, \quad (104)$$

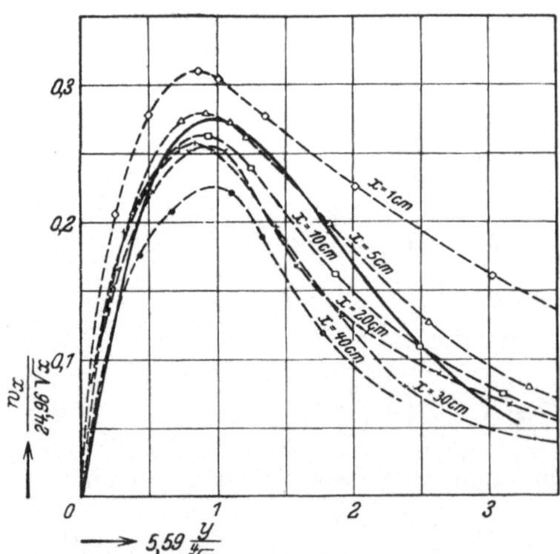

Abb. 90. Feld der senkrechten Strömungsgeschwindigkeit vor einer senkrechten Platte bei freier Konvektion in dimensionsloser Darstellung. Definition der Abszisse s. Gl. (97), Definition der Ordinate s. Gl. (102).

$$\vartheta = 1 + n\,\xi - \frac{\xi^4}{4!}\,s\,m\,n + \frac{\xi^5}{5!}\,s\,n + \frac{\xi^6}{6!}\,s\,n^2 + \frac{\xi^7}{7!}\,(10\,s^2 - s)\,m^2\,n$$

$$- \frac{\xi^8}{8!}\,35\,s^2\,m\,n + \frac{\xi^9}{9!}\,[35\,s^2\,n - 57\,s^2\,m\,n^2 - 5\,s\,m\,n^2] + \cdots . \quad (105)$$

Zur Vereinfachung sind darin die Differentialquotienten an der Oberfläche $\zeta_w'' = m$ und $\chi_w' = n$, sowie $3\,\dfrac{v}{a} = s$ gesetzt. Die Reihen konvergieren schlecht, wodurch ihre Berechnung schwierig wird. Abb. 91 zeigt die von Pohlhausen für Luft $\left(\dfrac{v}{a} = 0{,}733\right)$ berechneten Lösungen.

Aus Gleichung (101) kann die folgende Formel für die örtliche Wärmeübergangszahl α an der Stelle x abgeleitet werden:

$$\alpha = -\lambda\left(\frac{\partial\Theta}{\partial y}\right)_{y=0}$$

$$= \lambda\,(-\chi_w')\sqrt[4]{\frac{g\,(T_w - T_0)}{4\,v^2\,T_0\,x}}. \quad (106)$$

Durch Integration erhält man hieraus die mittlere Wärmeübergangszahl α_m einer Platte von der Höhe $h\,[m]$ zu

$$\alpha_m = \frac{4}{3}\,\lambda\,(-\chi_w')\cdot\sqrt[4]{\frac{g\,(T_w - T_0)}{4\,v^2\,T_0\,h}}. \quad (107)$$

Bezeichnet man mit v_{760} den Wert der kinematischen Zähigkeit bei 760 mm Qu.-S. und berücksichtigt die Abhängigkeit von v vom Luftdruck b bei konstanter Temperatur durch die Beziehung

$$v = v_{760}\cdot\frac{760}{b},$$

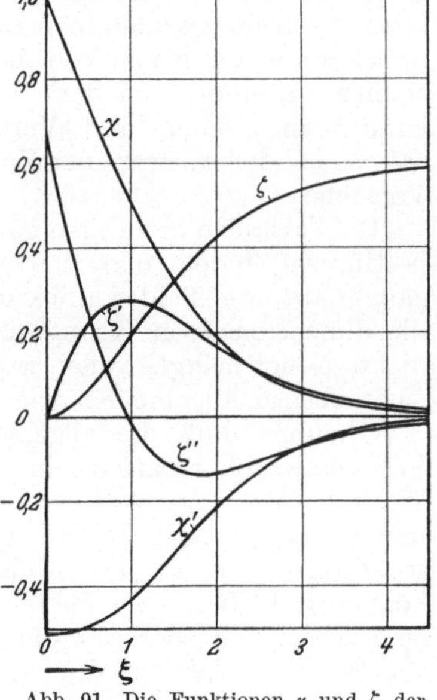

Abb. 91. Die Funktionen χ und ζ der Gleichungen (99) und (100) nach Pohlhausen für Luft. Definition der Abszisse s. Gl. (97).

so kann man die nur von der Temperatur und Gasart abhängigen Größen zusammenfassen und erhält

$$\alpha_m = C\cdot\sqrt[4]{\frac{T_w - T_0}{T_0\cdot h}}\cdot\sqrt{\frac{b}{760}} \quad (107\,\mathrm{a})$$

mit

$$C_{Luft} = \frac{4}{3}\,(-\chi_w')\sqrt[4]{\frac{g}{4}}\cdot\frac{\lambda}{\sqrt{v_{760}}} = 0{,}848\,\frac{\lambda}{\sqrt{v_{760}}}.$$

Mit Hilfe einer Zahlentafel für C als Funktion der Temperatur, wie sie z. B. Schmidt und Beckmann für Luft angeben, und Gleichung (107a) ist also die Wärmeabgabe einer senkrechten Platte recht einfach zu berechnen. Wenn man auf ein anderes Gas oder eine Flüssigkeit übergehen will, muß man erst die Differentialgleichungen (99) und

(100) für die entsprechenden Werte v/a lösen. Es ist aber fraglich, wie weit bei sehr zähen Flüssigkeiten (für Glyzerin von 15^0 z. B. ist $\frac{v}{a} = 12\,000$) die Annahme einer dünnen Grenzschicht, und damit die Grundlage der Theorie berechtigt ist.

3. Die Ähnlichkeitstheorie des Wärmeübergangs.

a) Allgemeine Lösung. Wir hatten bereits festgestellt, daß mathematische Lösungen nur für zwei spezielle Aufgaben der Wärmebewegung in Flüssigkeiten gefunden wurden und daß sie teils hinsichtlich ihres Geltungsbereiches, teils bezüglich der erreichbaren Annäherung an die Wirklichkeit nur in beschränktem Maße befriedigen können. Eine umfassende Lösung erhält man nur in der Weise, daß man zunächst eine unbekannte Funktion von bestimmten, zweckmäßig gewählten Variablen annimmt, und dann die Funktion empirisch bestimmt. Dabei kann man zweimal mit Vorteil das Ähnlichkeitsprinzip anwenden: erstens bei der Auswahl der Variablen, zweitens bei der Auswertung der Versuche.

Die Variablen kann man ganz analog den Ausführungen auf S. 157ff. bestimmen, indem man den mathematischen Ansatz des Wärmeüberganges auf zwei Felder anwendet, und aus den „Erweiterungsfaktoren" die dimensionslosen Kenngrößen entwickelt. Da diese Ableitung aber nichts Neues bringt, wollen wir einen anderen Weg einschlagen, der auf einer ebenso allgemeinen wie einfachen Überlegung beruht[1].

Offenbar muß die allgemeine Lösung irgendeines physikalischen Vorganges so beschaffen sein, daß sie unabhängig ist von der zufälligen Wahl des Maßsystems, das wir benützen. Ob wir also mit cm, g, s oder mit m, kg, h oder ft, lb, h rechnen — die Formel darf dadurch wesentlich nicht beeinflußt werden (nur die Zahlenkonstanten können natürlich vom Maßsystem abhängen). Diese Forderung kann eine Gleichung aber nur dann erfüllen, wenn ihre Variablen dimensionslos sind. Also erhalten wir eine allgemeine Gleichung für irgendeinen Vorgang, z. B. den Wärmeübergang, wenn wir als Variable die dimensionslosen Kombinationen aller Größen bilden, die beim Wärmeübergang eine Rolle spielen.

Um dies auszuführen, brauchen wir gar nicht einmal den mathematischen Ansatz. Aber wir benützen die Gelegenheit, ihn hier in geeigneter Form unter Beschränkung auf stationäre Vorgänge nochmals zusammenzuschreiben: Wir haben die Kontinuitätsgleichung

$$\operatorname{div}(\varrho\,\mathfrak{w}) = 0, \tag{31}$$

die Navier-Stokessche Bewegungsgleichung

$$\varrho\,(\mathfrak{w}, \operatorname{grad})\,\mathfrak{w} = \beta\,\Theta\,\varrho\,g - \operatorname{grad} p + \eta\,(\nabla^2\mathfrak{w} + \tfrac{1}{3}\operatorname{grad}\operatorname{div}\mathfrak{w}), \tag{32a}$$

in die wir als einzige, in Betracht kommende Wirkung der Schwer-

---

[1] Eine umfassende Behandlung der „Dimensionsanalysis" hat Bridgman durchgeführt (Theorie der physikalischen Dimensionen von P. W. Bridgman, deutsch von H. Holl. Leipzig u. Berlin 1932).

kraft den Auftrieb einsetzen. Θ ist darin die für den Auftrieb maßgebende Temperaturdifferenz (vgl. S. 145). Die Energiegleichung lautet
mit Einführung der spezifischen Wärme je Gewichtseinheit $c_p = C_p/g$

$$g \varrho \, c_p \, (\mathfrak{w}, \operatorname{grad} \vartheta) - (\mathfrak{w}, \operatorname{grad} p) = -\lambda \cdot \nabla^2 \vartheta + \eta \cdot \text{Diss. Funkt.} (\mathfrak{w}) . \qquad (33)$$

Die Variablen, die in dem Ansatz auftreten, sind w, p, ϑ, ϱ, c_p, λ, η
und eine Länge l, die implizit in den Ableitungen enthalten ist. Nicht
alle diese Größen sind aber unabhängig voneinander. Der Druck ist
durch Dichte, Temperatur und Zustandsgleichung und, soweit nicht
sein Absolutwert, sondern das Druckgefälle in Frage kommt, durch
Geschwindigkeit und kinematische Zähigkeit $v = \eta/\varrho$ bestimmt. Aus
den übrigen Größen bilden wir die folgenden dimensionslosen Kombinationen

$$\frac{w \, l \, \varrho}{\eta} \quad = \frac{w \, l}{v} = Re \qquad \text{(Reynoldssche Kennzahl)}, \qquad (108a)$$

$$\frac{w \, l \, \varrho \, g \, c_p}{\lambda} = \frac{w \, l}{a} = Pe \qquad \text{(Pécletsche Kennzahl)}, \qquad (108b)$$

$$\frac{c_p \, \eta \, g}{\lambda} \quad = \frac{v}{a} = \frac{Pe}{Re} = Pr \qquad \text{(Prandtlsche Kennzahl)}, \qquad (108c)$$

$$\frac{g \, l^3 \, \beta \, \Theta}{v^2} \quad = Gr \qquad \text{(Grashofsche Kennzahl)}, \qquad (108d)$$

Es sei hier ausdrücklich bemerkt, daß die Auswahl der Kenngrößen
an sich willkürlich ist. Wir hätten ebensogut ϱ und w durch p ersetzen
und Kenngrößen mit Hilfe von p bilden können.

Das Temperatur- und Geschwindigkeitsfeld können wir nun als
Funktion der 4 Kennzahlen Re, Pe, Pr, Gr darstellen. Was wir aber
wissen wollen, ist in den allermeisten Fällen die Wärmemenge, die durch
die Berandung der Flüssigkeit strömt. Für deren Berechnung hat es
sich am zweckmäßigsten erwiesen, zunächst die Wärmeübergangszahl α zu bestimmen. Wir machen auch diese dimensionslos durch die
Kombination

$$\frac{\alpha \, l}{\lambda} = Nu \quad \text{(Nußeltsche Kennzahl)} \qquad (108e)$$

und setzen schließlich an:

$$Nu = F \left(Re, Pe, Pr, Gr, \frac{l_i}{l} \right) . \qquad (109)$$

Die letzte Kennzahl führen wir zur Berücksichtigung der Abmessungen des untersuchten Raumes ein; nach Bedarf können wir mit
ähnlich gebildeten Verhältnissen auch Rauhigkeit und Anlauflänge
ausdrücken, die, wie wir bereits S. 163 und S. 180 gesehen haben, unter
Umständen eine Rolle spielen.

Bei genauerem Zusehen wird der Leser feststellen, daß Gleichung
(109) überbestimmt ist. Wir dürfen von den drei Größen Re, Pe und
Pr nur zwei frei wählen, die dritte ist durch die Beziehung $Pr = \dfrac{Pe}{Re}$
bestimmt. Da aber die Auswahl der Kenngrößen durch die besonderen
Umstände des jeweiligen Problems bedingt ist, wurden zunächst alle

drei Größen in Gleichung (109) „zur Auswahl" aufgeführt. Meistens wird man neben der Reynoldsschen Kenngröße noch die Prandtlsche benützen, da diese den besonderen Vorteil besitzt, daß sie nur Stoffwerte enthält. Auf ihre Bedeutung für die Wärmebewegung in Gasen wird im nächsten Abschnitt noch näher eingegangen.

b) Vereinfachte Lösungen für besondere Fälle. Die empirische (experimentelle) Bestimmung der allgemeinen Funktion F in Gleichung (109), die immerhin noch von mindestens 4 Variablen abhängt, ist bisher noch nicht gelungen; zum Glück ist das auch nicht nötig, da in den praktisch in Frage kommenden Aufgaben durch besondere Bedingungen stets die Zahl der Kenngrößen eingeschränkt ist.

Wir wollen bei der Behandlung solcher besonderer Aufgaben mit einer beginnen, die ein bereits besprochenes Problem in sich schließt.

α) **Wärmeübergang bei erzwungener Konvektion.** Nach Gleichung (88) ist der Wärmeübergang bei laminarer Strömung im Rohr nur von den Größen Pe und x/d abhängig. Diese Aussage können wir jetzt ohne weiteres aus Gleichung (109) ableiten. Gemäß Voraussetzung soll die Geschwindigkeitsverteilung konstant (parabolisch nach Gleichung (49)) sein; folglich verschwindet die Kennzahl Re, sowie die andere Kennzahl, die η enthält, nämlich Pr. Da der Auftrieb keine Rolle spielt, entfällt auch Gr. Als geometrische Bezugsgröße kommt nur der Rohrdurchmesser d in Betracht; die Entfernung von dem Anfangsquerschnitt wird durch die Größe x/d berücksichtigt. Somit erhält man

$$\frac{\alpha\, d}{\lambda} = F\left(\frac{w\,d}{a}, \frac{x}{d}\right). \tag{88a}$$

Daß die beiden Kenngrößen in das besondere Verhältnis $\dfrac{x}{d} : \dfrac{w\,d}{a}$ treten, kann man allerdings aus Gleichung (109) nicht ableiten. Dagegen können wir jetzt, nachdem wir wissen, daß das Geschwindigkeitsfeld tatsächlich nicht konstant ist, die Gleichung (88) berichtigend ergänzen. Sie muß nämlich lauten:

$$Nu = F\left(Re, Pe, \frac{x}{d}\right), \tag{110}$$

oder, was aus gleich zu erörternden Gründen zweckmäßiger ist:

$$Nu = F\left(Re, Pr, \frac{x}{d}\right). \tag{110a}$$

Will man noch die Rauhigkeit der Rohrwand berücksichtigen, so muß man die „relative Rauhigkeit" ε/d einführen (vgl. S. 163). Geht man wieder vom Spezialfall des Kreisrohres auf einen beliebigen Raum über, so erhält man als allgemeine Gleichung des Wärmeüberganges bei erzwungener Konvektion die Gleichung

$$Nu = F\left(Re, Pr, \frac{x}{l}, \frac{\varepsilon}{l}, \frac{l_i}{l}\right). \tag{110b}$$

Für die Wärmebewegung in strömenden Gasen ergibt sich noch eine Vereinfachung. Aus der kinetischen Gastheorie folgt nämlich, daß die Prandtlsche Kennzahl Pr eine nur von der Atomzahl des Gases abhängige Größe sein soll. Das Experiment hat diese theoretische Folgerung zwar nicht streng, aber immerhin mit genügender Annäherung bestätigt. Nach den neuesten Messungen besitzt Pr die in Zahlentafel 15 zusammengestellten Mittelwerte (vgl. a. Zahlentafel VIII u. IX, S. 249 u. 250).

Vergleicht man also bei der Bestimmung der Funktion F nur Gase gleicher Atomzahl (und beschränkt dadurch die Lösung auf diese Gruppe von Gasen), so entfällt die Größe Pr in den Gleichungen (110).

β) **Wärmeübergang bei freier Konvektion.** Unter diesem Begriff wird die Wärmeabgabe eines Körpers mit der Oberflächentemperatur ϑ_w an eine Flüssigkeit verstanden, die sich im allgemeinen in Ruhe befindet und überall die gleiche Temperatur ϑ_F besitzt. Nur in nächster Nähe des wärmeabgebenden Körpers wird das Temperatur- und Geschwindigkeitsfeld gestört. Durch Leitung dringt Wärme von der Körperoberfläche in die unmittelbar angrenzenden Flüssigkeitsschichten, diese werden dadurch spezifisch leichter und steigen nach oben. Eine anschauliche Vorstellung des Vorganges vermittelt das in Abb. 92 dargestellte Schlierenbild[1] der Wärmeabgabe eines beheizten Rohres an Luft bei freier Konvektion. Der weiß gestrichelt eingezeichnete Kreis ist die Grenze des Schattens, den das unbeheizte Rohr werfen würde.

Zahlentafel 15. Werte der Prandtlschen Kennzahl $Pr = \dfrac{c_p\,\eta\,g}{\lambda}$.

1-atomige Gase	$Pr = 0,67$
2-atomige Gase	$Pr = 0,70$
3-atomige Gase	$Pr = 0,89$
4- und mehratomige Gase	$Pr = 1,00$

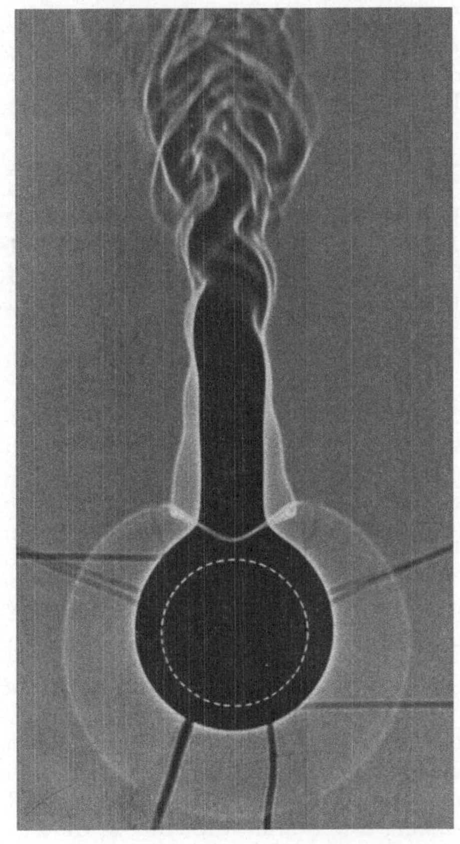

Abb. 92. Schlierenbild der Wärmeabgabe eines beheizten Rohres an Luft bei freier Konvektion nach E. Schmidt.

---

[1] Nach E. Schmidt: Forschung Bd. 3 (1932) S. 181.

Der dunkle Kernschatten zeigt die Ausdehnung der Störungszone des Temperatur- und Geschwindigkeitsfeldes. Die erwärmte Luft fließt also um das Rohr herum und schließt sich nach oben zu einem Band, das noch etwa 10 cm turbulenzfrei aufsteigt und sich dann erst in Wirbel auflöst. Infolge des Dichteunterschiedes werden die Lichtstrahlen aus dem Temperaturfeld abgelenkt; dadurch entsteht um den Kernschatten eine helle Zone, deren Begrenzungsfläche ein Maß für die Wärmeabgabe bildet.

Die Abb. 92 bestätigt die bereits von Langmuir[1] ausgesprochene Ansicht, daß der Wärmeübergang bei freier Konvektion sich in einer sehr dünnen, laminar strömenden „Grenzschicht" vollzieht. Auch die auf S. 184ff. besprochenen Messungen von Schmidt und Beckmann führten zu demselben Ergebnis. Nun ist aber die Wärmeleitung quer zu einer laminaren Strömung unabhängig von der Strömungsgeschwindigkeit. Folglich vereinfacht sich Gleichung (109) für den Fall freier Konvektion (solange die Grenzschicht laminar bleibt) zu der Form:

$$Nu = F\left(Pr, Gr, \frac{l_i}{l}\right). \tag{111}$$

Bei Beschränkung auf Gase gleicher Atomzahl entfällt noch die Größe Pr aus den auf S. 191 erörterten Gründen. Nußelt[2] hat die Funktion F für die Abkühlung eines horizontalen Rohres oder Drahtes in Luft als Funktion von Gr empirisch in dem weiten Bereich $10^{-5} < Gr < 10^7$ ermittelt.

Man kann aber auch für den allgemeinen Fall einer beliebigen ruhenden Flüssigkeit die Gleichung (111) noch weiter vereinfachen. Nimmt man an, daß in der dünnen laminaren Grenzschicht die Beschleunigungskräfte gegenüber der Flüssigkeitsreibung vernachlässigt werden dürfen, so kann man statt Gleichung (32a) (S. 188) die für den Sonderfall der „schleichenden Bewegung" geltende Gleichung (35) (S. 154), einführen, in die man allerdings noch das Auftriebsglied einsetzen muß. Dann erhält man als Kennzahl den Wert $\dfrac{g^2\, l^3\, \beta\, \Theta\, \varrho^2\, c}{\eta\, \lambda}$, der nichts anderes ist als ·das Produkt $Gr \cdot Pr$. In diesem Fall lautet also die Gleichung (111)

$$Nu = F\left(Gr \cdot Pr, \frac{l_i}{l}\right). \tag{111a}$$

Nußelt[3] hat nach dieser Gleichung aus Versuchen verschiedener Beobachter die Funktion F für die Abkühlung eines Rohres oder Drahtes in einer beliebigen Flüssigkeit ermittelt und in einer Zahlentafel und einem Diagramm für $10^{-5} < Gr \cdot Pr < 10^{+8}$ mitgeteilt. Die Größe $Gr \cdot Pr$ tritt auch in der Gleichung auf, zu der Lorenz in seiner, auf S. 184 erwähnten theoretischen Behandlung der Wärmeabgabe einer senkrechten ebenen Wand gelangt.

[1] Langmuir, I.: Physic. Rev. Bd. 34 (1912) S. 401.
[2] Nußelt, W.: Z. VDI Bd. 73 (1929) S. 1475.
[3] Nußelt, W.: a. a. O.

Auf Grund eines großen Versuchsmaterials haben Fishenden und Saunders[1] denselben Vorgang als Funktion der Kenngröße $\dfrac{g^3\,l^3\,\beta\,\Theta\,\varrho^2\,c^2}{\lambda^2}$ dargestellt, also nach der Gleichung

$$Nu = F(Gr \cdot Pr^2). \qquad (111\,\mathrm{b})$$

Man gelangt zu diesem Wert, wenn man die Reibung in der laminaren Grenzschicht gegenüber der Beschleunigung vernachlässigt.

Die Vereinfachungen von Nußelt und die von Fishenden und Saunders widersprechen sich eigentlich. Eine genauere Untersuchung wird wohl entscheiden müssen, welche Annahme den Vorzug verdient.

Die Gleichungen (111 a) und (111 b) sind ein Beispiel dafür, daß es oft möglich ist, Kenngrößen in Form von Potenzprodukten in Beziehung zueinander zu bringen. Häufig, besonders in der englisch-amerikanischen Literatur[2], werden sogar von vornherein die Variablen als Potenzfunktionen angeschrieben; man erhält dann an Stelle von Gleichung (109) den Ansatz:

$$\alpha = \mathrm{const} \cdot l^{n_1}\,w^{n_2}\,\varrho^{n_3}\,\eta^{n_4}\,\lambda^{n_5}\,c_p^{n_6}\,g^{n_7}\,\beta^{n_8}\,\Theta^{n_9}\left(\frac{l_i}{l}\right)^{n_{10}}. \qquad (112)$$

Durch Dimensionsbetrachtungen ergeben sich dann Beziehungen zwischen den Exponenten, die wieder auf die Kenngrößen der Gleichung (109) führen, aber nun in der Form

$$\alpha = \mathrm{const} \cdot (Re)^{m_1} \cdot (Pr)^{m_2} \cdot (Gr)^{m_3} \cdot \left(\frac{l_i}{l}\right)^{m_4}. \qquad (113)$$

Dadurch wird von vornherein die Funktion F eingeschränkt. Häufig führt auch dieser Weg zum Ziel, da man jede unbekannte Funktion mit gewisser Annäherung nach einer Potenzreihe entwickeln kann. Es ist dann nur eine Frage der geforderten Genauigkeit, wie weit man mit dieser Methode kommt. Die auf S. 165 angegebene Gleichung (55) ist ein Beispiel für eine solche Potenzfunktion, die bei fortschreitender Erweiterung des Versuchsbereiches durch die allgemeinere Funktion der Gleichung (54) ersetzt werden mußte.

Grundsätzlich ist es zweckmäßiger, die Ableitung möglichst voraussetzungslos durchzuführen und vereinfachende Annahmen erst dann anzubringen, wenn man die gewonnene Gleichung auf einen besonderen Fall anwenden will.

Jedes andere Vorgehen birgt in sich die Gefahr, daß beim Gebrauch der sich ergebenden Formel nicht an die bei ihrer Ableitung eingeführten Vereinfachungen gedacht und die Formel somit auf Verhältnisse angewendet wird, für die sie nicht gilt.

c) Berücksichtigung der Temperaturabhängigkeit der Stoffwerte. Bei allen bisher behandelten Problemen des Wärmeüberganges hatten wir vorausgesetzt, daß eine der auf S. 173ff. beschriebenen Mittelbildungen die Temperaturabhängigkeit der Stoffwerte mit hinreichender Annäherung erfaßt.

---

[1] Fishenden, M., u. O. A. Saunders: Engineering Bd. 130 (1930) S. 177.
[2] Vgl. z. B. Ch. W. Rice: Ind. Engineering Chem. Bd. 16 (1924) S. 460.

Häufig trifft diese Voraussetzung aber nicht mehr zu, besonders bei Wärmeübertragung mit freier Konvektion. In diesem letzteren Falle kommt man einen Schritt weiter, wenn man die Temperaturabhängigkeit der Stoffwerte durch eine Potenzfunktion von der Form

$$\frac{\varphi}{\varphi_0} = \left(\frac{T}{T_0}\right)^n \tag{65a}$$

berücksichtigt, worin T die absolute Temperatur an einer beliebigen, T_0 an einer ausgezeichneten Stelle des betrachteten Raumes ist. In diesem Falle kann man, wie Hermann[1] gezeigt hat, in Gleichung (111) die Kenngrößen auf die konstante Temperatur T_0 beziehen, wenn man dazu als neue Kennzahl eine dimensionslose Kombination der maßgebenden Temperaturen einführt. Unter der Voraussetzung der Gleichung (65a) ist die Bedingung für die Ähnlichkeit der Temperatur- und Stoffwertfelder durch die Randbedingungen gegeben, so daß man als maßgebende Temperaturen die Temperatur T_∞ in großer Entfernung von dem wärmeabgebenden Körper und die Temperatur T_w der Körperoberfläche oder auch $\Theta = T_w - T_\infty$ einzusetzen hat. Man erhält so

$$Nu = F\left(Pr, Gr, \frac{\Theta}{T_\infty}, \frac{l_i}{l}\right). \tag{111c}$$

Die Gleichung (111c) gilt aber nur unter Beschränkung auf eine Gruppe von Flüssigkeiten, die den gleichen Exponenten n in Gleichung (65a) besitzen. Hermann hat aber gezeigt, daß es dann tatsächlich gelingt, eine Schar stark streuender Punkte in einzelne Kurven mit dem Parameter $\frac{\Theta}{T_\infty} = $ const. aufzulösen. Damit ist die Möglichkeit gegeben, die Ergebnisse von Versuchsreihen mit verschiedenen Werten von Θ auf $\Theta = 0$ zu extrapolieren, und so eine allgemeinere, über die oben erwähnten Einschränkungen hinaus gültige Gesetzmäßigkeit zu erschließen.

d) Kritik der Ähnlichkeitstheorie. Die mit Hilfe des Ähnlichkeitsprinzips durchführbaren Verallgemeinerungen von Versuchsergebnissen sind naturgemäß den Einschränkungen der Ähnlichkeitsbedingungen unterworfen. Da dies manchmal nicht genügend beachtet wurde, sind unzulässige, zu weit reichende Schlüsse gezogen worden, und, als sich diese als falsch herausstellten, hat man dem Ähnlichkeitsprinzip die Schuld gegeben.

Zunächst ist festzustellen, daß das Ähnlichkeitsprinzip an sich nicht falsch — oder auch nur ungenau — sein kann; denn es ist eine Schlußfolgerung der Logik, die mit Physik zunächst noch gar nichts zu tun hat. Bei der Anwendung des Ähnlichkeitsprinzips muß man aber bereits über ein gewisses Maß empirischer Erfahrungen verfügen, wenn man Fehler vermeiden will[2]. Man begeht z. B. einen Fehler, wenn man bei der Berechnung des Strömungswiderstandes in verschieden rauhen Rohren neben der Reynoldsschen Zahl die relative Rauhigkeit ver-

---

[1] Hermann, R.: Physik. Z. Bd. 33 (1932) S. 425.
[2] Vgl. z. B. P. W. Bridgman: Theorie der physikalischen Dimensionen; deutsch von H. Holl. Leipzig u. Berlin 1932.

nachlässigt; denn man verstößt gegen die Bedingung der geometrischen Ähnlichkeit. Es hat aber doch eine Reihe von Jahren gedauert, bis diese Konsequenz der geometrischen Ähnlichkeitsbedingung erkannt wurde. Man macht auch einen Fehler, wenn man bei größeren Temperaturdifferenzen und freier Konvektion die Temperaturabhängigkeit der Stoffwerte, oder wenn man bei erzwungener Konvektion den Einfluß der Richtung des Wärmestromes auf die Dicke der Grenzschicht vernachlässigt.

Das Ähnlichkeitsprinzip sagt uns nicht von vornherein, welche Größen in dem mathematischen Ansatz auftreten. Das ist Sache der Erfahrung. Aber das Ähnlichkeitsprinzip macht uns darauf aufmerksam, wenn wir eine Größe übersehen haben, und darin beruht ein wesentlicher Teil seiner Bedeutung. Es gibt uns nicht nur die Möglichkeit, Teillösungen eines im ganzen unlösbaren mathematischen Ansatzes zu gewinnen, sondern es gibt uns auch Aufschluß darüber, ob der Ansatz richtig ist, und, wenn er falsch ist, zeigt es uns den Weg zur Verbesserung.

Man muß sich aber immer bewußt bleiben, daß das Ähnlichkeitsprinzip — wenigstens auf dem in diesem Buch behandelten Gebiet — keine allgemeinen Lösungen gibt, sondern nur eine Verallgemeinerung von Versuchsergebnissen auf den durch die Ähnlichkeitsbedingungen abgegrenzten Bereich. Diese Grenzen muß man immer kennen und im Auge behalten, wenn man die Ergebnisse von Ähnlichkeitsbetrachtungen anwenden will.

4. Die Impulstheorie des Wärmeüberganges.

Das Ähnlichkeitsprinzip wurde bisher von uns nur dazu verwendet, um Beziehungen zwischen gewissen Gruppen von Wärmeübergangsproblemen herzustellen und die Auswertung von Wärmeübergangsversuchen zu verallgemeinern. Man kann aber den Gedanken der Ähnlichkeit viel weiter fassen[1]. Der mathematische Sinn einer Ähnlichkeitsbetrachtung ist doch der, eine Beziehung zwischen den Beiwerten einander entsprechender Glieder in gleichgebauten Formeln herzustellen.

Die Gleichung

$$\frac{D\varphi}{dt} = C \cdot \nabla^2 \varphi \tag{114}$$

ist ganz allgemein der mathematische Ausdruck für den Ausgleich bestehender Potentialdifferenzen in einem Feld, das durch die Größe φ charakterisiert wird. Setzt man für φ die Temperatur ϑ und für C die Temperaturleitzahl a, so erhält man die Wärmeleitgleichung [(4a) S. 8] für den Fall $W = 0$. Mit $\varphi = w$ und $C = \nu$ ergibt sich die Bewegungsgleichung für Potentialströmung, und wenn man für φ die Konzentration c und für C die Diffusionszahl k einsetzt, erhält man die Gleichung des Diffusionsvorganges.

Die physikalische Bedeutung der Tatsache, daß alle diese Vorgänge derselben Gleichung gehorchen, ist die, daß der „Ausgleich", sei es nun

---

[1] Vgl. a. die auf S. 201 behandelten Ähnlichkeitsbeziehungen.

verschiedener Temperaturen, verschiedener Geschwindigkeiten oder verschiedener Konzentrationen durch denselben Mechanismus erfolgt. Auf S. 139 wurde bereits einmal davon gesprochen, daß die Moleküle sich stets mit großer Geschwindigkeit durcheinander bewegen und dabei miteinander zusammenstoßen. Beim Stoß tauschen sie ihre Bewegungsgröße, oder, da wir ihre Masse als gleich annehmen können, ihre Geschwindigkeit aus. Nun kann ein Unterschied in der Geschwindigkeit zweierlei Ursachen haben: das eine Molekül kann wärmer sein, das heißt eine größere thermische Eigengeschwindigkeit besitzen, oder es kann aus einer rascher fließenden Flüssigkeitsschicht stammen, also außer seiner thermischen Eigengeschwindigkeit noch eine zusätzliche Geschwindigkeitskomponente in der Strömungsrichtung besitzen. In beiden Fällen wird der Impulsüberschuß des rascheren Moleküls an das langsamere abgegeben: Wärme und Strömungsenergie werden auf die gleiche Weise weitergetragen. Im Falle der Diffusion ist es nicht die Energie, sondern ihr Träger selbst, die Masse, die infolge der ungeordneten Bewegung wandert; das ist grundsätzlich derselbe Vorgang, nur verläuft er wesentlich langsamer.

Es muß also möglich sein, mittels des Ähnlichkeitsprinzips nicht nur zwei Temperatur- oder Geschwindigkeitsfelder untereinander zu vergleichen, sondern auch ein Temperaturfeld mit einem Geschwindigkeitsfeld oder mit einem Konzentrationsfeld. Dem letzteren Fall ist Abschnitt 6 (S. 201) gewidmet; zunächst wollen wir uns mit dem Impulsaustausch beschäftigen, wobei wir als Beispiel die horizontale Strömung im Rohr zugrunde legen.

Unter Vernachlässigung der Kompressibilität und der Schwerkraft lautet die Bewegungsgleichung

$$\frac{D\mathfrak{w}}{dt} = -\frac{1}{\varrho}\operatorname{grad} p + \frac{\eta}{\varrho}\cdot \nabla^2\mathfrak{w}. \tag{115}$$

Die Wärmeleitgleichung

$$\frac{D\vartheta}{dt} = \frac{\lambda}{g\,\varrho\,c_p}\cdot\nabla^2\vartheta \tag{116}$$

besitzt ein Glied weniger. Wenn wir also diese beiden Formeln nach dem Ähnlichkeitsprinzip vergleichen wollen, müssen wir in Gleichung (116) noch ein Glied einfügen. Das Glied $-\dfrac{1}{\varrho}\operatorname{grad} p$ in Gleichung (115) stellt die Energiequelle dar, die, wenn Dauerzustand besteht, dem Energieverbrauch der inneren Reibung das Gleichgewicht hält. Also setzen wir als entsprechendes Glied in Gleichung (116) einen Ausdruck für eine Wärmequelle ein, die ebensoviel Wärme erzeugt, als mit der Rohrwand ausgetauscht wird[1]. Da der Wärmestrom von der Rohrwand weg oder zu ihr hin gerichtet sein kann, muß aus der Wärmequelle $q\,[\text{kcal/m}^3\cdot\text{h}]$ unter Umständen auch eine Wärmesenke werden. Die Gleichung (116) lautet dann mit dieser Ergänzung [vgl. Gl. (4a), S. 8]

$$\frac{D\vartheta}{dt} = \frac{1}{g\,\varrho\,c_p}\cdot q + \frac{\lambda}{g\,\varrho\,c_p}\cdot\nabla^2\vartheta. \tag{117}$$

---

[1] Prandtl, L.: Physik. Z. Bd. 11 (1910) S. 1072.

Zwei Vorgänge, die durch Gleichung (115) und (117) beschrieben werden, verlaufen dann ähnlich, wenn

1. ϑ proportional einer Komponente von w ist, also

$$\vartheta = C_1 \cdot w_x. \tag{118}$$

2. Die von der Quelle erzeugte Wärmemenge q proportional $-$ grad p ist, also

$$q = -C_2 \cdot \operatorname{grad} p. \tag{119}$$

Die Richtung des Gradienten muß mit der Richtung der durch die erste Bedingung bestimmten Geschwindigkeitskomponente zusammenfallen.

Führt man nun die Ähnlichkeitsbedingungen in Gleichung (117) ein und setzt in der üblichen Weise die entsprechenden Glieder von (115) und (117) einander gleich, so erhält man

$$\frac{c_p \eta g}{\lambda} = 1 \tag{120}$$

und

$$\frac{C_1}{C_2} = g \cdot c_p. \tag{121}$$

Gleichung (120) wird, wie aus Zahlentafel 15 (S. 191) hervorgeht, durch Gase einigermaßen erfüllt. Wir können also, wenn es gelingt, die Gleichung (121) durch die Versuchsbedingungen zu befriedigen, für ein durch ein Rohr strömendes Gas eine Beziehung zwischen dem Austausch mechanischer Energie (Druckabfall) und dem Wärmeaustausch mit der Rohrwand ableiten.

Aus der ersten Ähnlichkeitsbedingung folgt:

$$\vartheta = \vartheta_w + C_1 \cdot w_x, \tag{122}$$

das heißt also, zu einem gegebenen Geschwindigkeitsprofil gehört ein proportionales Temperaturprofil. Den Proportionalitätsfaktor C_1 kann man durch Einführen der Mittelwerte bestimmen zu

$$C_1 = \frac{\vartheta_F - \vartheta_w}{\overline{w}}. \tag{123}$$

Für q folgt aus der zweiten Ähnlichkeitsbedingung und Gleichung (120) und (121):

$$q = -C_1 \cdot \frac{\lambda}{\eta} \cdot \frac{dp}{dx}. \tag{124}$$

Die Wärmemenge q ist, wie aus einer Betrachtung der Dimensionen, etwa in Gleichung (117) hervorgeht, auf die Raumeinheit bezogen. Durch Multiplikation mit dem Rohrquerschnitt erhält man somit die gesamte je 1 m Rohrlänge und Stunde erzeugte Wärmemenge Q, die gemäß Voraussetzung gleich der mit der Rohrwand ausgetauschten sein soll:

$$Q = r^2 \pi q = -C_1 \cdot \frac{\lambda}{\eta} \cdot r^2 \pi \cdot \frac{dp}{dx}. \tag{125}$$

Aus (125) und (123) erhält man dann die Schlußgleichung,

$$Q = -\frac{\lambda}{\eta} \cdot \frac{r^2 \pi}{\overline{w}} (\vartheta_F - \vartheta_w) \cdot \frac{dp}{dx}; \tag{126}$$

in der nur bekannte oder meßbare Größen vorkommen. Die Gleichung (126) gilt, wie bereits betont wurde, wegen der Bedingung (120) nur für Gase, und auch für diese nur mit beschränkter Genauigkeit, da Pr bei ein- und zweiatomigen Gasen doch immerhin beträchtlich von 1 abweicht. Flüssigkeiten erfüllen die Bedingung (120) aber gar nicht (für Wasser von 20^0 ist z. B. $Pr = \sim 7$); deshalb ist für diese eine Abänderung der Theorie erforderlich, die Prandtl durch Vereinigung mit seiner Grenzschichttheorie vornahm. Wir werden diese im nächsten Abschnitt behandeln, vorher aber noch ein paar Zeilen der Geschichte der Impulstheorie widmen.

Die Analogie des Ausgleichs von Strömungs- und Wärmeenergie ist schon lange bekannt, und auch schon, lange vor Nußelt den Anstoß zu der modernen Erforschung des Wärmeüberganges gab, auf diesem Gebiet angewendet worden. Maxwell[1] hat beim Ausbau der kinetischen Gastheorie nur den Vergleich der Ausgleichsvorgänge in ruhenden Medien behandelt, aber Reynolds[2] hat schon ganz klar ausgesprochen, daß die Verwandtschaft zwischen Impuls- und Wärmetransport auch in strömenden Medien besteht, und zwar sowohl bei laminarer als auch bei turbulenter Strömung.

Reynolds und nach ihm Stanton[3] sowie eine ganze Reihe englischer Beobachter[4] haben aber bei der Ausarbeitung der Impulstheorie die Strömung immer als ein einheitliches Ganzes betrachtet, und waren daher gezwungen, mehr oder minder gewaltsame Annahmen zu machen, um den Einfluß des Temperaturfeldes auf das Geschwindigkeitsfeld zu berücksichtigen, sobald sie sich nicht auf Gase beschränken, deren Zähigkeit ja nur wenig von der Temperatur abhängt. Einen entscheidenden Schritt in der Weiterbildung der Impulstheorie tat Prandtl durch Verbindung mit seiner Grenzschichttheorie.

5. Die Grenzschichttheorie des Wärmeüberganges.

Prandtl[5] betrachtet die Strömung nicht mehr als einheitliches Ganzes, sondern teilt sie in eine turbulente Kernströmung und eine laminare Grenzschicht. Für jedes der beiden Teilgebiete kann er nun getrennte Annahmen machen, und zwar soll in der Kernströmung Impuls- und Wärmetransport so überwiegend durch die turbulente Mischbewegung bewirkt werden, daß demgegenüber in den Gleichungen (115) und (117) die Reibungs- und Wärmeleitungsglieder vernachlässigt werden können. In der Grenzschicht ist dagegen die Strömung laminar, die Wärmeleitung kann also nach der Fourierschen Gleichung [(1)

---

[1] Maxwell, J. Cl.: Phil. Mag. (4) Bd. 19 (1860) S. 31.

[2] Reynolds, O.: Proc. Manchester Lit. and. Phil. Soc. Bd. 8 (1874) S. 9.

[3] Stanton, T. E.: Phil. Trans. Bd. 190 (1897) S. 67.

[4] Z. B. A. Eagle u. R. Ferguson: Proc. Roy. Soc. Lond. (A) Bd. 127 (1930) S. 540; Engineering Bd. 130 (1930) S. 691. Ch. W. Rice: Ind. Engineering Chem. Bd. 16 (1924) S. 460. G. J. Taylor: Proc. Roy. Soc. Lond. (A) Bd. 129 (1930) S. 25.

[5] Prandtl, L.: Physik. Z. Bd. 29 (1928) S. 487.

(S. 4)] und die Impulsleitung nach dem Newtonschen Ansatz [(14) (S. 140)] berechnet werden.

Der letztere liefert eine Beziehung zwischen der Schubspannung in der Grenzschicht und dem Druckabfall im Rohr:

$$\eta \left(\frac{dw_x}{dr}\right)_g \cdot 2\,r\,\pi = - \frac{dp}{dx} \cdot r^2\,\pi\,. \qquad (127)$$

Der Index „g" gilt für die Grenze zwischen Grenzschicht und Kernströmung. Der Geschwindigkeitsgradient in der Grenzschicht kann linear angenommen werden (vgl. S. 155):

$$\left(\frac{dw_x}{dr}\right)_g = \frac{w_g}{\delta}\,. \qquad (128)$$

Aus (127) und (128) ergibt sich für die Dicke der Grenzschicht

$$\delta = - \frac{2\,w_g\,\eta_g}{r \cdot \dfrac{dp}{dx}}\,. \qquad (129)$$

Nun muß gemäß Annahme die gesamte, zwischen strömender Flüssigkeit und Rohrwand ausgetauschte Wärmemenge Q mittels Leitung durch die Grenzschicht befördert werden. Dies führt auf die Gleichung

$$Q = \lambda_g \cdot \frac{\vartheta_g - \vartheta_w}{\delta} \cdot 2\,r\,\pi$$

$$= \frac{\lambda_g}{\eta_g}\,(\vartheta_g - \vartheta_w)\frac{r^2\,\pi}{w_g} \cdot \frac{dp}{dx}\,. \qquad (130)$$

Für die turbulente Kernströmung vereinfachen sich die Gleichungen (115) und (117) zu

$$\frac{Dw}{dt} = - \frac{1}{\varrho}\,\mathrm{grad}\,p \qquad (115\,\mathrm{a})$$

und

$$\frac{D\vartheta}{dt} = \frac{1}{g\,\varrho\,c_p} \cdot q\,. \qquad (117\,\mathrm{a})$$

Damit wird

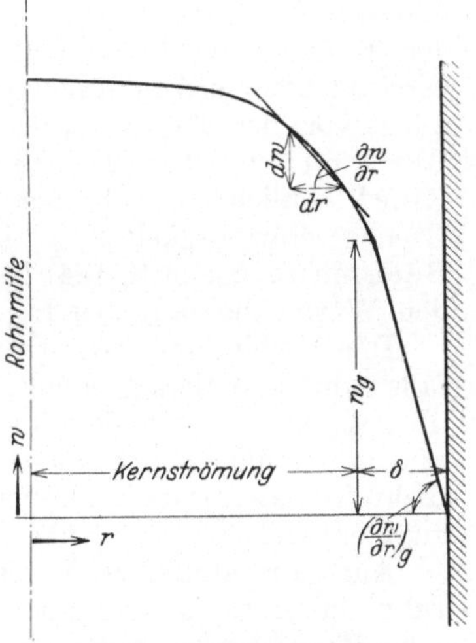

Abb. 93. Geschwindigkeitsverteilung in Kernströmung und Grenzschicht.
δ = Dicke der Grenzschicht,
w_g = Geschwindigkeit an der Grenze zwischen Kernströmung und Grenzschicht.

$$Q = - \frac{\lambda_g}{\eta_g} \cdot \frac{r^2\,\pi}{\dfrac{\lambda_g}{g\,c_p\,\eta_g}\,\bar{w} - \left(\dfrac{\lambda_g}{g\,c_p\,\eta_g} - 1\right) w_g}\,(\vartheta_F - \vartheta_w)\frac{dp}{dx}\,. \qquad (131)$$

Für $Pr = 1$ geht Gleichung (131) in (126) über.

Als einzige Unbekannte ist jetzt noch w_g übriggeblieben, das ist die Geschwindigkeit an der Grenze zwischen Grenzschicht und Kernströmung. Natürlich gibt es in Wirklichkeit keine ausgesprochene Grenze, aber für die Berechnung muß man eine annehmen. Prandtl setzt sie an die Stelle, wo der Geschwindigkeitsgradient der Kernströmung, der ja mit wachsender Entfernung von der Rohrachse immer größer wird (vgl. S. 161), gerade den Wert des Geschwindigkeitsgefälles der Grenzschicht erreicht. Abb. 93 veranschaulicht den Prandtlschen Gedanken, dessen weitere Entwicklung hier nur mehr angedeutet werden soll.

Das Geschwindigkeitsgefälle in der Grenzschicht erhält man aus Gleichung (127) durch Einsetzen einer der bekannten empirischen Gleichungen (Prandtl verwendet die Blasiussche) für den Druckabfall dp/dx. Das Geschwindigkeitsgefälle in der turbulenten Kernströmung berechnet Prandtl aus dem Kármánschen 7. Wurzelgesetz (vgl. S. 162); zur Vereinfachung des ziemlich komplizierten Ausdruckes setzt er dann noch für $w_a/\overline{w}$ den konstanten Wert 1,2 ein, und erhält so schließlich

$$Q = 0{,}1243 \cdot \lambda \cdot \frac{Re^{3/4}(\vartheta_F - \vartheta_w)}{\dfrac{1}{Pr} + C_3 \cdot Re^{-1/8}\left(1 - \dfrac{1}{Pr}\right)} \tag{132}$$

mit $C_3 = 1{,}74$.

Die zahlenmäßige Übereinstimmung zwischen der Gleichung (132) und dem Experiment ist noch nicht so, daß man die Theorie als abgeschlossen bezeichnen kann. Der Grund dürfte in der Vernachlässigung der Temperaturabhängigkeit der Stoffwerte sowie in verschiedenen vereinfachenden Annahmen zu suchen sein. Prandtl schlägt deshalb selbst vor, den Faktor C_3 in Gleichung (132) empirisch zu bestimmen. Burbach[1] und ten Bosch[2] haben dies durchgeführt, Lorenz[3] und Rice[4] ähnliche Gleichungen mit willkürlichen Annahmen über die Grenzgeschwindigkeit w_g abgeleitet. Latzko[5], Éliás[6], Schmidt und Beckmann (siehe S. 184) haben, auf der Grenzschichttheorie fußend, den Wärmeübergang bei freier Konvektion behandelt.

Die Verbindung von Grenzschicht- und Impulstheorie ist jedenfalls ganz besonders geeignet, das Ineinandergreifen der bei der Wärmeübertragung an Flüssigkeiten beteiligten Einzelvorgänge aufzuklären und anschaulich zu machen. In diesem Punkte ist sie entschieden der mehr formalen reinen Ähnlichkeitstheorie, wie sie von Nußelt bevorzugt entwickelt wurde, überlegen.

Auf ganz ähnlichen Vorstellungen wie die Grenzschichttheorie beruht die erstmals von Langmuir[7] entwickelte, und dann besonders von Rice[8] ausgebaute „Filmtheorie". Langmuir untersuchte die Wärmeabgabe eines erhitzten Drahtes bei freier Konvektion und fand, daß sie berechnet werden kann als reine Wärmeleitung durch einen laminar den Draht umgebenden Film, dessen Dicke nur von dem Durch-

---

[1] Hermann, R., u. Th. Burbach: Strömungswiderstand und Wärmeübergang in Rohren. Leipzig 1930.

[2] ten Bosch, M.: Z. VDI Bd. 75 (1931) S. 40; Physik. Z. Bd. 32 (1931) S. 39.

[3] Lorenz, H.: Physik. Z. Bd. 28 (1927) S. 618.

[4] Rice, Ch. W.: Ind. Engng. Chem. Bd. 16 (1924) S. 460.

[5] Latzko, H.: Z. angew. Math. Mech. Bd. 1 (1921) S. 268.

[6] Éliás, F.: Z. angew. Math. Mech. Bd. 9 (1929) S. 434 u. Bd. 10 (1930) S. 1.

[7] Langmuir, I.: Physic. Rev. Bd. 34 (1912) S. 401. Langmuir erwähnt in seiner Arbeit Prandtl nicht; da sie aber zwei Jahre nach der auf S. 196 erwähnten Arbeit von Prandtl und 8 Jahre nach dem ersten Bericht Prandtls über die Grenzschichttheorie erschienen ist, und Langmuir außerdem in Göttingen promoviert hat, ist wohl anzunehmen, daß er mindestens durch die Prandtlschen Gedankengänge angeregt war.

[8] Rice, Ch. W.: International Critical Tables. Bd. 5 S. 234. New York 1929.

messer des Drahtes und der Art des Gases abhängt. Die Filmdicke kann auf Grund von Dimensions- und Ähnlichkeitsbetrachtungen berechnet werden. Rice gibt z. B. in den International Critical Tables für nicht weniger als 38 Gruppen ähnlicher Vorgänge die nach dieser Theorie berechneten Konstanten und Funktionen an. Auf die Ableitung, die einige nicht ganz einleuchtende Annahmen enthält, kann hier nicht näher eingegangen werden.

6. Beziehungen zwischen Diffusion und Wärmeübergang.

Die Wärmebewegung in Flüssigkeiten unterscheidet sich von der in festen Körpern dadurch, daß das Temperaturfeld (Potentialfeld) durch eine Bewegung des Feldträgers verzerrt wird. Für Modellversuche auf Grund des Ähnlichkeitsprinzipes kann man also alle Potentialströmungen heranziehen, deren Geschwindigkeit von derselben Größenordnung ist wie die der darüber gelagerten Strömung. Mit den in Abschnitt 4 aufgezählten Beispielen ist die Reihe der Möglichkeiten noch nicht erschöpft; man könnte z. B. daran denken, elektrolytische oder elektro-osmotische Vorgänge zu Modellversuchen heranzuziehen. Praktisch ist dies aber bisher nur mit der Diffusion durchgeführt worden.

Nußelt[1] hat wohl als erster eine Beziehung zwischen Wärmeübergang und Diffusion zum Ausgang einer technischen Berechnung gemacht. Er wies nämlich nach, daß die Geschwindigkeit der Verbrennung von Kohle auf einem Rost mit der Geschwindigkeit zusammenhängt, mit der der Sauerstoff aus der Verbrennungsluft nach der Verbrennungszone hindiffundiert. Er berechnete dann die diffundierende Sauerstoffmenge aus dem Wärmeaustausch zwischen der Kohlenoberfläche und dem darüber hinwegstreichenden Gasstrom.

Hier liegt also der seltene Fall vor, daß von dem Wärmeübergang auf ein anderes, noch weniger bekanntes Problem geschlossen wird. Im allgemeinen ist aber der Wärmeübergang das Ziel und die Diffusion der Ausgangspunkt der Untersuchung.

Ein besonderer Vorteil der mit Hilfe von Diffusionsvorgängen angestellten Modellversuche ist der, daß die Strömung damit sichtbar gemacht und dadurch ein sehr anschauliches Bild des Vorganges entworfen werden kann. Von Thoma[2] stammt das Verfahren, ein Modell des wärmeabgebenden Körpers aus porösem Material herzustellen, mit Salzsäure zu tränken, und als „Modell" der wärmeaufnehmenden Flüssigkeit Ammoniakgas zu verwenden. Wo das Ammoniakgas mit der Salzsäure zusammentrifft, bilden sich deutlich sichtbare Nebel von Ammoniumchlorid, wie die in Abb. 94 wiedergegebenen Aufnahmen von Lohrisch[3] zeigen.

Das Verfahren kann aber nicht nur qualitativ zum Sichtbarmachen der Strömung, sondern auch zu quantitativen Modellversuchen verwendet werden. Thoma tränkte zu diesem Zweck die aus Fließpapier

---

[1] Nußelt, W.: Z. VDI Bd. 60 (1916) S. 102.
[2] Thoma, H.: Hochleistungskessel. Berlin 1921.
[3] Lohrisch, W.: Forsch.-Arb. Ing.-Wes. Nr. 322. Berlin 1929.

bestehende Oberfläche seiner Modelle mit konzentrierter Phosphorsäure und bestimmte die absorbierte Ammoniakmenge durch Titration des nicht neutralisierten Säurerestes.

Die Ableitung der allgemeinen Gleichung ist einfach: Der mathematische Ansatz eines Diffusionsvorganges in einer strömenden Flüssigkeit setzt sich aus der Kontinuitätsbedingung, der Navier-Stokesschen Gleichung und der Diffusionsgleichung

$$\frac{Dz}{dt} = k \cdot \nabla^2 z \tag{133}$$

zusammen. Darin ist z die Konzentration und k die Diffusionszahl.

Das Auftriebsglied in der Navier-Stokesschen Gleichung lautet:

$$g\,\varrho\left(\frac{m_0\,T_w}{m_w\,T_0} - 1\right), \tag{134}$$

wenn man mit m_w und T_w das mittlere Molekulargewicht und die Temperatur des Gemisches an der Wand, mit m_0 und T_0 dieselben Größen in dem Gas vor Eindringen des diffundierenden Stoffes und in großer Entfernung von dem wärmeabgebenden Körper bezeichnet.

Aus diesem Gleichungssystem erhält man durch Ähnlichkeits- oder Dimensionsbetrachtungen eine der Gleichung (109) analoge Gleichung für die der Wärmeübergangszahl entsprechende „Verdunstungszahl" $\varkappa$:

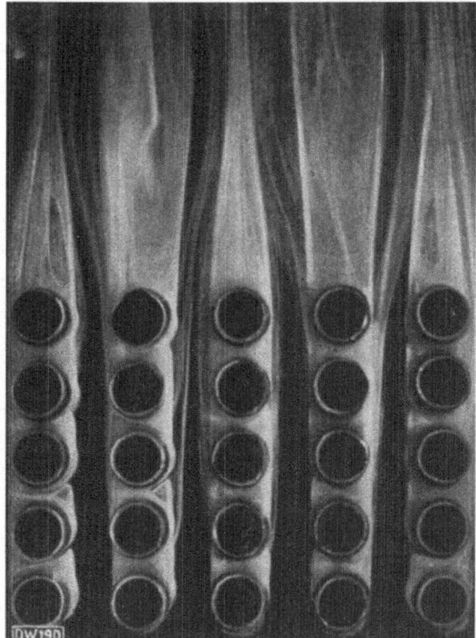

Abb. 94. Modell eines Röhrenbündels im Querstrom nach Lohrisch. Die Strömung ist durch Ammoniumchloridnebel sichtbar gemacht.

$$\frac{\varkappa\,l}{k} = F_1\left(\frac{w\,l\,\varrho\,g}{\eta},\ \frac{\eta\,g}{\varrho\,k},\ \frac{l^3 g\,\varrho^2}{\eta^2}\left(\frac{m_0\,T_w}{m_w\,T_0} - 1\right),\ \frac{l_i}{l}\right). \tag{135}$$

$\varkappa$ ist definiert durch die Gleichung

$$M = \varkappa\,(z_w - z_0) \cdot f\,, \tag{136}$$

wobei z_w die Konzentration an der Wand, z_0 diejenige in großer Entfernung und M die diffundierende Menge ist. Außer der Reynoldsschen Zahl tritt also eine der Prandtlschen entsprechende, nur aus Stoffwerten zusammengesetzte, und eine der Grashofschen entsprechende Kennzahl auf. Bezüglich der Vereinfachung der Gleichung (135) bei freier bzw. erzwungener Konvektion gilt das für Gleichung (109) Gesagte.

Bei einem Modellversuch will man im allgemeinen die Wärmemenge bestimmen, die zwischen einer Flüssigkeit von der Temperatur ϑ_F und einem Körper von der Oberflächentemperatur ϑ_w ausgetauscht wird. Das Modell habe bei einem der Temperaturdifferenz $\vartheta_F - \vartheta_w$ entsprechenden Konzentrationsunterschied $z_F - z_w$ die Masse M aufgenommen. Dann erhält man aus (135) und (109) z. B. für den Fall erzwungener Konvektion die Beziehung[1]

$$Q = M \cdot \frac{\lambda}{k} \cdot \frac{\vartheta_F - \vartheta_w}{z_F - z_w} \cdot \frac{F\left(\dfrac{w\,l\,\varrho\,g}{\eta},\ \dfrac{g\,\eta\,c_p}{\lambda}\right)}{F_1\left(\dfrac{w\,l\,\varrho\,g}{\eta},\ \dfrac{g\,\eta}{\varrho\,k}\right)} \ . \tag{137}$$

Die vollkommene Ähnlichkeit zwischen dem zu untersuchenden Vorgang und dem Modell ist aus mehreren Gründen nicht erreichbar: Beim Wärmeübergang ist die Strömungsgeschwindigkeit senkrecht zur Wärmeaustauschfläche in deren unmittelbarer Nähe gleich Null, während sie bei der Diffusion von Null verschieden ist[1]. Ferner ändert sich das Konzentrationsgefälle mit der Zeit, weil die poröse Oberfläche des Modells Stoffe aus dem Gas aufnimmt. Diese grundsätzlichen Mängel der Diffusionsversuche müssen je nach den Umständen berücksichtigt werden. Wenn man die Temperatur- und Konzentrationsunterschiede klein macht, wird man diese Ähnlichkeitsdefekte im allgemeinen vernachlässigen dürfen. Dagegen ergibt sich aus Gleichung (133) und der ihr entsprechenden Wärmeleitgleichung (116) eine grundlegende Bedingung für die Ähnlichkeit von Temperatur- und Konzentrationsfeldern, auf die Schmidt[2] und Nußelt[3] aufmerksam machen, nämlich die Gleichung

$$\frac{a}{k} = 1 \ . \tag{138}$$

Schmidt berechnet den Wert a/k für verschiedene Beispiele und findet, daß die Gleichung (138) in dem praktisch wichtigsten Fall, der Diffusion von Wasser in Luft, annähernd erfüllt ist; a/k besitzt hierbei den Wert 0,9. Das ist deswegen besonders wichtig, weil bei Gültigkeit der Gleichung (138) aus den Differentialgleichungen der Diffusion und des Wärmeübergangs die „Lewissche Beziehung" abgeleitet werden kann, die lautet:

$$\varkappa = \frac{\alpha}{g\,\varrho\,c_p} \ . \tag{139}$$

Diese Beziehung, die von Lewis[4] aufgestellt wurde, spielt eine große Rolle bei der Untersuchung der Verdunstung von Wasser in Kühlanlagen, die besonders von Merkel[5] durchgeführt wurde, und bei der Bildung von Schwitzwasser.

---

[1] Nußelt, W.: Z. angew. Math. Mech. Bd. 10 (1930) S. 105.
[2] Schmidt, E.: Gesundh.-Ing. Bd. 52 (1929) S. 525.
[3] Nußelt, W.: a. a. O.
[4] Lewis, W. K.: Mech. Engng. Bd. 44 (1922) S. 445.
[5] Merkel, F.: Forsch.-Arb. Ing.-Wes. Nr. 275. Berlin 1925.

Die Gleichung (138) bildet in formaler Hinsicht eine Analogie zu der auf S. 197 besprochenen Beziehung $Pr = 1$, auch insofern, als sie eine Vereinfachung der Rechnung gestattet.

7. Wärmeübertragung in Verbindung mit Zustandsänderungen.

Die Probleme der Wärmebewegung in Flüssigkeiten sind — allgemein betrachtet — um einen Grad schwieriger als die der Wärmeleitung in festen Körpern, weil sich in Flüssigkeiten zwei Vorgänge (Wärmeströmung und Massenströmung) so übereinander lagern, daß sie sich gegenseitig beeinflussen. Eine weitere Erhöhung der Schwierigkeiten bedeutet es, wenn zu den beiden erwähnten Teilvorgängen als dritter noch eine Zustandsänderung hinzukommt.

Obwohl die Erzeugung und Kondensation von Dampf die Grundlage unserer ganzen Technik bildet, wissen wir noch recht wenig über den Verdampfungs- und Kondensationsvorgang. Erst in neuester Zeit haben die im folgenden erwähnten Untersuchungen von Jakob und seinen Mitarbeitern grundlegende Fragen geklärt. Aber auch, wo gesicherte Grundlagen fehlten, hat schon manchmal die geniale Intuition eines Forschers eine richtige Theorie auf einer glücklich gewählten Annahme aufgebaut. Ein Beispiel dafür ist die Theorie der Oberflächenkondensation des Wasserdampfes von Nußelt, die wir nun behandeln wollen.

Grundsätzlich sei vorher noch bemerkt, daß bei sehr langsam verlaufenden Zustandsänderungen, wie Verdunsten, Trocknen, Bildung von Schwitzwasser, die Diffusion des dampfförmigen Stoffes nach der Oberfläche der Flüssigkeit hin oder von ihr weg den Ablauf des Vorganges bestimmt, die eigentliche Zustandsänderung demgegenüber zurücktritt. Deshalb wurden diese Vorgänge im Abschnitt „Diffusion" (S. 201 ff.) erwähnt. Im folgenden ist immer vorausgesetzt, daß die mit der Zustandsänderung verbundene Volumänderung so starke Strömungen erzeugt, daß demgegenüber die Diffusion zurücktritt.

a) Der Wärmeübergang bei der Kondensation. Es soll zunächst an Hand der Nußeltschen Theorie das ihr zugrunde liegende Bild entwickelt werden. Die Kritik der Theorie führt dann ohne weiteres zu den notwendigen Ergänzungen oder Abänderungen dieses Bildes.

Nußelt[1] macht die entscheidende Annahme, daß das Kondensat an der Kühlfläche in Form einer zusammenhängenden Wasserhaut entsteht. Dann setzt er voraus, daß die dem Dampf zugekehrte Oberfläche der Wasserhaut die dem jeweiligen Dampfdruck entsprechende Sättigungstemperatur ϑ_s besitzt. Die durch die Kondensation frei werdende Wärmemenge q muß dann infolge der Temperaturdifferenz $\vartheta_s - \vartheta_w$ (ϑ_w = Temperatur der Kühlwand) durch die Wasserhaut befördert werden. Daraus ergibt sich für die Dicke δ der Wasserhaut, da

---

[1] Nußelt, W.: Z. VDI Bd. 60 (1916) S. 541. In den Gleichungen (140) bis (155) ist in Übereinstimmung mit der Nußeltschen Arbeit das m-s-kg-System zu Grunde gelegt.

deren Strömung laminar angenommen werden darf, die Gleichung

$$q = \lambda \cdot \frac{\vartheta_s - \vartheta_w}{\delta} . \tag{140}$$

Mit der Verdampfungswärme r erhält man daraus die anfallende Kondensatmenge G zu

$$G = \lambda \frac{\vartheta_s - \vartheta_w}{\delta} \cdot \frac{1}{r} . \tag{141}$$

Streng genommen müßte man außer der Verdampfungswärme auch die dem Kondensat entzogene Flüssigkeitswärme berücksichtigen, doch kann diese meist gegen die Verdampfungswärme vernachlässigt werden.

Weitere Aussagen über die Dicke der Wasserhaut erhält Nußelt durch eine Untersuchung ihrer Strömung. Die Kühlfläche werde als senkrechte ebene Wand angenommen. Die x-Achse verlaufe in der Wandoberfläche senkrecht nach abwärts, die y-Achse stehe senkrecht zur Wand. Der Newtonsche Ansatz (vgl. S. 140) ergibt für die Wasserhaut:

$$\tau = \eta \frac{d w_x}{d y} . \tag{142}$$

Die Änderung der Schubspannung in Richtung der y-Achse muß dem Gewicht der Flüssigkeitsschicht von der Dicke dy das Gleichgewicht halten ($\gamma = $ spezifisches Gewicht):

$$d\tau = \gamma \, dy . \tag{143}$$

Aus (142) und (143) folgt

$$\frac{d^2 w_x}{d y^2} = - \frac{\gamma}{\eta} . \tag{144}$$

Die Integration ergibt

$$w_x = - \frac{\gamma}{2\,\eta} y^2 + C_1 y + C_2 . \tag{145}$$

Da die Flüssigkeit an der Wand haftet, muß w_x für $y = 0$ zu Null werden, folglich auch $C_2 = 0$ sein. Die Integrationskonstante C_1 erhält man aus der Oberflächenbedingung für $y = \delta$. Bei der Kondensation ruhenden Dampfes ist $\left(\frac{d w_x}{d y} \right)_{y=\delta} = 0$.

Daraus folgt

$$C_1 = \frac{\gamma}{\eta} \cdot \delta$$

und damit für ruhenden Dampf

$$w_x = \frac{\gamma}{\eta} \delta y - \frac{\gamma}{2\,\eta} y^2 . \tag{146}$$

Die mittlere Geschwindigkeit $\overline{w}$ ist

$$\overline{w} = \frac{1}{\delta} \int_0^{\delta} w_x d y = \frac{\gamma}{3\,\eta} \delta^2 . \tag{147}$$

Damit wird die durch einen Querschnitt der Wasserhaut an der Stelle x strömende Wassermenge

$$\gamma\,\delta\,\overline{w} = \frac{\gamma^2}{3\,\eta}\,\delta^3. \tag{148}$$

Durch eine um dx tiefer liegende Querschnittsebene strömt

$$\gamma \cdot d\,(\delta\,\overline{w}) = \frac{\gamma^2}{\eta}\,\delta^2 \cdot d\,\delta \tag{148a}$$

mehr Wasser hindurch. Diese Zunahme muß durch Kondensation gedeckt werden; dafür erhält man aus Gleichung (141):

$$dG = \frac{\lambda}{r} \cdot \frac{\vartheta_s - \vartheta_w}{\delta}\,dx. \tag{149}$$

Gleichsetzen von (148a) und (149) ergibt:

$$\frac{\lambda}{r}\,\frac{\vartheta_s - \vartheta_w}{\delta} \cdot dx = \frac{\gamma^2}{\eta}\,\delta^2 \cdot d\,\delta \tag{150}$$

und deren Integration:

$$x = \frac{r\,\gamma^2\,\delta^4}{4\,\lambda\,\eta\,(\vartheta_s - \vartheta_w)} + C. \tag{151}$$

Die Integrationskonstante C wird zu Null durch die Bedingung, daß durch die Ebene $x = 0$ (Anfang der Kühlwand) kein Kondensat strömt. Damit erhält man für die Stärke der Wasserhaut:

$$\delta = \sqrt[4]{\frac{4\,\lambda\,\eta\,(\vartheta_s - \vartheta_w)\,x}{\gamma^2\,r}}. \tag{152}$$

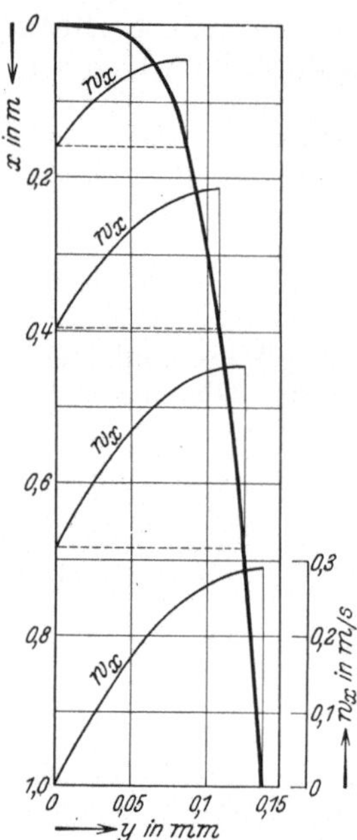

Abb. 95. Dicke und Strömungsgeschwindigkeit der Kondensathaut nach Nußelt.

Abb. 95 zeigt nach dieser Formel die Dicke der Wasserhaut als Funktion von x. Über den gestrichelt eingezeichneten Querschnitten ist die Geschwindigkeitskomponente w_x nach Gleichung (146) aufgetragen.

Setzt man δ aus (152) in Gleichung (140) ein, so erhält man den Wärmestrom durch die Kühlwand an der Stelle x:

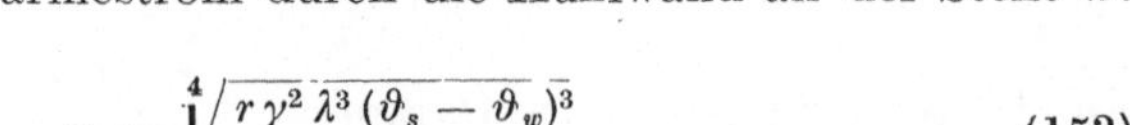

$$q_x = \sqrt[4]{\frac{r\,\gamma^2\,\lambda^3\,(\vartheta_s - \vartheta_w)^3}{4\,\eta\,x}} \tag{153}$$

und für

$$\alpha = \frac{q}{\vartheta_s - \vartheta_w} \tag{154}$$

die Gleichung

$$\alpha_x = \sqrt[4]{\frac{r\,\gamma^2\,\lambda^3}{4\,\eta\,x\,(\vartheta_s - \vartheta_w)}}. \tag{155}$$

Die auf der ganzen Fläche von der Höhe h und Breite 1 ausgetauschte Wärmemenge ist

$$q = \frac{4}{3} \sqrt[4]{\frac{r\,\gamma^2\,h^3\,\lambda^3\,(\vartheta_s - \vartheta_w)^3}{4\,\eta}} \ . \qquad (153\,\mathrm{a})$$

Für überhitzten Dampf von der Temperatur ϑ_D gelten alle Gleichungen unverändert, wenn man an Stelle der Verdampfungswärme r den Unterschied des Wärmeinhaltes $i_D - i_K$ zwischen den Grenzen ϑ_K und ϑ_D einsetzt, wobei ϑ_K die mittlere Temperatur des ablaufenden Kondensates ist[1]. Für die Kondensation strömenden Dampfes hat Nußelt seine Theorie noch durch Berücksichtigung der vom Dampfstrom auf die Wasserhaut übertragenen Schubspannung und der dadurch bewirkten Erhöhung der Geschwindigkeit w_x erweitert.

Aus der Nußeltschen Theorie geht nach Gleichung (153a) hervor[2], daß der Wärmeübergang bei der Kondensation von Heißdampf besser sein muß als bei Sattdampf, da $(i_D - i_K) > r$. Versuche von Jakob, Erk und Eck[3] haben ergeben, daß diese Folgerung bei strömendem Dampf im allgemeinen zutrifft, wenn auch die Überlegenheit von Heißdampf nicht groß ist, und unter Umständen das Verhältnis sich sogar umkehren kann. In starkem Widerspruch dazu steht die Erfahrung der Praxis, daß Kocher und ähnliche Wärmeaustauscher mit Heißdampf bedeutend schlechter arbeiten als mit Sattdampf. Diese Erfahrung, die durch neuere noch unveröffentlichte Versuche von Röcke[4] bestätigt wurde, scheint darauf hinzuweisen, daß ein grundsätzlicher Unterschied zwischen der Kondensation von Heiß- und Sattdampf und zwischen der Kondensation von stark strömendem und ruhendem Dampf besteht.

Bei Sattdampf genügt eine ganz geringe Unterkühlung des Dampfes, um spontan die Kondensation zu bewirken, während bei Heißdampf anscheinend eine viel stärkere Unterkühlung notwendig ist. Bosnjakovic[5] hat dies dadurch zu erklären versucht, daß er annahm, der Dampf müsse erst eine gewisse Moleküldichte erreichen, bevor er kondensieren könne. Diese kritische Dichte besitzt Sattdampf, während Heißdampf sie erst bei erheblicher Unterkühlung gewinnt. Man müßte dann annehmen, daß bei ruhendem Dampf die Oberfläche der Wasserhaut eine niedrigere als die Sättigungstemperatur besitzt. Damit würde natürlich auch die Nußeltsche Theorie schlechteren Wärmeübergang als bei Sattdampf ergeben. Dabei ist stets luftfreier Dampf vorausgesetzt Ein auch nur geringer Luftgehalt verändert die Verhältnisse bei ruhendem Dampf sehr stark, da die Luft sich an der Oberfläche des Kondensats allmählich anreichert.

---

[1] Die Wärmeübergangszahl α definiert man jedoch auch bei Heißdampf zweckmäßig durch Gleichung (154), da man sonst bei $\vartheta_w \geqq \vartheta_s$ unmögliche Werte für α erhält.

[2] Stender, W.: Z. VDI Bd. 69 (1925) S. 905; Wärme Bd. 48 (1925) S. 485.

[3] Jakob, M., S. Erk u. H. Eck: Forschung Bd. 3 (1932) S. 161 und frühere dort zitierte Arbeiten.

[4] Vgl. Z. VDI. Bd. 76 (1932) S. 897.

[5] Bosnjakovic, F.: Forschung Bd. 3 (1932) S. 135; vgl. a. M. Jakob, Z. VDI Bd. 76 (1932) S. 1161.

Bei den erwähnten Versuchen von Jakob und seinen Mitarbeitern
handelte es sich um die Kondensation in einem Rohr bei Strömungs-
geschwindigkeiten des Dampfes von 20 bis 100 m/sek. Die starke
turbulente Mischbewegung verwischt natürlich ohne weiteres das
Dichtegefälle, das nach der angeführten Vermutung bei Heißdampf
vorhanden sein könnte. Die Versuche haben daher die Nußeltsche

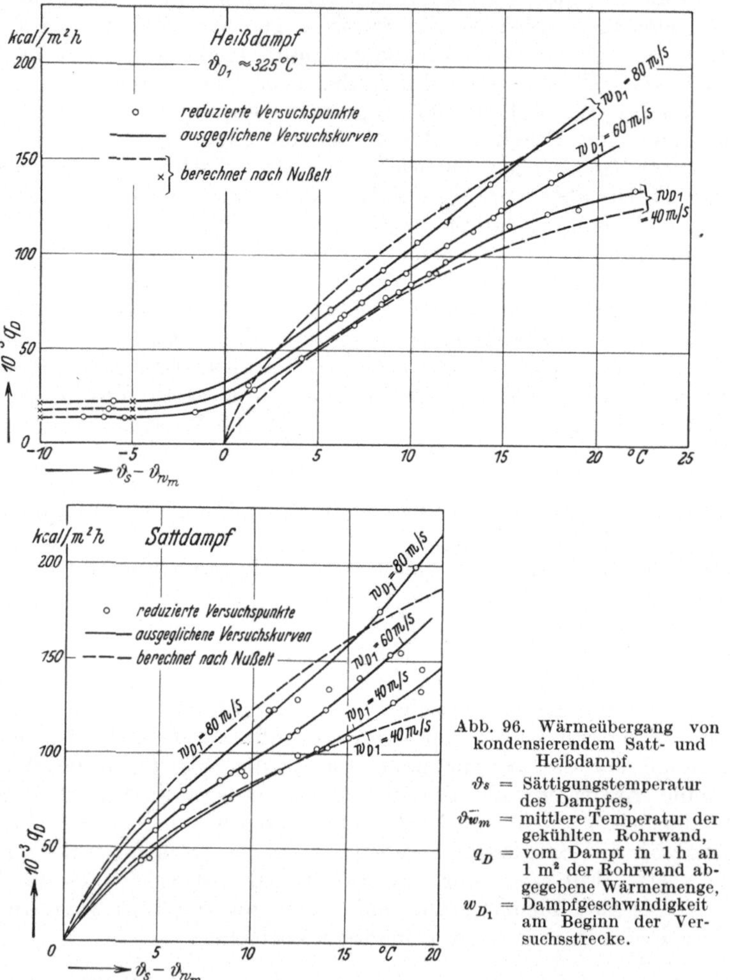

Abb. 96. Wärmeübergang von
kondensierendem Satt- und
Heißdampf.

ϑ_s = Sättigungstemperatur
des Dampfes,
ϑ_{w_m} = mittlere Temperatur der
gekühlten Rohrwand,
q_D = vom Dampf in 1 h an
1 m² der Rohrwand ab-
gegebene Wärmemenge,
w_{D_1} = Dampfgeschwindigkeit
am Beginn der Ver-
suchsstrecke.

Theorie im großen und ganzen recht gut bestätigt, wie Abb. 96 zeigt.
Die noch vorhandenen Unterschiede zwischen Theorie und Versuch
können auch den Mängeln der Versuchsanordnung zugeschoben werden.

Man könnte aber auch annehmen, daß die grundlegende Vorstellung
Nußelts über die Bildung einer Wasserhaut auf ruhenden Dampf
nicht zutrifft, daß ruhender Dampf vielmehr in Tropfen konden-

siert, und somit die ganze Nußeltsche Theorie nur für strömenden Dampf gilt. Die oben erwähnten Versuche von Röcke weisen in dieser Richtung, da sie Tropfenkondensation bei ruhendem oder langsam strömendem Dampf ergeben haben.

Ein besonders auffallendes Ergebnis der Kondensationsversuche sei hier kurz erwähnt, das die große Bedeutung von Messungen der Temperatur- und Geschwindigkeitsfelder belegt, auf die schon mehrfach hingewiesen wurde. Es konnte nämlich beobachtet werden, daß die Abkühlung des Dampfstromes in der Achse um so größer war, je schwächer die Rohrwand gekühlt wurde. Dieser im ersten Augenblick paradox erscheinende Vorgang kann an Hand der in Abb. 97 und 98 wiedergegebenen Temperatur- und Geschwindigkeitsprofile folgendermaßen erklärt werden: Eine Abkühlung des Dampfes im Stromkern kann (außer durch Expansion) nur dadurch zustande kommen, daß heiße Moleküle aus dem Kern mit kälteren aus der Randzone in Berührung kommen und dann abgekühlt wieder in den Kern zurückfliegen. Kühlt man aber die Wand so stark, daß alle nach außen gelangenden Moleküle dort durch Kondensation festgehalten werden, dann kann sich der Kern nicht abkühlen.

Im allgemeinen wird die Nußeltsche Annahme, daß das Kondensat eine zusammenhängende Wasserhaut bildet,

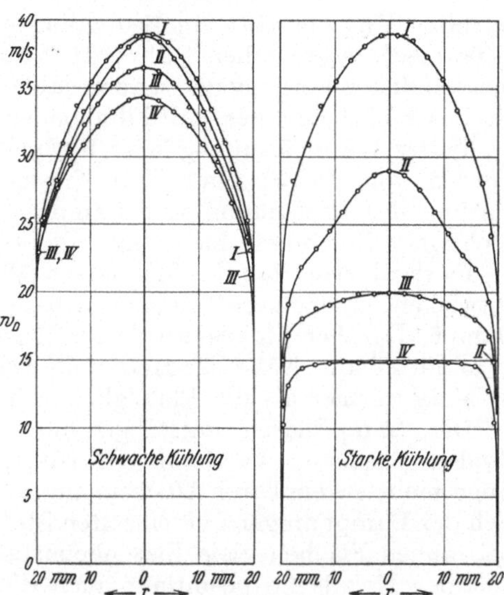

Abb. 97. Geschwindigkeitsverteilung in einem kondensierenden Heißdampfstrom.

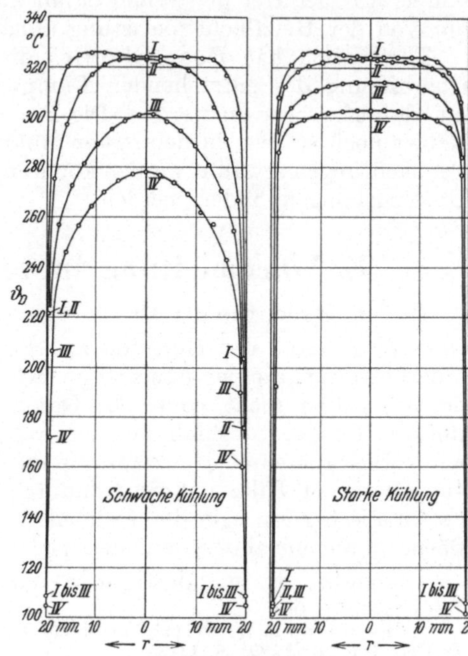

Abb. 98. Temperaturverteilung in einem kondensierenden Heißdampfstrom.

Zu Abb. 97 u. 98:
Abstand der Profile vom Anfang der Kühlstrecke:
I: 0 cm, *II*: 25 cm, *III*: 75 cm, *IV*: 120 cm.

zutreffen. Unter bestimmten Bedingungen kann das Kondensat aber auch in Tropfenform entstehen. Schmidt, Schurig und Sellschopp[1] untersuchten diesen Vorgang und fanden dabei für den Wärmeübergang Werte, die das Mehrfache der bei Filmkondensation beobachteten betrugen.

b) Der Wärmeübergang beim Verdampfen. Erst in allerjüngster Zeit wurden von Jakob und Fritz[2] systematische Versuche zur Aufklärung der Entstehung von Dampf in Blasenform angestellt, deren wichtigste Ergebnisse hier kurz mitgeteilt seien.

Es ergab sich, daß die Flüssigkeit (Wasser), aus der sich der Dampf entwickelt, eine höhere Temperatur besitzt als der aus ihr entweichende Dampf. Darüber hinaus wurde im Wasser eine Temperatursteigerung in unmittelbarer Nähe der Heizfläche beobachtet. Die Heizfläche selbst ist stets wärmer als die Flüssigkeit in einiger Entfernung.

Die Dampfblasen entstehen nur an besonders ausgezeichneten Stellen (kleinsten Vertiefungen, Ritzen oder ähnlichen mit bloßem Auge nicht erkennbaren Unebenheiten); an glatten Flächen entwickelt sich der Dampf an ganz vereinzelten Stellen (Keimstellen), während sich bei rauhen Flächen viele Blasenkeimstellen ausbilden. Die Beschaffenheit der Heizfläche beeinflußt auch die Größe des Temperaturunterschiedes zwischen Dampf und Flüssigkeit, sowie den Temperaturanstieg des Wassers unmittelbar an der Heizfläche, während die Übertemperatur der Heizplatte und damit die Größe des Wärmeüberganges nur von der Heizflächenbelastung abhängt.

Theoretisch hat Bosnjakovic[3] die Verdampfung, besonders die Überhitzung des entstehenden Dampfes untersucht, doch kann hier nur darauf verwiesen werden. Die Forschung steckt gerade auf diesem Gebiet noch so sehr in den ersten Anfängen, daß nur die auffälligsten Beobachtungen erwähnt werden konnten, die erst Probleme der nächsten Untersuchungen bilden werden.

E. Wärmeleitung in verdünnten Gasen.

In dem Maße, wie der Druck eines Gases sinkt, nimmt die mittlere freie Weglänge $\bar{l}$ der Moleküle zu. Sobald nun $\bar{l}$ dieselbe Größenordnung[4] erreicht, die der Abstand der wärmeaustauschenden Oberflächen besitzt, gelten nicht mehr die Gesetze der Wärmeleitung, weil der lineare Temperaturabfall in der wärmeleitenden Substanz gestört wird. Dieser kommt ja (wenn wir die Anschauungen der kinetischen Gastheorie zu Hilfe nehmen) dadurch zustande, daß der Überschuß an kinetischer Energie der Moleküle von der wärmeren Begrenzungsfläche durch unzählige, einander gleichwertige Zusammenstöße an die

---

[1] Schmidt, E., W. Schurig u. W. Sellschopp: Techn. Mech. Thermodyn. Bd. 1 (1930) S. 53.

[2] Jakob, M., u. W. Fritz: Forschung Bd. 2 (1931) S. 435, vgl. a. M. Jakob: Z. VDI Bd. 76 (1932) S. 1161.

[3] Bosnjakovic, F.: Techn. Mech. Thermodyn. Bd. 1 (1930) S. 358.

[4] Zur Orientierung mögen folgende Zahlen dienen: mittlere freie Weglänge von Wasserstoff bei 0^0 C und 760 mm Q.-S.: $186 \cdot 10^{-6}$ mm; bei $\frac{1}{1000}$ mm Q.-S.: 141 mm. Für Stickstoff sind die entsprechenden Zahlen $96 \cdot 10^{-6}$ mm bzw. 73 mm.

kältere Begrenzungsfläche abgegeben wird (vgl. S. 196). Wenn aber die Wahrscheinlichkeit, daß ein Molekül unmittelbar von der warmen zur kalten Begrenzungsfläche fliegt, ein gewisses Maß übersteigt, dann tritt damit eine neue Art von Molekülstößen auf.

Betrachten wir zunächst den einfacheren Fall sehr niedrigen Druckes wo nur die anormale Stoßart vorkommt, also alle Moleküle eines zwischen zwei ebenen, parallelen, seitlich unbegrenzten Flächen W_1 und W_2 eingeschlossenen Gases unmittelbar von W_1 zu W_2 fliegen. Die freie Weglänge $\bar{l}$, die in diesem Fall natürlich nur mehr als Rechengröße einen Sinn hat, ist also sehr viel größer als der Plattenabstand. Dann gilt für den Wärmeaustausch unter der Voraussetzung, daß die Moleküle beim Anprall an die Wand jeweils deren Temperatur T_1 bzw. T_2 annehmen, die Gleichung[1]:

$$Q = \frac{3}{8}\,p\,\sqrt{\frac{3R}{MT}}\,(T_1 - T_2), \quad (156)$$

worin p der Druck, T die mittlere Temperatur, M das Molekulargewicht des Gases, R die Gaskonstante bedeutet.

Wie man sieht, kommt der Abstand d der beiden Flächen in Gleichung (156) gar nicht mehr vor. Für die Einschaltung von Zwischenwänden gilt daher die Gleichung (43) von Teil III (S. 235).

Schwieriger zu behandeln ist der Fall eines nur so weit verdünnten Gases, daß die freie Weglänge von gleicher Größenordnung ist wie der Plattenabstand, daß also ein Teil der Moleküle unmittelbar von

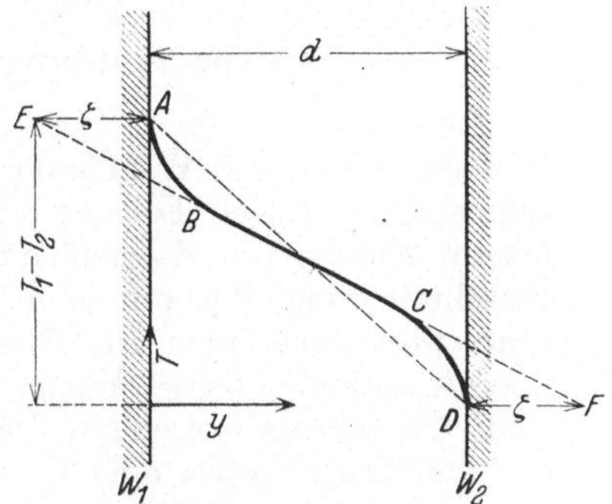

Abb. 99. Temperaturverteilung in einem verdünnten Gas.
d = Abstand der Wände W_1 und W_2 mit den Temperaturen T_1 bzw. T_2, ζ = Gleitungskoeffizient.

W_1 zu W_2 fliegt, ein anderer Teil Zusammenstöße im Inneren des Gases erleidet. Der Temperaturverlauf im Gas entspricht dann etwa der ausgezogenen Kurve $ABCD$ in Abb. 99. Man kann die Wärmeleitung dann durch Einführung eines „Gleitungskoeffizienten[2]“ ζ (EA bzw. DF in Abb. 99) so berechnen, als ob in einer Gasschicht von der Dicke $d + 2\zeta$ das im inneren, ungestörten Teil der Gasschicht wirklich vorhandene Temperaturgefälle $dT/dy = \dfrac{T_1 - T_2}{d + 2\zeta}$ bestünde. Der Gleitungskoeffizient ist dem Gasdruck umgekehrt proportional, außerdem von der Gasart abhängig.

In Wirklichkeit werden die Verhältnisse dadurch noch unübersichtlicher, daß nicht alle Moleküle beim Auftreffen auf die Wand deren Temperatur annehmen. Diesem Umstand sucht man durch Einführung eines „Akkomodationskoeffizienten“ Rechnung zu tragen. Näheres hierüber findet man in den einschlägigen Abhandlungen über kinetische Gastheorie[1].

---

[1] Ableitung s. z. B. G. Jäger: Die kinetische Theorie der Gase und Flüssigkeiten in Geiger-Scheel: Handb. d. Physik Bd. 9 Berlin 1926 oder K. F. Herzfeld: Kinetische Theorie der Wärme in Müller-Pouillets Lehrb. d. Physik. Bd. 3/2, Braunschweig 1925.
[2] Die Bezeichnung ist der Strömungslehre entnommen.

Dritter Teil.

Die Wärmestrahlung.

Von S. Erk.

A. Einführung.

1. Wärmestrahlung als Schwingungsvorgang.

Zwischen den im 1. und 2. Teil behandelten Wärmeleitungs-
problemen und der Wärmestrahlung bestehen grundsätzliche Unterschiede. Der durch Leitung zustande kommende Wärmefluß kann in
festen, flüssigen und gasförmigen Stoffen stets als ein Vektor dargestellt werden, der mit dem Temperaturfeld durch den Temperaturgradienten verbunden ist. Dieser ist (sofern er nicht gleich Null ist)
überall endlich; das Temperaturfeld ändert sich immer stetig, auch
wenn die Wärme von einem Träger (z. B. einem festen Körper) an einen
anderen Träger (etwa eine Flüssigkeit) abgegeben wird. Immer tritt die
Wärme als die gleiche Energieform auf, als kinetische Energie der Moleküle.

Dagegen ist die an einem Ort vorhandene Wärmestrahlung ganz
unabhängig von der Temperatur des an dem betreffenden Ort vorhandenen Stoffes. Dies zeigt z. B. deutlich der Vorgang, von dem die
ganze Erde lebt, die Übermittlung der Wärme von der Sonne zur Erde.
Wir wissen, daß die Oberfläche der Sonne etwa 5800^0 heiß ist, und der
Erde jährlich etwa $134 \cdot 10^{19}$ kcal zustrahlt. Der Weltraum zwischen
Sonne und Erde hat aber die Temperatur des absoluten Nullpunktes.

Wir betrachten die Wärmestrahlen als elektromagnetische Wellen,
die von dem strahlenden Körper ausgesandt werden, sich geradlinig
fortpflanzen und beim Auftreffen auf Materie wieder in Wärme zurückverwandelt werden. Damit ist natürlich das Wesen der Strahlung
keineswegs erklärt, aber doch die Grundlage zu einer Theorie gegeben,
die die Wärmestrahlung in Zusammenhang mit anderen Strahlungs-
vorgängen gebracht hat, und die innerhalb der Physik eine besonders
großartige Lösung der Aufgabe darstellt, die das Ziel aller Wissenschaft
sein muß: Zusammenfassung der Vielheit der Erscheinungen unter
einem einheitlichen Gedanken.

Die als Wärmestrahlung auftretenden Schwingungen unterscheiden
sich von anderen Strahlen nur durch ihre Wellenlänge; diese ist für
die Wirkung maßgebend, die eine Strahlung beim Auftreffen auf Materie
hervorbringt. Nach dem gegenwärtigen Stand unserer Kenntnisse gilt
etwa die in Zahlentafel 16 wiedergegebene Einteilung der verschiedenen
Strahlungsarten.

Zahlentafel 16. Einteilung der elektromagnetischen Schwingungen.

Wellenlänge*	Bezeichnung der Strahlung
0,05 $\mu\mu$ (geschätzt)	Höhenstrahlung (Weltraumstrahlung)
0,5 $\mu\mu$ bis 10 $\mu\mu$	Gamma-Strahlung
1 $\mu\mu$ bis 20 mμ	Röntgen-Strahlung
20 mμ bis 0,4 μ	ultraviolette Strahlung
0,4 μ bis 0,8 μ	sichtbare Strahlung
0,8 μ bis 0,4 mm	Wärmestrahlung
0,1 mm bis x km	elektrische Wellen

* 1 $\mu = 10^{-3}$ mm; 1 m$\mu = 10^{-6}$ mm (= 10 Ångström-Einheiten); 1 $\mu\mu = 10^{-9}$ mm.

Die folgenden Kapitel sollen keine zusammenhängende Darstellung der Wärmestrahlung geben, da diese Aufgabe allein ein Buch für sich beanspruchen würde und außerdem schon hinreichend behandelt ist[1]. Hier werden nur die grundlegenden Begriffe und Gesetzmäßigkeiten besprochen, soweit sie für das Verständnis der Wärmeübertragung notwendig sind.

2. Grundlegende Begriffe.

a) Reflexion. Wenn eine Strahlung auf einen Körper trifft, so dringt ein Teil davon in ihn ein, der Rest wird von der Oberfläche „reflektiert", d. h. wieder in den Raum zurückgesandt. Die Strahlung kann entweder „spiegelnd" reflektiert werden, oder „diffus". Der gespiegelt reflektierte Strahl verläßt die spiegelnde Oberfläche wieder als scharf abgegrenzter Strahl, und zwar unter demselben Winkel gegen die Flächennormale, mit dem er die Oberfläche getroffen hat. Eine diffus reflektierende Fläche verwandelt den einfallenden Strahl in ein gleichmäßig über den ganzen Raum verteiltes Strahlenbündel. Spiegelnde Flächen nennt man „blank", diffus reflektierende „matt". Bei Metallflächen hat „blank" außerdem noch die Bedeutung „frei von Oxydschichten oder sonstigen Verunreinigungen".

b) Absorption und Durchlässigkeit. Der in den Körper eindringende Teil der Strahlung kann diesen entweder unverändert durchlaufen (der Körper ist „diatherman", durchlässig für Wärmestrahlen) oder er kann „absorbiert", d. h. in eine andere Energieform, meistens Wärme verwandelt werden (der Körper ist „atherman"). Absorption und Durchlässigkeit hängen von dem Stoff, aus dem der Körper besteht, von seiner Form und von der Wellenlänge der Strahlung ab. So sind z. B. die elektrischen Leiter im allgemeinen undurchlässig für alle Arten von

---

[1] In erster Linie ist das klassische Werk „Vorlesungen über die Theorie der Wärmestrahlung" von M. Planck, Leipzig 1923 zu nennen, ferner vom gleichen Verfasser: „Einführung in die Theorie der Wärme" (5. Band der „Einführung in die theoretische Physik), Leipzig 1930; dann u. a. die einschlägigen Beiträge in Band 20 und 21 des Handbuches der Physik, herausgegeben von H. Geiger und K. Scheel, Berlin 1928 und 1929, in Band 9/1 des Handbuches der Experimentalphysik, herausgegeben von W. Wien u. F. Harms, Leipzig 1929, in Band 2/2/1 von Müller-Pouillets Lehrbuch der Physik, Braunschweig 1929, in Band 2 des Handbuches der physikalischen Optik, herausgegeben von E. Gehrke, Leipzig 1927.

Strahlung, aber „harte", d. h. kurzwellige Röntgenstrahlen durchdringen noch mehrere Zentimeter dicke Metallplatten. Andererseits kann man Metallfolien so dünn herstellen, daß sie durchsichtig, d. h. für Lichtstrahlen durchlässig werden. Normales Glas ist für Lichtstrahlen durchlässig, für ultraviolette Strahlen aber nicht.

Der Begriff „durchlässig" gilt übrigens mit der Einschränkung, daß es keine vollkommen durchlässigen Stoffe gibt. Z. B. ist Wasser in dünner Schicht durchsichtig, aber den Boden tiefer Meere erreicht doch kein Lichtstrahl.

Der Betrag der absorbierten Energie ist abhängig von dem Weg, den die Strahlung in dem absorbierenden Medium zurücklegt, und zwar ist er dem Wegelement proportional. Den Proportionalitätsfaktor, den wir mit δ bezeichnen, nennt man „Absorptionskoeffizient". Außerdem ist die absorbierte Energie noch proportional der Intensität[1] der einfallenden Strahlung. Bezeichnen wir diese mit J_λ, ihre Abnahme auf der Strecke dx mit dJ_λ, so erhalten wir die einfache Beziehung

$$dJ_\lambda = - \delta_\lambda \cdot J_\lambda \cdot dx. \tag{1}$$

Der Index λ bedeutet, daß die Gleichung (1) nur für eine bestimmte Wellenlänge (monochromatische Strahlung) gilt. Der Absorptionskoeffizient δ_λ ist nämlich nicht nur von dem absorbierenden Medium, sondern auch von der Wellenlänge abhängig.

Unter der Voraussetzung, daß δ_λ von J und x unabhängig ist, kann man Gleichung (1) in den Grenzen $x = 0$ bis $x = s$ integrieren und erhält:

$$- \delta_\lambda \cdot s = \ln J_\lambda - \ln C. \tag{2}$$

Die Integrationskonstante ist die Intensität $J_{\lambda, 0}$ der durch die Oberfläche ($x = 0$) in den Körper eintretenden Strahlung. Damit wird die Intensität in der Entfernung s von der Oberfläche

$$J_\lambda = J_{\lambda, 0} \cdot e^{-\delta_\lambda \cdot s}. \tag{3}$$

Eine Schicht von der in Richtung des Strahles gemessenen Dicke s absorbiert demgemäß den Energiebetrag:

$$J = J_{\lambda, 0} - J_{\lambda, 0} \cdot e^{-\delta_\lambda \cdot s} = J_{\lambda, 0}(1 - e^{-\delta_\lambda \cdot s}), \tag{4}$$

während die durchgelassene Energie D direkt durch Gleichung (3) gegeben ist.

c) Emission. Wir haben bisher die Veränderungen besprochen, die ein Strahl erleidet, wenn er auf einen Körper trifft, ohne uns darum zu kümmern, woher der Strahl kommt. Dies wollen wir jetzt nachholen, indem wir die „Emission" eines Flächenelementes betrachten.

Zunächst ist festzustellen, daß eine Strahlung grundsätzlich nur von einer endlichen Masse, also von einem Raum ausgehen kann. Wir wollen uns aber nicht um das Innere dieses Raumes kümmern, sondern ein Element seiner Oberfläche herausgreifen und die Strahlung bestimmen, die durch dieses Element hindurchtritt und von ihm aus sich in den Außenraum verteilt.

---

[1] S. S. 218.

Sei df (Abb. 100) ein vollkommen diffus strahlendes Flächenelement. Die in der Zeiteinheit von df ausgestrahlte Energiemenge dE ist proportional dem cos des Winkels φ zwischen der Flächennormalen OA und der Achse des Strahles OB. Man sieht dies leicht ein, wenn man bedenkt, daß die Größe, in der das Flächenelement vom Punkte B aus gesehen wird, gleich $df \cdot \cos\varphi$ ist, und eine homogene diffuse Strahlung proportional der „sichtbaren" Größe der strahlenden Fläche ist. Damit ist das „Lambertsche Richtungsgesetz" ausgesprochen, das uns später (S. 227) noch beschäftigen wird.

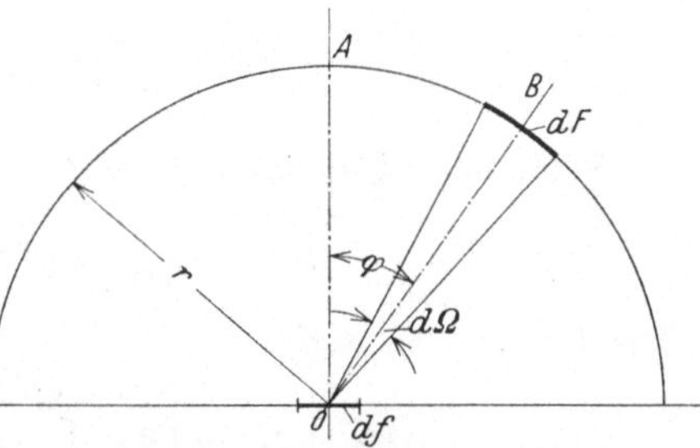

Abb. 100. Emission eines Flächenelementes.

Weiterhin ist dE proportional der Öffnung des Raumwinkels $d\Omega$ und der „spektralen Energie" des betrachteten Strahles. Diese Größe, die durch das Plancksche Gesetz (s. S. 217) bestimmt ist, setzen wir zunächst gleich dem Produkt aus der „spektralen Intensität" $J_{\lambda,n}$ in Richtung der Flächennormalen (Definition s. S. 218) und einem sehr kleinen, aber endlichen Wellenlängenbereich $d\lambda$. Damit erhalten wir für dE in dem Wellenlängenbereich $\lambda - \dfrac{d\lambda}{2}$ bis $\lambda + \dfrac{d\lambda}{2}$ die Gleichung

$$dE_\lambda = J_{\lambda,n} \cdot d\lambda \cdot \cos\varphi \cdot d\Omega \cdot df. \tag{5}$$

Will man nun die gesamte, von df im Wellenlängenbereich $d\lambda$ ausgestrahlte Energiemenge berechnen, so muß man Gleichung (5) für die ganze, über der Ebene von df liegende Halbkugel integrieren. Zu diesem Zweck muß man zunächst den Raumwinkel $d\Omega$ in Polarkoordinaten ausdrücken.

Wenn man einen ebenen Winkel α im absoluten Maß messen will, so schlägt man um seine Spitze einen Kreis

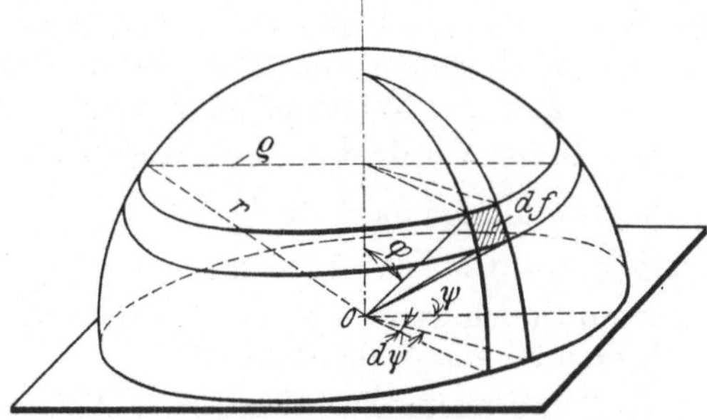

Abb. 101. Berechnung des zu df gehörigen Raumwinkels.

mit dem Radius r und mißt den Bogen s, den der Winkel aus diesem Kreis ausschneidet. Der Winkel α ist dann durch den Quotienten s/r, ein unendlich kleiner Winkel $d\alpha$ durch ds/r bestimmt.

In ganz ähnlicher Weise werden Raumwinkel gemessen. Man legt um die Spitze O des Kegels (Abb. 101) eine Kugel mit dem Radius r und bestimmt die Fläche f, die aus der Kugeloberfläche ausgeschnitten wird. Es ergibt sich dann, analog dem ebenen Winkel:

$$\text{Raumwinkel}\quad \Omega = \frac{f}{r^2}\quad\text{oder}\quad \text{Raumwinkel}\quad d\Omega = \frac{df}{r^2}.$$

Bezeichnet in Kugelkoordinaten ψ die geographische Länge und φ den Polabstand, also 90^0 minus geographische Breite, so ist durch die Richtungen $\psi, \psi + d\psi$ und $\varphi, \varphi + d\varphi$ ein unendlich kleiner Raumwinkel $d\Omega$ festgelegt, der auf der Kugel mit dem Radius r ein kleines Rechteck df ausschneidet. Die eine Seite dieses Rechteckes ist $r \cdot d\varphi$, die andere ist $\varrho \cdot d\psi = r \cdot \sin \varphi \cdot d\psi$ (vgl. Abb. 101).

Der Raumwinkel ist dann

$$d\Omega = \frac{df}{r^2} = \sin \varphi \cdot d\varphi \cdot d\psi. \tag{6}$$

Setzt man Gleichung (6) in (5) ein, so erhält man

$$dE_\lambda = J_{\lambda, n}\, d\lambda \cdot df \cdot d\psi \cdot \sin \varphi \cos \varphi\, d\varphi. \tag{7}$$

Die Integration ergibt

$$E_\lambda = J_{\lambda, n}\, d\lambda\, df \int\limits_{\psi=0}^{\psi=2\pi} d\psi \cdot \int\limits_{\varphi=0}^{\varphi=\pi} \sin \varphi \cos \varphi\, d\varphi, \tag{8}$$

$$= \pi \cdot J_{\lambda, n}\, d\lambda\, df = \pi \cdot E_{\lambda, n}\, df. \tag{9}$$

Diese Gleichung besagt, daß die gesamte, in den Halbraum ausgesandte Energie das π-fache der in Richtung der Flächennormale in den Einheitswinkel $\left(\text{Raumwinkel } \Omega = \dfrac{180^0}{\pi}\right)$ ausgestrahlten Energie ist, wie aus einem Vergleich mit Gleichung (5) ohne weiteres hervorgeht. Diese Beziehung ist wichtig für die Ausführung von Strahlungsmessungen. Die Bestimmung des Winkels entfällt dabei meistens, da man fast stets das Meßgerät (Bolometer, Thermosäule) mit einem schwarzen Körper bei unveränderter Winkelöffnung vergleicht.

Der Index λ bedeutet, daß es sich um „einfarbige" (monochromatische) Strahlung innerhalb des von $\lambda + \dfrac{d\lambda}{2}$ bis $\lambda - \dfrac{d\lambda}{2}$ sich erstreckenden Wellenlängenbereiches handelt. Die Integration über einen bestimmten Spektralbereich kann man erst ausführen, wenn man das Gesetz kennt, nach dem J_λ von λ abhängt.

d) Polarisation. Die Wärmestrahlen sind wie alle elektromagnetischen Schwingungen Transversalwellen, d. h. sie schwingen in einer den Strahl enthaltenden Ebene senkrecht zur Fortpflanzungsrichtung des Strahls. Im allgemeinen ist keine von den unendlich vielen Ebenen, die man durch einen Strahl legen kann, bevorzugt, in einem Strahlenbündel sind alle Schwingungsebenen im steten Wechsel gleichmäßig vertreten; man nennt die Strahlung dann „unpolarisiert". In besonderen Fällen (Reflexion unter einem bestimmten Winkel, Brechung durch Kristalle) kann aber auch eine ausgezeichnete Schwingungsebene bevorzugt werden; man nennt eine solche Strahlung „polarisiert". Die von blanken Metallflächen ausgehende Wärmestrahlung ist stark polarisiert.

B. Die Strahlung des schwarzen Körpers.

1. Das Plancksche Strahlungsgesetz.

Während die Ausführungen des vorhergehenden Abschnittes allgemeine Geltung haben, wollen wir uns von jetzt ab nur mehr mit „Temperaturstrahlern" beschäftigen. Als solche bezeichnet man Körper, deren Strahlung ausschließlich durch ihre Temperatur bedingt ist. Ausgeschlossen ist also z. B. die Strahlung phosphoreszierender Körper (Chemiluminiszenz).

Zunächst interessiert uns die Frage, in welcher Weise die ausgesandte Energie von der Temperatur des Strahlers abhängt. Dabei nimmt unter allen möglichen Strahlern derjenige eine besondere Stellung ein, der bei einer bestimmten Temperatur die größtmögliche Energiemenge aussendet. Man nennt einen solchen Strahler „schwarzen Körper", weil er

durch eine berußte, matte Fläche hinreichend angenähert dargestellt werden kann. Daraus ergeben sich gleich weitere Kennzeichen des schwarzen Körpers: er absorbiert alle auf ihn treffende Strahlung, reflektiert also nichts.

Die von einem schwarzen Körper ausgestrahlte Energie ist durch seine Temperatur eindeutig festgelegt. Sie verteilt sich aber nicht gleichmäßig auf alle Wellenlängen, sondern die Intensität J_λ ist als Funktion der Wellenlänge λ durch das Plancksche Strahlungsgesetz gegeben. Es lautet:

$$J_\lambda = c_1 \cdot \frac{\lambda^{-5}}{e^{\frac{c_2}{\lambda T}} - 1}. \qquad (10)$$

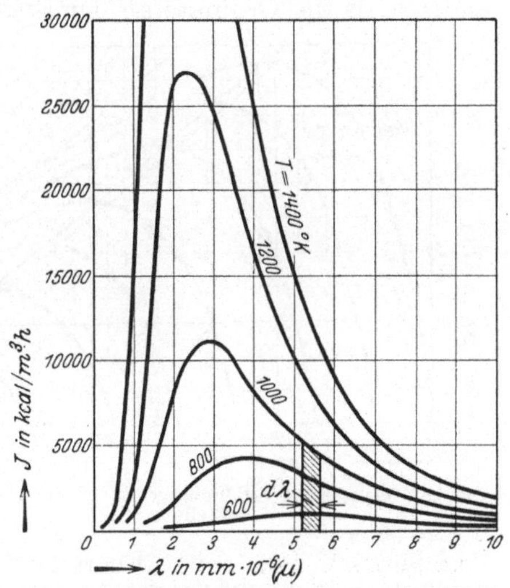

Abb. 102. Abhängigkeit der Strahlungsintensität J von der Wellenlänge λ (Plancksches Gesetz).

J_λ hat im technischen Maßsystem die Dimension $[\text{kcal} \cdot \text{m}^{-3} \cdot \text{h}^{-1}]$; entsprechend muß man λ in m einsetzen. Die Konstanten haben nach den neuesten Messungen die Werte[1]

$$c_1 = 0,317 \cdot 10^{-15} \, [\text{kcal} \cdot \text{m}^2 \cdot \text{h}^{-1}]$$
$$= 0,881 \cdot 10^{-12} \, [\text{cal} \cdot \text{cm}^2 \cdot \text{s}^{-1}]$$
$$= 3,69 \; \cdot 10^{-12} \, [\text{Watt} \cdot \text{cm}^2],$$
$$c_2 = 0,0143 \, [\text{m} \cdot \text{Grad}] = 1,43 \, [\text{cm} \cdot \text{Grad}].$$

Abb. 102 gibt die Verteilung der Intensität nach dem Planckschen

---

[1] Die für c_1 häufig in der Literatur angegebenen Werte $50,4 \cdot 10^{-18} \, [\text{kcal} \cdot \text{m}^2 \cdot \text{h}^{-1}]$ bzw. $0,140 \cdot 10^{-12} \, [\text{cal} \cdot \text{cm}^2 \cdot \text{s}^{-1}]$ bzw. $5,88 \cdot 10^{-13} \, [\text{Watt} \cdot \text{cm}^2]$ beziehen sich auf polarisierte Strahlung senkrecht zur strahlenden Fläche. Da man aber praktisch stets mit der unpolarisierten Strahlung des Halbraumes rechnet, verwenden wir die oben angegebenen $2\,\pi$-fachen Werte.

Gesetz wieder. Die eingezeichneten Isothermen zeigen, daß die Intensität der Strahlung vom Wert Null bei ganz kleinen Wellenlängen rasch bis zu einem Höchstwert zunimmt, dann langsamer abfällt, und auch bei den längsten Wellen, die als Wärmestrahlung noch erfaßbar sind, den Wert Null noch nicht wieder erreicht hat.

Eine von einer Isotherme, der Abszissenachse und den Ordinaten λ und $\lambda + d\lambda$ begrenzte (in Abb. 102 schraffiert gezeichnete) Fläche gibt die von der Flächeneinheit (1 m²) in der Zeiteinheit (1 h) bei der Temperatur T der Isotherme in dem Wellenlängenbereich $d\lambda$ ausgestrahlte Energie dE_T an. Der mathematische Ausdruck für die schraffierte Fläche und damit für dE_T ist

$$dE_T = J_{\lambda,T}\,d\lambda. \tag{11}$$

Der schon früher gebrauchte Begriff „Intensität" ist also nichts anderes als die Ordinate an der Stelle λ oder der Faktor, mit dem $d\lambda$ multipliziert werden muß, damit das Produkt die Strahlungsenergie angibt. Der in der Strahlungslehre eingebürgerte Ausdruck „Intensität" ist nicht glücklich gewählt. Die Größe, die man nach allgemeinem Sprachgebrauch [nicht im besonderen Sinn der Gleichung (11)] unter „Strahlungsintensität" verstehen würde, müssen wir, da das Wort „Intensität" nun einmal im obigen Sinne eingebürgert ist, mit „Energiestromdichte der Strahlung" (kurz „Strahlungsdichte") bezeichnen.

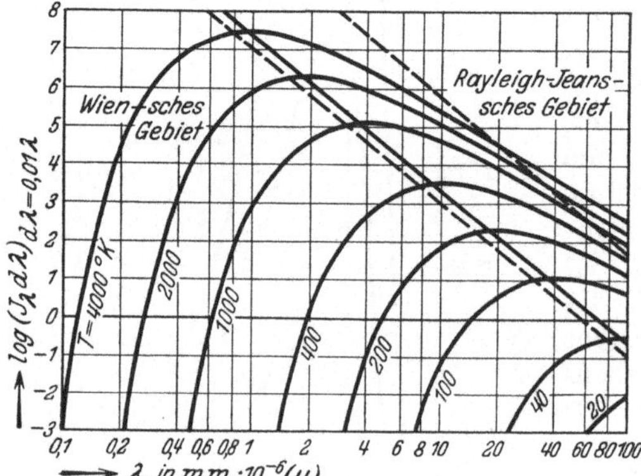

Abb. 103. Plancksches Strahlungsgesetz in logarithmischer Darstellung.

Die in Abb. 102 gezeigte Darstellung des Planckschen Gesetzes zeigt zwar den Verlauf der Isothermen anschaulich, für quantitative Angaben ist sie aber ungünstig. Man erhält ein besser ausgenütztes Diagramm, wenn man $\lg (J_\lambda\,d\lambda) = \lg E_\lambda$ als Funktion von $\lg \lambda$ darstellt (Abb. 103). Dabei wählt man zweckmäßig $d\lambda$ proportional λ; in Abb. 103 wurde willkürlich $d\lambda = 0,01\,\lambda$ genommen.

Die Isothermen der Abb. 103 besitzen gleiche Gestalt, gehen also durch Parallelverschiebung auseinander hervor. Die Maxima aller Kurven liegen auf einer Geraden (ausgezogene Gerade, vgl. S. 220); die beiden gestrichelten Geraden trennen rechts oben und links unten Gebiete ab, in denen Näherungsgleichungen des Planckschen Gesetzes angewendet werden können. Es sind dies für kleine Werte von $\lambda \cdot T$ die Wiensche Strahlungsgleichung:

$$J_\lambda = \frac{c_1}{\lambda^5} \cdot e^{-\frac{c_2}{\lambda T}} \tag{12}$$

und für große Werte von $\lambda \cdot T$ die Rayleigh-Jeanssche Gleichung

$$J_\lambda = \frac{c_1}{c_2 \cdot \lambda^4} \cdot T \, . \tag{13}$$

Die Grenzgeraden sind so gezogen, daß auf ihnen der Unterschied zwischen den nach **Wien** und den nach **Planck** berechneten Werten 1 % beträgt, während die Rayleigh-Jeanssche Gleichung auf der Grenzlinie noch um 10 % vom Planckschen Gesetz abweicht.

2. Das Stefan-Boltzmannsche Gesetz.

Durch Integration der Gleichung (11) erhält man die gesamte, von einem schwarzen Körper bei der Temperatur T ausgestrahlte Energie

$$E_T = \int_{\lambda=0}^{\lambda=\infty} J_{\lambda,T} \cdot d\lambda \tag{14}$$

$$= c_1 \int_{\lambda=0}^{\lambda=\infty} \frac{\lambda^{-5}}{e^{\frac{c_2}{\lambda T}} - 1} \cdot d\lambda \, . \tag{14a}$$

Führt man als neue Unbekannte

$$\xi = \frac{c_2}{\lambda \cdot T}$$

ein, so wird

$$d\xi = -\frac{c_2 \cdot d\lambda}{\lambda^2 \cdot T} \, .$$

Berechnet man hieraus $d\lambda$ und setzt es in (14a) ein, so erhält man

$$E_T = c_1 \cdot \int_{\xi=\infty}^{\xi=0} - \frac{T^4}{c_2^4} \cdot \frac{\xi^3}{e^\xi - 1} \, d\xi$$

$$= c_1 \cdot \frac{T^4}{c_2^4} \cdot \int_{\xi=0}^{\xi=\infty} \frac{\xi^3}{e^\xi - 1} \, d\xi \, .$$

Das Integral gibt den Wert

$$6\left(1 + \frac{1}{2^4} + \frac{1}{3^4} + \cdots \right) = 6 \cdot \frac{\pi^4}{90} = 6{,}494 \, .$$

Damit wird

$$E_T = \frac{6{,}494 \cdot c_1}{c_2^4} \cdot T^4 = \sigma_s \cdot T^4 \, . \tag{15}$$

Die Gleichung (15) ist als Stefan-Boltzmannsches Gesetz bekannt, von **Stefan** experimentell gefunden und später (aber noch vor Aufstellung des Planckschen Gesetzes) von **Boltzmann** theoretisch begründet. Die Konstante σ kann aus den auf S. 217 angegebenen Werten von c_1 und c_2 leicht berechnet werden; sie ist aber auch häufig unmittelbar gemessen worden und besitzt nach den neuesten Untersuchungen den Wert

$$\sigma_s = 4{,}96 \cdot 10^{-8} \, [\text{kcal} \cdot \text{m}^{-2} \cdot \text{h}^{-1} \cdot \text{Grad}^{-4}]$$

$$= 5{,}77 \cdot 10^{-12} \, [\text{Watt} \cdot \text{cm}^{-2} \cdot \text{Grad}^{-4}].$$

Für Zahlenrechnungen ist es bequemer, das Stefan-Boltzmannsche Gesetz in der Form anzuschreiben

$$E = C_s \cdot \left(\frac{T}{100}\right)^4,$$

worin dann C_s, die „Strahlungskonstante des schwarzen Körpers", den Wert

$$C_s = 4{,}96 \, [\text{kcal} \cdot \text{m}^{-2} \cdot \text{h}^{-1} \cdot \text{Grad}^{-4}] = 5{,}77 \cdot 10^{-4} \, [\text{Watt} \cdot \text{cm}^{-2} \cdot \text{Grad}^{-4}]$$

besitzt.

Das Stefan-Boltzmannsche Gesetz gilt streng nur für schwarze und graue Strahler, mit genügend großer Annäherung aber auch für alle festen Körper mit Ausnahme der Metalle, bei denen die ausgestrahlte Energie mit einer höheren als der vierten Potenz (z. B. bei Platin ziemlich genau mit der fünften Potenz) der Temperatur zunimmt. Wenn, wie es häufig geschieht, das Stefan-Boltzmannsche Gesetz auch der Berechnung der Gas- und Flammenstrahlung zugrunde gelegt wird, dann wird die Abweichung von der vierten Potenz der Temperatur in der Form berücksichtigt, daß man die Konstante σ bzw. C als empirische Funktion der Temperatur ansetzt.

3. Das Wiensche Verschiebungsgesetz.

Betrachtet man die Maxima der Isothermen in Abb. 103, so erkennt man, daß sie sich mit wachsender Temperatur zu immer kleineren Wellenlängen verschieben. Die Wellenlänge des Maximums bei einer Temperatur T ist nach dem Wienschen Verschiebungsgesetz:

$$\lambda_{\max} = \frac{2880 \cdot 10^{-4}}{T} \, [\text{cm}] = \frac{2880}{T} \, [\mu]. \tag{16}$$

Nach Gleichung (16) kann man die Temperatur eines Körpers (z. B. eines Fixsterns) aus der Intensitätsverteilung seines Spektrums berechnen.

4. Experimentelle Verwirklichung des schwarzen Körpers.

Auf Grund des Planckschen Strahlungsgesetzes bildet der schwarze Körper die Grundlage für alle Wärmestrahlungsmessungen, da er die Möglichkeit bietet, jederzeit eine genau definierte Strahlung zu erzeugen. Am sichersten und bequemsten erreicht man eine hinreichend vollkommen schwarze Strahlung mit Hilfe eines strahlenden Hohlraumes.

Man stelle sich einen irgendwie gestalteten Hohlraum vor (Abb. 104), dessen Wände überall gleiche Temperatur haben. An einer Stelle der Wand soll eine Öffnung sein, die so klein ist, daß ihre Fläche gegenüber der Innenfläche des Hohlraumes vernachlässigt werden kann.

Ein Strahl, der durch die kleine Öffnung in den Hohlraum gelangt, wird darinnen so oft an den Wänden reflektiert und dabei durch Absorption geschwächt, daß seine Energie praktisch vollkommen aufgezehrt ist, bis er wieder auf die Öffnung trifft. Die Öffnung des geschilderten Hohlraumes absorbiert also alle von außen auf sie treffende Strahlungsenergie und besitzt damit eines der oben angegebenen Kennzeichen eines schwarzen Strahlers.

Nun ist noch zu beweisen, daß die aus dem Hohlraum durch die Öffnung nach außen gelangende Strahlung die größtmögliche ist, die bei einer bestimmten Temperatur ein Körper überhaupt aussenden kann. Diesen Beweis wer-

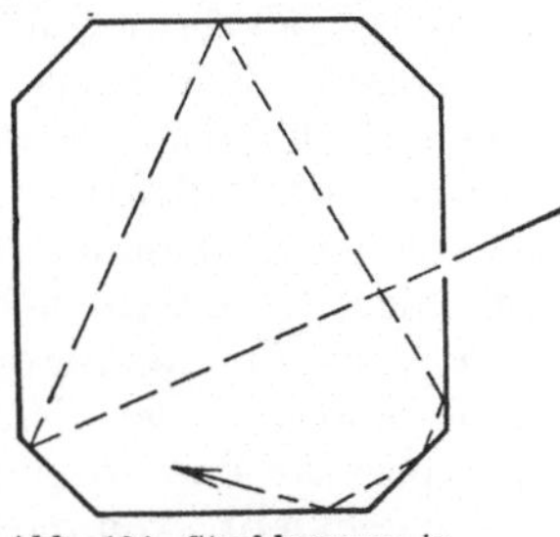

Abb. 104. Strahlengang in einem Hohlraum.

den wir dem im nächsten Kapitel (S. 223) abzuleitenden Kirchhoffschen Gesetz entnehmen, wonach derjenige Körper die größtmögliche Energie aussendet, der alle auftreffende Energie absorbiert. Das ist aber nach den obigen Ausführungen ein Hohlraum von der beschriebenen Art.

C. Der Strahlungsaustausch zwischen festen Körpern.

1. Emission und Absorption nichtschwarzer Körper.

Das Plancksche Strahlungsgesetz Gleichung (10) gibt für jede Temperatur und jede Wellenlänge die größte Intensität an, mit der ein Körper strahlen kann. Ein Überschreiten dieser Intensität ist weder für einzelne Wellenlängen noch auch für Mittelwerte irgendwelcher Spektralbereiche möglich, ein Unterschreiten dagegen auf zweierlei Weise: als „graue" Strahlung und als „selektive" Strahlung.

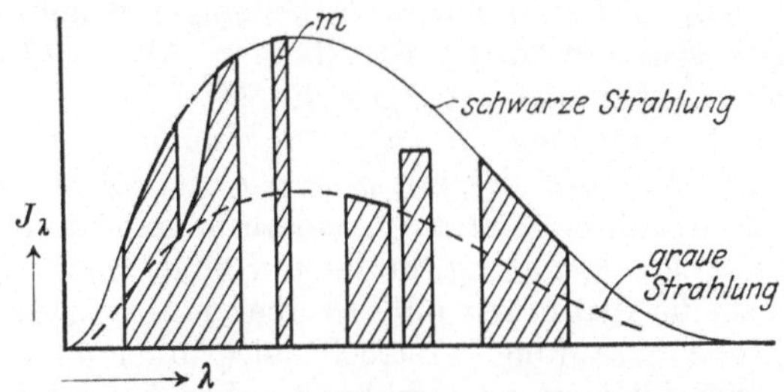

Abb. 105. Schematische Darstellung der spektralen Intensitätsverteilung von schwarzer, grauer und selektiver Strahlung. Abszissen: Wellenlänge λ. Ordinaten: Intensität J_λ. m = monochromatische Strahlung.

a) Die graue Strahlung. Verkleinert man die Ordinaten der Abb. 102 überall im gleichen Maßstab, so erhält man eine spektrale Intensitätsverteilung, die der des schwarzen Körpers gleich ist, wie in Abb. 105 durch die gestrichelte Kurve angedeutet. Einen Körper, der mit einer solchen Intensitätsverteilung strahlt, nennt man einen „grauen" Strahler.

Die von einem grauen Strahler ausgesandte Energie kann nach dem Planckschen oder Stefan-Boltzmannschen Gesetz berechnet werden, wenn man die Konstanten c_1 bzw. σ bzw. C_s mit einem empirisch zu bestimmenden Faktor < 1 multipliziert. Die den Strahler kennzeichnende Größe

$$A = \frac{E}{E_s} = \frac{C}{C_s} \tag{17}$$

nennt man „Strahlungsverhältnis" (auch „Emissionsverhältnis") oder „Absorptionsvermögen" („Schwärzegrad"), die Größe E dementsprechend „Emissionsvermögen". Die Gleichung (17), die hier lediglich als Definitionsgleichung aufzufassen ist, wird als Kirchhoffsches Gesetz auf S. 223ff. noch ausführlich behandelt. Das Strahlungsverhältnis ist kein reiner Stoffwert, da es nicht nur von dem Material des Strahlers, sondern auch von der Beschaffenheit seiner Oberfläche (glatt, rauh) abhängt. Das Absorptionsvermögen eines Körpers ist außerdem von der Temperatur abhängig. Da nämlich mit steigender Temperatur das Intensitätsmaximum sich zu kleineren Wellenlängen hin verschiebt, kommen die Rauhigkeitselemente der Oberfläche mehr zur Geltung, der Körper wird scheinbar rauher (schwärzer), sein Absorptionsvermögen nimmt zu.

Ein besonderes Kennzeichen der grauen Strahlung ist, daß die Maxima der Isothermen gegenüber der schwarzen Strahlung nicht verschoben sind, also auch nach dem Wienschen Verschiebungsgesetz Gleichung (16) berechnet werden können. Graue Strahler sind alle elektrischen Nicht- und Halbleiter.

b) Die selektive Strahlung. Die elektrischen Leiter (Metalle, Metalloxyde) sowie Gase und Dämpfe weisen eine ganz ungleichmäßige Intensitätsverteilung auf. Bei Gasen und Dämpfen kommen neben Gebieten, in denen gar keine Energie ausgestrahlt wird, Wellenlängenbereiche vor, in denen die Intensität eines schwarzen Strahlers erreicht, und auch solche, in denen ein beliebiger Bruchteil der schwarzen Strahlung ausgesandt wird, wie dies in Abb. 105 durch die schraffierten Flächen schematisch dargestellt ist.

Eine Strahlung, die nur aus einem schmalen Wellenband besteht (z. B. in Abb. 105 der mit m bezeichnete Streifen) heißt „monochromatische Strahlung". Streng genommen gilt diese Bezeichnung eigentlich nur für eine Strahlung, in der nur eine einzige Wellenlänge vorkommt; eine solche Strahlung gibt es aber nicht. Jede, auch eine monochromatische Strahlung, erstreckt sich über einen Wellenlängenbereich, der zwar sehr klein sein kann, aber immer endlich ist.

Das Auftreten der Wellenbereiche, in denen ein selektiv strahlender Körper Energie aussendet („Linien" oder „Banden"), sowie ihre Strahlungsintensität ist, wie die Strahlungszahl grauer Strahler, nicht nur durch das Material des Strahlers bestimmt. Die zweite bestimmende Größe ist aber nicht die Oberflächenbeschaffenheit, sondern der „Anregungszustand" des Strahlers. Die Untersuchung dieser Gesetzmäßigkeit bildet einen eigenen, z. Z. den am meisten gepflegten Zweig der Physik, die Spektralforschung[1].

---

[1] Vgl. z. B. A. Sommerfeld: Atombau und Spektrallinien. Braunschweig 1932.

c) Langwellige Strahlung von Metallen. Nach der Maxwellschen elektromagnetischen Strahlungstheorie hat Aschkinass[1] für die Emission blanker Metallflächen an Stelle des Planckschen Gesetzes die Gleichung abgeleitet:

$$J_\lambda = c_1 \cdot 0{,}365 \cdot \sqrt{\varrho} \cdot \lambda^{-5,5}\left(e^{\frac{c_2}{\lambda T}} - 1\right)^{-1}. \tag{18}$$

Darin sind c_1 und c_2 die Konstanten des Planckschen Gesetzes [Gleichung (10)], ϱ ist der spezifische elektrische Widerstand des Strahlers (in Ohm bei 1 m Länge und 1 mm² Querschnitt). Für die Gesamtstrahlung erhält man daraus:

$$E = \int_{\lambda=0}^{\lambda=\infty} J_\lambda \, d\lambda = \frac{c_1 \cdot 0{,}365 \cdot \sqrt{\varrho}}{c_2^{4,5}} \cdot T^{4,5} \cdot 12{,}27 . \tag{19}$$

Da bei reinen Metallen ϱ proportional T wächst, gibt dies mit dem spezifischen Widerstand ϱ_0 bei 0^0 C:

$$E = 4{,}936 \cdot c_1 \cdot 10^{-20} \sqrt{\varrho_0} \cdot T^5. \tag{20}$$

An Stelle des Wienschen Verschiebungsgesetzes tritt die Gleichung

$$\lambda_{\max} = \frac{2660}{T} \, [\mu] . \tag{21}$$

Die theoretischen Überlegungen von Aschkinass gelten nur, solange die Materie sich der Strahlung gegenüber wie ein homogener Körper verhält, das ist nur für Wellenlängen größer als etwa $4\,\mu$ der Fall. Die Integration (19) darf also auch nur angewendet werden, solange das Maximum der Energieverteilungskurve bei Wellenlängen größer als $4\,\mu$ liegt, also nach Gleichung (21) für eine Temperatur des Strahlers unterhalb etwa 400^0 C.

Die Tatsache, daß die Strahlung blanker Metalle nicht proportional der vierten, sondern einer höheren Potenz von T ist, die an Platin schon von Lummer und Kurlbaum[2] beobachtet wurde, gilt aber auch für höhere Temperaturen.

2. Das Kirchhoffsche Gesetz.

Dieser Satz liefert eine Beziehung zwischen dem Emissionsvermögen E und dem Absorptionsvermögen A. Seine Ableitung erfordert zwar eine etwas umständliche Rechnung, die aber deshalb lehrreich ist, weil sie in vorzüglicher Weise in das Wesen des Strahlungsaustausches einführt.

Zwei sehr große Körper I und II, die in dem gleichen, im übrigen aber beliebigen Spektralbereich strahlen, sollen sich mit ihren ebenen Oberflächen in geringem Abstand gegenüberstehen, so daß jeder Strahl des einen Körpers den anderen treffen muß. Wir nehmen vorerst an,

---

[1] Aschkinass, E.: Ann. Physik Bd. 17 (1905) S. 960.
[2] Lummer, O., u. F. Kurlbaum: Verh. dtsch. physik. Ges. Bd. 17 (1898) S. 105.

daß die Temperaturen beider Körper verschieden seien und stellen uns die Aufgabe, die durch Strahlung ausgetauschte Wärme zu berechnen.

Um die Schicksale der vom Körper I ausgesandten Energie zu verfolgen, stellen wir folgende Rechnung auf:

I strahlt aus: E_I,   (a)

II absorbiert davon: $E_I \cdot A_{II}$,   (b)

II sendet zurück: $E_I \cdot (1 - A_{II})$,   (c)

I absorbiert selbst wieder: $E_I \cdot (1 - A_{II}) \cdot A_I$,   (d)

I sendet neuerdings aus: $E_I \cdot (1 - A_{II}) \cdot (1 - A_I)$,   (e)

II absorbiert davon: $E_I \cdot (1 - A_{II}) \cdot (1 - A_I) \cdot A_{II}$,   (f)

II sendet zurück: $E_I \cdot (1 - A_{II}) \cdot (1 - A_I) \cdot (1 - A_{II})$,   (g)

I absorbiert selbst wieder: $E_I \cdot (1 - A_{II}) \cdot (1 - A_I) \cdot (1 - A_{II}) \cdot A_I$,   (h)

usw.

Genau dieselbe Aufstellung kann man für die vom Körper II ausgesandte Energie durchführen. Sie läßt sich aus der obigen Aufstellung einfach durch Vertauschen der Zeiger I und II ableiten und beginnt:

II strahlt aus: E_{II},

I absorbiert davon: $E_{II} \cdot A_I$,

I sendet zurück: $E_{II} \cdot (1 - A_I)$

usw.

Um die Energie q zu finden, die der Körper I bei diesem Strahlungsaustausch im ganzen einbüßt, müssen wir von der Energie, die er ursprünglich aussendet, diejenige Energie abziehen, die er davon selbst wieder aufnimmt, sowie diejenige Energie, die er vom Körper II erhält.

Von der eigenen Strahlung absorbiert Körper I zufolge der ersten Aufstellung selbst wieder die Beträge in Zeile (d), (h), (m), (q) usw., also:

$$E_I \cdot (1 + k + k^2 + \cdots) \cdot (1 - A_{II}) \cdot A_I.$$

Darin ist zur Abkürzung gesetzt

$$(1 - A_{II}) \cdot (1 - A_I) = k. \tag{22}$$

Beachtet man noch, daß nach den Lehren der Algebra

$$1 + k + k^2 + \cdots = \frac{1}{1 - k},$$

so nimmt der obige Ausdruck die Form an:

$$\frac{E_I \cdot (1 - A_{II}) \cdot A_I}{1 - k}.$$

Von der Energie des Körpers II absorbiert Körper I gemäß der zweiten Aufstellung den Betrag

$$E_{II} \cdot (1 + k + k^2 + \cdots) \cdot A_I = \frac{E_{II} \cdot A_I}{1 - k}.$$

Mit diesen Werten ergibt sich:

$$q = E_I - \frac{E_I \cdot (1 - A_{II}) \cdot A_I}{1 - k} - \frac{E_{II} \cdot A_I}{1 - k}.$$

Wenn man das Ganze auf gemeinsamen Nenner $(1 - k)$ bringt und beachtet, daß

$$1 - k = 1 - (1 - A_I - A_{II} + A_I \cdot A_{II}) = A_I + A_{II} - A_I \cdot A_{II}$$

ist, so vereinfacht sich der Ausdruck für q zu:

$$q = \frac{E_I \cdot A_{II} - E_{II} \cdot A_I}{A_I + A_{II} - A_I \cdot A_{II}} \, [\text{kcal} \cdot \text{m}^{-2} \cdot \text{h}^{-1}].$$

Nach dieser Vorbereitung gelangen wir rasch zum Kirchhoffschen Gesetz. Wir nehmen jetzt an, daß die beiden Körper ursprünglich gleiche Temperatur besaßen. Dann muß diese Temperaturgleichheit auch bestehen bleiben; denn nur durch Strahlungsaustausch, also von selbst, können sich keine Temperaturdifferenzen bilden. Es muß, wenn beide Körper gleiche Temperatur haben, $q = 0$ sein. Da der Nenner nicht unendlich werden kann, ist dies nur möglich, wenn der Zähler gleich Null wird, wenn also

$$E_I \cdot A_{II} = E_{II} \cdot A_I$$

oder

$$\frac{E_I}{A_I} = \frac{E_{II}}{A_{II}}. \tag{23}$$

Wir denken uns jetzt als Körper I einen ganz beliebigen Körper gewählt, als Körper II aber einen absolut schwarzen Körper ($A_{II} = A_s = 1$); dann lautet Gleichung (23) unter gleichzeitiger Verwendung von (15):

$$\frac{E_I}{A_I} = E_s = \sigma_s \cdot T^4 = C_s \cdot \left(\frac{T}{100}\right)^4. \tag{24}$$

In dieser Form besagt das Kirchhoffsche Gesetz: „Das Verhältnis des Emissionsvermögens eines Körpers zu seinem Absorptionsvermögen für schwarze Strahlung ist bei allen Körpern gleich und allein von der Temperatur abhängig."

Hat also ein Körper ein sehr großes Absorptionsvermögen, nahezu eins, so muß auch sein Emissionsvermögen sehr groß sein, nämlich nahezu gleich demjenigen des schwarzen Körpers. Hat umgekehrt ein Körper ein sehr kleines Absorptionsvermögen, so muß auch sein Emissionsvermögen sehr klein sein.

Daraus folgt, daß Flächen, die sehr gut reflektieren — polierte Metallflächen aus Silber oder Kupfer — selbst sehr wenig strahlen; dies erhellt aus folgender Überlegung: Da die Flächen ein großes Reflexionsvermögen R besitzen, muß ihr Absorptionsvermögen A sehr klein sein, denn es gilt die Gleichung $A + R = 1$. Einem kleinen Absorptionsvermögen entspricht aber nach dem Kirchhoffschen Satz auch ein kleines Emissionsvermögen.

Die oben gegebene Ableitung des Kirchhoffschen Satzes läßt sich auch für jede Wellenlänge getrennt durchführen. Sie liefert dann eine

Gleichung, die der Gleichung (24) durchaus entspricht und sich sogleich auf beliebig viele Körper ausdehnen läßt. Sie lautet:

$$\frac{E_{\lambda,I}}{A_{\lambda,I}} = \frac{E_{\lambda,II}}{A_{\lambda,II}} = \cdots = \frac{E_{\lambda,s}}{1} = F(\lambda, T).$$ (24a)

In dieser zweiten Form besagt das Kirchhoffsche Gesetz: „Das Verhältnis des Emissionsvermögens eines Körpers für eine bestimmte Wellenlänge zu seinem Absorptionsvermögen für dieselbe Wellenlänge ist bei allen Körpern gleich und allein eine Funktion der Wellenlänge und der Temperatur."

Ist für einen Körper die Kurve der spektralen Emission bekannt (Abb. 105), so läßt sich daraus die Kurve seiner spektralen Absorption ableiten (Abb. 106). Um dies zu zeigen, lösen wir aus Gleichung (24a) die Beziehung heraus:

$$\frac{A_{\lambda,I}}{1} = \frac{E_{\lambda,I}}{E_{\lambda,s}}.$$ (25)

Das Verhältnis $E_{\lambda,I}/E_{\lambda,s}$ ist nach Voraussetzung für jede Wellenlänge gegeben (Abb. 106). Im Absorptionsspektrum ist die Linie des schwarzen Körpers eine Parallele zur λ-Achse im Abstand „eins". Gemäß der gefundenen Beziehung (25) müssen wir nun im Absorptionsschaubild die Ordinaten bei jeder Wellenlänge im selben Verhältnis teilen, wie sie durch die Kurve

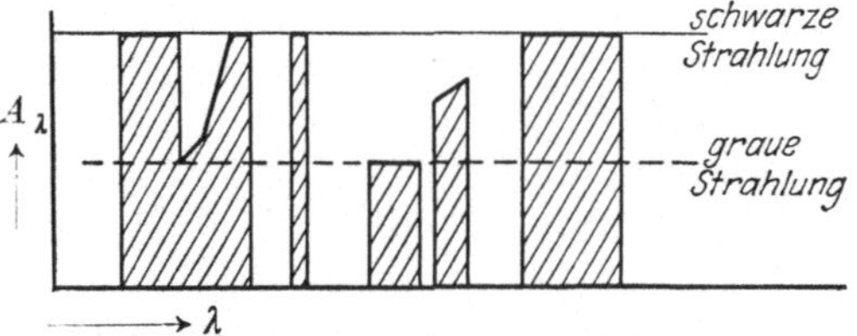

Abb. 106. Schematische Darstellung des Absorptionsspektrums von schwarzer, grauer und selektiver Strahlung. Abszisse: Wellenlänge λ, Ordinaten: Absorptionsverhältnis A.

der spektralen Energieverteilung im Emissionsschaubild geteilt sind.

Man sieht aus Gleichung (25) und noch besser aus Abb. 105 und 106, daß ein Körper, der bei einer bestimmten Wellenlänge keine Energie absorbiert, bei dieser Wellenlänge auch keine Energie aussenden kann.

Eine wichtige, besonders für die Strahlung von Gasen bedeutsame Folgerung aus dem Kirchhoffschen Gesetz ist die, daß ein Körper, der eine Wellenlänge vollständig spiegelt oder vollständig durchläßt, in dieser Wellenlänge nicht strahlen kann. Daraus ergibt sich die Erklärung der Fraunhoferschen Linien als Wirkung der Absorption beim Durchgang der Strahlung durch schwächer leuchtende Dampfhüllen (Sonnen- bzw. Sternatmosphäre).

3. Die Lambertschen Gesetze.

a) Das Lambertsche Entfernungsgesetz. Aus einer geometrischen Überlegung folgt ohne weiteres der Satz, daß die Dichte der von einer punktförmigen Lichtquelle ausgehenden Strahlung, da sie sich auf konzentrischen Kugelflächen ausbreitet, mit dem Quadrat der Entfernung von der Lichtquelle abnimmt. Dieser Satz wurde von Lambert 1760 aufgestellt, nachdem er bereits 1604 von Kepler angegeben war. Unter dem Namen Lambertsches Gesetz bekannter ist der folgende Satz.

b) Das Lambertsche Richtungsgesetz. Bereits auf S. 215 hatten wir abgeleitet, daß die von einer diffus strahlenden Fläche nach irgendeiner Richtung ausgesandte Energiemenge proportional dem Kosinus des Winkels φ zwischen der Strahlrichtung und der Flächennormalen ist.

Abb. 107 stellt ein Vektordiagramm für die Intensität und Dichte der von der Fläche df ausgesandten Strahlung dar. Die Intensität J ist in jeder Richtung gleich groß, die Endpunkte der Intensitätsvektoren liegen daher auf einem Halbkreis um den Mittelpunkt von df (bzw. im Raum auf einer Halbkugel). Die Strahlungsdichte dagegen, als Produkt aus Intensität J und Projektion der Fläche $df \cdot \cos \varphi$ ist mit der Richtung veränderlich, die Endpunkte der Vektoren $J \cdot df \cdot \cos \varphi$ lie-gen auf einem Kreis (bzw. auf einer Kugel-fläche), der die Fläche df in ihrer Mitte be-rührt. Durch experimentelle Untersuchungen wurde das Lambertsche Richtungsgesetz für diffuse Strahlung bis $\varphi = \sim 70^\circ$ bestätigt;

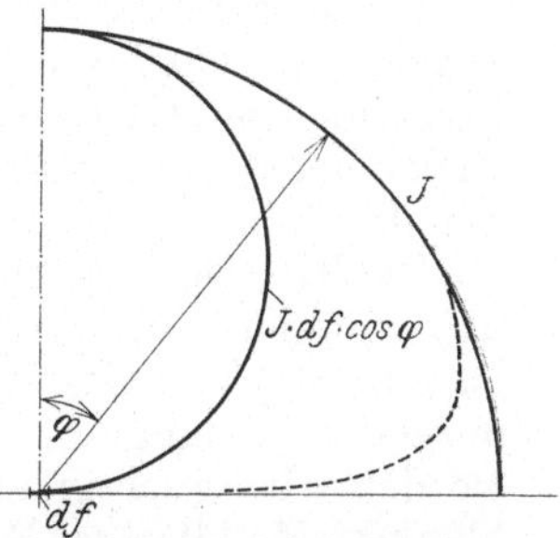

Abb. 107. Lambertsches Rich-tungsgesetz in Polarkoordi-naten dargestellt.

für größere Winkel wird die Strahlung schwächer, wie die punk-tierte Kurve in Abb. 107 andeutet. Eine Folge des Lamberstchen Kosi-nusgesetzes ist, daß eine glühende Kugel (sofern sie diffus strahlt) als gleichmäßig leuchtende Scheibe erscheint, während z. B. eine mit phosphoreszierender Masse belegte Kugel an den Rändern heller als in der Mitte gesehen wird.

c) Abweichung vom Lambertschen Richtungsgesetz. Nach der bereits auf S. 223 erwähnten Theorie von Aschkinass kann man auch die Richtungsverteilung der Strahlung von blanken Metallen berechnen[1]. Die Strahlung ist stark polarisiert; die eine Schwingungsebene ist durch Strahlachse und Flächennormale be-stimmt, während die andere, die ebenfalls die Strahlachse enthält, auf der ersten senkrecht steht. Für beide Polarisationsebenen ergibt die Rech-nung verschiedene Richtungsvertei-lungen, die in Abb. 108 durch die

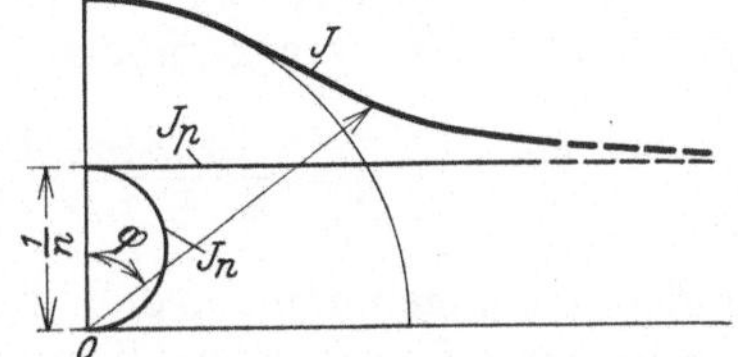

Abb. 108. Richtungsverteilung der polari-sierten Metallstrahlung in Polarkoordinaten.
J_n = Intensität der senkrecht zur strahlen-den Fläche polarisierten Strahlung,
J_p = Intensität der parallel zur strahlen-den Fläche polarisierten Strahlung,
$J = J_n + J_p$,
n = Brechungsexponent.

mit J_n (normal zur strahlenden Fläche) und J_p (parallel zur strah-lenden Fläche) bezeichneten Kurven dargestellt sind. n ist der Brechungsexponent des Metalls gegen Luft für die der Rechnung zugrunde gelegte Wellenlänge. Die unpolarisierte Strahlung erhält man durch Summierung der beiden polarisierten Komponenten (Kurven J). Die Dichte der Metallstrahlung ist nach Abb. 108 in

---

[1] Vgl. z. B. E. Schmidt: Wärmestrahlung technischer Oberflächen bei ge-wöhnlicher Temperatur. Beiheft z. Gesundh.-Ing. Reihe 1 Heft 20. München 1927.

Richtung der Flächennormalen am kleinsten und nimmt mit wachsendem Einfallswinkel zu, so daß etwa bei $\varphi = 75^0$ schon der doppelte Wert der Dichte in senkrechter Richtung vorhanden ist. Natürlich kann aber nach keiner Richtung die Dichte der schwarzen Strahlung überschritten werden; daraus folgt, daß für sehr große Winkel φ die theoretisch abgeleiteten Gleichungen nicht mehr gelten.

Die Integration der Emission eines Metallstrahlers über eine Halbkugel ergibt einen Wert, der größer ist als der einer gleichmäßig diffusen Strahlung entsprechende. E. Schmidt[1] berechnete an Stelle von π in Gleichung (9) mit vereinfachenden Annahmen den Wert $\frac{4}{3}\pi$, der aber von H. Schmidt u. Furthmann[2] angezweifelt wird.

Die Theorie von Aschkinass ist von Hagen u. Rubens[3] geprüft und innerhalb der angegebenen Grenzen bestätigt worden. An Platin ist eine starke Polarisation und Abweichung vom Lambertschen Kosinusgesetz im langwelligen Strahlungsgebiet von Czerny[4] nachgewiesen worden, aber auch im sichtbaren Spektrum wird das Kosinusgesetz von blanken Metallen (z. B. Wolfram[5]) nicht erfüllt. Bereits eine geringe Oxydation dagegen bewirkt eine weitgehende Angleichung an die Gesetze der diffusen Strahlung, also an das Kosinusgesetz.

4. Strahlungsaustausch unter bestimmten geometrischen Bedingungen.

a) Strahlungsaustausch zwischen zwei parallelen Flächen. Zur Ableitung des Kirchhoffschen Gesetzes hatten wir den Wärmeaustausch zwischen zwei Körpern I und II berechnet.

Wir hatten dort für die ausgetauschte Wärme, bezogen auf 1 m² und 1 h, den Betrag gefunden (siehe S. 225)

$$q = \frac{E_I \cdot A_{II} - E_{II} \cdot A_I}{A_I + A_{II} - A_I \cdot A_{II}} \quad [\text{kcal} \cdot \text{m}^{-2} \cdot \text{h}^{-1}] \tag{26}$$

und dann angenommen, daß dieser Betrag gleich Null sein muß, weil die beiden Körper gleiche Temperatur besitzen.

Nunmehr sollen aber die beiden Temperaturen nicht gleich sein und wir stellen uns die Aufgabe, die alsdann ausgetauschte Wärme zu berechnen, indem wir die Gleichung (26) noch etwas umformen. Der Abstand zwischen den wärmeaustauschenden Flächen soll so klein sein, daß die Krümmung der Flächen und ihre seitliche Begrenzung vernachlässigt werden kann. Nach dem Kirchhoffschen Gesetz [Gleichung (24)] ist

$$E_I = A_I \cdot \sigma_s \cdot T_I^4 \quad \text{und} \quad E_{II} = A_{II} \cdot \sigma_s \cdot T_{II}^4. \tag{27}$$

[1] Schmidt, E.: a. a. O.

[2] Schmidt, H., u. E. Furthmann: Mitt. Kais.-Wilh.-Inst. Eisenforschg. Düsseld. Bd. 10 (1928) S. 225 (Abhandlg. Nr. 109).

[3] Hagen, E., u. H. Rubens: Berl. Ber. 1903 S. 410; 1909 S. 478; 1910 S. 467.

[4] Czerny, M.: Z. Physik Bd. 26 (1924) S. 182.

[5] Spiller, E.: Z. Physik Bd. 72 (1932) S. 215.

Ferner ist nach dem Stefan-Boltzmannschen Gesetz

$$E_I = \sigma_I \cdot T_I^4 \quad \text{und} \quad E_{II} = \sigma_{II} \cdot T_{II}^4 \,. \tag{28}$$

Aus (27) und (28) folgt

$$A_I = \frac{\sigma_I}{\sigma_s} \quad \text{und} \quad A_{II} = \frac{\sigma_{II}}{\sigma_s} \,. \tag{29}$$

Durch mehrmalige Umformung mit Hilfe der Gleichungen (27) und (29) erhalten wir aus Gleichung (26):

$$q = \frac{\sigma_s \cdot T_I^4 - \sigma_s \cdot T_{II}^4}{\dfrac{1}{A_I} + \dfrac{1}{A_{II}} - 1} = \frac{T_I^4 - T_{II}^4}{\dfrac{1}{\sigma_I} + \dfrac{1}{\sigma_{II}} - \dfrac{1}{\sigma_s}} \,. \tag{30}$$

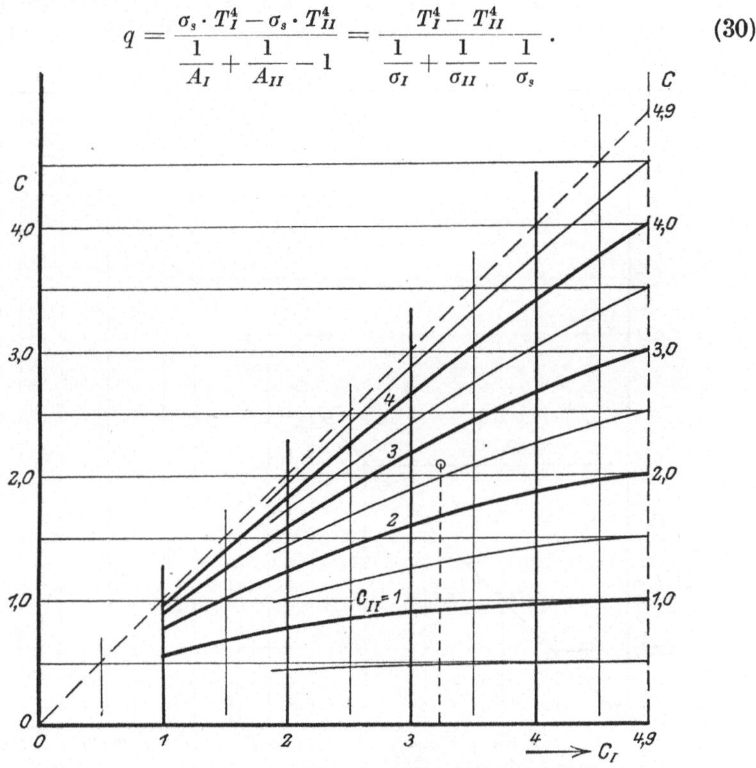

Abb. 109. Diagramm zur Berechnung des Strahlungsfaktors

$$C = \frac{1}{\dfrac{1}{C_I} + \dfrac{1}{C_{II}} - \dfrac{1}{C_s}}$$

Beispiel:
$C_I = 3{,}2$; $C_{II} = 2{,}7$;
$C = 2{,}2$

Wenn wir statt der Strahlungszahl σ wieder die Strahlungszahl $C = \sigma \cdot 100^4$ einführen und die Wärmemenge für die Fläche f und die Zeit t berechnen, so erhalten wir das Endergebnis:

$$Q = \frac{1}{\dfrac{1}{C_I} + \dfrac{1}{C_{II}} - \dfrac{1}{C_s}} \cdot \left[\left(\frac{T_I}{100} \right)^4 - \left(\frac{T_{II}}{100} \right)^4 \right] \cdot f \cdot t \ \text{[kcal]} \,. \tag{31}$$

Die Wärmemenge ist also der Fläche f und der Zeit t verhältnisgleich, außerdem treten in der Gleichung noch zwei Faktoren auf, von denen wir den ersten den Strahlungsfaktor, den zweiten den Temperaturfaktor nennen wollen.

In den Strahlungsfaktor

$$\frac{1}{\dfrac{1}{C_I} + \dfrac{1}{C_{II}} - \dfrac{1}{C_s}} \, ,$$

den wir mit C bezeichnen, geht außer den Strahlungszahlen beider Flächen noch diejenige des schwarzen Körpers ein. Sein größtmöglicher Wert ist gleich der Strahlungszahl des schwarzen Körpers und wird

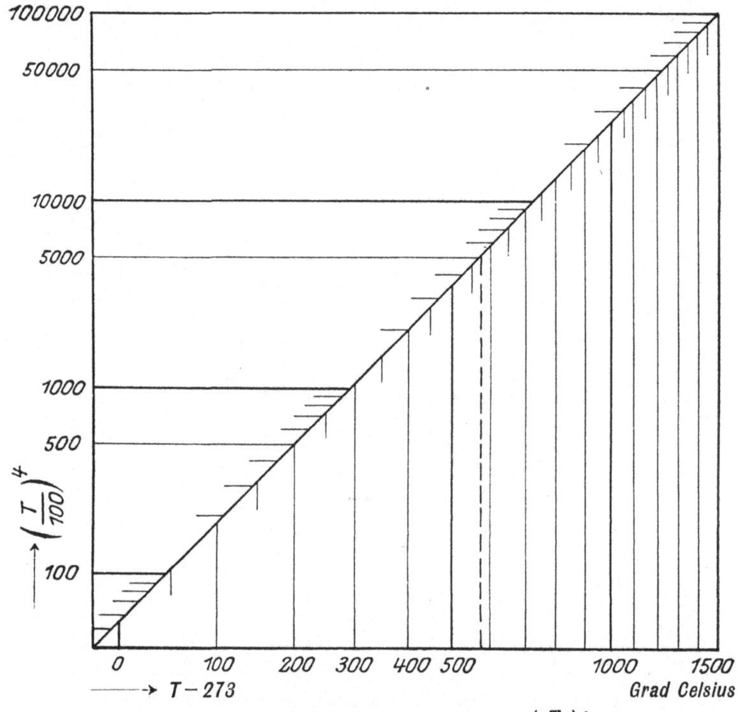

Abb. 110. Diagramm zur Berechnung von $\left(\dfrac{T}{100}\right)^4$.

Abszissen: $T-273$;   Ordinaten: $\left(\dfrac{T}{100}\right)^4$.

dann erreicht, wenn beide Körper absolut schwarz sind. Ist nur einer der beiden Körper schwarz, so ist der Wert des Strahlungsfaktors gleich der Strahlungszahl des anderen, also des nicht schwarzen Körpers. Der Strahlungsfaktor kann bequem durch verschiedene graphische Verfahren berechnet werden, von denen eines als Beispiel in Abb. 109 gezeigt ist.

Der Temperaturfaktor besteht in einer Differenz zweier vierter Potenzen, welche sich zahlenmäßig am einfachsten mittels der bekannten Quadrattafeln auswerten lassen. In den meisten Fällen genügt aber die Ablesegenauigkeit der Abb. 110. Des bequemeren Gebrauches wegen sind darin als Abszissen Celsiusgrade aufgetragen.

Der Temperaturfaktor läßt sich noch umformen, indem man aus der Algebra die Gleichung

$$a^4 - b^4 = (a^2 + b^2)(a + b)(a - b) = (a^3 + a^2 b + a b^2 + b^3)(a - b)$$

heranzieht. Man erhält dann

$$\left(\frac{T_I}{100}\right)^4 - \left(\frac{T_{II}}{100}\right)^4 = \frac{T_I^3 + T_I^2 T_{II} + T_I T_{II}^2 + T_{II}^3}{10^8} \cdot (T_I - T_{II}) = K \cdot (T_I - T_{II}). \quad (32)$$

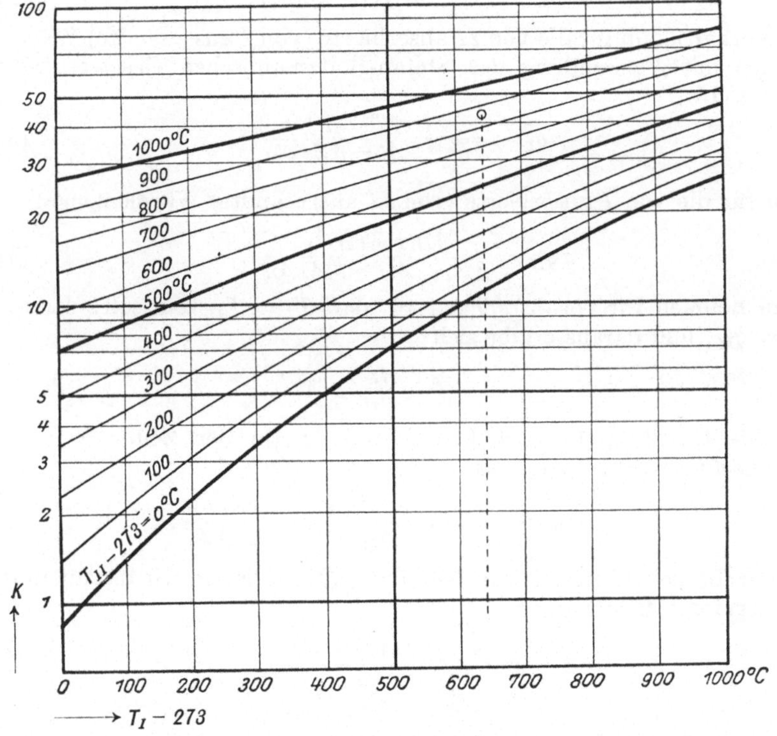

Abb. 111. Diagramm zur Berechnung des Temperaturfaktors K nach Gl. (32).
Beispiel: $T_I = 913° K$; $\vartheta_I = 640° C$; $T_{II} = 1133° K$; $\vartheta_{II} = 860° C$; $K = 43$

Diese Form läßt klar erkennen, daß es beim Strahlungsaustausch nicht nur auf den Temperaturunterschied, sondern in sehr hohem Maße auf die Höhe der Temperaturlage ankommt, und dafür ist die Größe K ein Maß. Zur zahlenmäßigen Auswertung dient Abb. 111.

In manchen Fällen ist es auch zweckmäßig, mit Hilfe der Gleichung (32) die durch Strahlung übertragene Wärmemenge als Funktion einer Temperaturdifferenz auszudrücken. Wir werden darauf später (S. 236) noch zurückkommen.

b) Strahlungsaustausch zwischen einem Körper und seiner Umhüllung.
Wir führen[1] eine Betrachtung für einen Körper I (Fläche f_I, Temperatur T_I) durch, der von einer Umhüllung II (Fläche f_{II}, Temperatur T_{II}) rings umgeben ist; der Verlauf ist der Ableitung des Kirchhoffschen Gesetzes auf S. 223ff. ganz ähnlich. Nur müssen wir beachten, daß der Körper I von der Energie, die von der Umhüllung II zurückgestrahlt wird (S. 224, Zeile c) nur einen Bruchteil $\beta \cdot E_I (1 - A_{II})$ auffängt, während der Rest $(1 - \beta) \cdot E_I (1 - A_{II})$ am Körper I vorbeigeht und wieder die Umhüllung II trifft.

An die Stelle der Gleichung (22) tritt daher die Abkürzung

$$k' = (1 - A_{II})(1 - \beta A_I). \tag{22a}$$

Man erhält dann für die von II absorbierte (von I ausgesandte) Wärmemenge mit Verwendung des Stefan-Boltzmannschen Gesetzes [Gleichung (15)]:

$$q_I = \frac{f_I \sigma_I T_I^4 A_{II}}{A_{II} + \beta A_I - \beta A_I A_{II}} \tag{33}$$

und für die von I absorbierte (von II ausgesandte) Wärmemenge:

$$q_{II} = \frac{\beta f_{II} \sigma_{II} T_{II}^4 A_I}{\beta A_I + A_{II} - \beta A_I A_{II}}. \tag{34}$$

Nun nehmen wir vorübergehend an, daß $T_I = T_{II}$ sein soll; dann ist $q_I = q_{II}$, und daraus ergibt sich

$$\beta = \frac{f_I}{f_{II}}. \tag{35}$$

Die für $T_I \neq T_{II}$ zwischen I und II (in der Zeiteinheit) ausgetauschte Wärmemenge ist

$$q = q_I - q_{II} = f_I \cdot \frac{\sigma_I A_{II} T_I^4 - \sigma_{II} A_I T_{II}^4}{A_{II} + (1 - A_{II}) \beta A_I}. \tag{36}$$

Unter Berücksichtigung von Gleichung (29) erhalten wir daraus durch algebraische Umformung:

$$q = \frac{f_I (T_I^4 - T_{II}^4)}{\dfrac{1}{\sigma_I} + \beta \left(\dfrac{1}{\sigma_{II}} - \dfrac{1}{\sigma_s} \right)} \tag{37}$$

oder mit Verwendung von $C = \sigma \cdot 100^4$:

$$q = \frac{f_I}{\dfrac{1}{C_I} + \dfrac{f_I}{f_{II}} \left(\dfrac{1}{C_{II}} - \dfrac{1}{C_s} \right)} \cdot \left[\left(\frac{T_I}{100} \right)^4 - \left(\frac{T_{II}}{100} \right)^4 \right] \; [\text{kcal} \cdot \text{h}^{-1}]. \tag{38}$$

Die Gleichung (38) unterscheidet sich von (31) nur dadurch, daß im Nenner das Flächenverhältnis $\beta = \dfrac{f_I}{f_{II}}$ auftritt. Weder die Form der Körper (vorausgesetzt, daß die Oberfläche von I überall konvex, von II überall konkav ist), noch die Lage von I innerhalb seiner Umhüllung

---

[1] Nach C. Christiansen: Wied. Ann. Bd. 19 (1883) S. 267.

spielen eine Rolle. Da bei der Ableitung das Stefan-Boltzmannsche Gesetz verwendet wurde, ist damit allerdings diffuse Strahlung vorausgesetzt. Bei regelmäßig geformten und spiegelnd reflektierenden Körpern nimmt β Werte zwischen den beiden Extremwerten $\dfrac{f_I}{f_{II}}$ und 1 (konzentrische, spiegelnde Kugeln) an[1].

5. Strahlungsaustausch zwischen beliebigen Flächenelementen.

Es seien df_1 und df_2 zwei beliebig im Raum gelegene Flächenelemente mit den Strahlungszahlen $C_1 = A_1 \cdot C_s$ bzw. $C_2 = A_2 \cdot C_s$ und den Temperaturen T_1 bzw. T_2. Der Abstand der Mittelpunkte beider Flächen sei r, der Winkel zwischen r und der Flächennormalen sei φ_1 bzw. φ_2 (φ_1 und φ_2 brauchen nicht in derselben Ebene zu liegen). Beide Flächen sollen diffus strahlen. Dann ist der von f_1 ausgehende Wärmestrom $d^2 q_1$ nach Gleichung (5) und (24):

$$d^2 q_1 = \frac{1}{\pi} C_1 \left(\frac{T_1}{100}\right)^4 \cos \varphi_1 \, d\Omega \, df_1; \tag{39}$$

$d\Omega$ ist der Raumwinkel, unter dem df_2 von df_1 aus gesehen wird, also

$$d\Omega = \frac{df_2 \cdot \cos \varphi_2}{r^2}.$$

Damit wird

$$d^2 q_1 = \frac{1}{\pi} \cdot C_1 \cdot \left(\frac{T_1}{100}\right)^4 \cdot \frac{\cos \varphi_1 \cdot \cos \varphi_2}{r^2} \cdot df_1 \cdot df_2. \tag{40}$$

Analog erhält man $d^2 q_2$ und schließlich als Wärmetransport von dem wärmeren zum kälteren Flächenelement:

$$d^2 q = d^2 q_1 - d^2 q_2$$
$$= \frac{1}{\pi} \left[C_1 \left(\frac{T_1}{100}\right)^4 - C_2 \left(\frac{T_2}{100}\right)^4 \right] \frac{\cos \varphi_1 \cdot \cos \varphi_2}{r^2} \cdot df_1 \cdot df_2. \tag{41}$$

Die Auswertung dieses Ausdruckes für bestimmte geometrische Anordnungen nach der auf S. 215 angewandten Methode ist sehr mühsam und meist nur mit vereinfachenden Annahmen durchführbar[2].

Für den in technischen Feuerungen meistens vorliegenden Fall, daß die strahlenden Flächen sehr stark absorbieren, kommt man nach Nußelt[3] zum Ziel, wenn man nur die erste Absorption jeder Fläche betrachtet und die Reflexion bereits vernachlässigt. Mit den Absorptionsverhältnissen $A_1 = \dfrac{C_1}{C_s}$ und $A_2 = \dfrac{C_2}{C_s}$ erhält man für den von df_2 aufgenommenen Wärmestrom

$$A_2 \cdot d^2 q_1 = \frac{1}{\pi} \cdot \frac{C_1 C_2}{C_s} \cdot \left(\frac{T_1}{100}\right)^4 \cdot \frac{\cos \varphi_1 \cdot \cos \varphi_2}{r^2} \cdot df_1 \cdot df_2$$

---

[1] Vgl. C. Christiansen: a. a. O.

[2] Vgl. z. B. O. Seibert: Die Wärmeaufnahme der bestrahlten Kesselheizfläche. Forsch.-Arb. Ing.-Wes. Nr. 324; Berlin 1930. H. C. Hottel: Trans. Amer. Soc. mech. Engr. Bd. 53 (1931) S. 265.

[3] Nußelt, W.: Gesundh.-Ing. Bd. 41 (1918) S. 171.

und somit für den Wärmeaustausch

$$d^2 q = \frac{1}{\pi} \cdot \frac{C_1 C_2}{C_s} \cdot \left[\left(\frac{T_1}{100}\right)^4 - \left(\frac{T_2}{100}\right)^4\right] \cdot \frac{\cos \varphi_1 \cdot \cos \varphi_2}{r^2} \cdot df_1 \cdot df_2. \qquad (42)$$

Nach Gleichung (39) wird der von df_1 nach df_2 gestrahlte Wärmestrom bestimmt.

1. durch die Strahlungszahl der Fläche df_1,
2. durch ihre Temperatur und
3. durch den Ausdruck $\cos \varphi_1 \cdot \dfrac{d\Omega}{\pi}$,

d. i. das Verhältnis des mit $\cos \varphi_1$ multiplizierten Raumwinkels $d\Omega$ zum Halbraum. Dieses Winkelverhältnis charakterisiert Größe und Lage von df_2 in bezug auf df_1. Es kann graphisch ermittelt werden, indem man die Projektion der Durchdringung von $d\Omega$ durch eine Halbkugel auf die Ebene von df_1 dividiert durch die Grundfläche der Halbkugel. Diese Konstruktion wurde etwa gleichzeitig von Nußelt[1] und Seibert[2] angegeben.

6. Wirkung von Strahlungsschutzschirmen.

Zum Schlusse dieses Kapitels sei an einigen Beispielen die Wirkung von Strahlungsschutzschirmen erläutert. Wir nehmen an, daß sich zwischen zwei großen, parallelen, ebenen Flächen I und II ein Schirm III aus sehr dünnem Blech befinde, so daß also der Temperaturabfall im Schirm vernachlässigt werden kann. Auch der Wärmetransport durch Konvektion soll vernachlässigt werden.

Wir berechnen zuerst die Wärme q_0, die ohne Strahlungsschirm ausgetauscht wird, und dann die Wärme q_1 bei Zwischenschaltung eines Schirmes. Mit T_{III} bezeichnen wir die Temperatur des Schirmes. Bei dieser Rechnung wollen wir zwei Fälle unterscheiden:

1. Fall. Wir nehmen an, daß die Oberflächen der beiden Körper I und II unter sich und mit den beiden Oberflächen des Schirmes gleiche Strahlungszahl besitzen, so daß wir nur mit einem einzigen Strahlungsfaktor

$$C = \frac{1}{\frac{1}{C_I} + \frac{1}{C_I} - \frac{1}{C_s}}$$

zu rechnen haben.

Es ist dann

$$q_0 = C \cdot \left[\left(\frac{T_I}{100}\right)^4 - \left(\frac{T_{II}}{100}\right)^4\right] \cdot f$$

und

$$q_1 = C \cdot \left[\left(\frac{T_I}{100}\right)^4 - \left(\frac{T_{III}}{100}\right)^4\right] \cdot f = C \cdot \left[\left(\frac{T_{III}}{100}\right)^4 - \left(\frac{T_{II}}{100}\right)^4\right] \cdot f.$$

Aus der zweiten Gleichung folgt

$$\left(\frac{T_{III}}{100}\right)^4 = \frac{1}{2}\left[\left(\frac{T_I}{100}\right)^4 + \left(\frac{T_{II}}{100}\right)^4\right],$$

[1] Nußelt, W.: Z. VDI Bd. 72 (1928) S. 673.
[2] Seibert, O.: Arch. Wärmewirtsch. Bd. 9 (1928) S. 180.

und mit diesem Wert wird

$$q_1 = C \cdot \left[\left(\frac{T_I}{100}\right)^4 - \frac{1}{2}\left(\frac{T_I}{100}\right)^4 - \frac{1}{2}\left(\frac{T_{II}}{100}\right)^4\right] \cdot f = \frac{1}{2}\,q_0 \, .$$

Durch Zwischenschalten eines einzelnen Schirmes wird also der Strahlungsaustausch auf die Hälfte herabgedrückt.

Die Rechnung läßt sich auf zwei, drei und mehr Schirme verallgemeinern. Für n Schirme gilt die Gleichung

$$q_n = \frac{1}{n+1} \cdot q_0 \, . \tag{43}$$

Diese allgemeine Formel gilt auch für den Wärmetransport durch Leitung in stark verdünnten Gasen[1], weil in diesem Fall die übertragene Wärmemenge unabhängig von der Dicke der Gasschicht ist (vgl. S. 211).

2. Fall. Wir nehmen nun an, daß die Strahlungszahl der beiden Körperoberflächen gleich C_I und die Strahlungszahl der beiden Schirmoberflächen gleich C_{III} sei.

Dann haben wir für den Strahlungsaustausch zwischen beiden Körpern ohne Schirm

$$\text{den Strahlungsfaktor } C_0 = \frac{1}{\dfrac{1}{C_I} + \dfrac{1}{C_I} - \dfrac{1}{C_s}}$$

und für den Strahlungsaustausch jeweils zwischen Körper und Schirm

$$\text{den Strahlungsfaktor } C_1 = \frac{1}{\dfrac{1}{C_I} + \dfrac{1}{C_{III}} - \dfrac{1}{C_s}} \, .$$

Mit diesen Werten ist

$$q_0 = C_0 \cdot \left[\left(\frac{T_I}{100}\right)^4 - \left(\frac{T_{II}}{100}\right)^4\right] \cdot f$$

und

$$q_1 = C_1 \left[\left(\frac{T_I}{100}\right)^4 - \left(\frac{T_{III}}{100}\right)^4\right] \cdot f = C_1 \left[\left(\frac{T_{III}}{100}\right)^4 - \left(\frac{T_{II}}{100}\right)^4\right] \cdot f$$

$$= C_1 \cdot \frac{1}{2} \left[\left(\frac{T_I}{100}\right)^4 - \left(\frac{T_{II}}{100}\right)^4\right] \cdot f \, .$$

Es ist also das Verhältnis:

$$\frac{q_1}{q_0} = \frac{1}{2}\frac{C_1}{C_0} = \frac{1}{2} \cdot \frac{\dfrac{1}{C_I} + \dfrac{1}{C_I} - \dfrac{1}{C_s}}{\dfrac{1}{C_I} + \dfrac{1}{C_{III}} - \dfrac{1}{C_s}} \, .$$

Zahlenbeispiel. Wie groß ist das Verhältnis $q_1 : q_0$, wenn zwischen zwei matte Eisenplatten ein beiderseits poliertes Kupferblech als Strahlungsschutz geschoben wird?

Wir schätzen die Strahlungszahl des Eisenblechs zu $C_I = 4{,}0$ und diejenige des Kupferblechs zu $C_{III} = 0{,}24$ und erhalten:

$$\frac{q_1}{q_0} = \frac{1}{2} \cdot \frac{\dfrac{1}{4{,}0} + \dfrac{1}{4{,}0} - \dfrac{1}{4{,}96}}{\dfrac{1}{4{,}0} + \dfrac{1}{0{,}24} - \dfrac{1}{4{,}96}} = 0{,}035 \, .$$

---

[1] Wiener, O.: Ann. Physik Bd. 60 (1919) S. 324.

Der Strahlungsaustausch wird also durch diesen Schirm auf 3,5% herabgedrückt.

In der Isoliertechnik hat die Erkenntnis der Wirkung von Strahlungsschirmen zur Ausbildung besonderer Isolierverfahren mittels Aluminium- und anderer Metallfolien geführt, in der Meßtechnik macht man von Strahlungsschirmen Gebrauch, wenn man die wahre Temperatur eines Gases in der Nähe strahlender Wände messen will[1].

7. Gleichzeitiges Auftreten von Wärmestrahlung und Konvektion.

Unter der — bei Gasen praktisch meist zutreffenden Voraussetzung[2] — eines vollkommen strahlungsdurchlässigen Zwischenmediums sind Wärmeaustausch durch Strahlung und Wärmeübertragung durch Leitung und Konvektion unabhängig voneinander. Die Zerlegung der gesamten Wärmeübertragung in die beiden Teilvorgänge, die man meistens vornehmen muß, ist dann erlaubt, ohne daß man noch besondere Annahmen macht.

Da die beiden Teilvorgänge „parallel" verlaufen, muß man die Leitwerte addieren (nicht die Widerstände, wie bei „hintereinander geschalteten" Vorgängen, vgl. S. 97). Man führt dann zweckmäßig für den Leitungs- und Konvektionsanteil und für den Strahlungsanteil entsprechende Durchgangszahlen k_L und k_s ein, die definiert sind durch die Gleichung

$$q = (k_L + k_s) \cdot \Theta \cdot f. \tag{44}$$

Darin ist Θ der Temperaturunterschied zwischen den beiden, ihre Wärme austauschenden Oberflächen. Um diese Formel mit der Gleichung (38) in Übereinstimmung zu bringen, muß man die dort auftretende Differenz der vierten Potenz nach Gleichung (32) zerlegen, so daß dann etwa für den der Gleichung (38) zugrunde liegenden allgemeinen Fall der Strahlungsanteil der Wärmedurchgangszahl den Wert erhält

$$k_s = \frac{1}{\dfrac{1}{C_I} + \dfrac{f_I}{f_{II}}\left(\dfrac{1}{C_I} - \dfrac{1}{C_s}\right)} \left[\frac{T_I^3 + T_I^2\, T_{II} + T_I\, T_{II}^2 + T_{II}^3}{10^3}\right]. \tag{45}$$

Eine Zerlegung der Wärme ü b e r gangszahl α in einen Leitungs- und Konvektionsanteil α_L und einen Strahlungsanteil α_s bereitet größere Schwierigkeiten, da sie athermane Flüssigkeiten oder Gase voraussetzt und dann die Konvektion nicht mehr unbeeinflußt von der Strahlung verläuft.

Man kann die Teilung aber auch beim Wärmeübergang von heißen Flüssigkeiten an eine Wand ausführen, wenn die Konvektion so stark ist, daß sie von der Strahlung praktisch unabhängig verläuft (z. B. Gasgemische während ihrer Verbrennung im Motor, Flammen und Feuergase in Dampfkesseln). Die Behandlung dieser Fragen setzt aber die Kenntnis der Wärmestrahlung von Gasen voraus, der wir uns nunmehr zuwenden wollen.

---

[1] Vgl. z. B. O. Knoblauch u. K. Hencky: Anleitung zu genauen technischen Temperaturmessungen. München u. Berlin 1926.

[2] Der Strahlungsaustausch zwischen Gasen und festen Körpern (vgl. S. 241ff.) erlangt erst bei höheren Temperaturen als den hier vorausgesetzten eine Bedeutung.

D. Strahlung von Gasen und Dämpfen.

1. Die Absorptionsspektren der Gase.

Gase sind im größten Teil des Spektrums durchlässig für Wärmestrahlen (diatherman), folglich senden sie dort nach dem Kirchhoffschen Gesetz auch keine Wärmestrahlen aus. Nur in begrenzten Bereichen des Spektrums besitzen sie Absorption. Das Spektrum der Gasstrahlung ist also grundsätzlich verschieden von dem der meisten festen Körper,

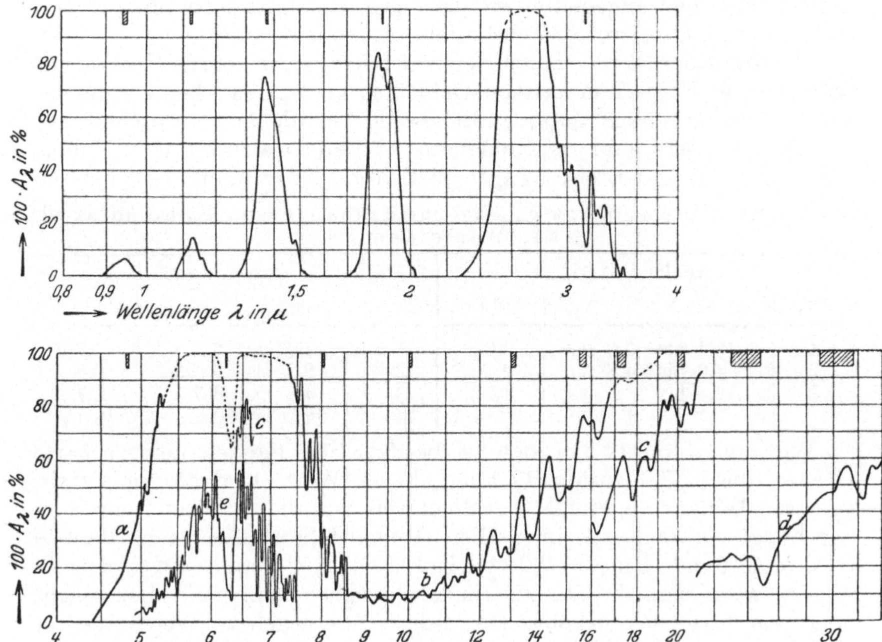

Abb. 112. Absorptionsvermögen des Wasserdampfes
(oben) für Wellenlängen von 0,8 bis 4 μ bei 127° C und 109 cm Schichtdicke,
(unten) ,, ,, ,, 4 ,, 34 μ, und zwar
a bei 127° C und 109 cm Schichtdicke,
b ,, 127° C ,, 104 ,, ,, ,
c ,, 127° C ,, 32,4 ,, ,, ,
d ,, 81° C ,, 32,4 ,, ,, Dampfluftgemisch, entsprechend etwa 4 cm reiner Dampf-schicht,
e bei Zimmertemperatur und 220 cm dicker Schicht feuchter Zimmerluft entsprechend etwa 7 cm reiner Dampfschicht von Atmosphärendruck.
Die kleinen schraffierten Rechtecke am oberen Rand geben die Breite des jeweils benutzten Spektrometerspaltes im Maßstab der Wellenlängen an.

welche die durch die gestrichelte Kurve in Abb. 105 dargestellte „graue" Strahlung aussenden. Es ist ein „Bandenspektrum", wie Abb. 105 schematisch zeigt.

In Wirklichkeit sieht ein solches Bandenspektrum leider nicht so einfach aus, wie in Abb. 105 dargestellt, sondern besitzt, wie in Abb. 112 für Wasserdampf gezeigt ist, eine sehr unregelmäßige, aus vielen Spitzen und Einkerbungen zusammengesetzte Form. Die Abb. 112 läßt sofort die große Schwierigkeit der rechnerischen Behandlung der Gasstrahlung erkennen: Im Grunde laufen alle Berechnungen der Wärmeübertragung durch Strahlung darauf hinaus, das Integral $\int\limits_{\lambda=0}^{\lambda=\infty} J_\lambda \cdot d\lambda$ als Funktion der Temperatur zu ermitteln. Daß dies bei einem Bandenspektrum nicht ohne sehr weitgehende vereinfachende Annahmen möglich ist, sieht man auf den ersten Blick. Die Methoden, die von den einzelnen Forschern zur Bewältigung dieser Aufgabe angewandt wurden, können hier nur angedeutet werden. Der verfügbare Raum erfordert eine Beschränkung auf grundsätzliche Ausführungen.

Die Breite der Banden ist bei den meisten Gasen in dem für die Wärmestrahlung in Frage kommenden Gebiet so gering, daß keine nennenswerten Energiebeträge ausgestrahlt werden. Gerade die technisch wichtigen Gase, Wasserdampf und Kohlendioxyd besitzen aber kräftige Banden, deren Lage (λ) und Breite ($\varDelta\lambda$) in Zahlentafel 17 zusammengestellt ist.

Zahlentafel 17. Die wichtigsten Absorptionsbanden von Kohlendioxyd[1] und Wasserdampf[2].

Kohlendioxyd			Wasserdampf		
Nr.	λ	$\varDelta\lambda$	Nr.	λ	$\varDelta\lambda$
1	2,4 bis 3,0 μ	0,6 μ	1	1,7 bis 2 μ	0,3 μ
2	4,0 bis 4,8 ,,	0,8 ,,	2	2,2 bis 3 ,,	0,8 ,,
3	12,5 bis 16,5 ,,	4,0 ,,	3	4,8 bis 8,5 ,,	3,7 ,,
			4	12 bis 30 ,,	18 ,,

Wie aus Abb. 112 hervorgeht, besitzen die Banden keine scharfe Grenze, die in Zahlentafel 17 angegebenen Werte sind also mit einer gewissen Willkür angesetzt. Der Nachweis und die Auflösung der Banden hängt von den experimentellen Hilfsmitteln ab. Schwache Banden (z. B. eine Bande bei $\lambda = 2{,}0$ von Kohlendioxyd[3]) kann man erst nachweisen, wenn man die absorbierende Gasschicht genügend dick macht oder den Gasdruck erhöht. Die auf S. 214 gegebene Ableitung der Gleichung zur Berechnung der Absorption ist nämlich dahin zu ergänzen, daß nicht eigentlich die Länge der Strecke, die der Lichtstrahl im Gas zurücklegt, für die Absorption maßgebend ist, sondern die Zahl der vom Lichtstrahl getroffenen Moleküle. Diese ist aber proportional dem Druck des Gases oder, bei Gasmischungen, proportional dem Partialdruck des absorbierenden Gases. In den Gleichungen (3) und (4) auf S. 214 ist also der Exponent $\delta_\lambda \cdot s$ zu ersetzen durch den allgemeineren Ausdruck $\delta_\lambda \cdot \dfrac{p}{p_0} \cdot s$, wobei p den jeweiligen Druck bzw. Partialdruck des absorbierenden Gases und p_0 einen irgendwie festgelegten Bezugsdruck bedeutet. Wenn der Exponent $\delta_\lambda \cdot \dfrac{p}{p_0} \cdot s$ unendlich wird, absorbiert das Gas nach Gleichung (4) sämtliche auffallende Strahlung, verhält sich also wie ein schwarzer Körper bei der Wellenlänge λ.

---

[1] Nach F. Paschen: Ann. Physik Bd. 53 (1894) S. 334.

[2] Nach G. Hettner: Ann. Physik Bd. 55 (1918) S. 476 u. E. v. Bahr: Verh. dtsch. physik. Ges. Bd. 15 (1913) S. 731.

[3] Vgl. Cl. Schäfer u. F. Matossi: Das ultrarote Spektrum. S. 225ff. Berlin 1930.

2. Die Emission strahlender Gaskörper.

Bereits auf S. 214 wurde darauf hingewiesen, daß Strahlung nur von einem körperlichen Gebilde ausgehen kann. Während man sich aber bei festen Körpern um die Vorgänge im Innern des strahlenden Körpers nicht zu kümmern braucht, sondern nur die von der Oberfläche ausgesandte Strahlung berechnet, muß man bei Gasen die Form des Körpers berücksichtigen.

Da die Moleküle ebenso die Ursache der Absorption wie der Emission sind, muß dasselbe Gesetz, das für die Schwächung eines Strahles längs seinem Wege s in einem absorbierenden Gas gilt, auch die Möglichkeit geben, die Intensität zu berechnen, mit der ein Strahl aus der Oberfläche eines Gaskörpers austritt, wenn er die Strecke s darin zurückgelegt hat. Dabei muß jedoch berücksichtigt werden, daß von der Strahlung eines Moleküls durch die benachbarten Moleküle bereits wieder ein Teil absorbiert wird. Innerhalb eines Volumenelementes kann man aber diese Absorption vernachlässigen, so daß man die Emission eines Raumteilchen dV proportional seinem Inhalt setzen kann. Man erhält also für die von dV nach allen Richtungen in der Zeiteinheit ausgestrahlte Wärmemenge dq die Gleichung

$$dq = \left| E_G \right|_{\lambda}^{\lambda + \Delta\lambda} \cdot dV. \tag{46}$$

Der Proportionalitätsfaktor $\left| E_G \right|_{\lambda}^{\lambda + \Delta\lambda}$ [kcal $\cdot$ m^{-3} $\cdot$ h^{-1}] ist das Emissionsvermögen der Raumeinheit in dem Wellenlängenbereich (Bande) von λ bis $\lambda + \Delta\lambda$.

Gleichung (46) stellt das Emissionsgesetz für unendlich kleine Räume dar. Um die Ausstrahlung endlicher Gasmassen zu bestimmen, schlagen wir folgenden Weg ein:

Ein beliebig geformter, vollständig luftleerer Hohlraum soll von Wänden umschlossen sein, die überall dieselbe Temperatur besitzen. Dann ist im allgemeinen die Strahlung, welche die Wände aussenden, eine vollkommen schwarze Strahlung, das heißt, die Energie verteilt sich über alle Wellenlängen gemäß dem Planckschen Gesetz.

Die Energie, die ein Oberflächenelement df nach der ganzen übrigen Oberfläche strahlt, läßt sich aus dem Stefan-Boltzmannschen Gesetz berechnen. Genau ebenso groß ist auch die Energie, welche die ganze übrige Oberfläche ihrerseits nach df strahlt; denn wäre dies nicht der Fall, so würde in df eine Anhäufung oder eine Abnahme von Wärme stattfinden, so daß sich eine Temperaturdifferenz von selbst bilden würde; dies ist aber nach dem zweiten Hauptsatz nicht möglich.

Nun denken wir uns den Hohlraum mit Gas gefüllt, das dieselbe Temperatur wie die Wände besitzt. Dann werden zwar in den ausgetauschten Energiemengen Änderungen eintreten, aber die Änderungen müssen so abgestimmt sein, daß auch dann keine Temperaturdifferenzen von selbst auftreten können.

Die Energie, die df ausstrahlt, ist dieselbe wie oben, auch die übrige Oberfläche strahlt ihrerseits noch dieselbe Energie aus, aber davon wird ein bestimmter Bruchteil vom Gas absorbiert, erreicht also df

nicht. Dafür sendet jetzt aber der Gaskörper selbst Energie nach df
hin. Soll also in df weder eine Temperatursteigerung noch eine Temperatursenkung eintreten, so muß die Energie, die der Gaskörper aussendet — und die wir ja berechnen wollen — gleich sein der Energie,
die er absorbiert.

Die Oberfläche f strahlt nach dem Planckschen Strahlungsgesetz
Energie aller Wellenlängen aus; um die Energie im Bereich unter λ
und über $\lambda + \Delta\lambda$ brauchen wir uns nicht zu kümmern, da hierfür das
Gas vollkommen durchlässig sein soll. Im Wellenlängenbereich $\Delta\lambda$
sendet f die Energie aus

$$f \cdot \int_{\lambda}^{\lambda+\Delta\lambda} J_{\lambda,s} \cdot d\lambda = f \cdot \left| E_s \right|_{\lambda}^{\lambda+\Delta\lambda}. \tag{47}$$

Die Größe $\left| E_s \right|_{\lambda}^{\lambda+\Delta\lambda}$ ist in Abb. 113 durch die schmale schraffierte
Fläche wiedergegeben und bedeutet denjenigen Teil der Strahlung
einer schwarzen Fläche, der auf den Spektralbereich $\Delta\lambda$ trifft.

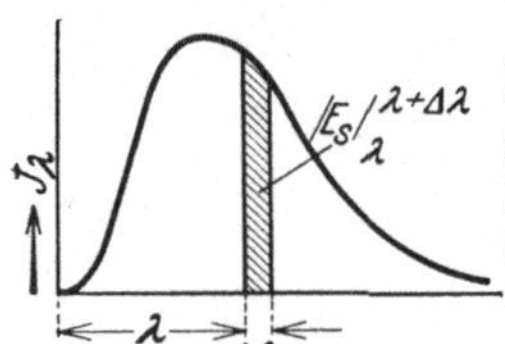

Abb. 113. Energieemission
einer Bande.

Die Größe $\left| E_s \right|_{\lambda}^{\lambda+\Delta\lambda}$ läßt sich durch einfache
Integration mittels des Planckschen Strahlungs-
gesetzes berechnen, sobald man aus Versuchen die
Lage λ und die Breite $\Delta\lambda$ des Absorptionsbandes
kennt.

Von dieser Energie absorbiert der Gaskörper
einen Bruchteil, den wir mit A_λ bezeichnen und
der das Absorptionsvermögen des Gaskörpers heißt.
Es ist eine unbenannte Größe, und sein Wert kann
zwischen Null und Eins schwanken.

Die Absorption und damit auch die Emission des Gaskörpers ist also

$$q = f \cdot \left| E_s \right|_{\lambda}^{\lambda+\Delta\lambda} \cdot A_\lambda \quad [\text{kcal} \cdot \text{h}^{-1}]. \tag{48}$$

Für eine unendlich dicke Gasschicht wird das Absorptionsvermögen
gleich „Eins" und dann nimmt Gleichung (48) die Form (47) an:

$$q = f \cdot \left| E_s \right|_{\lambda}^{\lambda+\Delta\lambda}. \tag{47a}$$

Die Größe $\left| E_s \right|_{\lambda}^{\lambda+\Delta\lambda}$ stellt also das Emissionsvermögen einer un-
endlich dicken Gasschicht dar. Nußelt nennt sie die „schwarze Gas-
strahlung".

Recht umständlich ist die Bestimmung des Absorptionsvermögens
für beliebig gestaltete Körper. Man muß von der Gleichung (4)

$$J_\lambda = J_{\lambda,0}\left(1 - e^{-\delta_\lambda \cdot s}\right) \tag{4}$$

ausgehen und findet unter Berücksichtigung der Abmessungen des Gaskörpers durch Integration den Wert J_λ.

Für die Kugel, den unendlich langen Zylinder und die von zwei ebenen, parallelen, unendlich großen Flächen begrenzte Schicht sind diese Integrationen ausgeführt worden[1].

Für andere Körper muß man sich wohl meistens mit Erfahrungswerten behelfen, wie sie z. B. Schack[2] mitteilt. Dabei ist aber zu beachten, daß die Schackschen Werte nur in Verbindung mit seiner Rechenmethode verwendet werden dürfen, da sie darauf abgestimmt sind.

Die Beziehung zwischen dem Emissionsvermögen E_G eines Gases und der Emission E_s des schwarzen Körpers ist, wie bei festen Körpern, durch das Kirchhoffsche Gesetz gegeben.

Der Wert von E_s ist jedoch definiert als die von der Flächeneinheit eines schwarzen Körpers in den darüber liegenden Halbraum ausgestrahlte Energiemenge, während E_G auf ein nach allen Richtungen, also in den ganzen Raum strahlendes Gasvolumen bezogen ist. In gleicher Weise bezieht sich das Absorptionsvermögen eines festen Körpers auf die aus einem Halbraum auftreffende Strahlung, das Absorptionsvermögen eines Gaskörpers dagegen auf die aus dem ganzen Raum eindringende Strahlung, so daß jeder Strahl doppelt, in beiden entgegengesetzten Richtungen gezählt wird. Man erhält daher an Stelle von Gleichung (24) den folgenden Ausdruck, dessen Ableitung man bei Nußelt[3] findet:

$$E_G = 4 \cdot \delta_\lambda \cdot E_s. \tag{49}$$

3. Methoden der Messung und Berechnung der Gasstrahlung.

Die Berechnung der Strahlung eines bestimmten Gaskörpers erfordert nach Gleichung (48) erstens die Integration des von der Art des Gases und seiner Temperatur abhängigen Ausdruckes $E_{\lambda,s} = J_{\lambda,s} \cdot d\lambda$ in den Grenzen der Banden, also die Auswertung der Integralsumme

$$\sum_\lambda \int\limits_\lambda^{\lambda+\Delta\lambda} dE_{\lambda,s} = \sum_\lambda \int\limits_\lambda^{\lambda+\Delta\lambda} J_{\lambda,s} \cdot d\lambda, \tag{50}$$

wobei das Summenzeichen ausdrücken soll, daß die Integrale erst für die einzelnen Banden gebildet und dann addiert werden müssen. Diese Rechnung kann man mit Hilfe des Planckschen Strahlungsgesetzes Gleichung (10) für die Strahlung eines unendlich ausgedehnten Gaskörpers (schwarze Gasstrahlung) durchführen, wenn man nur die Lage und Breite der Banden kennt, weil die obere Begrenzung der Intensitäts-

---

[1] Kugel:
Nußelt, W.: Forsch.-Arb. Ing.-Wes. Nr. 264, 1923 und H. Gröber: Einführung in die Lehre von der Wärmeübertragung. S. 138. Berlin 1926.
Zylinder:
Nußelt, W.: Z. VDI Bd. 70 (1926) S. 763.
Ebene Schicht:
Jakob, M.: Der Chemie-Ingenieur, herausgegeb. von A. Eucken u. M. Jakob: Bd. 1 S. 301. Leipzig 1933.
[2] Schack, A.: Der industrielle Wärmeübergang. S. 217. Düsseldorf 1929.
[3] Nußelt, W.: Forsch.-Arb. Ing.-Wes. Nr. 264, 1923.

streifen im J-λ-Diagramm für die schwarze Gasstrahlung durch das Plancksche Gesetz gegeben ist.

Ist das ausgeführt, so muß man zweitens die Größe

$$A_{\lambda,G} = 1 - e^{-\delta \frac{p}{p_0} s} \tag{51}$$

berechnen, in der der Absorptionskoeffizient δ von der Art des Gases, der Wellenlänge und der Temperatur abhängt. Letztere Abhängigkeit ist z. Z. noch nicht erforscht, muß also notgedrungen vernachlässigt werden. Die Abhängigkeit von der Wellenlänge ist, wie auf S. 237 an Hand von Abb. 112 ausgeführt wurde, so kompliziert, daß man ohne sehr weitgehende Vereinfachung die Gleichung (51) nicht lösen kann.

Schack[1], der als erster die Bedeutung der Gasstrahlung für technische Feuerungen erkannt und eine brauchbare Methode für ihre Berechnung ausgebaut hat, geht in der Weise vor, daß er jede einzelne Bande in schmale Streifen zerlegt und diese ihrer Höhe nach so ordnet (was in dem schmalen Wellenlängenbereich einer Bande zulässig ist), daß die obere Begrenzung jeder Absorptionsbande im Diagramm eine Gerade wird. Durch diesen Kunstgriff gelingt es ihm, Gleichung (51) innerhalb jeder Bande zu integrieren.

Zum Schluß multipliziert Schack das Produkt $4\,E_{\lambda,s} \cdot A_{\lambda,G}$ [vgl. Gleichung (49)] noch mit einem empirisch für jede Bande gesondert ermittelten Faktor φ, der den Formeinfluß des Gaskörpers enthält. Seine Schlußgleichung lautet also:

$$E_G = \sum \left[\varphi \cdot \int\limits_{\lambda}^{\lambda+\varDelta\lambda} J_\lambda \cdot \left(1 - e^{-\delta \frac{p}{p_0} s}\right) d\lambda \right]. \tag{52}$$

Die Auswertung dieser Gleichung hat Schack durch zahlreiche Diagramme und Zahlentafeln erleichtert.

Während Schack seine Schlußformel synthetisch aus einzelnen Elementen aufbaut, beschränkt sich Nußelt[2], der sich bereits vor Schack mit der Strahlung von Gasen beschäftigte, darauf, empirisch eine „Ersatzbande" und einen auf diese Ersatzbande abgestimmten „mittleren" Absorptionskoeffizienten einzuführen. Die Breite der Ersatzbande muß Nußelt[2] als temperaturabhängig annehmen. Die Schlußformel Nußelts ist wesentlich einfacher als die von Schack, aber ihre Gültigkeit ist auf das von Nußelt untersuchte Gasgemisch ($47,3\%$ CO_2; $47,0\%$ CO, der Rest N_2, H_2O und H_2) beschränkt.

In noch stärkerem Maße hat Schmidt[3] auf die Analyse der Strahlung bei der Auswertung seiner Messungen der Gesamtstrahlung des Wasserdampfes verzichtet, indem er ein Absorptionsverhältnis A definierte durch die Gleichung

$$q' = A \cdot \frac{C_s}{\pi} \left[\left(\frac{T_D}{100}\right)^4 - \left(\frac{T_w}{100}\right)^4 \right]. \tag{53}$$

---

[1] Schack, A.: Der industrielle Wärmeübergang. Düsseldorf 1929; Z. techn. Physik Bd. 5 (1924) S. 267.

[2] Nußelt, W.: Forsch.-Arb. Ing.-Wes. Heft 264, Berlin 1923.

[3] Schmidt, E.: Forschung Bd. 3 (1932) S. 57.

Darin bedeutet q' die von 1 m² der Oberfläche des Gaskörpers in senkrechter Richtung in 1 h ausgestrahlte Wärmemenge, C_s die Strahlungszahl des schwarzen Körpers (4,96 kcal·m⁻²·h⁻¹·Grad⁻⁴), T_D die Dampftemperatur und T_w die Temperatur der bestrahlten Wandfläche. Die Größe A teilt Schmidt (teilweise extrapoliert) für Schichtdicken von 1 bis 110 cm und Dampftemperaturen von 100 bis 1600⁰ C bei 1 at Dampfdruck in Diagrammen und Zahlentafeln mit.

Es sei aber an dieser Stelle nochmals ausdrücklich darauf hingewiesen, daß jedes dieser drei Verfahren in sich abgestimmt ist, und daß es unzulässig ist, ein Bestimmungsstück des einen Autors ohne weiteres in die Formel eines anderen Autors einzusetzen.

4. Strahlung leuchtender Flammen.

Es erscheint zunächst fraglich, ob es richtig ist, die Strahlung leuchtender Flammen in dem Kapitel „Strahlung von Gasen“ zu behandeln. Denn nicht der Gasstrom, der die Flamme bildet, strahlt, sondern die in dem Gasstrom schwebenden, feinstzerteilten glühenden Kohleteilchen. Aber diese Strahler sind so klein, daß sie eine merkliche Durchlässigkeit besitzen; für Emission und Absorption ist daher nicht die Oberfläche der Flammen maßgebend, sondern der ganze Flammenkörper. Folglich besteht sowohl der physikalischen Erscheinung nach als auch hinsichtlich der rechnerischen Behandlung eine enge Beziehung zur Gasstrahlung.

Bezüglich der spektralen Intensitätsverteilung stehen leuchtende Flammen allerdings den festen Körpern näher: sie besitzen ein kontinuierliches Spektrum, senden also graue Strahlung aus. Ihr „Schwärzegrad“ C/C_s nimmt mit steigender Temperatur, wie der fester Körper (vgl. S. 222), zu, weil die Kohleteilchen für lange Wellen durchlässiger sind als für kurze Wellen. In dem Exponenten der e-Funktion der Gleichung (51) tritt daher die Wellenlänge auf. Schack[1] setzt für die Absorption den empirischen Ausdruck an:

$$A = 1 - e^{-\frac{\delta \cdot s}{\lambda^{0,9}}}, \tag{54}$$

doch ist der Exponent von λ nicht sicher bestimmt.

Man wird wohl den Charakter der Flammenstrahlung am besten treffen, wenn man die Flamme als „trübes Gas“ auffaßt. Voraussetzung dafür ist, daß innerhalb der Flamme keine merklichen Temperaturunterschiede bestehen, daß also der Gasstrom dieselbe Temperatur hat wie die darin schwebende Rußsuspension. Schack hat verschiedene Überlegungen angestellt über den Wärmeaustausch zwischen dem Gasstrom und den Rußteilchen, deren Größe man nach verschiedenen Messungen zu etwa $0{,}3\,\mu$ (mittlerer Durchmesser der kugelförmig gedachten Teilchen) annehmen darf. Er kommt zu dem Ergebnis, daß die Rußteilchen höchstens 1⁰ kälter sein dürften als die

---

[1] Schack, A.: Z. techn. Physik Bd. 6 (1925) S. 530.

Flammengase; dieser Temperaturunterschied kann natürlich vollkommen vernachlässigt werden, so daß die oben erwähnte Auffassung der Flamme als trübes Gas berechtigt erscheint.

Durch die Verbindung der Gleichung (54) mit dem Planckschen Strahlungsgesetz erhält Schack eine Gleichung für die Emission einer Flamme, in der als Unbekannte nur mehr das Produkt $\delta \cdot s$ vorkommt. Nun hängt aber δ nicht nur von der Art des Brennstoffes ab, sondern auch von der Stärke der Rußsuspension, also z. B. von der Art der Luftzuführung, Schnelligkeit der Mischung von Gas und Luft und ähnlichen Einflüssen, die selbst bei der gleichen Feueranlage mit der Zeit stark wechseln können. Es erscheint daher vorderhand unmöglich, die Emission einer Flamme vorauszuberechnen; vielmehr muß man den von Schack vorgeschlagenen Weg gehen, aus der wahren und der optisch gemessenen Flammentemperatur den Schwärzegrad (das Absorptionsverhältnis) der Flamme jeweils zu berechnen. Dann kann man daraus mit Hilfe der von Schack angegebenen Gleichungen und Diagramme näherungsweise die ausgestrahlte Wärme berechnen.

Die Wärmestrahlung der Gase und Flammen ist noch keineswegs restlos aufgeklärt, namentlich ihre Berechnung ist noch auf vielen, zum Teil recht unsicheren Annahmen aufgebaut. Der große, hauptsächlich Schack zu verdankende Fortschritt der letzten Jahre ist die Erkenntnis von der Rolle, die die Gas- und Flammenstrahlung bei technischen Feuerungsvorgängen spielt. Damit ist der komplizierte Gesamtvorgang der Wärmeübertragung wieder auf einem weiteren Anwendungsgebiet in seine Einzelvorgänge aufgelöst. Diese Analyse ist die notwendige Voraussetzung ebenso für das Verständnis des Naturvorganges wie für die rechnerische Beherrschung der technischen Anwendung.

Anhang.

Von S. Erk.

Stoffwerte, Maßsysteme, Formeln, Formelzeichen

Den in den Zahlentafeln I bis IX zusammengestellten Stoffwerten sind die nach unserer Ansicht besten, im Schrifttum[1] veröffentlichten Zahlen zugrunde gelegt. Im einzelnen sind folgende Quellen zu nennen:

a) Wasser:

Spezifisches Gewicht und spezifische Wärme:
Wärmetabellen der Physikalisch-Technischen Reichsanstalt, Braunschweig 1919.
F. G. Keyes u. L. B. Smith: Mech. Engng. 1931 S. 132.
Wärmeleitfähigkeit:
M. Jakob: Ann. Physik (4) Bd. 63 (1920) S. 537.
E. Schmidt u. W. Sellschopp: Forschung Bd. 3 (1932) S. 277.
Dynamische Zähigkeit:
E. C. Bingham u. R. F. Jackson: Sci. Pap. Bur. Stand. 1917 Nr. 298.
G. Hevesy: Z. Elektrochemie Bd. 27 (1921) S. 21.
Die Druckabhängigkeit der Stoffwerte ist, soweit sie überhaupt bekannt ist, sehr gering. Bei einer Steigerung des Druckes bis 300 at betragen die Änderungen gegenüber den Werten der Zahlentafel I nur einige Prozent.

b) Wasserdampf:

Spezifisches Gewicht und spezifische Wärme bei konstantem Druck:
O. Knoblauch, E. Raisch, H. Hausen, W. Koch: Tabellen und Diagramme für Wasserdampf. 2. Aufl. München u. Berlin 1932.
Dynamische Zähigkeit:
H. Speyerer: Forsch.-Arb. Ing.-Wes. Heft 273. Berlin 1925.

---

[1] Ausführliche Zusammenstellungen s. Physikalisch-Chemische Tabellen von Landolt-Börnstein; 5. Aufl. Berlin 1923 sowie 1. und 2. Ergänzungsband Berlin 1927 u. 1931.

Wärmeleitfähigkeit:

Da hierüber nur sehr wenig Messungen von E. Moser (Diss. Univ. Berlin 1913) vorliegen, wurde nach der aus der kinetischen Gastheorie abgeleiteten bekannten Gleichung

$$\lambda = \varepsilon \cdot c_v \cdot \eta \cdot g$$

zunächst der Wert für ε aus den Messungen von Moser, den Werten für c_v von G. Eichelberg (Forsch.-Arb. Ing.-Wes. Heft 220. Berlin 1920) und den Werten für η von H. Speyerer berechnet. Es ergab sich ein Mittelwert $\varepsilon = 1{,}25$, der im ganzen Bereich als konstant angenommen wurde. Damit konnte dann mittels der oben genannten Werte von c_v und η die Wärmeleitfähigkeit errechnet werden, wobei noch die von F. Naumann [Z. physik. Chem. Abt. A Bd. 159 (1932), S. 135] berechneten Werte von c_v herangezogen wurden. Natürlich sind die so berechneten Werte von λ, a, Pr mit der Unsicherheit behaftet, die in der Wahl von $\varepsilon = 1{,}25$ liegt.

c) Luft:

Spezifisches Gewicht:

In dem Gebiet, wo die Abweichung vom Gasgesetz merklich wird (etwa unterhalb -100^0 C) wurden die $p \cdot v$-Werte von H. Hausen (Forsch.-Arb. Ing.-Wes. Heft 274. Berlin 1926) verwendet.

Spezifische Wärme c_p und c_v:

Unterhalb 0^0 C wurden die Werte aus den Wärmetabellen der Physikalisch-Technischen Reichsanstalt (Braunschweig 1929) entnommen. Oberhalb 0^0 C wurden sie mit den neuesten spektroskopisch ermittelten Daten, die mir Herr Dr. Justi freundlichst zur Verfügung stellte, nach der Theorie der Schwingungswärmen berechnet [vgl. F. Henning u. E. Justi: Z. techn. Physik Bd. 11 (1930) S. 191]. Die so erhaltenen Werte stimmen sehr gut mit neuen Messungen nach der Strömungsmethode [S. H. Henry: Proc. Roy. Soc. London (A) Bd. 133 (1931) S. 492] überein.

Wärmeleitfähigkeit:

Da gemessene Werte nur bis 400^0 C vorliegen, wurde zunächst die in der letzten Spalte von Zahlentafel IX aufgeführte Größe $\varepsilon = \dfrac{\lambda}{g\,\eta\,c_v}$ bis 400^0 C aus den Beobachtungsergebnissen berechnet, dann bis 1000^0 extrapoliert, und mit den extrapolierten Werten von ε dann die Wärmeleitfähigkeit zwischen 400 und 1000^0 berechnet.

Die Druckabhängigkeit von c_p, λ und η kann oberhalb -100^0 C in dem Bereich von 1 bis 10 at vernachlässigt werden, so daß nur die dem Druck proportionale Änderung des spezifischen Gewichtes berücksichtigt werden muß.

Unterhalb -100^0 C kann man die Werte von $p \cdot v$ und c_p der oben zitierten Arbeit von Hausen entnehmen.

Zahlentafel I. Stoffwerte für Wasser zwischen 0 und 200° C beim Sättigungsdruck (zwischen 0 und 100° beim Druck 1 kg/cm²)

Temperatur	Druck	Spezifisches Gewicht	Spezifische Wärme	Wärmeleitfähigkeit	Dynamische Zähigkeit	Kinematische Zähigkeit	Temperaturleitfähigkeit	Prandtlsche Kennzahl
ϑ	p	γ	c_p	λ	$\eta \cdot 10^6$	$v \cdot 10^8$	$a \cdot 10^4$	Pr
°C	kg/cm²	kg/m³	$\dfrac{\text{kcal}}{\text{kg} \cdot \text{Grad}}$	$\dfrac{\text{kcal}}{\text{m} \cdot \text{h} \cdot \text{Grad}}$	$\dfrac{\text{kg} \cdot \text{s}}{\text{m}^2}$	$\dfrac{\text{m}^2}{\text{s}}$	$\dfrac{\text{m}^2}{\text{h}}$	—
0	1	1000	1,009	0,480	182,5	179	4,8	13,3
10	1	1000	1,002	0,494	133,0	130	5,0	9,49
20	1	998	0,999	0,510	102,0	100	5,1	7,06
30	1	996	0,998	0,525	81,7	80,5	5,3	5,51
40	1	992	0,998	0,539	66,6	65,9	5,4	4,37
50	1	988	0,999	0,552	56,0	55,6	5,6	3,59
60	1	983	0,999	0,565	48,0	47,9	5,7	3,00
70	1	978	1,001	0,574	41,4	41,5	5,9	2,54
80	1	972	1,002	0,581	36,3	36,6	6,0	2,20
90	1	965	1,005	0,585	32,1	32,6	6,1	1,93
100	1,03	958	1,007	0,587	28,8	29,5	6,2	1,72
120	2,02	943	1,015	0,590	24,0	25,0	6,4	1,42
140	3,68	926	1,025	0,588	20,4	21,6	6,5	1,20
160	6,30	908	1,040	0,585	17,6	19,0	6,7	1,02
180	10,20	887	1,057	0,579	15,6	17,2	6,9	0,90
200	15,85	865	1,078	0,572	14,0	15,9	7,1	0,80

Die Zahlen in den stark umrandeten Feldern sind extrapoliert.

Bei der Zähigkeit wurde mit Rücksicht auf die Verwendung in der Hydrodynamik die Sekunde als Zeiteinheit beibehalten; dies muß bei der Berechnung von Pr beachtet werden!

Zahlentafel II. Spezifisches Gewicht $\gamma \left[\dfrac{\text{kg}}{\text{m}^3}\right]$ von Wasserdampf.

Temp. \ Druck	1	2	4	6	8	10 at
100 °C	0,577	—	—	—	—	—
120	0,547	1,108	—	—	—	—
140	0,520	1,048	—	—	—	—
160	0,494	0,995	2,02	3,09	—	—
180	0,473	0,950	1,93	2,93	3,96	5,04
200	0,452	0,908	1,84	2,78	3,75	4,76
220	0,433	0,870	1,76	2,66	3,58	4,52
240	0,416	0,835	1,68	2,54	3,42	4,31
260	0,400	0,803	1,62	2,44	3,28	4,12
280	0,386	0,773	1,55	2,35	3,14	3,95
300	0,372	0,745	1,50	2,26	3,03	3,80
320	0,359	0,720	1,45	2,18	2,92	3,67
340	0,348	0,696	1,40	2,10	2,82	3,54

Zahlentafel III. Spezifische Wärme $c_p \left[\dfrac{\text{kcal}}{\text{kg} \cdot \text{Grad}}\right]$ von Wasserdampf.

Druck / Temp.	1	2	4	6	8	10 at
100 °C	0,485	—	—	—	—	—
120	0,477	0,498	—	—	—	—
140	0,473	0,489	—	—	—	—
160	0,471	0,483	0,512	0,549	—	—
180	0,469	0,479	0,502	0,528	0,561	0,606
200	0,469	0,477	0,495	0,515	0,539	0,563
220	0,470	0,477	0,491	0,506	0,524	0,540
240	0,471	0,477	0,488	0,501	0,515	0,528
260	0,472	0,478	0,487	0,498	0,509	0,521
280	0,474	0,479	0,487	0,496	0,505	0,516
300	0,477	0,481	0,488	0,495	0,503	0,514
320	0,480	0,483	0,489	0,496	0,502	0,512
340	0,483	0,485	0,491	0,496	0,502	0,511

Zahlentafel IV. Dynamische Zähigkeit $\eta \cdot 10^8 \left[\dfrac{\text{kg} \cdot \text{s}}{\text{m}^2}\right]$ von Wasserdampf.

Druck / Temp.	1	2	4	6	8	10 at
100 °C	128	—	—	—	—	—
120	136	138	—	—	—	—
140	143	145	150	—	—	—
160	151	153	156	160	—	—
180	158	160	163	167	172	180
200	166	168	171	174	179	187
220	173	175	178	182	187	194
240	181	183	186	189	194	201
260	189	190	193	196	201	209
280	196	198	201	205	208	216
300	204	205	208	211	216	223
320	211	213	215	219	223	230
340	219	220	223	226	230	237

Zahlentafel V. Kinematische Zähigkeit $\nu \cdot 10^5 \left[\dfrac{\text{m}^2}{\text{s}}\right]$ von Wasserdampf.

Druck / Temp.	1	2	4	6	8	10 at
100 °C	2,17	—	—	—	—	—
120	2,44	1,22	—	—	—	—
140	2,70	1,36	—	—	—	—
160	3,00	1,51	0,76	0,51	—	—
180	3,28	1,65	0,83	0,56	0,43	0,35
200	3,61	1,81	0,90	0,61	0,47	0,39
220	3,92	1,97	1,00	0,65	0,51	0,42
240	4,27	2,15	1,07	0,71	0,56	0,46
260	4,58	2,32	1,17	0,79	0,60	0,50
280	4,98	2,51	1,27	0,86	0,65	0,54
300	5,38	2,70	1,36	0,92	0,70	0,58
320	5,76	2,90	1,46	0,99	0,75	0,62
340	6,18	3,09	1,57	1,05	0,80	0,66

Zahlentafel VI. Wärmeleitfähigkeit $\lambda \cdot 10^2 \left[\dfrac{\text{kcal}}{\text{m} \cdot \text{h} \cdot \text{Grad}}\right]$ von Wasserdampf.

Temp. \ Druck	1	2	4	6	8	10 at
100 °C	2,04	—	—	—	—	—
120	2,16	2,28	—	—	—	—
140	2,28	2,38	—	—	—	—
160	2,41	2,49	2,65	2,83	—	—
180	2,53	2,60	2,73	2,89	3,08	3,50
200	2,66	2,72	2,84	2,96	3,14	3,43
220	2,78	2,84	2,94	3,05	3,21	3,45
240	2,91	2,97	3,06	3,15	3,29	3,51
260	3,05	3,10	3,18	3,26	3,39	3,59
280	3,17	3,22	3,30	3,38	3,49	3,69
300	3,31	3,36	3,43	3,51	3,61	3,82
320	3,45	3,50	3,56	3,64	3,74	3,94
340	3,58	3,63	3,69	3,78	3,87	4,07

Zahlentafel VII. Temperaturleitfähigkeit $a \cdot 10^2 \left[\dfrac{\text{m}^2}{\text{h}}\right]$ von Wasserdampf.

Temp. \ Druck	1	2	4	6	8	10 at
100 °C	7,3	—	—	—	—	—
120	8,3	4,1	—	—	—	—
140	9,3	4,6	—	—	—	—
160	10,4	5,2	2,6	1,7	—	—
180	11,4	5,7	2,8	1,9	1,4	1,2
200	12,6	6,3	3,1	2,1	1,6	1,3
220	13,7	6,8	3,4	2,3	1,7	1,4
240	14,8	7,5	3,7	2,5	1,9	1,5
260	16,1	8,1	4,0	2,7	2,0	1,7
280	17,3	8,7	4,4	2,9	2,2	1,8
300	18,7	9,4	4,7	3,1	2,4	2,0
320	20,0	10,1	5,0	3,4	2,6	2,1
340	21,3	10,8	5,4	3,6	2,7	2,3

Zahlentafel VIII. Prandtlsche Kennzahl Pr von Wasserdampf.

Temp. \ Druck	1	2	4	6	8	10 at
100 °C	1,07	—	—	—	—	—
120	1,06	1,07	—	—	—	—
140	1,05	1,06	—	—	—	—
160	1,04	1,05	1,07	1,10	—	—
180	1,03	1,04	1,06	1,08	1,11	1,12
200	1,03	1,04	1,05	1,06	1,09	1,11
220	1,03	1,03	1,04	1,05	1,07	1,09
240	1,03	1,03	1,04	1,05	1,07	1,08
260	1,03	1,03	1,04	1,05	1,06	1,08
280	1,03	1,04	1,04	1,04	1,06	1,07
300	1,04	1,04	1,04	1,04	1,06	1,07
320	1,04	1,04	1,04	1,05	1,06	1,07
340	1,04	1,04	1,05	1,05	1,06	1,06

Zahlentafel IX. Stoffwerte für Luft beim Druck von 1 kg/cm².

Temperatur	Spezifisches Gewicht	Spezifische Wärme b. konst. Druck	Spezifische Wärme b. konst. Vol.	Verhältnis der spez. Wärmen	Wärmeleitfähigkeit	Dynamische Zähigkeit	Kinematische Zähigkeit	Temperaturleitfähigkeit	Prandtlsche Kennzahl	$\dfrac{\lambda}{g \cdot \eta \cdot c_v}$
ϑ	γ	c_p	c_v	$\dfrac{c_p}{c_v}$	λ	$\eta \cdot 10^6$	$v \cdot 10^4$	a	Pr	ε
°C	$\dfrac{\text{kg}}{\text{m}^3}$	$\dfrac{\text{kcal}}{\text{kg} \cdot \text{Grad}}$	$\dfrac{\text{kcal}}{\text{kg} \cdot \text{Grad}}$	—	$\dfrac{\text{kcal}}{\text{m} \cdot \text{h} \cdot \text{Grad}}$	$\dfrac{\text{kg} \cdot \text{s}}{\text{m}^2}$	$\dfrac{\text{m}^2}{\text{s}}$	$\dfrac{\text{m}^2}{\text{h}}$	—	—
-180	3,72	0,250	0,174	1,44	0,00065	0,66	0,0175	0,0070	0,900	1,60
-150	2,78	0,248	0,173	1,43	0,00100	0,89	$0,031_4$	0,0145	0,780	1,85
-100	1,98	0,244	0,172	1,42	139	1,20	$0,059_6$	0,0288	0,744	1,90
-50	1,53	0,242	0,171	1,42	175	1,49	$0,095_5$	0,0473	0,727	1,95
0	1,25	0,241	0,171	1,41	0,00207	1,74	0,137	0,0688	0,719	1,96
50	1,06	0,240	0,171	1,40	235	2,00	0,185	0,0925	0,717	1,95
100	0,92	0,241	0,172	1,40	263	2,22	0,237	0,119	0,718	1,95
150	0,81	0,242	0,174	1,39	289	2,42	0,296	0,148	0,720	1,94
200	0,72	0,244	0,176	1,39	312	2,64	0,360	0,178	0,725	1,91
250	0,65	0,246	0,178	1,38	0,00337	2,83	0,427	0,210	0,731	1,89
300	0,60	0,249	0,181	1,38	360	3,02	0,497	0,242	0,737	1,87
400	0,51	0,254	0,186	1,37	404	3,36	0,658	0,314	0,750	1,83
500	0,44	0,260	0,192	1,36	0,00445	3,67	0,815	0,387	0,762	1,79
600	0,39	0,266	0,197	1,35	482	3,95	0,990	0,463	0,774	1,75
700	0,35	0,271	0,201	1,34	515	4,24	$1,18_6$	0,542	0,787	1,71
800	0,32	0,275	0,206	1,34	549	4,52	$1,39_7$	0,628	0,799	1,67
900	0,29	0,279	0,210	1,33	579	4,78	$1,61_0$	0,714	0,812	1,63
1000	0.27	0,282	0,213	1,33	0,00601	5,02	1,84	0,796	0,825	1,59

Die Zahlen in den stark umrandeten Feldern sind extrapoliert. Bei der Zähigkeit wurde mit Rücksicht auf die Verwendung in der Hydrodynamik die Sekunde als Zeiteinheit beibehalten; dies muß bei der Berechnung von Pr beachtet werden!

Zahlentafel X. Umrechnung von Werten des englisch-amerikanischen Maßsystems in das metrische Maßsystem.

Der auf die Einheiten der 3. Spalte bezogene metrische Zahlenwert wird erhalten durch Multiplikation des auf die Einheiten der 2. Spalte bezogenen englischen Zahlenwertes mit den in der 4. Spalte angegebenen Faktoren.

	englische Einheit	metrische Einheit	Umrechnungsfaktor
Länge	inch (in)	cm	2,540
	foot (ft)	m	0,305
Fläche	sq. in.	cm^2	6,45
	sq. ft.	m^2	0,0929
Raum	cu. in.	cm^3	16,387
	cu. ft.	cm^3	28 317
	Imp. gall. (Brit.)	cm^3	4 546 (seit 1898)
	USA. gall.	cm^3	3 785
Gewicht	grain (Troy grain) $= \frac{1}{7000}$ lb.	g	0,0648
	ounce $= \frac{1}{16}$ lb.	g	28,35
	pound (lb.)	kg	0,4536
	ton (Schiffs-ton) $= 2000$ lbs.	kg	907,19
	ton (long ton) $= 2240$ lbs.	kg	1016,05
Dichte (spez. Gew.)	grain/cu. ft.	g/cm^3	$2,29 \cdot 10^{-6}$
	oz./cu. ft.	kg/m^3	1,0
	lb./cu. ft.	kg/m^3	16,0
Druck	oz./sq. in.	mm W.S.	44,0
	in. of water	,,	25,40
	lb./sq. in.	kg/cm^2	0,0703
	lb./sq. in.	mm Qu.S.	51,712
	lb./sq. ft.	kg/m^2	4,88
	in. of mercury	mm W.S.	345,5
Dynamische Zähigkeit	lb./(ft.·h)	g/(cm·s)	0,00413
	lb./(ft.·s)	,,	14,88
Wärmemenge	Brit. thermal unit (Btu.)	kcal	0,252
spez. Wärme	Btu./(lb. degr. F.)	kcal/(kg·Grad)	1
Wärmeleitfähigkeit	Btu.·in./(sq. ft.·h·degr. F.)	kcal/(m·h·Grad)	0,124
	,,	cal/(cm·s·Grad)	$3,445 \cdot 10^{-4}$
	,,	Watt/(cm·Grad)	$1,442 \cdot 10^{-3}$
	Btu./ft.·h·degr. F.)	kcal/(m·h·Grad)	1,488
	Btu./(in.·h·degr. F.)	,,	17,88
Wärmeübergangszahl	Btu./(sq. ft.·h·degr. F.)	kcal/(m²·h·Grad)	4,88
	,,	cal/(cm·s·Grad)	$1,36 \cdot 10^{-4}$
	,,	Watt/(cm²·Grad)	$5,67 \cdot 10^{-4}$

Zahlentafel XI. Umrechnung von Maßzahlen des technischen Maßsystems (m, $kg_{Gew.}$, h, kcal), physikalischen Maßsystems (cm, g_{Masse}, s, cal), elektrischen Maßsystems (cm, s, internat. Watt).

a) Wärmemenge.

	kcal	Wattsekunde = int. Joule	kWh
1 kcal . . . . =	1	4186	$1163 \cdot 10^{-6}$
1 Joule . . . . =	$239 \cdot 10^{-6}$	1	$0{,}2778 \cdot 10^{-6}$
1 kWh . . . . =	860	3600000	1

b) Wärmeleitfähigkeit.

	$\dfrac{kcal}{m \cdot h \cdot Grad}$	$\dfrac{cal}{cm \cdot s \cdot Grad}$	$\dfrac{Watt}{cm \cdot Grad}$
$1 \dfrac{kcal}{m \cdot h \cdot Grad} \cdot =$	1	$2778 \cdot 10^{-6}$	0,01163
$1 \dfrac{cal}{cm \cdot s \cdot Grad} \cdot =$	360	1	4,187
$1 \dfrac{Watt}{cm \cdot Grad} \cdot \cdot =$	86,0	0,239	1

c) Spezifische Wärme[1].

	$\dfrac{kcal}{kg_{Gew.} \cdot Grad}$	$\dfrac{cal}{g_{Masse} \cdot Grad}$	$\dfrac{Joule}{kg_{Gew.} \cdot Grad}$	$\dfrac{kWh}{kg_{Gew.} \cdot Grad}$
$1 \dfrac{kcal}{kg_{Gew.} \cdot Grad} =$	1	1	4186	$1163 \cdot 10^{-6}$
$1 \dfrac{cal}{g_{Masse} \cdot Grad} =$	1	1	4186	$1163 \cdot 10^{-6}$
$1 \dfrac{Joule}{kg_{Gew.} \cdot Grad} =$	$239 \cdot 10^{-6}$	$239 \cdot 10^{-6}$	1	$0{,}2778 \cdot 10^{-6}$
$1 \dfrac{kWh}{kg_{Gew.} \cdot Grad} =$	860	860	3600000	1

[1] Die Maßzahl, die der Masse eines 1 g-Stückes im physikalischen Maßsystem zugeordnet ist, ist der tausendste Teil der Maßzahl, die dem Gewicht eines 1 kg-Stückes im technischen Maßsystem zugeordnet ist. Daraus folgt das zunächst überraschende Ergebnis

$$\left| 1 \right| \frac{kcal}{kg_{Gew.} \cdot Grad} = \left| 1 \right| \frac{cal}{g_{Masse} \cdot Grad}.$$

Aus dem gleichen Grunde gilt auch für die Maßzahlen von spezifischem Gewicht (Gewicht der Volumeneinheit) im technischen Maßsystem und Dichte (Masse der Volumeneinheit) im physikalischen Maßsystem die Beziehung

$$\left| 1 \right| \frac{kg_{Gew.}}{m^3} = \left| 0{,}001 \right| \frac{g_{Masse}}{cm^3}.$$

d) Dynamische Zähigkeit.

	$\dfrac{kg_{Gew.} \cdot h}{m^2}$	$Poise = \dfrac{g_{Masse}}{cm \cdot s}$	$\dfrac{kg \cdot s}{m^2}$
$1 \dfrac{kg_{Gew.} \cdot h}{m^2} \ \ldots =$	1	$0,3532 \cdot 10^6$	3600
$1 \dfrac{g_{Masse}}{cm \cdot s} \ \ldots =$	$2,833 \cdot 10^{-6}$	1	0,0102
$1 \dfrac{kg \cdot s}{m^2} \ \ldots =$	$277,8 \cdot 10^{-6}$	98,1	1

e) Kinematische Zähigkeit und Temperaturleitfähigkeit.

	$\dfrac{m^2}{h}$	$\dfrac{cm^2}{s}$	$\dfrac{m^2}{s}$
$1 \dfrac{m^2}{h} \ \ldots =$	1	2,778	$277,8 \cdot 10^{-6}$
$1 \dfrac{cm^2}{s} \ \ldots =$	0,36	1	$1 \cdot 10^{-4}$
$1 \dfrac{m^2}{s} \ \ldots =$	3600	$1 \cdot 10^4$	1

f) Wärmeübergangs- und Wärmedurchgangszahl.

	$\dfrac{kcal}{m^2 \cdot h \cdot Grad}$	$\dfrac{cal}{cm^2 \cdot s \cdot Grad}$	$\dfrac{Watt}{cm^2 \cdot Grad}$	$\dfrac{kW}{m^2 \cdot Grad}$
$1 \dfrac{kcal}{m^2 \cdot h \cdot Grad} \ \ldots =$	1	$27,78 \cdot 10^{-6}$	$116,3 \cdot 10^{-6}$	$1163 \cdot 10^{-6}$
$1 \dfrac{cal}{cm^2 \cdot s \cdot Grad} \ \ldots =$	36000	1	4,186	41,86
$1 \dfrac{Watt}{cm^2 \cdot Grad} \ \ldots =$	8600	0,239	1	10
$1 \dfrac{kW}{m^2 \cdot Grad} \ \ldots =$	860	0,0239	0,1	1

g) Wärmestrahlungszahl.

	$\dfrac{kcal}{m^2 \cdot h \cdot (Grad\,abs.)^4}$	$\dfrac{cal}{cm^2 \cdot s \cdot (Grad\,abs.)^4}$	$\dfrac{Watt}{cm^2 \cdot (Grad\,abs.)^4}$
$1 \dfrac{kcal}{m^2 \cdot h \cdot (Grad\,abs.)^4} =$	1	$27,78 \cdot 10^{-6}$	$116,3 \cdot 10^{-6}$
$1 \dfrac{cal}{cm^2 \cdot s \cdot (Grad\,abs.)^4} =$	36000	1	4,186
$1 \dfrac{Watt}{cm^2 \cdot (Grad\,abs.)^4} =$	8600	0,239	1

Formeln aus der Vektoranalysis.

U und $V=$ skalare Größen. $\mathfrak{A}$ und $\mathfrak{B}=$ Vektoren.
$\mathfrak{A}\mid=$ absoluter Betrag eines Vektors, also Größe ohne Richtung.

I. $\operatorname{grad}(U\cdot\mathfrak{A})=U\cdot\operatorname{grad}\mathfrak{A}$;

II. $\operatorname{div}\operatorname{grad}U=V^2U$;

III. $\operatorname{div}(U\cdot\mathfrak{A})=U\cdot\operatorname{div}\mathfrak{A}+(\mathfrak{A},\operatorname{grad}U)$;

IV. $\dfrac{DU}{dt}=\dfrac{\partial U}{\partial t}+(\mathfrak{w},\operatorname{grad}U)$

V. $\dfrac{D\mathfrak{A}}{dt}=\dfrac{\partial\mathfrak{A}}{\partial t}+(\mathfrak{w},\operatorname{grad})\mathfrak{A}$

wobei t die Zeit und $\mathfrak{w}$ die Strömungsgeschwindigkeit ist;

VI. $\displaystyle\int_{\text{Fläche}}\mathfrak{A}_{\mathfrak{n}}\cdot df=\int_{\text{Vol}}\operatorname{div}\mathfrak{A}\cdot dv$; Gaußscher Satz;

VII. $|\operatorname{grad}U|=\sqrt{\left(\dfrac{\partial U}{\partial x}\right)^2+\left(\dfrac{\partial U}{\partial y}\right)^2+\left(\dfrac{\partial U}{\partial z}\right)^2}$ in rechtw. geradl. Koord.

VIII. a) $\operatorname{div}\mathfrak{A}=\dfrac{\partial A_x}{\partial x}+\dfrac{\partial A_y}{\partial y}+\dfrac{\partial A_z}{\partial z}$ in rechtw. geradl. Koord.;

b) $\qquad=\dfrac{1}{r}\cdot\dfrac{\partial r A_r}{\partial r}+\dfrac{1}{r}\cdot\dfrac{\partial A_\varphi}{\partial\varphi}+\dfrac{\partial A_z}{\partial z}$ in Zylinderkoord.;

c) $\qquad=\dfrac{1}{r^2}\cdot\dfrac{\partial r A_r}{\partial r}+\dfrac{1}{r\sin\psi}\cdot\dfrac{\partial\sin\psi\cdot A_\psi}{\partial\psi}+\dfrac{1}{r\sin\psi}\cdot\dfrac{\partial A_\varphi}{\partial\varphi}$

$\qquad\qquad\qquad\qquad\qquad\qquad\qquad\qquad\qquad$ in Kugelkoord.

IX. a) $V^2U=\dfrac{\partial^2 U}{\partial x^2}+\dfrac{\partial^2 U}{\partial y^2}+\dfrac{\partial^2 U}{\partial z^2}$ in rechtw. geradl. Koord.;

b) $\qquad=\dfrac{\partial^2 U}{dr^2}+\dfrac{1}{r}\cdot\dfrac{\partial U}{\partial r}+\dfrac{1}{r^2}\cdot\dfrac{\partial^2 U}{\partial\varphi^2}+\dfrac{\partial^2 U}{\partial z^2}$ in Zylinderkoord.;

c) $\qquad=\dfrac{\partial^2 U}{\partial r^2}+\dfrac{2}{r}\cdot\dfrac{\partial U}{\partial r}+\dfrac{1}{r^2}\cdot\dfrac{\partial^2 U}{\partial\psi^2}+\dfrac{\cos\psi}{r^2\sin\psi}\cdot\dfrac{\partial U}{\partial\psi}$

$\qquad\qquad+\dfrac{1}{r^2\sin^2\psi}\cdot\dfrac{\partial^2 U}{\partial\varphi^2}$ in Kugelkoord.

Übersicht über die häufig verwendeten Formelzeichen.

Zeichen	Bedeutung	Dimension
a	Temperaturleitfähigkeit $= \lambda/(c \cdot \gamma)$ . .	$\mathrm{m^2 \cdot h^{-1}}$
A	Absorptionsverhältnis	—
b	$\sqrt{\lambda \cdot c \cdot \gamma}$	$\mathrm{kcal \cdot m^{-2} \cdot h^{0,5} \cdot Grad}$
c (c_p, c_v)	Spezifische Wärme	$\mathrm{kcal \cdot kg^{-1} \cdot Grad^{-1}}$
C	Strahlungskonstante.	$\mathrm{kcal \cdot m^{-2} \cdot h^{-1} \cdot Grad^{-4}}$
d	Rohrdurchmesser	m
E	Emissionsvermögen	$\mathrm{kcal \cdot m^{-2} \cdot h^{-1}}$
f	Fläche	$\mathrm{m^2}$
g	Schwerebeschleunigung	$\mathrm{m \cdot s^{-2}}$
J	Strahlungsintensität	$\mathrm{kcal \cdot m^{-3} \cdot h^{-1}}$
k	Wärmedurchgangszahl	$\mathrm{kcal \cdot m^{-2} \cdot h^{-1} \cdot Grad^{-1}}$
l	Länge	m
p	Druck	$\mathrm{kg \cdot m^{-2}}$ und $\mathrm{kg \cdot cm^{-2}}$
Q	Wärmemenge	kcal
r	Radius	m
t	Zeit	h
T	Temperatur	Grad abs. (^{0} K)
w	Geschwindigkeit	$\mathrm{m \cdot s^{-1}}$ oder $\mathrm{m \cdot h^{-1}}$
x, y, z	Rechtwinklige Koordinaten	m
α	Wärmeübergangszahl	$\mathrm{kcal \cdot m^{-2} \cdot h^{-1} \cdot Grad^{-1}}$
β	Räumliche Wärmedehnzahl	$\mathrm{Grad^{-1}}$
γ	Spezifisches Gewicht	$\mathrm{kg \cdot m^{-3}}$
δ	Absorptionskoeffizient.	$\mathrm{m^{-1}}$
η	Dynamische Zähigkeit	$\mathrm{kg \cdot s \cdot m^{-2}}$
ϑ	Temperatur	^{0} C
$\varkappa$	Verhältnis $c_p : c_v$	—
λ	Wärmeleitfähigkeit	$\mathrm{kcal \cdot m^{-1} \cdot h^{-1} \cdot Grad^{-1}}$
λ	Wellenlänge	m
ν	Kinematische Zähigkeit $= \eta \cdot g/\gamma$ . . .	$\mathrm{m^2 \cdot s^{-1}}$
ϱ	Dichte	$\mathrm{kg \cdot h^{-2} \cdot m^{-4}}$
σ	Strahlungskonstante.	$\mathrm{kcal \cdot m^{-2} \cdot h^{-1} \cdot Grad^{-4}}$

Kennzahlen:

Zeichen	Bedeutung	Definition
Fo	Fouriersche Kennzahl	$\dfrac{a \cdot t}{l^2} = \dfrac{\lambda t}{c_p \gamma l^2}$
Re	Reynoldssche Kennzahl	$\dfrac{w l}{\nu} = \dfrac{w l \gamma}{g \eta}$
Pe	Pécletsche Kennzahl	$\dfrac{w l}{a} = \dfrac{w l c_p \gamma}{\lambda}$
Pr	Prandtlsche Kennzahl	$\dfrac{Pe}{Re} = \dfrac{\nu}{a} = \dfrac{c_p \eta g}{\lambda}$
Gr	Grashofsche Kennzahl	$\dfrac{l^3 \gamma^2 \vartheta \beta}{\eta^2 g}$
Nu	Nußeltsche Kennzahl	$\dfrac{\alpha l}{\lambda}$

Namen- und Sachverzeichnis.

Abkühlungsgesetz, Newtonsches 169.
Absorption 213, 221, 226, 237, 238, 239, 240, 243.
Absorptionsbanden 238.
Absorptionskoeffizient 214, 242.
Absorptionsspektren 237.
Absorptionsverhältnis 233, 244.
Absorptionsvermögen 222, 223, 225, 226, 240, 241.
Adams, L. H. 59.
affin 157.
Ähnlichkeitsprinzip 121, 156, 188, 194, 196.
— (Literatur) 128.
Akkommodationskoeffizient 211.
Anfangsbedingungen 10, 30.
Anlauflänge 164, 189.
Anlaufstrecke 163, 180, 183.
Anlaufvorgang 163.
Anregungszustand 222.
Aschkinass, E. 223, 228.
atherman 213, 236.
Aufpunkt 2.
Auftrieb 144, 185, 189.
Äußere Wärmeleitfähigkeit 168, 169.

v. Bahr, E. 238.
Bande 222, 239.
Bandenspektrum 237, 238.
Beckmann, W. 184, 192.
Beharrungszustand 150.
Bernoullische Gleichung 136.
Besselsche Funktionen 28, 40.
Bewegungsgleichungen 135, 140, 150, 195.
Bingham, E. C. 245.
Blasius, H. 165, 200.
Bolometer 216.
ten Bosch, M. 200.
Bosnjakovic, F. 207, 210.
Bradtke, F. 163.
Bridgman, P. W. 128, 188, 194.
Bryant, C. N. 161.
Burbach, Th. 163, 164, 200.

Chemiluminiszenz 217.
Christiansen, C. 232, 233.
Czerny, M. 228.

Dampfblasen 210.
diatherman 213, 237.
Differentialquotient, konvektiver 132.
—, lokaler 131.
—, totaler oder substantieller 131.
Differenzenrechnung 92.
diffus 215, 227.
Diffusion 195, 196, 201, 202, 204.
Diffusionszahl 195.
Dimensionsanalysis 188.
Dirichletsche Bedingungen 35.
Diskontinuierliche Faktoren 104.
Dissipationsfunktion 147.
Divergenz 135.
Drehung 152.
Druckabfall 164, 197, 199, 200.
Druckabhängigkeit 245, 246.
Druck, dynamischer 137.
Druckhöhe 137.
Druck, statischer 138.
Druckverlust 160.
Dulong, P. L. 169.
Durchlässigkeit 213.
Durchmesser, hydrodynamisch gleichwertiger 166.

Eagle, A. 198.
Eck, H. 171, 181, 183, 207.
Eigengeschwindigkeit, thermische 139, 196.
Eichelberg, G. 246.
Eisner, F. 164.
Elastische Flüssigkeit 130.
Elektrische Leiter, Erwärmung derselben 108.
Eliás, F. 184, 200.
Emde, F. 82.
Emission 214, 221, 226, 228, 239, 240, 241, 243, 244.
Emissionsverhältnis 222.
Emissionsvermögen 222, 223, 225, 226, 241.
Energiefluß 166.
—, konvektiver 149.
Energiegleichung 150, 189.
Erk, S. 171, 207.
Ersatzbande 242.
Erstarrungsvorgänge 117.

***Einführung in die Lehre von der Wärmeübertragung.**
Ein Leitfaden für die Praxis. Von Professor Dr.-Ing. Heinrich Gröber. Mit
60 Textabbildungen und 40 Zahlentafeln. X, 200 Seiten. 1926.
Gebunden RM 12.—

***Die Wärmeübertragung.** Ein Lehr- und Nachschlagebuch für den
praktischen Gebrauch. Von Professor Dipl.-Ing. **M. ten Bosch, Zürich.**
Zweite, stark erweiterte Auflage. Mit 169 Abbildungen, 69 Zahlentafeln und
53 Anwendungsbeispielen. VIII, 304 Seiten. 1927.   Gebunden RM 22.50

***Die Grundgesetze der Wärmeleitung** und ihre Anwendung
auf plattenförmige Körper. Von **Fritz Krauß,** beh. aut. Inspektor, Wien.
Mit 37 Textfiguren. VI, 100 Seiten. 1917.   RM 3.50

***Über Wärmeleitung und andere ausgleichende Vor-
gänge.** Von Professor Dr. **Emil Warburg,** Berlin. Mit 18 Abbildungen.
X, 106 Seiten. 1924.   RM 5.70

***Wärme- und Kälteschutz in Wissenschaft und Praxis.**
Herausgegeben von den **Deutschen Prioformwerken Bohlander & Co.,**
G. m. b. H., Köln. Mit 46 Abbildungen. XIII, 186 Seiten. 1928.
Gebunden RM 16.—

***Der Wärme- und Kälteschutz in der Industrie.** Von
Privatdozent Dr.-Ing. **J. S. Cammerer,** Berlin. Mit 94 Textabbildungen und
76 Zahlentafeln. VIII, 276 Seiten. 1928.   Gebunden RM 21.50

***Prioform-Handbuch.** Herausgegeben von den **Deutschen Prioform-
werken Bohlander & Co., G. m. b. H., Köln.** Zweite, vollkommen neu
bearbeitete und erheblich erweiterte Auflage. Erster Teil: Die theoretischen Grundlagen der Wärmeschutztechnik und ihre praktische Auswertung. Zweiter Teil: Zusammenstellungen, Tabellen und Diagramme. Mit
16 Figuren und 13 Seiten Schreibpapier. 283 Seiten. 1930. Geb. RM 15.—

Hoyer-Kreuter, Technologisches Wörterbuch. Gewerbe,
Industrie, Technik und ihre wissenschaftlichen Grundlagen, Berg- und
Hüttenwesen, Aufbereitungsindustrie, Rohstoffe, Werkstoffe, Materialprüfung,
Halb- und Fertigerzeugnisse, Elektrotechnik, Fernmeldetechnik, Meßtechnik,
Filmtechnik, Optische Industrie, Waffentechnik, Arzt- und Gesundheitstech-
nik, Unfallverhütung, Bauwesen, Chemische Technologie, Landwirtschaft und
Forstwesen, Nahrungsmittelindustrie, Textilindustrie, Bekleidungsindustrie,
Handel, Messewesen, Bankwesen, Verkehr, Kraftfahrwesen, Schiffbau und
Schiffahrt, Patentwesen, Zollwesen, Rechtskunde und zahlreiche andere Fach-
gebiete. Sechste, vollkommen neubearbeitete Auflage herausgegeben von
Dr.-Ing. e. h. **Alfred Schlomann,** unter Förderung des Deutschen Ver-
bandes Technisch-Wissenschaftlicher Vereine und des Vereines Deutscher
Ingenieure sowie zahlreicher Industriefirmen des In- und Auslandes.
Erster Band: **Deutsch — Englisch — Französisch.** XII, 795 Seiten. 1932.
Gebunden RM 78.—
Zweiter Band: **English — German — French.** X, 767 Seiten. 1932.
Gebunden RM 78.—
Dritter Band: **Français — Allemand — Anglais.** X, 719 Seiten. 1932.
Gebunden RM 78.—
für VDI-Mitglieder jeder Band gebunden RM 70.20

** Auf die vor dem 1. Juli 1931 erschienenen Bücher wird ein Notnachlaß von
10% gewährt.*

***Thermodynamik.** Die Lehre von den Kreisprozessen, den physikalischen und chemischen Veränderungen und Gleichgewichten. Eine Hinführung zu den thermodynamischen Problemen unserer Kraft- und Stoffwirtschaft. Von Dr. **W. Schottky**, Wissenschaftlichem Berater der Siemens & Halske A.-G., früher ordentlichem Professor für Theoretische Physik an der Universität Rostock. In Gemeinschaft mit Dr. **H. Ulich**, Privatdozent und Assistent für Physikalische Chemie an der Universität Rostock, und Dr. **C. Wagner**, Privatdozent und Assistent am Chemischen Laboratorium der Universität Jena. Mit 90 Abbildungen und einer Tafel. XXV, 619 Seiten. 1929. RM 56.—; gebunden RM 58.80

***Lehrbuch der Thermochemie und Thermodynamik.** Von **Otto Sackur** †. Zweite Auflage von **Cl. v. Simson**. Mit 58 Abbildungen. XVI, 347 Seiten. 1928. RM 18.—

Thermodynamik und die freie Energie chemischer Substanzen. Von **Gilbert Newton Lewis** und **Merle Randall**, Berkeley, Kalifornien. Übersetzt und mit Zusätzen und Anmerkungen versehen von **Otto Redlich**, Wien. Mit 64 Textabbildungen. XX, 598 Seiten. 1927. RM 45.—; gebunden RM 46.80

***Theorien der Wärme.** Redigiert von **F. Henning**. Mit 61 Abbildungen. VIII, 616 Seiten. 1926. RM 46.50; gebunden RM 49.20

Inhaltsübersicht:

Klassische Thermodynamik. Von Professor Dr. **K. Herzfeld**, München. — Der Nernstsche Wärmesatz. Von Dr. **K. Bennewitz**, Charlottenburg. — Statistische und molekulare Theorie der Wärme. Von Dr. **A. Smekal**, Wien. — Axiomatische Begründung der Thermodynamik durch Carathéodory. Von Professor Dr. **A. Landé**, Tübingen. — Quantentheorie der molaren thermodynamischen Zustandsgrößen. Von Professor Dr. **A. Byk**, Charlottenburg. — Die kinetische Theorie der Gase und Flüssigkeiten. Von Professor Dr. **G. Jäger**, Wien. — Erzeugung von Wärme aus anderen Energieformen. Von Professor Dr. **W. Jaeger**, Charlottenburg. — Temperaturmessung. Von Professor Dr. **F. Henning**, Berlin. — Sachverzeichnis.

***Thermische Eigenschaften der Stoffe.** Redigiert von **F. Henning**. Mit 207 Abbildungen. VII, 486 Seiten. 1926. RM 35.40; gebunden RM 37.50

Inhaltsübersicht:

Zustand des festen Körpers. Von Professor Dr. **E. Grüneisen**, Charlottenburg. — Schmelzen, Erstarren und Sublimieren. Von Professor Dr. **F. Körber**, Düsseldorf. — Zustand der gasförmigen und flüssigen Körper. Von Professor Dr. **J. D. van der Waals jr.**, Amsterdam. — Thermodynamik der Gemische. Von Professor Dr. **Ph. Kohnstamm**, Amsterdam. — Spezifische Wärme (theoretischer Teil). Von Professor Dr. **E. Schrödinger**, Zürich. — Spezifische Wärme (experimenteller Teil). Von Professor Dr. **K. Scheel**, Berlin-Dahlem. — Die Bestimmung der freien Energie. Von Dr. **F. Simon**, Berlin. — Thermodynamik der Lösungen. Von Professor Dr. **C. Drucker**, Leipzig. — Sachverzeichnis.

***Anwendung der Thermodynamik.** Redigiert von **F. Henning**. Mit 198 Abbildungen. VII, 454 Seiten. 1926. RM 34.50; gebunden RM 37.20

Inhaltsübersicht:

Thermodynamik der Erzeugung des elektrischen Stromes. Von Professor Dr. **W. Jaeger**, Charlottenburg. — Wärmeleitung. Von Professor Dr. **M. Jakob**, Charlottenburg. — Thermodynamik der Atmosphäre. Von Professor Dr. **A. Wegener**, Graz. — Hygrometrie. Von Dr. **M. Robitzsch**, Lindenberg. — Thermodynamik der Gestirne. Von Professor Dr. **E. Freundlich**, Neubabelsberg. — Thermodynamik des Lebensprozesses. Von Professor Dr. **O. Meyerhof**, Berlin-Dahlem. — Erzeugung tiefer Temperaturen und Gasverflüssigung. Von Dr. **W. Meißner**, Berlin. — Erzeugung hoher Temperaturen. Von Dr. **C. Müller**, Charlottenburg. — Wärmeumsatz bei Maschinen. Von Professor Dr. **K. Neumann**, Hannover. — Sachverzeichnis.

(„Handbuch der Physik", Band IX, X, XI.)

** Auf die vor dem 1. Juli 1931 erschienenen Bücher des Verlages Julius Springer-Berlin wird ein Notnachlaß von 10% gewährt.*

*** Verdampfen, Kondensieren und Kühlen.** Von E. Hausbrand †.
Siebente Auflage, unter besonderer Berücksichtigung der Verdampfanlagen vollständig neu bearbeitet von Dipl.-Ing. **M. Hirsch**, Beratender Ingenieur VBI. Mit 218 Textabbildungen. XVI, 359 Seiten. 1931. Gebunden RM 29.—

*** Ix-Tafeln feuchter Luft** und ihr Gebrauch bei der Erwärmung, Abkühlung, Befeuchtung, Entfeuchtung von Luft, bei Wasserrückkühlung und beim Trocknen. Von Dr.-Ing. **M. Grubenmann**, Zürich. Mit 45 Textabbildungen und 3 Diagrammen auf zwei Tafeln. IV, 46 Seiten. 1926. RM 10.50

Die Trockentechnik. Grundlagen, Berechnung, Ausführung und Betrieb der Trockeneinrichtungen. Von Dipl.-Ing. **M. Hirsch**, Beratender Ingenieur VBI. Zweite, verbesserte und vermehrte Auflage. Mit 336 Textabbildungen, 1 schwarzen und 2 zweifarbigen i-x-Tafeln für feuchte Luft. XVI, 484 Seiten. 1932. Gebunden RM 36.—

*** Die Lehre vom Trocknen in graphischer Darstellung.** Von Karl Reyscher, Ingenieur. Zweite, verbesserte Auflage. Mit 34 Textabbildungen. IV, 74 Seiten. 1927. RM 4.50

*** Das Trocknen mit Luft und Dampf.** Erklärungen, Formeln und Tabellen für den praktischen Gebrauch. Von Baurat E. Hausbrand †. Fünfte, stark vermehrte Auflage. Mit 6 Textfiguren, 9 lithographischen Tafeln und 35 Tabellen. VIII, 185 Seiten. 1920. Unveränderter Neudruck 1924. Gebunden RM 10.—

Neue Tabellen und Diagramme für Wasserdampf. Von Dr. Richard Mollier, Professor an der Technischen Hochschule in Dresden. Siebente, neubearbeitete Auflage. Mit 2 Diagrammtafeln. 32 Seiten. 1932. RM 3.—

is-Diagramm für Wasserdampf. Von Dr. Richard Mollier, Professor an der Technischen Hochschule in Dresden. (Sonderausgabe aus Mollier, Neue Tabellen und Diagramme für Wasserdampf, 7. Auflage.) 54×70 cm plano. 1932. Einfarbig RM 1.—

*** IS-Tafel für Wasserdampf.** (Sonderausgabe aus „Stodola, Dampf- und Gasturbinen". Sechste Auflage.) In doppelter Größe der Buchbeilage. 1924. Unveränderter Neudruck 1926. RM 1.20

*** IS-Tafel für Wasserdampf.** Berechnet und aufgezeichnet von Professor A. Bantlin, Stuttgart. Vierte, unveränderte Auflage. 1928. RM 1.50

** Auf die vor dem 1. Juli 1931 erschienenen Werke wird ein Notnachlaß von 10% gewährt.*